共轭多羧酸类配位聚合物的
合成、构建及应用

苏峰 著

化学工业出版社
·北京·

内 容 简 介

《共轭多羧酸类配位聚合物的合成、构建及应用》全书共6章内容，其中第1章为绪论，简要介绍配位聚合物的发展、合成、影响因素，概述了芳香性羧酸类配位聚合物的特点、设计、组装及应用；第2～6章则分别针对基于共轭多羧酸与第一过渡系金属离子构建金属链状配位聚合物、刚性含氮辅助配体调控3,3′,5,5′-联苯四羧酸配位聚合物、咪唑类含氮配体调控共轭多羧酸配位聚合物、柔性含氮辅助配体调控共轭多羧酸配位聚合物和含氮配体调控醚键芳香三羧酸配位聚合物进行展开叙述，分析其代表化合物的合成方法、结构测定、晶体结构描述以及性质研究等内容。

《共轭多羧酸类配位聚合物的合成、构建及应用》可供无机化学、配位化学、有机化学、物理化学、超分子化学、材料化学等多个学科领域的研究者参考使用。

图书在版编目（CIP）数据

共轭多羧酸类配位聚合物的合成、构建及应用/苏峰著. —北京：化学工业出版社，2022.10
ISBN 978-7-122-42315-3

Ⅰ.①共…　Ⅱ.①苏…　Ⅲ.①羧酸-配位高聚物-研究　Ⅳ.①O622.5

中国版本图书馆CIP数据核字（2022）第185268号

责任编辑：褚红喜　　文字编辑：刘志茹
责任校对：边　涛　　装帧设计：韩　飞

出版发行：化学工业出版社（北京市东城区青年湖南街13号　邮政编码100011）
印　　装：北京天宇星印刷厂
787mm×1092mm　1/16　印张14　字数303千字　2022年10月北京第1版第1次印刷

购书咨询：010-64518888　　售后服务：010-64518899
网　　址：http：//www.cip.com.cn
凡购买本书，如有缺损质量问题，本社销售中心负责调换。

定　　价：98.00元

前言

配位聚合物（coordination polymers，CPs）是一类由有机配体（大多数是含氧、含氮有机化合物）和金属离子或离子簇通过配位键自组装，在空间形成具有周期性的无限一维（1D）、二维（2D）和三维（3D）的结构，根据其具有的结构特征，又可以称其为金属有机框架（metal organic frameworks，MOFs）。因其兼有无机化合物和有机化合物的特性，在结构和配位性质方面均呈现多样化。配位聚合物分子材料的设计合成、结构及性能研究是近年来十分活跃的研究领域之一，它跨越了无机化学、配位化学、有机化学、物理化学、超分子化学、材料化学、生物化学、晶体工程学和拓扑学等多个学科领域，它的研究对于发展合成化学、结构化学和材料化学的基本概念及基础理论具有重要的学术意义，同时对开发新型高性能的功能分子材料具有重要的应用价值，如气体分子吸附与分离、多相催化、多相分离、分子与离子识别、分子磁性质、发光与非线性光学性质以及电学性质等。因此，配位聚合物吸引了各国化学家的广泛关注，成为一个重要的研究前沿。

羧酸衍生物是常用作构筑配位聚合物的优良有机配体，其参与合成的配位聚合物在结构和性能方面表现出许多优点。芳香多羧酸配体作为其中重要的一类，含有多个羧基，能与多种金属离子配合，且能连接多个金属离子；羧基可以采用多种配位模式与金属离子配位，如单齿、双齿、螯合和桥联模式（顺-顺、顺-反、反-反和 μ-oxo）；羧基可以去质子化，作为给体或受体形成氢键，从而形成超分子配合物；芳香多羧酸具有一定的刚性，有利于共轭体系结构的构建。对于联苯多羧酸配体，羧基可占据苯环上不同的位置，且空间取向灵活，能提供多个配位点，易于结合金属离子，或者形成金属离子簇，从而形成结构多样、新颖的配位聚合物。这些聚合物在气体吸附和分离、分子或离子识别、选择性催化、非线性光学、荧光和磁性质等方面表现出潜在的应用前景。

本书是作者多年来在芳香多羧酸配位聚合物构建领域的研究总结，着重研究了异构联苯多羧酸作为桥联配体所构建的配位聚合物的制备、结构特点及其应用。本书在编写过程中参阅了国内外众多学者在配位聚合物研究中的卓越工作，在此谨对他们表示衷心的感谢。本书中关于芳香多羧酸构建配位聚合物的研究工作得到了山西大学博士生导师卢丽萍和朱苗力教授的悉心指导，在此对两位导师致以诚挚的谢意。同时，对李少东、冯思思、王志军、吴林韬等老师为本书内容做出的贡献表示感谢。此外，本书的研究工作先后获得了山西省“1331”工程重点创新团队建设计划、山西省自然科学基金（201901D111323）、山西省高等学校科技创新基金（2021L519）等项目的资助，特此致谢！

由于编者学识有限，本书在内容编写和取材上难免存在不妥之处，恳请读者提出宝贵的意见和建议。

苏 峰

2022 年 7 月

目录

第1章

绪　论

1.1　配位聚合物的发展历史

配位聚合物（coordination polymers，CPs）[1] 是由有机配体（大多数是含氧、含氮有机化合物）和金属离子或离子簇自组装相互连接，在空间形成具有周期性的无限一维（1D）、二维（2D）和三维（3D）的结构，其显著特征是配体与中心离子间形成配位共价键。根据其结构特征，又被称为金属有机框架（metal organic frameworks，MOFs）。该概念于1989年由澳大利亚的R. Robson教授在*J. Am. Chem. Soc*上发表的一篇题为"一系列具有多孔的晶体结构进行阴离子交换的性质"的文章中首次提出[2]。随后，1994年，Fujita等合成了一例二维 [Cd(4,4′-bpy)$_2$](bpy=4,4′-二联吡啶) 配位聚合物，并研究了其在催化方面的性能[3]；1995年Yaghi等成功构建了一例基于锌离子具有极高稳定性的三维多孔配位聚合物 $Zn_4O(BDC)_3\cdot(DMF)_8(C_6H_5Cl)$ [4,7]。近几十年来，国内外有许多研究人员从事配位聚合物相关研究，并做出了杰出的贡献，如美国的Omar M. Yaghi、Jeffrey R. Long和Jing Li、日本的M. Fujita和Susumu Kitagawa、法国的Gérard Férey以及韩国的K. Kim等，在配位聚合物的结构设计、晶体生长以及性能探究方面做出了卓越的成绩。另外，在配位聚合物的研究中，中国科研人员也跻身于国际先进行列。配位聚合物由于得到了化学家们广泛的关注和研究，并快速地发展起来，已成为当前无机化学领域中一个重要的研究热点。与传统的配位化学比较，配位聚合物在深度、广度和应用等方面得到了惊人的拓展。无机化学经过近百年的发展，众多学者先后建立了配位理论（Werner）、价键理论（Pauling和Lewis）、晶体场理论（Bethe和Vleck）、分子轨道理论（Van Vleck）和配位场理论（Orgel），使得配位作用得到了合理的解释，扩大了配位化学的研究领域。在20世纪70年代，Wells采用网络分析方法对复杂的无机固体结构进行分类和归纳，为后来复杂的配位聚合物的结构分析奠定了基础[5]。在1998年，Robson教授利用网络拓扑方法将金属离子或离子簇简化为具有对称性的节点（node），而将桥联有机配体看作连接子（spacer），利用"节点"和"连接子"组装成网络结构，其过程见图1-1。

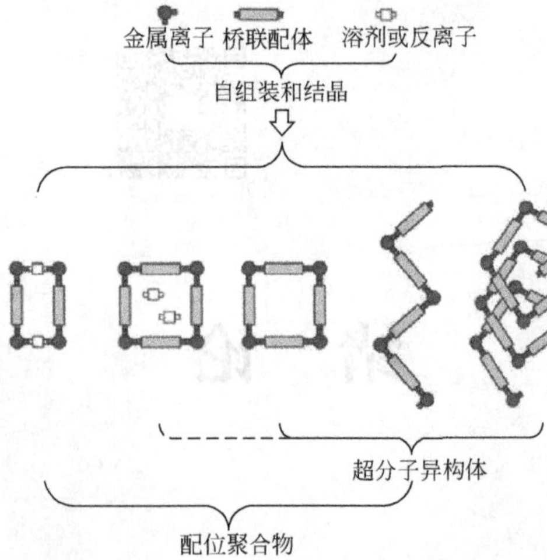

图 1-1 利用“节点”和“连接子”组装的网络拓扑结构

对于一些特殊的情况，例如低配位数（2～4）的金属离子，当多齿有机桥联配体具有三连接或者更高连接的作用时，可以将多配位点（multitopic）有机桥联配体作为节点，而金属离子或金属簇当作连接子。通过拓扑方法将复杂的配位聚合物简化成拓扑模型，使得配位聚合物呈现出迷人的拓扑结构[6]。随后，Yaghi 和 O′Keeffe 等提出了“网络化学”和“网络合成”等概念[7,8]，将复杂的晶体结构简化为简单直观的分子拓扑结构。到目前为止，人们已经合成了大量具有新型拓扑学结构的配位聚合物，典型的结构包括链状、梯形、铁轨形等一维结构；正方形和长方形格子、双层结构、砖墙形和蜂巢形等二维结构；立方体和类立方体结构、金刚烷结构以及其他的三维结构，其中部分结构示意见图 1-2[9]。该思想成功用于实现特定功能的配位聚合物的设计合成，为人们分析、理解和组建复杂的配位聚合物结构带来了很大的便利，并对具有特殊多功能性的金属有机框架材料的设计、合成提供了重要的指导意义。

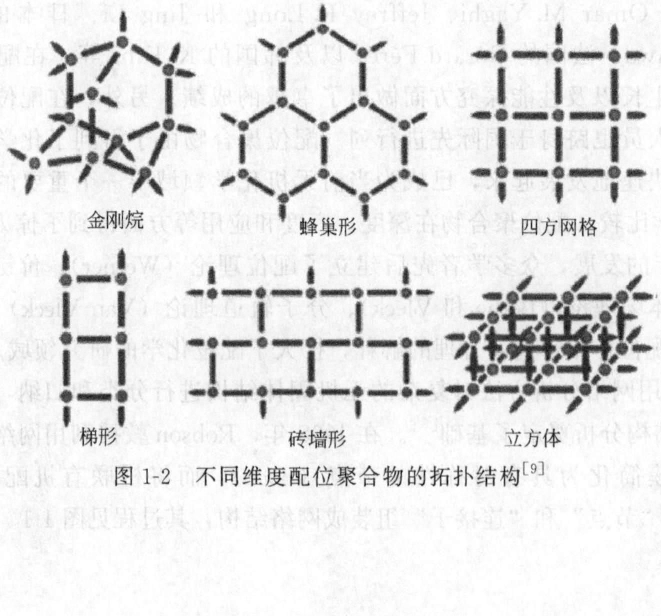

图 1-2 不同维度配位聚合物的拓扑结构[9]

随着晶体工程[10]的发展，伴随多种多样的合成方法、表征技术手段的出现，由有机配体和金属离子或离子簇通过自组装或可控组装，设计构筑出大量的结构新颖、独特的配位聚合物。从结构模式上看，它们表现出多样性，如一维链状、二维层状及三维网络，且具有不同的特征，如管状、环状、笼状、棱柱状、多边形和多面体结构等[11,12]，并且可能呈现螺旋、缠绕、轮烷、金刚烷和穿插等迷人的拓扑结构[13-15]。另外，研究者根据晶体工程的思想，结合配位化学提出了配位聚合物也是一种典型的超分子配合物[16,17]，通过超分子作用（如氢键、π…π堆积、分子间范德华力和金属-金属作用力等）进一步缔合，将低维的构筑基元组装成高维的配位聚合物[18]。例如，2014年中科院高能物理研究所石伟群等在水热条件下，通过葫芦基环烷和硝酸铀酰前驱体原位组装，构建了第一种具有独特的"龙形"扭转的铀酰金属聚轮烷，由于铀离子的特定配位模式诱导，通过 η^1 型羧基与相邻的亚甲基基团之间形成氢键相互作用，最终构架出超分子配位聚合物[19]。2018年，韩国浦项科技大学的Joon Hak Oh等通过手性萘二酰亚胺配体和锌离子构建的手性异构配位聚合物，利用芳香环平面间π…π堆积作用，形成了超分子生物配位聚合物（superamolecular biocoordination polymer，SBCP），见图1-3，这些SBCP材料可利用胺到SBCP表面的电子转移来检测危险胺类物质，以及基于不同结合能的产生用于手性萘普生分子对映异构体的选择性识别[20]。研究者按照设想的方式将有机配体和金属离子或离子簇排列起来，就可能设计出具有预期功能的配位聚合物，从而实现结构的可预测性[21,22]。这些配位聚合物不仅呈现出迷人的拓扑结构，而且兼具了有机配体和金属离子二者的特点，在光、电、磁、气体存储、选择性催化、分子识别和分离以及生物活性等诸多领域中可能具有潜在的应用前景[23-29]。

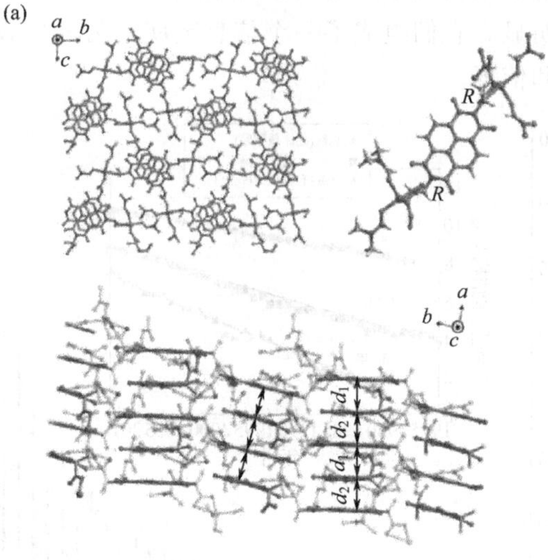

d_1=0.372nm，d_2=0.352nm

图1-3

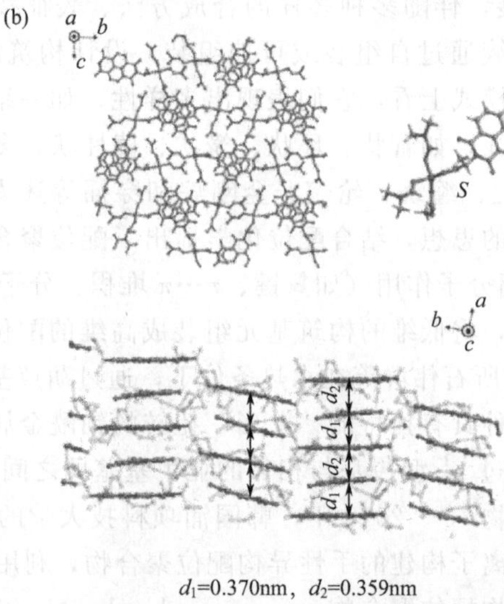

图1-3　通过手性萘二酰亚胺配体和锌离子组成的同手性和异手性超分子生物配位聚合物[20]

随着 X 射线衍射技术的发展，国内外研究者从不同的角度对配位聚合物开展了深入的研究，不仅获得了大量的晶体结构数据，而且分析总结了分子间相互作用的规律，为配位聚合物的设计和构筑打下了坚实的基础，并在其功能方面的研究也取得了丰硕的成果[30-34]。剑桥晶体结构数据库（CSD）目前已收录的配位聚合物晶体结构数量已超过 30 万例。如图 1-4 所示，从柱形图上可以清晰地看到 1971～2011 年间 CSD 数据库收录的配位聚合物结构数量呈现明显的增长趋势，而在插图中显示出三维晶体结构的数量增长尤其明显。它们组成了一个信息宝库，为人们设计、合成新的晶体材料提供了重要的参照和依据。

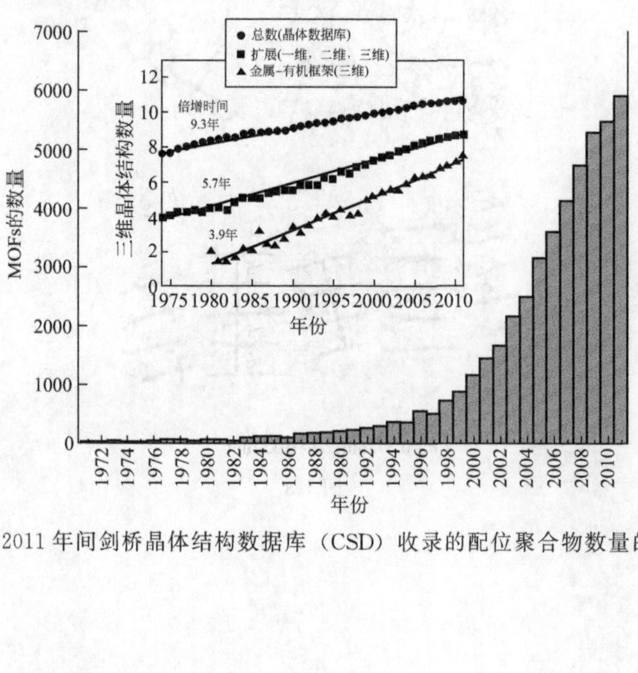

图 1-4　1971～2011 年间剑桥晶体结构数据库（CSD）收录的配位聚合物数量的发展状况[30]

1.2 配位聚合物的合成

晶体学方法是研究配位聚合物的一种比较直观的方法，利用X射线对配位聚合物的单晶进行衍射分析[35]，通过键长和键角等几何参数确定配位聚合物的结构，并研究其分子间作用力和空间构型，因此我们需要获得能够进行X射线衍射合适大小的单晶。晶体的形成主要与晶核的生成与晶体的生长速率息息相关，配位聚合物的晶体合成方法常有溶液法、水热或溶剂热法、界面扩散法、蒸汽扩散法以及凝胶扩散法等[36]。其中应用最广泛的为水热或溶剂热法。溶剂热合成法的一大优势在于可选的有机溶剂多样，而不同的有机溶剂对于晶体合成可能会产生不一样的促进作用。溶剂热合成方法操作较为简单，没有很严苛的操作要求，众多的溶剂选择也有利于合成晶体的各种条件的探索。

(1) 水(溶剂)热法

该方法已成为目前合成配位聚合物的首要方法。一般采用 H_2O、*N*,*N*-二甲基甲酰胺（DMF)、乙腈、乙醇和甲醇等溶剂或者混合溶剂，常用于有机配体的溶解度在水溶液或有机溶液中较低的情况。将金属盐和有机配体与极性溶剂（如水、甲醇、DMF或乙腈等）组成的混合体系密封于聚四氟乙烯管或Pyrex玻璃管中，在加热（≥100℃）和体系自发压力（≥1atm）的条件下，反应物的高溶解度可有效地形成配位聚合物的高质量单晶。混合溶剂体系可有效调节溶剂的极性、溶剂与配体之间动力学交换，从而有效地增强晶体的生长。

(2) 挥发法

这种方法需要的条件是晶体在饱和溶液中生长，根据溶剂的沸点不同来进行分离，理想的饱和浓度可以通过母液的缓慢蒸发来实现。一般采用低沸点、易挥发的溶剂，常见有乙腈、乙醇和甲醇等。具体过程是在小烧杯中加入溶有金属离子与配体的有机溶剂，用封口膜封口。对于沸点较高的溶剂，可以在膜口扎几个小孔，使得溶剂缓慢挥发；对于沸点较低的溶剂，可以采用封口的方法让其静置，直至有较为完整的晶体析出。

(3) 扩散法

采用扩散法可以得到适合X射线衍射分析的单晶，而不是非晶或多晶，其原理是不同物种相互间慢慢接触，从而进行反应析出晶体，特别适用于当物质溶解性较差的情况。此种方法是利用物种密度的不同而进行分离，根据密度的不同可分为气相扩散法、凝胶扩散法和液面扩散法。气相扩散法是将配合物加入沸点较低的溶剂中，通过缓慢扩散使其进入该溶液中，从而就可以使溶液达到饱和，这样就可以析出比较完整的晶体。凝胶扩散法是将配体加入到凝胶中，然后再将金属离子置于凝胶上层，这样就可以在金属盐和有机配体之间形成一个界面，二者在界面中相互扩散，从而形成单晶。液面扩散法是使用两种密度差异较大的溶液溶解不同的原料，然后放置于长试管中，由于密度有差异，静置后分层，反应液由界面开始扩散，混合后的反应物接触后生成新的配合物。此种方法反应速率缓慢，形成的晶体相对较完好。

(4)微波辅助合成法

这种方法也是基于提高所涉及的物种的溶解度，以便更好地反应或结晶。微波辅助合成是一种非常节能的加热方法，由于其较高的成核速率，是一种实现快速结晶的方法。近年来，微波辅助法被广泛应用于制备纯度高、形貌一致、分布均匀的纳米配位聚合物。

(5)超声化学法

超声化学法是利用超声有效缩短结晶时间来制备配合物的方法。超声波通过空化的过程来增强液体介质中的化学或物理变化。声波作用之后，气泡在整个液体中生长并随后被破坏。气泡的崩溃导致能量的快速释放，温度约为4000K，压力超过1000atm。这是一种能源高效、环境友好的方法，可以产生均匀的成核中心，因为超声和分子之间没有直接的相互作用。

(6)机械化学合成法

机械化学合成法是一种不含溶剂的合成方法，与其他液相合成法相比是最简单、经济、环保的方法。目前该方法已被用于大规模合成配位聚合物材料。它是使用机械力在机械球磨机中将金属盐和有机连接剂的混合物研磨在一起。因此，分子内化学键会发生机械断裂，产生新的化学键，从而获得配位聚合物。

除了上述这些方法之外，还有一些其他的合成方法，如电化学法、离子热法（离子液体作为溶剂，发生沉淀反应，然后再结晶和溶液分层）。

1.3 配位聚合物合成的影响因素

配位聚合物主要由配位键构筑，其通常具有比较明确的方向性。金属离子或金属簇的配位数和配位属性，以及有机配体的结构特点与配位能力，这些在配位聚合物构筑时起主导作用。此外，溶液的浓度、温度[37,38]、反应物的配比[39]、溶剂的极性[40]、pH值[41]、反电荷离子[42]、模板剂[43]以及分子间作用力[44]等都可能对配位聚合物结构和结晶产生影响。在实际工作中，尤其是比较复杂的体系，往往不能简单地以分子设计（包括金属离子或簇的选择、配体的结构）来完全准确地预测产物的结构。很多研究结果表明，给定的金属离子和有机配体所组成的体系，在不同的反应条件、不同的结晶条件下，可以产生不同的配位聚合物。这与传统金属配合物合成中出现情况是类似的。不过，在配位聚合物组装过程中，反应物通常更加复杂，产生不同产物的概率往往更大。因此，如何通过反应与结晶条件控制，获得特定目标聚合结构，是配位聚合物组装的挑战性科学问题。

1.3.1 金属中心离子的影响

配位聚合物是由中心金属离子与具有特征配位能力的有机配体之间相互识别和组

装形成的，虽然金属-配体的配位往往具有比较明确的方向性，但是金属离子的配位数或配位几何构型的变化，将影响与之配位的有机配体的伸展方向和配位点的采用，进而决定配位聚合物整体骨架结构。对于大多数过渡金属离子，由于金属离子半径、氧化态和电子组态不同，使得配位聚合物的结构呈现多样化。具有相同构型的配位聚合物，其稳定性随着金属离子的半径增大而减小；氧化态不同的金属离子，正电荷越高，稳定性越强；同族元素的金属离子随着电荷数增加，形成的配位聚合物相对较稳定。常见的过渡金属离子表现为不同的几何构型（直线形、V形、三角形、四边形、四面体、三角双锥和八面体等），例如 Ag^{+} 一般表现出直线形或稍微弯曲的构型或3配位平面几何构型，Zn^{2+} 容易形成相对规则的4配位四面体或者6配位八面体结构，Cu^{2+} 由于姜-泰勒效应，常常表现为6配位拉长的八面体几何构型，有时也可以形成5配位四方锥结构，等等。在实际构筑配位聚合物时，由于配位环境的影响常常使得中心金属离子的几何构型发生畸变，偏离理想的几何构型；而部分主族和稀土金属离子的几何构型比较复杂，配位数可以到达9，甚至更高，常表现为五角双锥、六角双锥、帽形构型、半帽形构型、十二面体等配位几何构型，这是由于它们的离子半径较大，配位能力较强，配位数范围相对较宽引起的。显然，构筑特定连接方式的网络，必须选择具有合适配位结构的金属离子，才能形成特定类型的网络节点。另外，按金属中心离子的类别可分为过渡配位聚合物、稀土配合物和碱土配合物等。

在构筑配位聚合物过程中，以单金属为节点，通过合适的桥联配体组装配位聚合物。如由Zn(Ⅱ)或者Co(Ⅱ)离子作为单节点与咪唑（或咪唑衍生物）环上的N以4配位的方式自组装而成的一类沸石咪唑类骨架材料（ZIFs），如ZIF-8和ZIF-67，其合成较为简易，甚至可在室温下结晶。ZIFs材料具有类似于硅铝酸盐沸石的孔结构，表现出高的热稳定性和化学稳定性，易于功能化。华南理工大学王海辉教授团队利用快速电流驱动法一步制备出相对刚性且孔尺寸可调节的混合配体 ZIF-7_x-8 膜，其展现出对 CO_2/CH_4 良好的分离性能。在制备过程中先用刚性的 ZIF-8_Cm 相作为母体，引入不同比例较大的配体形成混合配体 ZIF-7_x-8 膜，从而达到连续调节膜孔尺寸，见图1-5显示的结构。其中，ZIF-7_{22}-8 膜对 CO_2/CH_4 的分离因子高达25，相比传统ZIF-8膜提高了近一个数量级，且具有长期的升降温稳定性。这种“刚性和缩孔”的双策略，可进一步应用于其他柔性多孔膜的制备，以提高气体分子的分离性能[45]。

铀酰离子种类繁多，具有丰富多变的价态，铀在配位化学方面同样具有特殊性和多样性，以单金属为节点，可组装出结构多样的配位聚合物。铀原子具有较大的原子半径，其5f、6d、7p轨道都可以参与共价键的形成。铀原子的配位数目多且复杂多变，例如四价铀的配位数可以达到15个甚至更高。六价铀的配位性质更为独特，其中U与两个O之间以叁键的形式结合，从而形成线形反式的三原子铀酰阳离子 UO_2^{2+}，导致六价的铀酰化合物形成独特的配位构型——多角双锥多面体结构。如图1-6所示，基于其独特的配位构型，具有零维、一维、二维或三维的各种新颖独特的铀酰配位聚合物被不断合成[46]。

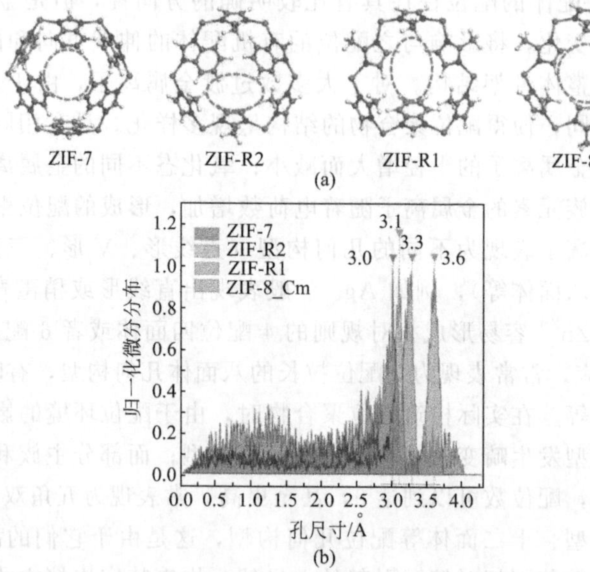

图 1-5 利用“刚性和缩孔”的双策略合成单金属为节点的 ZIFs 材料[45] (1Å=10^{-10} m)

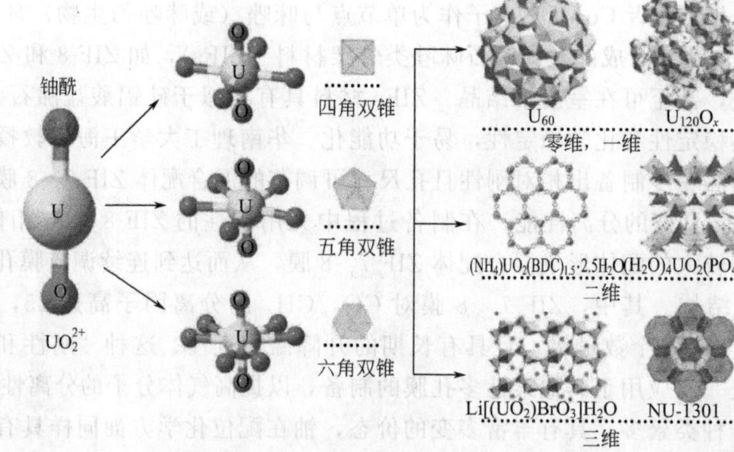

图 1-6 六价铀酰（UO_2^{2+}）特殊的配位构型及其形成的不同维度的结构[46]

以金属簇作为节点，通过有机桥联配体连接，同样可以获得结构丰富的配位聚合物。常见金属簇有四羧基桥联金属离子形成的双核结构［$M_2(COO)_4$］、μ_3-氧心或μ_3-羟基六羧基桥联［$M_3O(COO)_6$］和［$M_3(OH)(COO)_6$］结构和μ_4-氧心六羧基桥联［$M_4O(COO)_6$］结构等。这些作为节点的金属簇可称为次级结构单元（secondary building block，SBU），其配位几何对聚合物的结构具有重要的影响。选择合适的桥联有机配体，可以将特定的SBU连接成各种结构的配位聚合物。例如将三乙胺扩散到硝酸锌和对苯二甲酸的DMF/氯苯溶液中，并在溶液中加入少量双氧水（起促进O^{2-}形成的作用），可以制得由刚性四核、八面体的 SBU 组装成具有孔洞的三维配位聚合物 $[Zn_4O(1,4\text{-bdc})_3]\cdot 8(DMF)\cdot(C_6H_5Cl)$[47][见图 1-7(a)]。利用间苯二甲酸根和 Cu(Ⅱ) 离子组装，可以获得由具有弯曲几何的间苯二甲酸根连接 12 个 SBU 构成的零维金属簇配合物 $[Cu_{24}(1,3\text{-bdc})_{24}(DMF)_{14}(H_2O)_{10}]\cdot(H_2O)_{50}(DMF)_6(C_2H_5OH)_6$[48]。在这一超分子化合物中，SBU 通过间苯二甲酸根连接形成了直径为 1.5nm 的削角立方八面体笼状空腔 [见图 1-7(b)]。四羧基桥联的轮桨状（paddle-wheel）双核结构是最常见的双核 SBU，其中金属离子可以是 Cu(Ⅱ)、Zn(Ⅱ)、Co(Ⅱ)、Fe(Ⅱ)、Cd(Ⅱ) 以及具有金属多重键的 Mo(Ⅱ) 和 Ru(Ⅱ)。这一 SBU 可以简化为平面四边形节点。选择合适的多羧酸桥联配体与 Zn(Ⅱ) 和 Cu(Ⅱ) 离子等通过常规的溶液法及水热（溶剂热）反应，可以合成具有轮桨状 SBU 的配位聚合物。

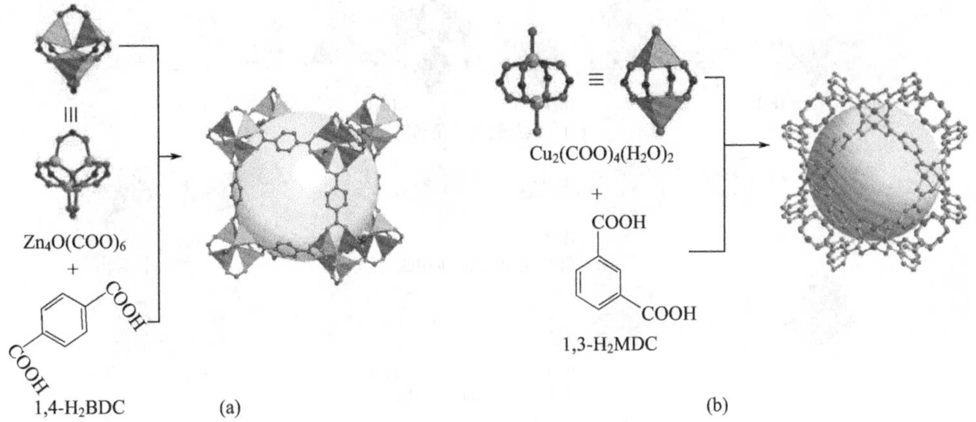

图 1-7 MOF-5 的结构单元(a)和$[Cu_{24}(1,3\text{-bdc})_{24}(DMF)_{14}(H_2O)_{10}]$削角立方八面体笼(b)

1.3.2 有机配体的影响

有机桥联配体作为“连接子”连接金属离子或离子簇，其配位点的数量、种类、配位方式及配体的几何构型等对配位聚合物的结构具有重要的影响。大多数配体主要采用单齿、多齿或桥联等模式与金属中心离子配位。而根据软硬酸碱规则，氮、氧、硫和卤素配位原子由于具有较强的给电子能力，使得配体易与金属离子结合形成稳定的配位聚合物。另外，这些原子的电负性较大，对周围电子产生吸引力，可形成分子间作用力，更有利于配位聚合物的构筑。有机桥联配体主要有含氮类（杂环类）配体及羧酸类配体，而对于芳香羧酸类化合物作为桥联配体，与金属离子配位，可构成空间构型各异的次级结构单元，见图 1-8 所示。SBUs 对配位聚合物骨架的延伸起到了重要的导向作用，具体可以分为三点、四点、五点、六点、八点、九点和十点等方向上延伸[49]，根据 SBUs 的特点可以预测目标产物的拓扑结构和功能。有机羧酸类配体具有多种配位模式，这主要由于其含有多个氧原子，而氧原子具有超强的配位能力，可得到热稳定性很高的金属有机框架结构。目前主要被用作桥联配体的是以芳香环为中心的刚性或柔性羧酸及其衍生物，这些羧酸化合物既可以与稀土离子合成配合物，又可以与过渡金属合成配合物。设计合成具有特定结构的配位聚合物，有机配体常选用具有一定尺寸的桥联配体，如图 1-9 所示。金属离子通过羧基连接构筑相同的次级结构单元，分别采用不同的芳香羧酸配体。由于 SBUs 可诱导桥联配体的空间延伸方向，从而导致特异性结构产生。含氮杂环类配体常采用含有氮原子的吡啶及其衍生物、咪唑及其衍生物或者叠氮等，它们能与金属离子形成牢固的 M—N 配位键，因此这类配体也被广泛地用于配位聚合物的构建。另外，含 N/O 混合类配体既具有含氮配体的稳定性，又具有含氧配体的多配位模式，因为它们更具备多繁复杂及稳定的配位环境，这也是这类配体的最大特点。在构筑配位聚合物时根据所采用有机配体不同，可将配合物分为不同类型，如羧酸类配位聚合物、含氮杂环类配位聚合物以及 N/O 混合类配位聚合物等。

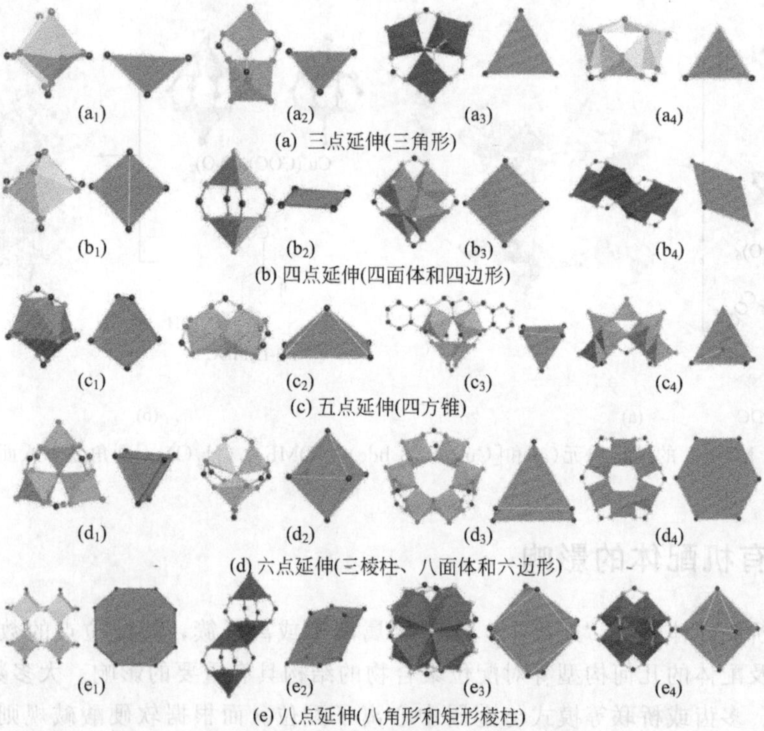

图 1-8　通过不同点形成的次级结构单元示意图[57]

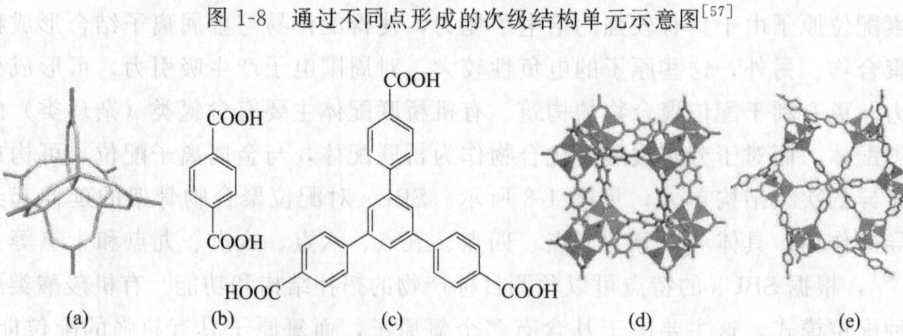

图 1-9　SBUs 可诱导桥联配体的空间延伸形成不同结构的配位聚合物

1.3.3 反应温度和反应物的摩尔比的影响

配合物的形成是一个动力学和热力学过程，反应物浓度和反应温度对反应体系和产物结晶有重要的影响。尤其是对于水热或溶剂热反应，调节不同的温度对配位聚合物的构筑具有至关重要的影响，不同温度下产生的结构可能不同。在配位聚合物构筑过程中，一般反应温度越高，反应物浓度越低，越有利于热力学产物的形成；而反应温度越低、反应物浓度越高，则越有利于动力学产物的形成。水热合成法是一种构建高维配位聚合物的有效方法。例如，丁二酸与Co(Ⅱ) 离子的组装系统可以很好地说明控制反应温度的重要性[50]。假设起始反应物的成分与比例相同，均为氢氧化钴：丁二酸：水≈1：1：28，控制反应温度范围为60～250℃，从低温下的传统溶液反应，到高于100℃的水热反应，如图1-10所示，在5个不同温度下分别获得不同的结构。当反应温度在60～100℃条件下，产物为单核水合钴为结构基元的一维配位聚合物，其中羧酸根采用单齿配位模式。当反应温度超过100℃，钴离子配位水分子数目减少，由羧基桥联钴多面体增加，并出现羟基配位基团。不过，羟基数目并没有呈线性增加的趋势。这表明结构因素在决定产物的化学配比方面起着更加重要的作用。在组装配位聚合物时，通常随着反应温度的升高，相对于金属离子的数量，产物中配体和水分子数量趋向减少，高温反应有利于产生氢氧根桥甚至二价氧桥。

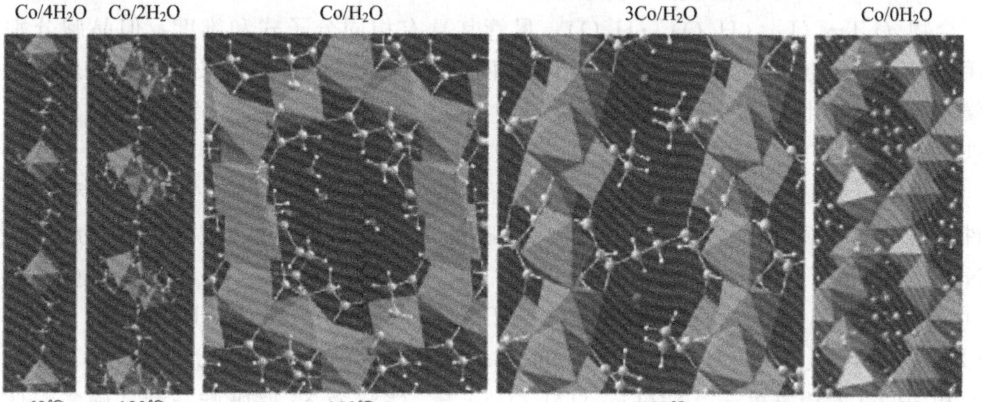

图1-10 丁二酸与Co(Ⅱ) 离子在不同反应温度下反应产物的结构[50]

反应温度还可能成为控制配位聚合物同分异构体转变的因素。依赖温度变化的热力学有机配体异构转变可用于合成动力学上异构配位聚合物。例如周宏才教授课题组展示了一种具有独特的温度依赖异构多孔铜基配位聚合物 $[Cu_2(TCPPDA)(H_2O)_2]_n$ [TCPPDA=N,N,N',N'-四(4-羧基苯基)-1,4-苯二胺]，由于柔性四羧酸可采用正方形 C_{2h} 和四面体 D_2 两种可相互转换的异构体，当桨轮状 $[Cu_2(COO)_4]$ 单元通过 C_{2h} 和 D_2 对称的异构配体连接时可分别形成 lvt 和 pts 型拓扑网络结构。如图1-11所示，这两种异构配位聚合物是在反应温差仅为5℃（115℃和120℃）下完成的[51]。因此，温度诱导的异构现象也可能在配位聚合物结晶过程中发挥关键作用。在使用另一种柔性四羧酸合成的配合物 $[Cu_2(mdip)(H_2O)_2]_n$（mdip＝5,5′-亚甲基二异邻苯二甲酸酯）时，也观察到了类似的结构[52]。

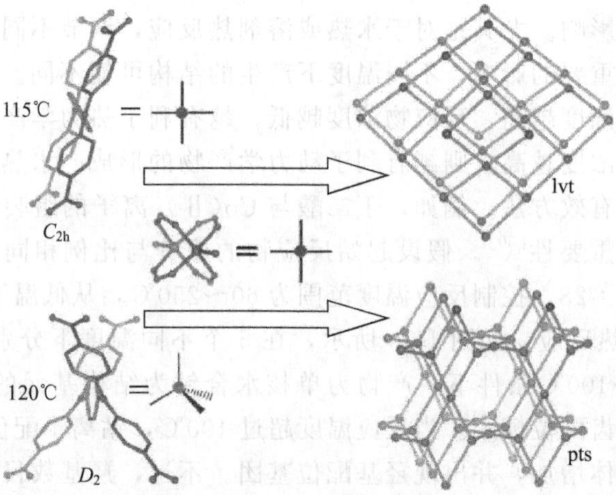

图 1-11　一种具有独特的温度依赖异构现象的多孔铜基配位聚合物

温度可以影响配体的空间构型。2013 年，Junior 等[53] 在水热条件下采用 $TmCl_3·6H_2O$ 与琥珀酸反应，通过温度（100℃和 180℃）的调控合成了两个三维配位聚合物（$[Tm_2(L)_3(H_2O)]·H_2O$）。尽管其具有相同分子式和维度，但晶胞分别采用单斜或三斜空间群。这是由于琥珀酸在两种不同的温度下分别采用顺式和反式配位模式连接 Tm(Ⅲ) 离子。因此，控制反应温度可以通过影响配位聚合物的晶体生长来获得不同空间群的结构。

温度可以影响配位聚合物的超分子异构现象。Kanoo 等[54] 采用室温和水热条件，通过萘二磺酸（2,6-nds）和 4,4′-联吡啶（4,4′-bipy）混合配体策略合成了四种 Ni(Ⅱ) 配位聚合物，即 $\{[Ni(bipy)(H_2O)_4](2,6\text{-nds})·4H_2O\}$（室温）、$\{[Ni(bipy)(H_2O)_4](2,6\text{-nds})·2H_2O\}$（140℃）、$\{[Ni(bipy)(H_2O)_4](2,6\text{-nds})\}$（120℃）和 $\{[Ni(bipy)(H_2O)_4](2,6\text{-nds})·2H_2O\}$（100℃）超分子异构体。它们具有相同的基本构筑单元 $[Ni(bipy)(H_2O)_4]^{2+}$，链状的 Ni-联吡啶与萘二磺酸配体通过不同的分子间相互作用形成了稳定的多孔结构。在不同温度条件下，Zhang 等[55] 采用 Cu(Ⅱ) 离子与 2,3-双(叔丁基硫甲基)喹啉（L）反应，分别在室温和 0℃下制备了两种不同结构的配合物 $[(Cu(L)I]_2$ 和 $\{[Cu_2(L)I_2](CH_3CN)_3\}$。在结晶过程中，0℃条件下乙腈溶剂分子参与了配合物的结晶，与 2,3-双（叔丁基硫甲基）喹啉配体形成 C—H…N 和 N—H…N 氢键，从而使得配合物表现出不同的超分子异构现象。

反应物的摩尔比也是合成配位聚合物的重要因素，因为配位聚合物的拓扑结构与反应物的化学计量数有关。Luan 等[56] 通过调节配体与金属的摩尔比合成了三种铜基配位聚合物，表现出三重交错编织结构。配位聚合物 $\{[Cu_4(bpp)_4(maa)_8(H_2O)_2]_n·2nH_2O\}$ 是在甲醇和乙腈混合溶液中以 bpp：$[Cu(maa)_4·2H_2O]$＝2：1 为原料合成的，其表现出以单核为节点形成的螺旋链三重交错分子结构。配合物 $\{[Cu_3(maa)_6(bpp)_2]_n\}$

是以反应物摩尔比为1.5∶1合成的，结构是由单核和双核节点构成的一维“锯齿”形链交错组成。配合物 {[$Cu_2(maa)_4(bpp)$]$_n$} 是以反应物摩尔比1∶1合成的，它是由双核节点形成的一维“之”字形链平行排布组成。2008年，Liu等[57] 研究了在硫氰酸盐离子存在下，调节金属离子与配体的摩尔比来影响Co(Ⅱ) 离子和柔性1,2-双(四唑-1-基)乙烷（btze）组装的配位聚合物结构。当将Co(Ⅱ)/btze按1∶1和1∶2的摩尔比进行反应，分别合成了 {[$Co(btze)_2(SCN)_2$]$_n$} 和 {[$Co(btze)_3(SCN)_2$]$_n$} 配位聚合物。其中 {[$Co(btze)_2(SCN)_2$]$_n$} 表现出二维层状结构，其由较短的btze配体连接金属离子形成了具有二重平行穿插的网格状层。{[$Co(btze)_3(SCN)_2$]$_n$} 由一维链状结构组成，通过增加反应物摩尔比1∶2，在相同的反应条件下使用过量的btze配体进一步扩展形成了三维结构。

Wu等[58] 以4,4′-二吡啶硫化物（dps）和4,4′-(六氟异丙基)双(苯甲酸)（$H_2hfipbb$）配体不同化学计量数比作为混合配体，在溶剂热条件下合成了三种锌基配位聚合物。结果表明，[$Zn(hfipbb)(H_2hfipbb)_{0.5}$]$_n$（摩尔比为$Zn/H_2hfipbb/dps$＝1∶1∶0.25）为二重平行互穿柱状三维网络结构，通过调节配体的摩尔比，分子式相同的 [$Zn_2(hfipbb)_2(dps)(H_2O)$]$_n$ 互为异构体，分别表现为非穿插的双峰连接的三维网络和二重互穿的双峰连接的三维网络结构（图1-12）。为了进一步探究金属和配体的摩尔比对配位聚合物结构的影响，Yin等[59] 基于1,2,4-三唑（TAZ）配体，在只改变反应物的摩尔比条件下合成了两种Cd(Ⅱ) 配位聚合物。其中，{[$Cd_3Cl_3(TAZ)_3(DMF)_2$]$_n$} 是以金属/配体摩尔比为1∶2.2合成的，呈现出三维骨架结构，而调节金属/配体摩尔比为1∶7.7获得了一维 {[$CdCl_2(TAZ)$]$_n$·$n(H_2O)$}。对比二者发现，配体TAZ的配位数从3减少到2，结果它们的骨架结构从1D到3D进行变化，表明配位聚合物的结构依赖于反应物的摩尔比。

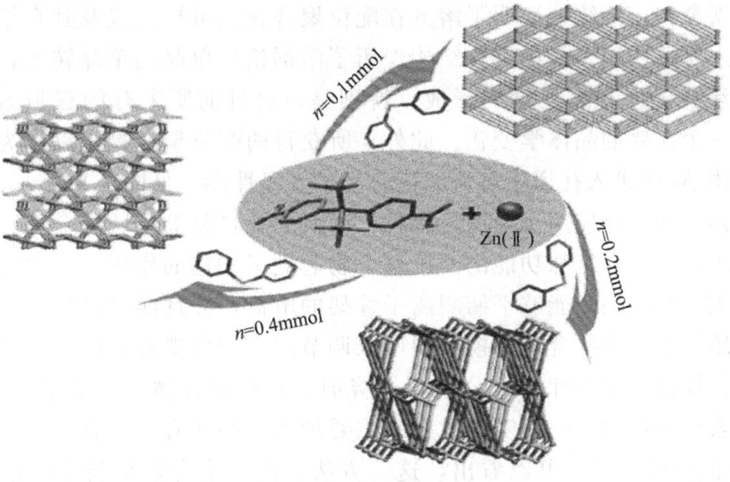

图1-12 以dps和$H_2hfipbb$为共配体在反应物不同配比下获得的Zn(Ⅱ) 配位聚合物[58]

1.3.4 溶剂和模板剂的影响

溶剂热合成法常用的有机溶剂有醇类（如甲醇、乙醇、丙醇、丁醇、乙二醇、甘油）、胺类（如乙二胺、三乙胺、N,N-二甲基甲酰胺、乙醇胺、DMSO、环丁砜、吡啶）等。有机溶剂由于带有不同的官能团，种类繁多，具有不同的极性、介电常数、沸点和黏度等，性质差异很大，不仅直接影响反应物和产物的溶解度，而且会导致合成路线和合成产物结构的多样性。除了起溶解反应物之外，溶剂分子的可能效应大致可以分成两类：①如果溶剂分子存在于产物之中，主要起模板剂的作用；②如果溶剂分子不存在于产物之中，则在配位聚合物组装过程中起反应环境的作用。例如，2-乙基咪唑（Heim）可以与Cu(Ⅱ）盐反应，生成“之”字形链状的2-乙基咪唑合一价铜聚合物。将1∶1的碱式碳酸铜和Heim溶于5mL氨水（25%），加3mL环己烷，经过搅拌后，通过溶剂热反应在160℃下加热80h，可以制得“之”字形链状聚合物[Cu(eim)]（α相）[59]。在保持反应的配比、温度和时间等条件不变的情况下，将3mL环己烷换成2mL水，产物分子式与前一产物完全一致，且结构依然为一维结构。但是其超分子结构却变为三螺旋链状结构（β相）。每股螺旋链的结构虽然类似于α相中“之”字形链，但是相邻配体的相对取向不同，从而导致三螺旋结构与“之”字形链两种不同的异构体。引起这种差别的原因是咪唑配体上的乙基为疏水基团，当结晶环境中没有疏水有机成分时，其构象倾向于相互靠近。因此，在没有加入环己烷时，这种构象倾向于三螺旋链的形成，乙基聚集于三螺旋结构的中心位置，避开了与水的直接排斥作用。相反，在反应体系中加入环己烷时，结晶环境中存在疏水性的环己烷分子，乙基不发生聚集，可以相对舒张，因此产物的结构为“之”字形链。

溶剂不同，在组装过程中可影响中间产物和最终产物，还可以诱导单晶到单晶（SCSC）转变。2012年，徐强教授课题组[60]以溶剂作为唯一变量，构建了5种不同结构的配位聚合物，系统地证明了溶剂在配位聚合物的可控合成及其在结构转化过程中起着至关重要的作用。其中一种结构经历了溶剂诱导单晶到单晶转变，不仅涉及溶剂交换，还涉及机理和配位键的形成。特别是，通过前所未有的三步SCSC转换过程，实现了一个重要的晶体学变化。此外，所获得的配位聚合物可以作为一个优良的宿主，发色团Alq3进入孔道中可调制配合物的发光性能，见图1-13。

模板法是一种广泛应用于金属配合物、无机多孔材料等领域的合成方法。模板剂对构筑具有不同结构和特殊功能的配位聚合物起到了关键的作用，如含氮杂环碱性模板剂（吡啶类、咪唑类）能够平衡阴离子骨架的电荷，并且能促进含羧基有机配体不同程度的去质子化。选择合适的模板剂可以调节多孔配位聚合物的孔径尺寸、孔体积和孔的形状。模板剂根据性质可分类为：溶剂、有机化合物、配位化合物、无机物、气体分子及表面活性剂。一般实验过程中主要加入溶剂和有机化合物作为模板剂（图1-14）。从下面介绍的例子可以看出，这一方法在配位聚合物组装中也已被证明是非常有效的方法。

例如，在2005年，M. J. Zaworotko[61]课题组基于锌离子和均苯三羧酸、异喹啉为反应原料，在反应过程中分别加入苯和氯苯作为模板剂，合成了两种具有不同三

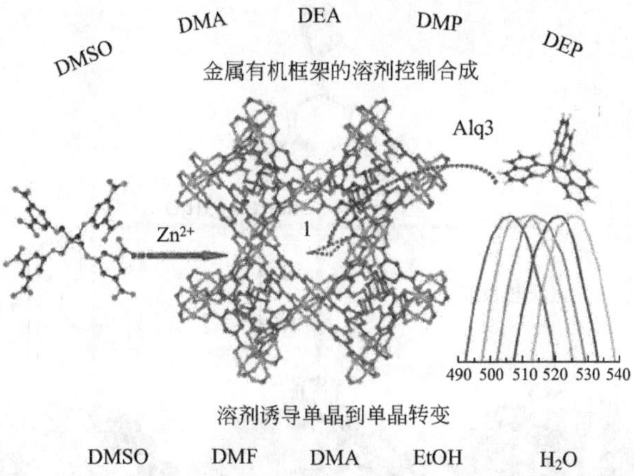

图 1-13 溶剂诱导配位聚合物的可控合成及其结构转化

DMSO—二甲基亚砜；DMA—*N*,*N*-二甲基乙酰胺；DEA—二乙醇胺；
DMP—邻苯二甲酸二甲酯；DEP—邻苯二甲酸二乙酯

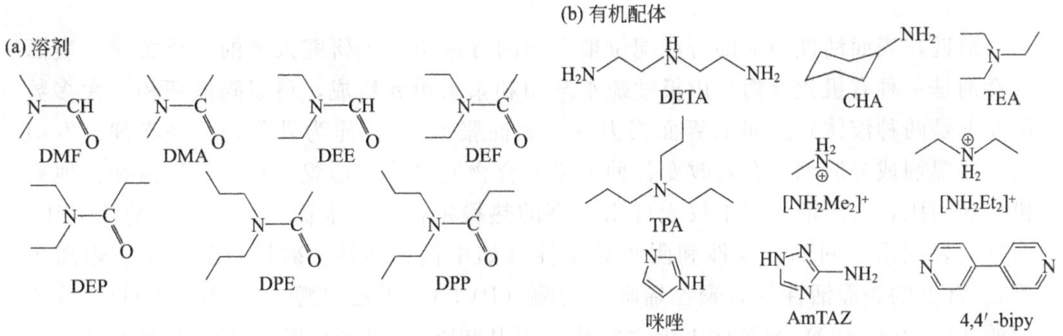

图 1-14 常见的模板剂（a）溶剂和（b）有机配体的结构示意图

DMF—*N*,*N*-二甲基甲酰胺；DMA—*N*,*N*-二甲基乙酰胺；DEE—*N*,*N*-二乙基甲酰胺；
DEF—*N*,*N*-二乙基乙酰胺；DEP—*N*,*N*-二乙基丙酰胺；DPE—*N*,*N*-二丙基乙酰胺；
DPP—*N*,*N*-二丙基丙酰胺；DETA—二亚乙基三胺；CHA—环己胺；TEA—三乙胺；
TPA—三丙胺；$[NH_2Me_2]^+$—二甲氨基；$[NH_2Et_2]^+$—二乙氨基；
AmTAZ—3-氨基-1,2,4-三唑；4,4′-bipy—4,4′-联吡啶

元网络结构的 USF-3 和 USF-4。随后苏忠民教授课题组[62] 进一步基于锌离子和均苯三羧酸在不同溶剂分子（DMF、DMA、DEE、DEF、DEP、DPE 和 DPP）作为模板剂条件下，合成了一系列具有不同孔径的多孔晶体结构，结果表明溶剂分子可以诱导结构多样性和孔洞的尺寸大小。另外，溶剂分子填充到金属有机框架形成的孔洞中，能够有效地避免形成穿插结构。有机配体也常被用来作为模板剂构筑不同构型的配位聚合物。例如在 2011 年，Banerjee 教授课题组[63] 在利用 5-三唑苯二羧酸和 $Mn(NO_3)_2 \cdot xH_2O$ 在反应过程中通过不加模板剂和添加吡啶和 4,4′-联吡啶作为模板分子，得到了 3 个从无孔到有孔的三维网络结构，并且形成的孔径大小和孔体积不同（图 1-15）。

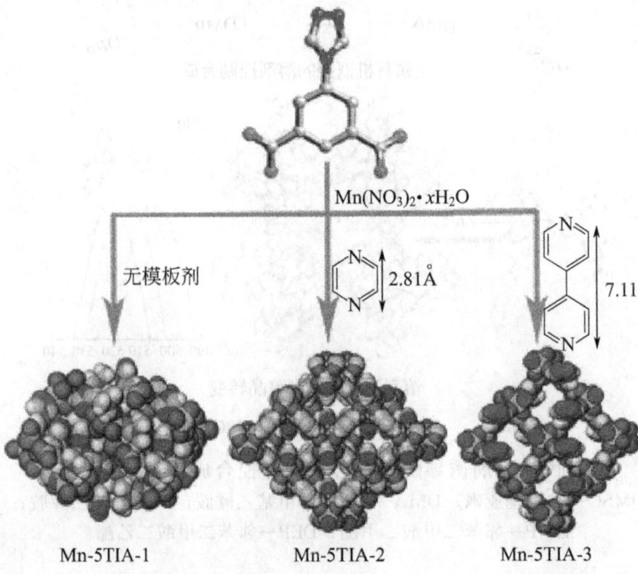

图 1-15　在反应中过程中加入不同尺寸的模板剂合成了三个 Mn 配位聚合物[63]

最近，表面活性剂辅助合成配位聚合物的方法引起了研究人员的广泛关注。表面活性剂是一种有机化合物，由极性疏水基团和亲水单元组成，可以降低两相（大多数情况下是两种液体）之间的界面张力（或表面张力），可作为乳化剂、洗涤剂、发泡剂、润湿剂或分散剂来有效改变各种配位聚合物的尺寸和形貌。与离子液体和其他有机溶剂相比，表面活性剂不仅表现出较高的热稳定性、化学稳定性和较低的蒸气压，而且还表现出不同的酸碱性和阴阳离子性（如中性、酸性、碱性、阴离子、阳离子等)。常见的表面活性剂有聚乙烯吡咯烷酮（PVP)、聚乙二醇-200(PEG-200)、聚乙二醇-400(PEG-400) 和氯化 1-十六烷基-3-甲基咪唑（[Hmim]Cl) 等，见图 1-16。

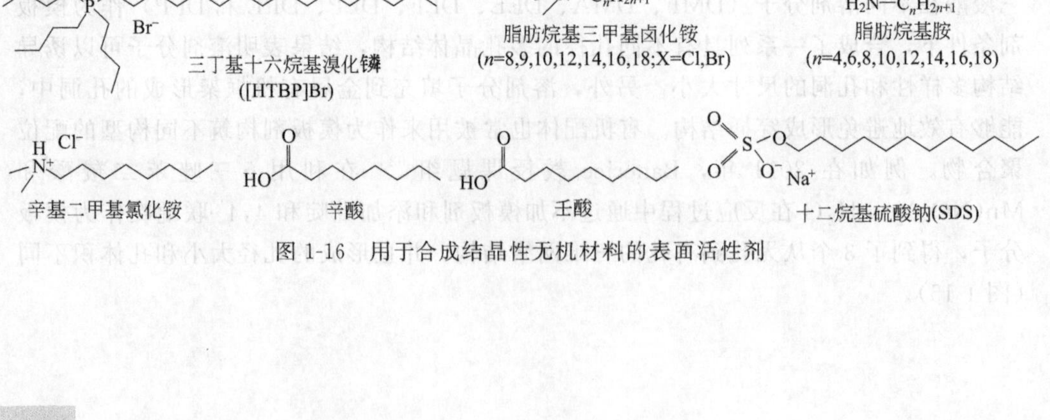

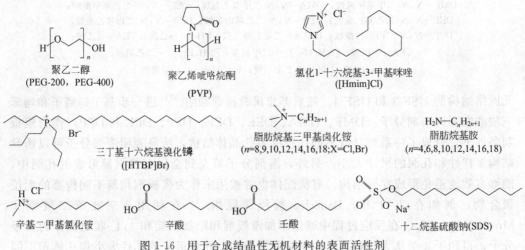

图 1-16　用于合成结晶性无机材料的表面活性剂

表面活性剂可有效控制目标配位聚合物纳米晶体的大小和形状。例如2016年，张其春教授课题组以3,5-[二(2′,5′-二羧基苯基)]苯甲酸、4,4′-bipy与$AgNO_3$为原料，在表面活性剂辅助下成功合成了一例新型的三维Ag-MOF[Ag_2(ddcba)(4,4′-bipy)$_2$][64]。结果显示，Ag-MOF表现出三连接的$ThSi_2$拓扑三维网络结构，该Ag-MOF对邻、间、对硝基苯酚表现出良好的催化活性。

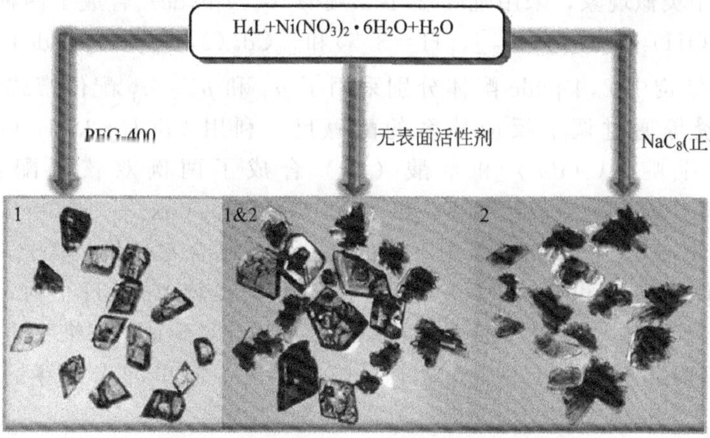

图1-17 表面活性剂诱导MOFs从两种混合相分离的示意图

表面活性剂可辅助分离配位聚合物为纯单相。2015年，张其春教授课题组首次成功分离出两种纯单相配位聚合物[65]。如图1-17所示，在水热条件下，将$Ni(NO_3)_2\cdot 6H_2O$、H_4L、bpy和H_2O混合，一锅反应同时得到了[$Ni_2(H_2L_2)(bpy)_2$]·$2H_2O$（黄绿色块晶）和$Ni_2L(bpy)_{1.5}$（亮绿色团簇晶）混合物。虽然在光学显微镜下可以通过手工分离获得用于进行X射线单晶衍射实验的两种单晶，但是若在显微镜下获得足够数量的纯相晶体，用于性质研究是一项极其繁琐的工作。通过控制反应温度、金属配体的摩尔比和不同的溶剂，尝试获得两种配位聚合物的纯相均未成功，当在上述反应体系中分别加入聚乙二醇-400(PEG-400)或正辛酸钠（NaC_8），最终成功获得两种配位聚合物的纯单相。其原因是每种表面活性剂只能促进单相晶体生长，而抑制其他相的生长，即两种不同的表面活性剂分别促进相应配位聚合物单晶的生长。

1.3.5 pH值的影响

众所周知，无机-有机杂化材料的结晶和生长在很大程度上受反应介质的酸碱度的影响，尤其在采用羧酸类衍生物、多金属氧化物和咪唑类衍生物来构筑金属有机框架结构时影响较大。pH值的调节可使羧酸或咪唑类衍生物不同程度的去质子或质子化，使得配体采用多种配位模式结合多个金属离子构成结构多样的配位聚合物。对于芳香多羧酸类配体，羧基不同程度的脱去质子进一步形成分子间相互作用（氢键），从而稳固结构或者构筑超分子网络结构。对于多金属氧化物在构筑配位聚合物时，由于多金属氧化物显示较小的负电荷，其配位能较弱，并且多金属氧化物对反应条件较敏感，当反应过程中调节不同的pH值时，会使配位聚合物呈现多样化的结构。根据酸碱概念，反应体系的 pH 值作为外界影响因素，对反应物羧酸配体所采用的配位模式有显著影响。2010 年，Zhang 等采用柔性配体 1，3-adamantanediacetic acid (H_2ADA)，在 pH 值为 5、6 和 7 时，分别合成了三种不同组成和维数的配合物 $[Co(HADA)_2(bpp)]_n$、$\{[Co(ADA)(bpp)(CH_3OH)]\cdot H_2O\}_n$ 和 $[Co_2(ADA)_2(bpp)]_n$。结果表明，由于反应体系 pH 值不同 H_2ADA 采用不同的配位模式[66]。2012 年，Meng 等也报道了类似现象，采用吡啶-2,4-二羧酸（2,4-pydc）合成了两种三维镉配位聚合物 $[Cd_3(OH)_2(2,4\text{-pydc})_2]$（pH＝8.5）和 $\{[Cd_2(2,4\text{-pydc})_2(bde)]_2\cdot H_2O\}$（pH＝4.5），在结构中 2,4-pydc 配体分别采用了 μ_5 和 μ_3、μ_4 配位模式[67]。西北大学胡怀明教授等通过调节反应体系的酸碱度，利用 $CdCl_2\cdot 2.5H_2O$、4-羧基-4,2′,6′,4″-三联吡啶（CTPY）和草酸（ox）合成了两例双核镉配位聚合物 $[Cd_2(CTPY)_4]_n\cdot 2nH_2O]$（pH＝7.5）和 $[Cd_2(CTPY)_2(ox)]_n$（pH＝5.5）。在这里，由于 pH 值不同，CTPY 配体采用不同的配位模式结合 Cd(Ⅱ) 离子，同时草酸作为模板剂参与配位过程也依赖于反应体系的 pH 值。在较高的 pH 值时，草酸可看作是反应介质，不参与 $[Cd_2(CTPY)_4]_n\cdot 2nH_2O$ 的构建，形成了三维穿插框架结构，在较低的 pH 值时，草酸与 Cd(Ⅱ)离子配位，形成了简单的未互穿的三维框架结构[68]。

反应体系 pH 值会影响配位聚合物维度以及金属簇。南京大学孙维银组采用 *N*-(3-羧基苯基)亚氨基二乙酸（HL）在不同 pH 条件下合成了四种配位聚合物，即 $[Cd(HL)(H_2O)]$、$[Co(HL)(H_2O)]$、$[Cd(HL)(H_2O)_4]$ 和 $\{[Cd_3(L)_2(H_2O)_9]\cdot 7H_2O\}$，对于前三种配合物，采用 pH＜7，HL 配体仅部分去质子化，结合 Cd(Ⅱ) 离子形成了二维层状结构，对于第四种配合物，反应体系 pH 为 7，羧基全部去质子化，形成了复杂的三维网络结构[69]。福建物质结构研究所洪茂椿教授等对 pH 影响配位聚合物的研究也表明，反应的 pH 值越高，配合物的维数越高。采用混合配体体系 3,3′,4,4′-二苯基磺基四羧酸（H_4dpstc）和邻菲啰啉（phen），得到了一系列镉基配位聚合物。在反应体系 pH 值为 7 时，H_2dpstc^{2-} 阴离子部分去质子化，合成的配合物表现为零维双核结构；当反应体系 pH 值增加到 8、10 或大于 12 时，配合物的结构由一维链转变为 2 种二维层状结构。研究表明，在不同的 pH 条件下，各羧酸根的 pK_a 值不同，去质子化程度不同，从而影响了配合物维度的扩展。当 pH 大于 12 时，由于金属盐转变为 $M(OH)_2$，很难再参与自组装过程，从而得到低维结构[70]。

反应体系 pH 值会影响金属簇的变化。如图 1-18 所示，在反应过程中调节不同的 pH 值，采用 1,2,4,5-苯四羧酸和 Al(Ⅲ) 离子自组装形成了具有不同无机金属链的三维网络结构[71]。1,2,4,5-苯四羧酸配体随着 pH 值增大，去质子程度增加，参与配位的羧基氧数增多。在酸性条件下，八面体构型的 Al(Ⅲ) 离子采用共顶点的方式连接形成了无机金属链，而在碱性条件下金属离子间通过共边方式相互连接。

另外，配合物的颜色也受 pH 值的影响。2013 年，Luo 等通过调节反应体系的 pH 值合成了三种不同颜色的羧酸钴配位聚合物粉红色 $\{[Co(L)(HBTC)_2(\mu_2\text{-}H_2O)(H_2O)_2]\cdot 3H_2O\}$（pH ＝ 5）晶体，紫色的 $\{[Co_3(L)_2(BTC)_2]\cdot 4H_2O\}$（pH ＝ 7）晶体

均苯四羧酸铝金属-有机框架		有机配体配位构型	无机网络结构	初始pH值
MIL-120	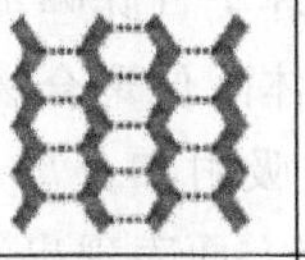	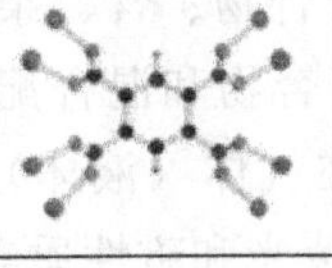		12.2
MIL-118	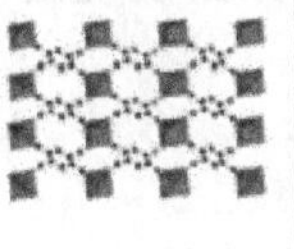	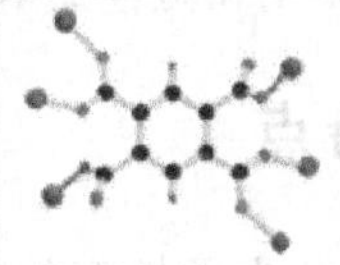		2
MIL-121	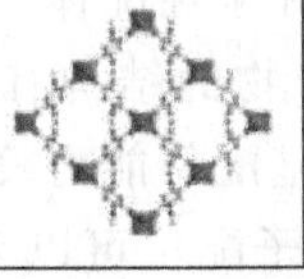	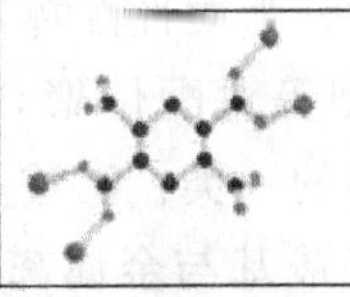	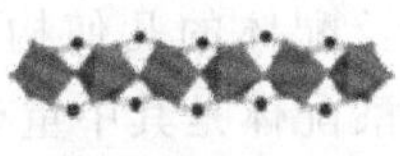	1.4

图 1-18　酸碱 pH 值对构筑 Al(Ⅲ) 金属簇结构的影响[61]

以及棕色{[Co_2(L)(BTC)(μ_2-OH)(H_2O)$_2$]·2H_2O}(pH=9)晶体。反应体系酸碱度不同，导致了均苯三羧酸不同程度的去质子化，在 pH=5 时 $HBTC^{2-}$ 被部分去质子化，在 pH=7 和 9 时 BTC^{3-} 被完全去质子化[72]，同时均苯三羧酸的配位模式各异(图 1-19)。

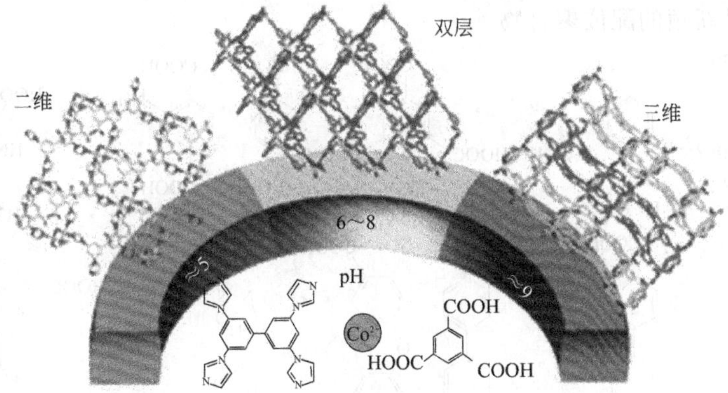

图 1-19　通过 pH 值调控影响配合物的结构和颜色

1.4　芳香性羧酸类配位聚合物

近年来，随着配位聚合物研究的深入，大量种类繁多、结构新颖的配位聚合物被设计、合成出来，随之产生的分类方法也很多。目前比较常用的分类方法有：①将原子、分子或基团作为节点，连接基团或分子间相互作用力作为连接子，将复杂配位聚合物的结构简化成点和线的连接关系，将其分为一维、二维和三维超分子网络；②按配位聚合物骨架结构的不同，将其分为一维链状、二维层状和三维网状聚合物；③按金属中心离子的不同，可分为过渡金属配位聚合物、稀土金属配位聚合物、碱金属和碱土金属配位聚合物等；④根据构成配位聚合物的有机配体的不同，可分为芳香性羧酸类配位聚合物、脂肪族羧酸类配位聚合物、含氮杂环类（咪唑类、吡啶类、三唑和四唑类等）配位聚合物、磷酸类配位聚合物和混合配体配位聚合物。而芳香性羧酸配位聚合物是其中最重要的一类，它们在气体（液体）吸附和分离、分子或离子识别、选择性催化（光催化）、非线性光学、荧光和磁性质等方面表现出潜在的应用前景。

1.4.1 芳香性羧酸类配体的特点

构筑配位聚合物最常用的有机配体分为柔性配体和刚性配体，配体的配位点的种类、个数、配位方式及配体的几何构型等对配位聚合物的结构有重要的影响。如图1-20所示，芳香性羧酸配体是其中重要的一类：①羧基配位能力较强，能与多种金属离子配合，且能连接多个金属离子；②羧基与金属离子配位可以采用多种配位模式，如单齿、双齿、螯合和桥联模式（顺-顺、顺-反、反-反和 μ-oxo）（图 1-21）；③羧基可以去质子化，作为给体或受体形成氢键，从而形成超分子配合物；④芳香环的存在使得配体具有一定的刚性，有利于形成共轭体系结构，进一步稳固配位聚合物；⑤芳香性羧酸具有一定的空间构型。因此，它们与金属离子结合可以形成结构多样且具有不同功能的配位聚合物。对于联苯多羧酸配体，羧基可占据苯环上不同的位置，且空间取向灵活，能提供多个配位点，易于结合金属离子，或者形成金属离子簇，从而形成结构多样且新颖的配位聚合物。

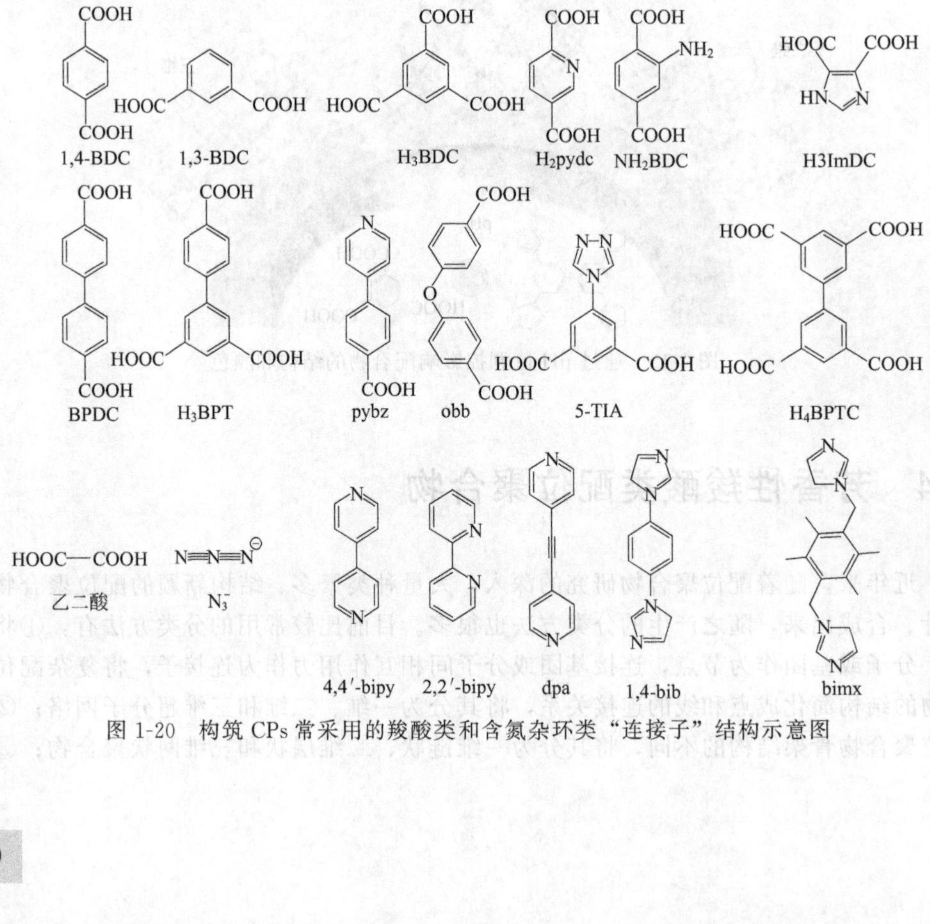

图 1-20 构筑 CPs 常采用的羧酸类和含氮杂环类“连接子”结构示意图

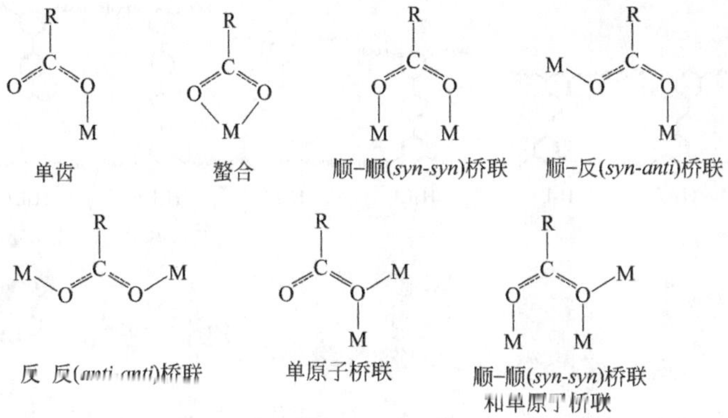

图 1-21　构筑配位聚合物骨架羧基采用的配位模式

1.4.2　芳香性羧酸配合物的设计与组装

目前合成的羧酸类配合物数量很多，其中含有多孔的配位聚合物是最具有应用前景的一类，然而按预期设计、合成具有特定功能的目标配位聚合物还存在很大的挑战。金属离子和具有刚性的羧酸类配体组装易形成具有孔洞的配位聚合物，对这类配体采用化学方法修饰具有功能性的基团或延伸配体的长度，可以有效地合成具有特殊功能或不同尺寸的多孔配位聚合物。目前已报道的多孔有机骨架结构，所采用的金属离子主要有过渡金属离子（如 Cr^{3+}、Mn^{2+}、Co^{2+}、Ni^{2+}、Cu^{2+}、Zn^{2+}、Cd^{2+}、ZrO^{2-} 等)、主族金属离子（如 Mg^{2+}、Al^{3+}、In^{3+} 等）和镧系金属离子，而合成方法也层出不穷。

(1) 基于芳香性羧酸配体修饰设计组装的配位聚合物

如图 1-22 所示，2014 年，Martin Schröder 教授课题组在 *Accounts of Chemical Research* 发表的关于芳香性四羧酸配体和 Cu(Ⅱ) 离子组装形成具有桨轮状结构单元的配位聚合物的综述[73]。他们成功地将不同的线性或平面基团引入到联苯四羧酸配体的两个苯环之间，有效地延伸了配体的长度，不同的芳香性四羧酸作为平面 4-连接点与 4-连接的 {$Cu(Ⅱ)_2$} 单元组装形成了不同的笼状网络结构，表现为 (4,4)-连接的 fof 型拓扑网络，当配体骨干延伸到一定程度时，形成了穿插型的网络结构。对于非穿插的 fof 型结构的孔容积随着配体长度的增长明显增大，有效地提高了这些结构的孔径和比表面（1640～2960m^2/g)，其对氢气吸附能力也随着配体骨干的增长而增强（如 NOTT-100～NOTT-102)。在其他类型的设计中，不改变配体的骨架，通过化学修饰在苯环上添加功能性官能团，从而设计出具有特异性功能的结构，可作为分子识别[74]、光催化[75] 或光学性材料[76]。

(2) 基于金属簇设计组装的配位聚合物

基于羧酸类金属簇合成结构新颖的配位聚合物是一种有效方法，常形成的羧酸金属簇包含双核、三核和四核等更多核的金属簇单元。吉林大学朱广山课题组[77] 通过线性的芳香性羧酸配体合成了具有七核锌离子簇的配位聚合物，羧基和水分子连接七

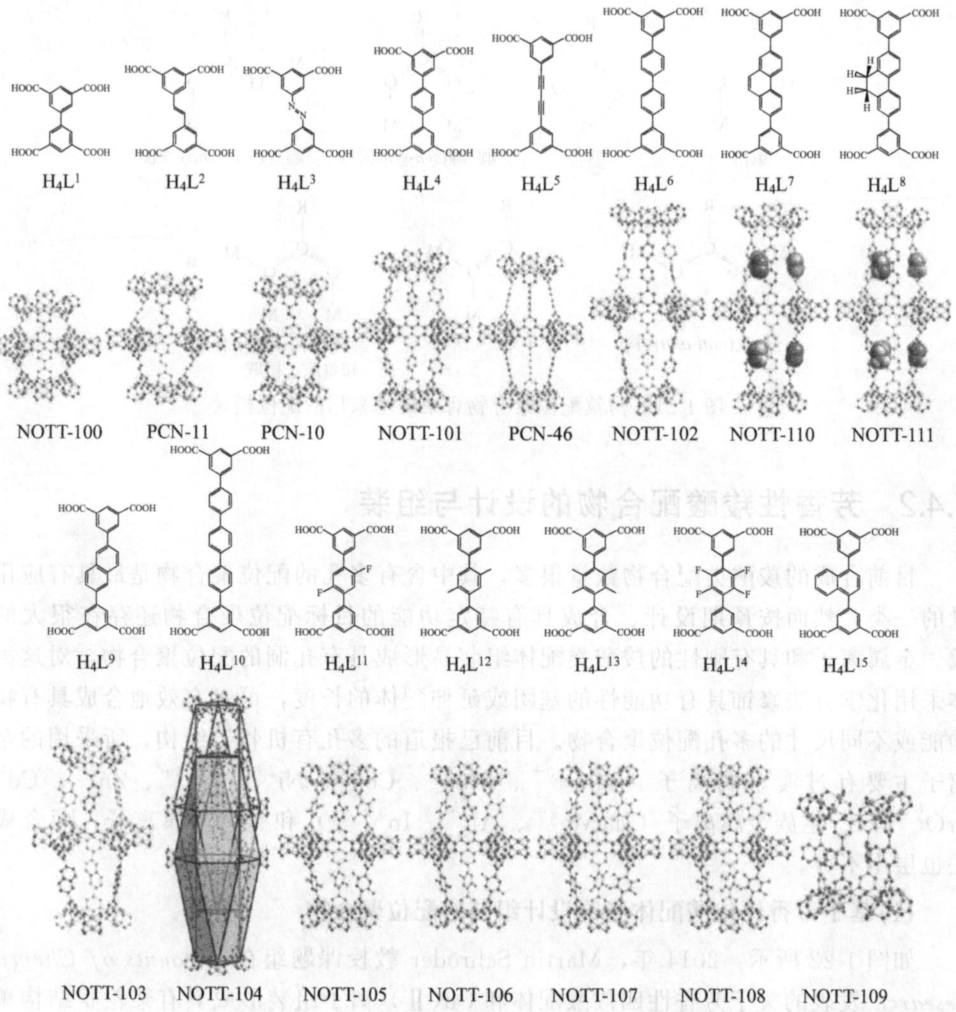

图 1-22 芳香性四羧酸配体和 Cu(Ⅱ) 离子组装形成具有桨轮状次级结构单元的配位聚合物[73]

个锌离子形成了 $Zn_7O_4(CO_2)_{10}$ 的金属簇单元，其尺寸为 9.8Å×9.8Å×13.8Å，进一步通过 PDA 连接子连接形成了孔径为 17.3Å 的三维网络结构（JUC-37），其对水分子和甲醇分子表现出良好的吸附效果。随后他们又合成出一系列不同金属簇的网络结构（JUC-35 和 JUC-36）[78]，同样表现出较大的孔径和孔体积。在形成羧酸金属簇过程中，水分子作为桥联配体起到了关键的作用，可以延伸羧基金属簇成为更大的金属簇。2019 年，中国石油大学孙道峰等以芳香三羧酸配体为基础，通过不同位阻取代基修饰，得到了六种不同的三连接配体，构筑了三种具有新型拓扑结构的稀土配位聚合物[79]。其中具有 C_{2v} 对称性的三联苯三羧酸配体采用不同类型基团官能化后，由于空间位阻不同，迫使两个边缘苯环垂直于中心苯环，使得配体表现出不同的构型，连接 RE_6 簇形成了 (3,9)-连接的 sep 型拓扑，当 C_1 对称性的非官能团化配体连接 RE_6 簇时，RE_6 簇通过金属插入重新排列成新的 RE_9 簇，从而产生了新的 (3,3,18)-连接的 ytw 型拓扑结构。更有趣的是，通过混合配体策略将取代基位阻大小不同的配体组合，基于空间位阻的调控可以获得 RE_9 簇（3,3,12)-连接的 flg 型拓扑结构（图 1-23）。

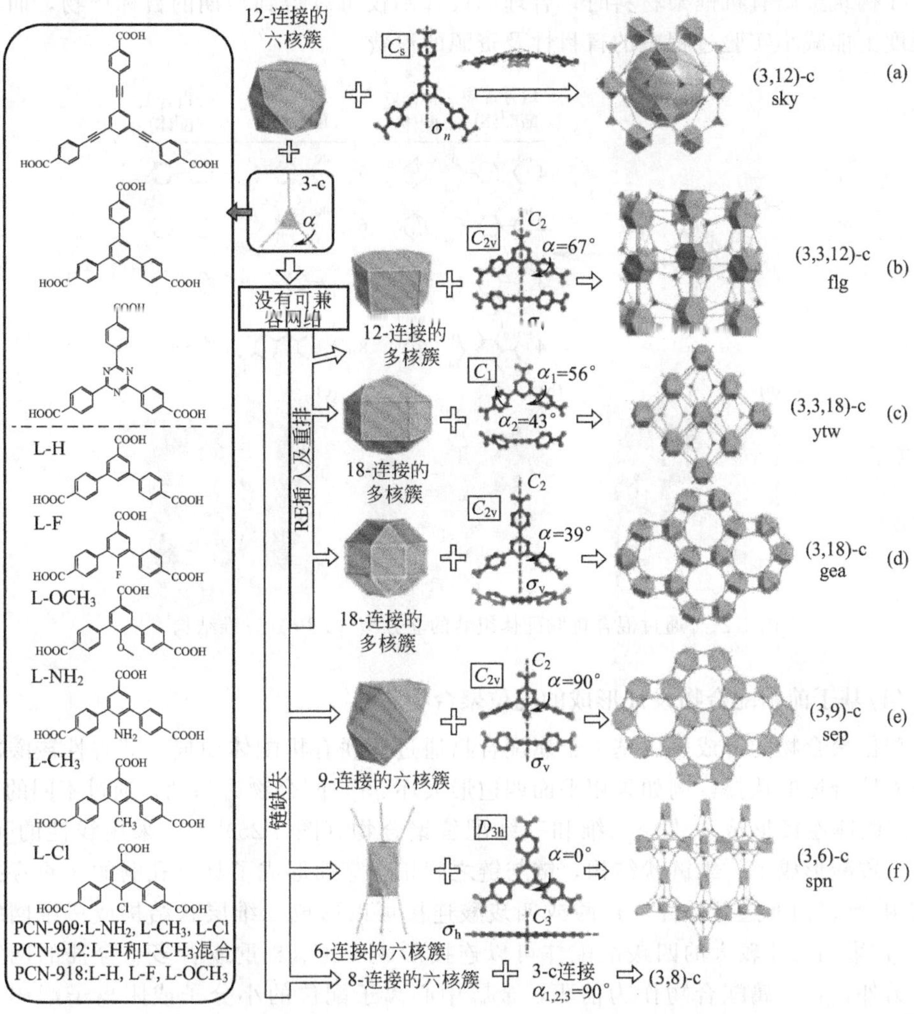

图1-23　官能团化的三联苯三羧酸配体连接 RE_6 簇形成了三种新型拓扑结构的稀土配位聚合物[79]

(3)基于混合配体设计组装的配位聚合物

在反应体系中，加入除了芳香性羧酸配体以外的其他一些有机配体，在合成的配位聚合物中参与了配位，其可称作辅助配体或共配体，例如中性含氮杂环配体、带负电荷的桥联配体（N_3^-、CN^-、SCN^-、COO^- 和 $C_2O_2^{2-}$）等。它们在形成配位聚合物时不仅起到了延伸骨架的作用，而且可以促进高维度、多功能结构的形成。

如图 1-24 所示，2005 年，Kimoon Kim 教授课题组[80] 采用不同的芳香性羧酸配体和 $Zn(NO_3)\cdot 6H_2O$ 在加入含氮第二配体条件下，获得了三类具有桨轮状结构单元的金属有机框架结构。苯二羧酸（衍生物）配体连接 Zn(Ⅱ) 形成了二维层状结构，进一步通过含氮配体连接桨轮状结构单元［$Zn(Ⅱ)_2$］的两端形成了具有孔洞的三维网络结构。另外比较典型的例子，如中国孙宝锋教授课题组[69] 利用联苯四羧酸和不同长度的含氮配体（吡啶和4,4′-联吡啶），构筑了孔径尺寸不同的三维网络结构。因此，在构筑金属有机框架材料时，合理的设计不仅可以得到预期的目标产物，而且很大程度上能减小实验过程中的盲目性及资源的浪费。

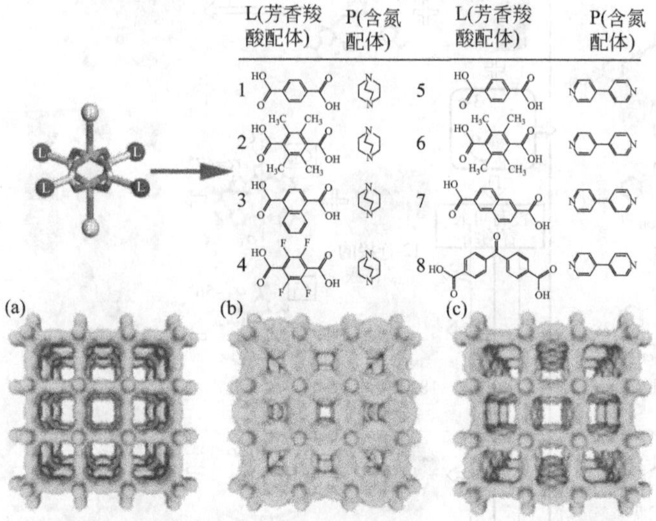

图 1-24　通过混合桥联配体组装的立方型（α-Po）三维结构[80]

(4)基于前驱配合物设计形成的配位聚合物

配位聚合物的形成可以基于金属配合物通过桥联有机配体而成。芳香性羧酸配体是一种较合适的选择，例如采用平面四边形大环 Ni^{2+} 配合物为基础，通过不同的芳香性羧酸配体连接形成一维、二维和三维配位聚合物（图 1-25）[81]。采用线性的 4,4′-联苯二羧酸形成了一维链状结构，链与链之间相互穿插形成了具有孔洞的 3-重穿插网络结构[82]；而通过芳香性三羧酸或四羧酸连接可以形成二维层状结构或三维网络结构[83]，采用尺寸较大的四羧酸配体可以连接形成 4-重、8-重或者多重穿插的网络结构。另外，当金属配合物作为前驱，金属中心离子配位的小分子或阴离子配体脱除后，芳香性羧基取代其位置可形成具有特殊结构的配位聚合物[84]。

(5)配合物取代反应形成的配位聚合物

配位聚合物的合成通常采用将金属离子和有机配体在特殊溶剂中直接反应获得（少数采用固体反应），属于典型的自组装过程。虽然这种方法简单方便，但是有一定的缺陷性。而对于一些具有相同几何构型的金属离子，理论上可以形成相同结构的配位聚合物，由于诸多因素的影响，在合成过程中很难达到预期的产物，而取代反应可以用来实现目标产物的合成。具体的方法有：①固体-固态取代反应，即两种固体配合物混合后浸泡在溶液中一段时间，相互间发生取代反应；②固体-液态取代反应，即固态配合物浸泡在含有金属离子、有机配体或客体分子的溶液中相互之间发生取代反应；③液态-液态取代反应，即可溶性配合物和溶液中的金属离子、有机配体相互之间发生取代反应形成新的配位聚合物。例如，Dinca 教授课题组[85] 将无色的 MOF-5 晶体浸泡在不同浓度硝酸镍的 DMF 溶液中，一段时间后黄色晶体转变为蓝色

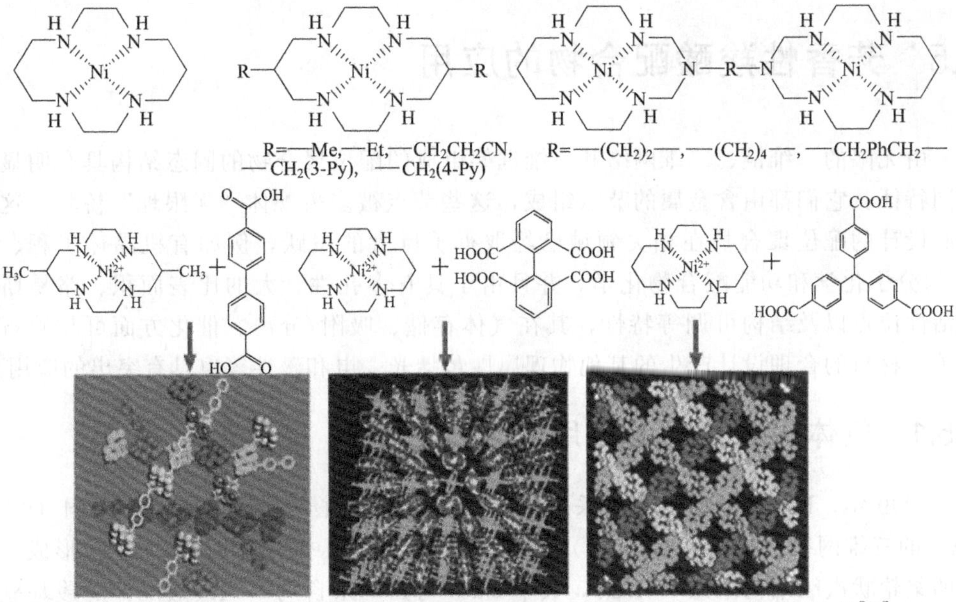

图 1-25　通过不同的芳香性羧酸桥联配体连接镍平面大环配合物组装成的结构[82]

晶体，表明 MOF-5 中的锌离子被溶液中的镍离子取代[图 1-26(a)和(b)]。另外，程鹏教授课题组[86] 将 MOF-5 晶体浸泡在含有 $TiCl_3 \cdot 3THF$、$VCl_2(Py)_4$、$VCl_3 \cdot 3THF$、$CrCl_2$、$CrCl_3 \cdot 3THF$、$MnCl_2$ 或 $Fe(BF_4)_2 \cdot 6H_2O$ 的 DMF 溶液中，一段时间后 MOF-5 晶体由无色转变为被替换金属离子的颜色，表明获得了新的 MOF-5 结构[图 1-26(c)]。因此，具有相同配位几何构型的过渡金属离子，通过金属离子间相互取代可以实现同构配位聚合物的合成。

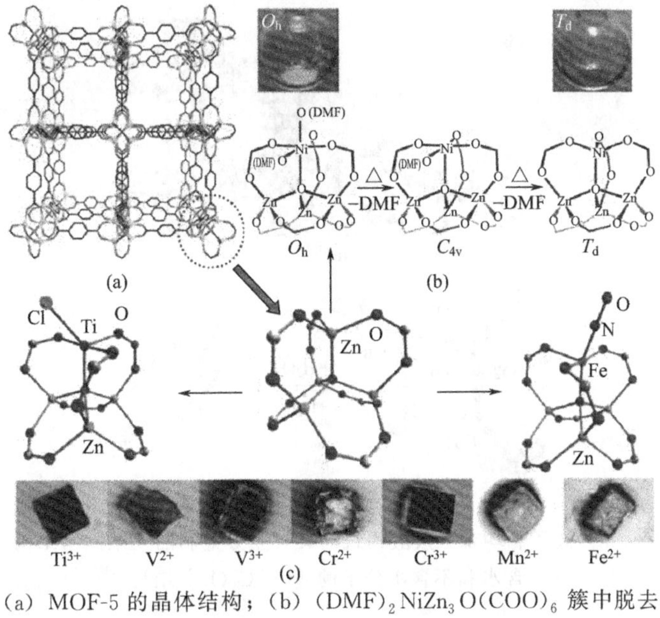

图 1-26　(a) MOF-5 的晶体结构；(b) $(DMF)_2NiZn_3O(COO)_6$ 簇中脱去 DMF 分子引起配合物颜色改变；(c) $MZn_3O(COO)_6$ 簇被不同金属离子取代后的颜色变化示意图[85]

1.5 芳香性羧酸配合物的应用

由无限的一维链、二维网络和三维框架组成的配位聚合物的固态结构具有明显的共同特征：它们都由含金属的节点组成，这些节点被多齿配体“无限地”桥联。这些精心设计的配位聚合物在相关领域已经取得了巨大的飞跃，例如有机晶体工程、金属-超分子化学和功能配合物化学，并且由于具有多孔性、大的比表面积、路易斯酸碱活性位点以及结构可调等特性，其在气体存储、吸附/分离、催化方面可与沸石相媲美。材料的合理设计产生的其他物理属性包括光、电和磁性等也具有突出的应用。

1.5.1 气体吸附分离的应用

1999 年，Ian D. Williams 组采用 Cu^{2+} 和均苯三羧酸构筑了具有立方空洞（9Å×9Å）的三维网络结构（HKUST-1）[86]（图 1-27），结构中羧基和铜离子配位形成了典型的桨轮状次级结构单元（SBU），其中 Cu^{2+} 与四个来自均苯三羧酸配体的羧基氧和一个水分子配位。当温度达到 453K 时，配位水分子脱去，HKUST-1 的骨架未发生坍塌，而铜离子部分裸露呈现不饱和状态，这一点后来被 Prestipino 等[87] 通过 CO 气体吸附进行了证明。该结果证明其他小分子可以取代水分子的配位点，并且能很好地应用于各种气体的吸附储存或吸附分离，例如氢气储存，环境中 NO、CO_2 和 CO 混合气体的吸附分离等。当金属中心离子上的小分子或阴离子配体脱除后还可获得活性金属位点，Corma 等[88] 利用 HKUST-1 催化烯烃环化反应，表明 HKUST-1 具有高的稳定性和选择活性，可以作为烯烃环化反应的催化剂。

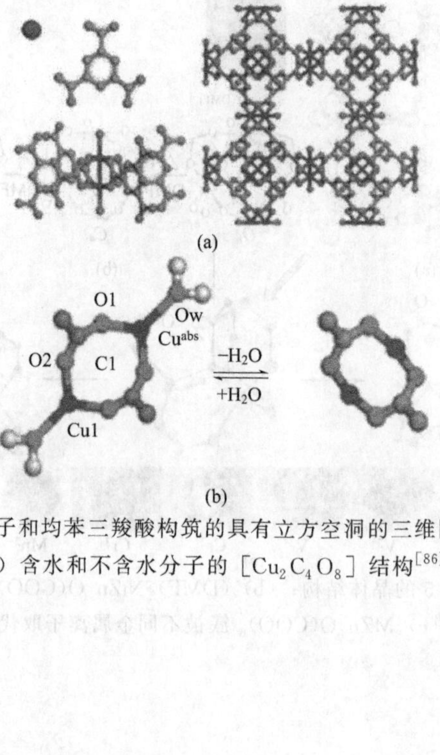

图 1-27 (a) Cu(Ⅱ) 离子和均苯三羧酸构筑的具有立方空洞的三维网络结构（HKUST-1）；(b) 含水和不含水分子的 [$Cu_2C_4O_8$] 结构[86]

美国西北大学 Omar K. Farha 课题组通过三铝节点和大的六齿芳香配体设计了具有三核金属簇的 NU-1501-M(M＝Al 或 Fe)，其具有 2060m^2/g 的比表面积，在温度 270K 和压力 100bar 下吸附量较大；在温度 77K 和压力 100bar 下，对氢气表现出良好的负载能力（质量分数 14.0 %，46.2g/L）[89]。中科院福建物质结构研究所洪茂椿课题组选用铜离子为节点，与芳香多羧酸配体自组装成一例结构稳定的 MOFs-FJI-H8[90]，如图 1-28 所示，其具有开放金属位点和合适的孔道尺寸。经过甲醇溶剂活化使 FJI-H8 材料的比表面积高达（2025±15)m^2/g，孔径主要分布在大约 1.2nm 的范围内。由于具有合适的孔道尺寸和较多的金属位点，在室温常压条件下，FJI-H8 材料对 C_2H_2 气体表现出了良好的吸附性，吸附量为 224cm^3/g。当实验温度升高到了 308K 时，其对 C_2H_2 气体的吸附量仍能达到 200cm^3/g。此外，FJI-H8 经活化后，进行五轮吸附和脱附循环测试后，FJI-H8 对 C_2H_2 气体的吸附量仅降低 3.8%，表明该材料具有良好的可重复利用性。

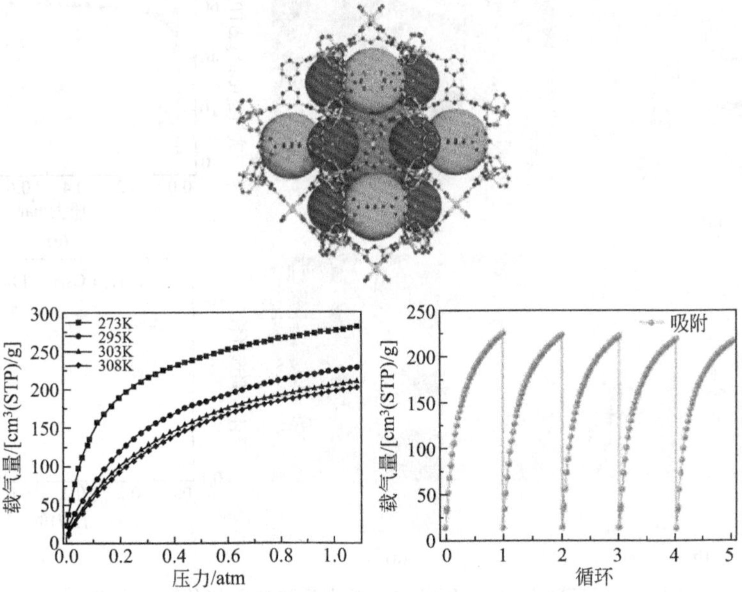

图 1-28 MOFs-FJI-H8 在不同温度时对 C_2H_2 气体吸附图[99]

2017 年，赵丹教授和曾开阳教授团队合作利用先进多频原子力显微镜技术研究了 MOFs 在多次 CO_2 吸附-解吸附循环中的结构稳定性[91]。测试结果表明，UiO-66 模型（锆离子构筑）比 HKUST-1 模型（铜离子构筑）的结构稳定性更好（图 1-29）。此类材料对甲烷的储存和气体分离具有重要的指导意义。

多孔配位聚合物可用于烷烃分离及手性物质分离。丙烯是工业生产中最重要的化工原料，其生产常伴有杂质（丙炔）的产生，会对其他化合物的合成造成影响，因而，将丙烯中低浓度丙炔分离具有重要意义。2017 年，太原理工大学李晋平教授课题组利用具有独特分子识别效应的 UTSA-200-MOF 材料[92] 对丙烯中低浓度丙炔的高效分离（图 1-30），树立了新的标杆，在工业生产中引发了人们的重点关注。

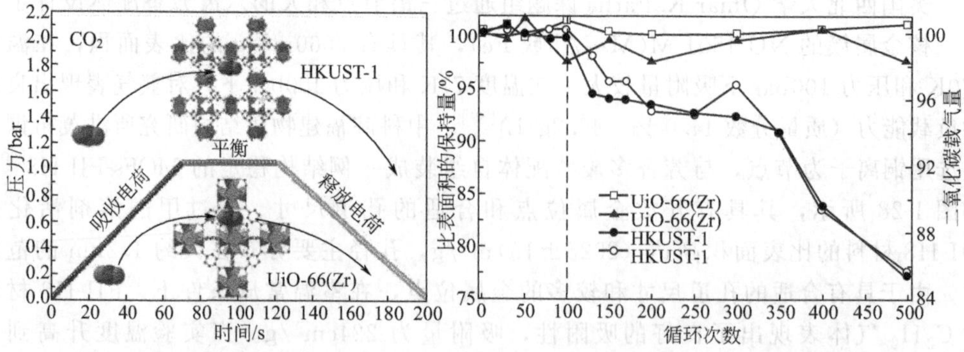

图 1-29　HKUST-1 和锆基 UiO-66 对二氧化碳吸附-解吸附循环的研究（1bar＝10^5 Pa＝0.1MPa）

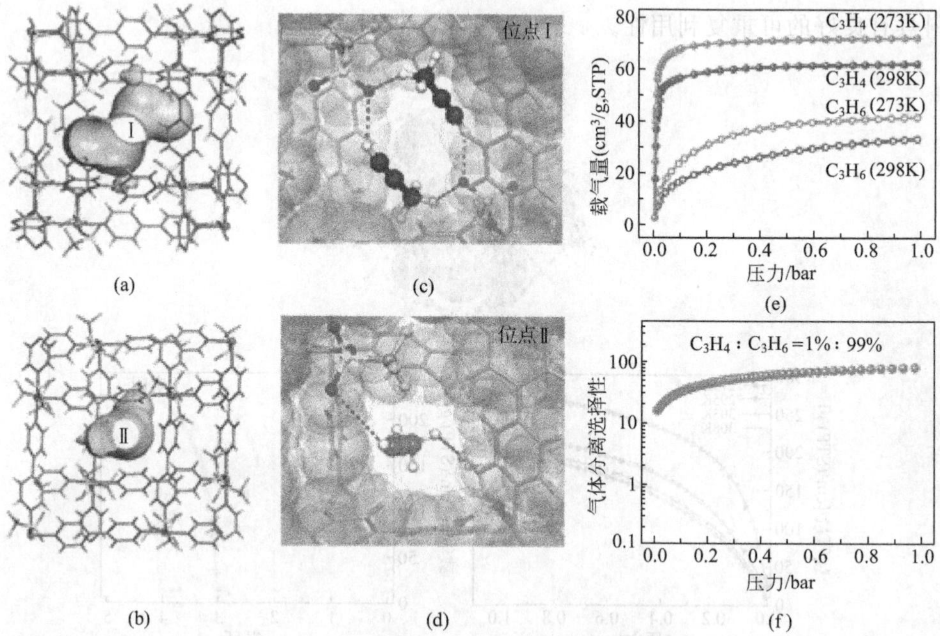

图 1-30　UTSA-200-MOF 对丙烯中低浓度丙炔的高效分离[92]

1.5.2 在多相催化方面的应用

配位聚合物的合成原料是无机金属离子和有机配体，而不同的金属离子则会造成不同的配合物构型，致使它除了可以提供路易斯碱位点，还能提供路易斯酸位点，从而具有了酸碱两性。不饱和的金属位点在 MOFs 内部和外部均存在，反应底物可以直接与外部的不饱和金属位点反应，也可以通过孔道进入骨架内部与不饱和金属位点结合，大大加快了单位时间内的催化速率。除此之外，MOFs 的孔径大小可调控性使其相较于传统的多孔催化剂有着更好的反应活性和选择性。2019 年，周宏才等合成了一系列 PCN-22X-SO_4（X＝2,3 和 4）的 MOF 催化剂[93]，由于 Zr-MOF 具有一定的缺陷性，锆离子表现出配位不饱和位点，同时卟啉单元含有高效光敏性，可产生单线态氧，使得 PCN-22*X*-SO_4（*X*＝2，3 和 4）的 MOF 实现了青蒿素的酸催化和光催化反应（图 1-31）。

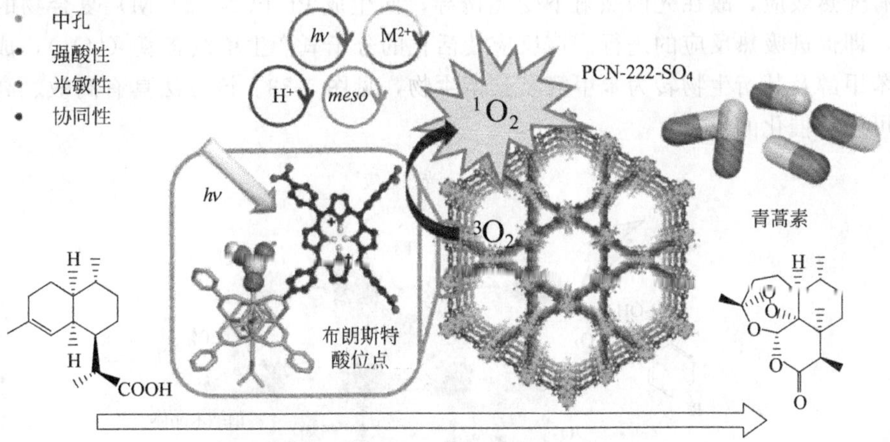

图 1-31 含有酸位点的卟啉金属有机框架用于青蒿素的高效串联半合成[93]

MOFs 结构中存在高密度的、均匀分散的催化活性位点，可作为 Lewis 酸位点用作催化中心，实验中常常将不同金属混合以此来构建具有高效催化功能的复合 MOFs 材料，从而提高催化效率。另外，通过修饰有机桥联配体或者采用后合成的方式使得 MOFs 结构中含特殊功能性基团。这些功能性基团，比如有机配体的苯环上可以修饰上—NH_2、—SO_3H、—OH 甚至是—COOH 等，这些官能团赋予了 MOFs 特定的功能性。中国科学技术大学江海龙教授课题组将铂金属引入到 PCN-777 金属有机框架结构中，获得了 Pt/PCN-777 复合材料[94]，将原本产氧端的氧化半反应替换为附加值更高的苄胺选择性氧化偶联反应。如图 1-32 所示，PCN-777 受到光激发后，电子迅速传递到铂共催化剂上还原质子并产生氢气，而空穴则促使苄胺选择性地氧化偶联成 *N*-苄基苯亚甲基亚胺，进而提升了反应的整体效率。

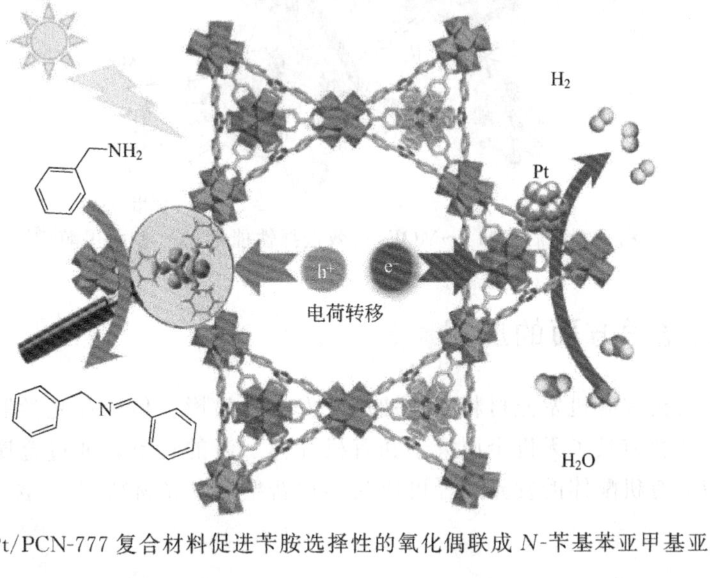

图 1-32 Pt/PCN-777 复合材料促进苄胺选择性的氧化偶联成 *N*-苄基苯亚甲基亚胺[94]

2020年，江海龙团队通过Pt纳米晶参杂卟啉基MOF-PCN-224(M)合成了具有光热效应的Pt/PCN-224(M)复合物[95]。由于该反应是一个吸热反应且形成的复合物具有光热效应，故在光的照射下受光诱导，向生成Pt/PCN-224(M)复合物的方向进行，即促进吸热反应的进行。该反应使活化的分子氧产生单线态氧（$^1O_2$），成功实现了苯甲醇及其衍生物转为苯甲醛及其衍生物，见图1-33。该方法具有高效、高选择性、可循环催化的优点。

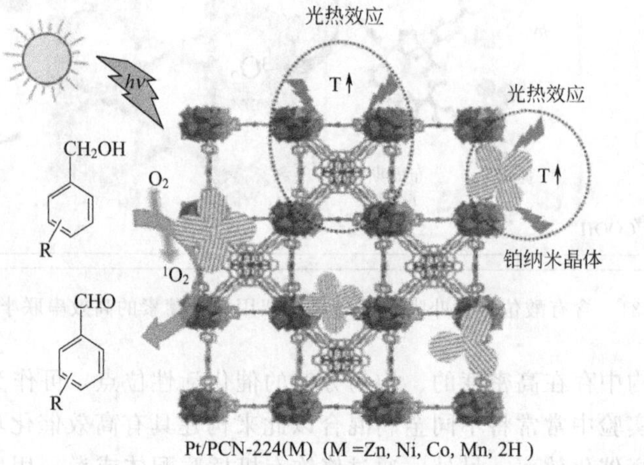

图1-33　单线态氧的产生和其催化性能[95]

厦门大学的林文斌等利用后修饰法将超小Cu/ZnO_x纳米粒子分散组装到Zr-MOFs孔道中形成了限域效应的催化材料，可将CO_2氢化为工业原料甲醇[96]。该复合MOFs材料在催化CO_2氢化得到甲醇的反应中表现出高活性和100%的选择性（图1-34）。

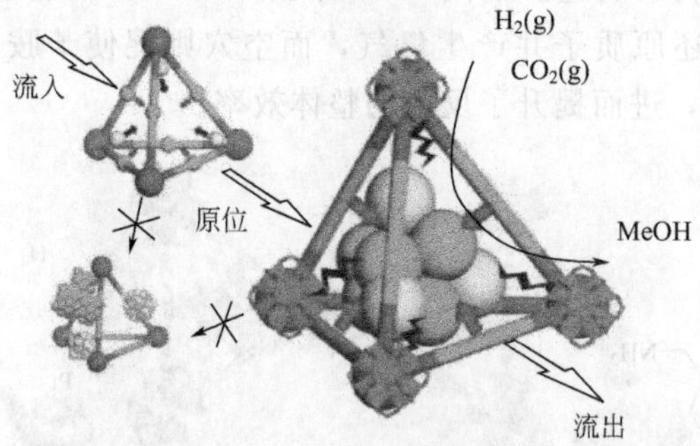

图1-34　后修饰Zr-MOFs高效选择性催化CO_2制备甲醇[96]

1.5.3　在光学方面的应用

传统的无机和有机发光材料常常被用于发光、显影、传感和光学器件等，而金属有机配位聚合物兼具了无机金属离子和有机配体二者的特点，通过金属离子自身或者金属离子调节有机配体的发光途径可成为一种新型的发光材料[97]。含有d^{10}过渡金属离子（Zn^{2+}、Cd^{2+}、Ag^{+}和Cu^{+}）和稀土金属离子配位聚合物因其具有很好的发光性能而备受关注。目前，发光配位聚合物已经被广泛应用于荧光传感、非线性光学、光催化、显影和电致发光器件等。徐强教授课题组[98]采用Zn^{2+}/Cd^{2+}和V形4,4′-(六氟异丙烯)二苯酸（H_2hfipbb）配体构筑了三个具有螺旋结构的配位聚合物（图1-35），当激发波长为435nm时，配体H_2hfipbb的荧光发射峰出现在595nm处，而配位聚合物的发射峰出现在425nm处，这是由配体到金属的电子转移引起的。Daiguebonne课题组[99]采用1,4-苯二酸和镧系金属离子反应得到了一系列的稀土配位聚合物$Ln_2(1,4\text{-}BDC)_3(H_2O)_4$（Ln＝La,Ce,Pr,Nd,Sm,Eu,Gd,Tb,Dy,Ho,Er,Tm；1,4-BDC为1,4-苯二羧酸），其中Eu-、Tb-和Dy-配位聚合物呈现出不同颜色的荧光，分别是Eu-配位聚合物在波长592nm和617nm处发射红光，Tb-配位聚合物在491nm和546nm处发射绿光；Dy-配位聚合物在481nm和575nm处发射黄光。当Tb-配位聚合物脱水后表现出43%的量子产率。另外，一些主族金属离子（Mg、In、Pb和Bi）也表现出发光现象，例如1,3-苯二羧酸和Pb(Ⅱ)形成的三维网络结构$Pb_4(1,3\text{-}BDC)_3(\mu_4\text{-}O)(H_2O)$（1,3-BDC为1,3-苯二羧酸）[100]，在波长374nm的激发光激发下，铅配位聚合物在424nm处显示了强的发射峰，这是由于羧基离域π键到铅离子p轨道电荷转移引起的，而配体的发射峰出现在385nm（$\lambda_{ex}=327$nm），归属于$\pi^* \rightarrow n$电子跃迁。因此这些配位聚合物在发光材料方面可能具有潜在的应用价值。而对于一些具有特殊功能的配位聚合物，在阴阳离子识别、溶剂小分子识别、气体或蒸汽分子识别等方面表现出优良的性质，使得其可能在传感领域中具有潜在的应用价值。

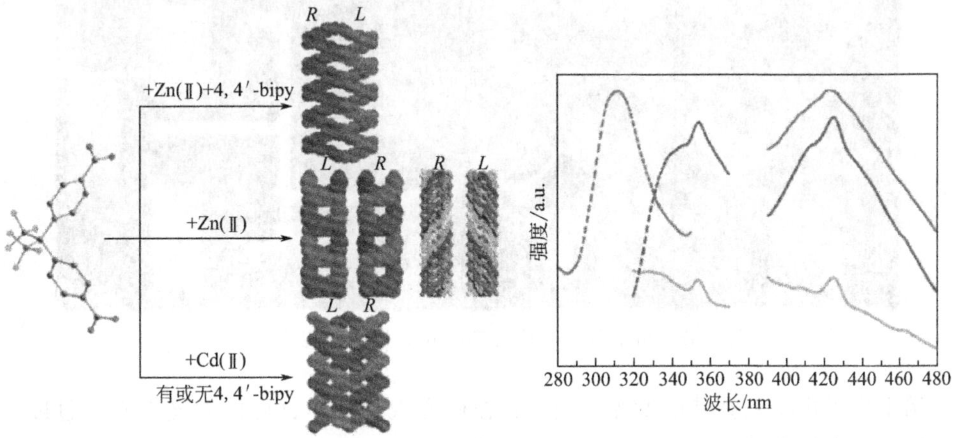

图1-35 通过Zn(Ⅱ)/Cd(Ⅱ)和H_2hfipbb构筑的具有螺旋结构的配位聚合物[98]

董明杰利用MOFs材料具有发光的性能，合成出了一个如图1-36所示的荧光材料MOF-[$Co_3^{Ⅱ}(lac)_2(pybz)_2$]，其孔道只有2nm，其利用MOF-[$Co_3^{Ⅱ}(lac)_2(pybz)_2$]与挥发性有机小分子（volatile organic mmolecules，VOMs）的弱相互作用，用来调控发光性能，每个VOMs与MOF-[$Co_3^{Ⅱ}(lac)_2(pybz)_2$]的相互作用不同，所检测到的荧光是不同的，MOF-[$Co_3^{Ⅱ}(lac)_2(pybz)_2$]是极其灵敏的，甚至可以区分邻、间、对二甲苯等结构相似的物质，成功实现了在发光领域中 MOFs 材料对 VOMs 的荧光识别[101]。

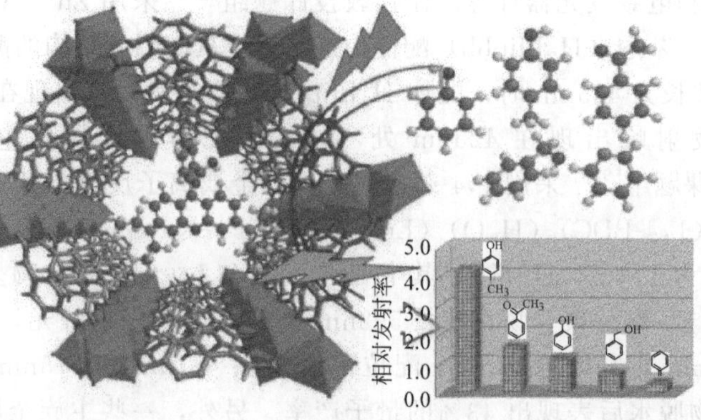

图 1-36　将罗丹明 B 组装到 MOF-[Co_3^{II}(lac)$_2$(pybz)$_2$] 中使其表现出对有机小分子的特异识别[101]

金属离子的半径大小、配体的空间构型、结合位点以及溶剂分子、激发态的电子分布这些因素都会影响 MOFs 材料的发光特性和实际用途。其中激发态电子分布影响发光的过程：一是电子转移（ESET），二是质子转移（ESPT）。例如 2,4-二羟基对苯二甲酸构筑的 Zn-MOF 可以通过改变溶剂分子来调节 MOFs 的发光性能[102]，见图 1-37。

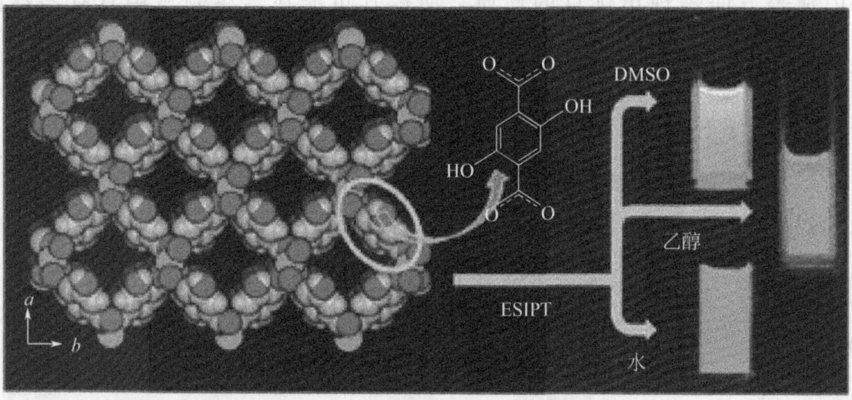

图 1-37　溶剂分子调控的 Zn-MOF 发光性能改变[102]

稀土离子由于其独特的发光性能，常被研究人员选作良好的发光中心。通过具有共轭体系的有机配体和稀土离子在一定条件下构筑成稀土-有机框架（Ln-MOFs）材料后，其激发波长及发射波长具有可调性，表现出良好的光学性能。对于镧系金属离子，除了 La^{3+} 和 Lu^{3+} 外，其他所有的稀土离子能产生从紫外到可见和近红外范围的发射光，如 Eu^{3+} 发红光（见图 1-38）。当采用含有共轭体系的有机桥联配体和 Ln^{3+} 组装可形成具有良好发光性能的 MOFs 材料，其可以表现出有机配体和镧系金属离子特有的光学性能[103]。

在 Ln-MOFs 中引入光刺激响应性的有机分子，可实现光控可逆性。例如同济大

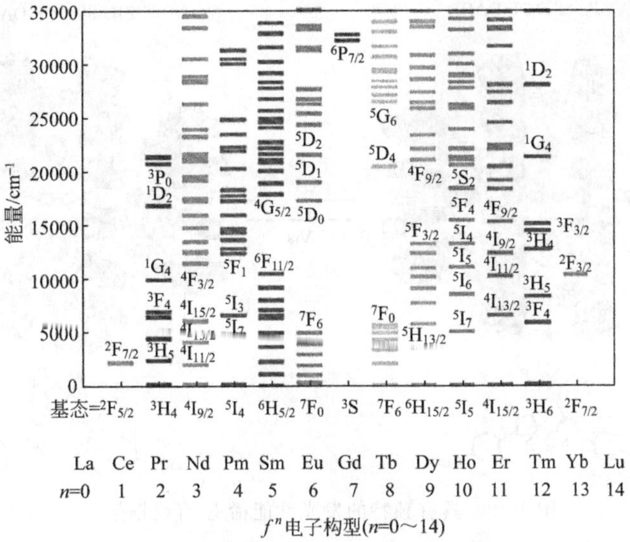

图 1-38 稀土离子电子激发态能级图

学闫冰教授课题组将稀土离子 Eu^{3+} 成功组装到金属有机框架［UiO(bpdc)］中后，利用稀土离子优异的发光性能和MOFs独特的结构特性，设计了多种单一污染性离子和分子的荧光探针 Eu(Ⅲ)@UMOFs[104]（图 1-39）。通过稀土离子功能化构建出多个发光中心，利用其不同的光响应行为实现了光传感的系统策略，在实现对多组分污染离子（Hg^{2+}、Ag^{+} 和 S^{2-}）检测的同时，也提供了一种简单、经济且实用的技术手段。

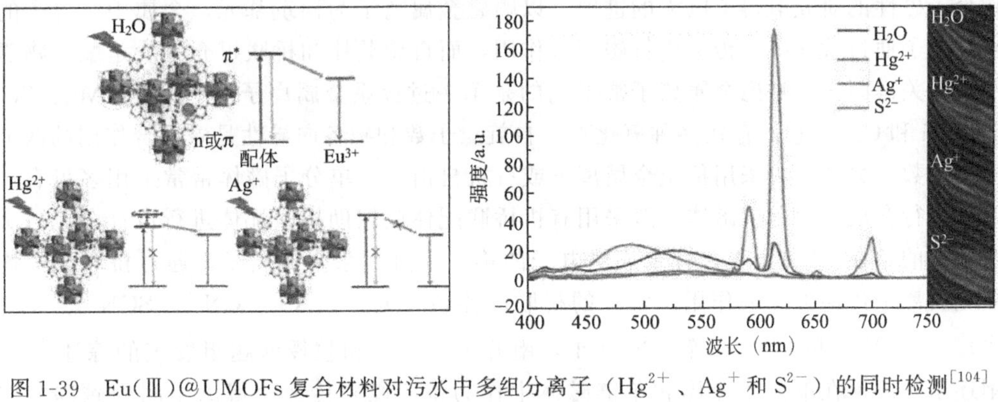

图 1-39 Eu(Ⅲ)@UMOFs复合材料对污水中多组分离子（Hg^{2+}、Ag^{+} 和 S^{2-}）的同时检测[104]

河北工业大学李焕荣等通过客体交换法，去除 Ln-MOFs 中的溶剂分子使其表现出大孔性，后将具有光刺激响应性二芳基乙烯衍生物负载到大孔中，从而使得该 Ln-MOFs 实现了紫外线和可见光交替刺激响应的荧光 ON-OFF 可逆行为[105]（图 1-40）。荧光 ON-OFF 可逆刺激响应性材料具有广阔应用前景，在成像、显示、传感以及在防伪、信息存储领域中应用广泛。

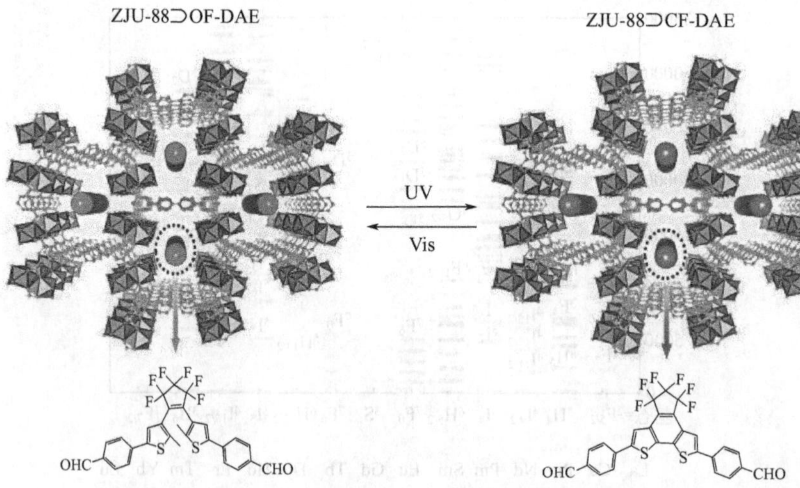

图 1-40　具有独特的发光性能稀土-有机框架[105]

1.5.4　在磁性质方面的应用

分子磁体由于具有密度小、溶解性好、易加工、结构多样等优点，在磁记录材料、航空航天材料以及电磁感应材料等领域具有潜在的应用前景，因此，近年来关于配位聚合物磁性质的研究越来越受人们关注。一般分子磁体可分为：ⓐ长程有序磁体，如铁磁体、反铁磁体、亚铁磁体、弱铁磁体和变磁体等；ⓑ单分子磁体和单链磁体。研究工作者基于大量磁性配合物的实验测试，结合理论模型分析，目前对于配合物分子磁性的研究取得了巨大的进展，以顺磁金属离子为构筑基元，金属中心离子的自旋电子通过桥联媒介传递进行磁耦合作用，而自旋载体和桥联媒介是决定配合物磁性质的关键因素。顺磁金属离子常采用的是第一过渡系金属离子（V、Cr、Mn、Fe、Co、Ni 和 Cu)，它们存在多种氧化态，自旋量子数和磁各向异性是磁耦合作用的两个重要参数。另外也可采用稀土金属离子或有机自由基。单分子磁体常常采用多齿有机配体进行合成，而单链磁体一般采用有机桥联配体或辅助桥联配体进行设计合成，主要采用的是在 3d 轨道上含有未成对电子的第一个过渡系金属离子，通过桥联配体连接金属离子传递磁交换作用。常见的桥联配体包含 O^{2-}、X^{-}、CN^{-}、SCN^{-}、N_3^{-}、PO_2^{3-}、COO^{-} 和 $C_2O_2^{2-}$ 等。2009 年，南开大学卜显和教授课题组发表的综述[106]，阐述了叠氮根在单分子磁体和单链磁体中作为桥联媒介传递金属离子间的磁耦合作用，在配合物中叠氮根采用的桥联模式不同，配合物表现出的磁性质不同。2011 年，北京大学高松教授课题组[107] 阐述了不同桥联配体（单原子桥、双原子桥和三原子桥）在配合物中传递金属离子间的磁耦合作用规律。曾明华课题组通过 Co(Ⅱ) 离子和 4-吡啶苯甲酸配体进行自组装，形成了一系列含有不同溶剂的 Co-MOFs 材料，通过磁性分析发现由于溶剂的不同导致其表现出不同的磁现象[108]（图 1-41)。

Mondal 等利用有机配体与 Co(Ⅱ) 离子自组装合成了三个钴基配位聚合物

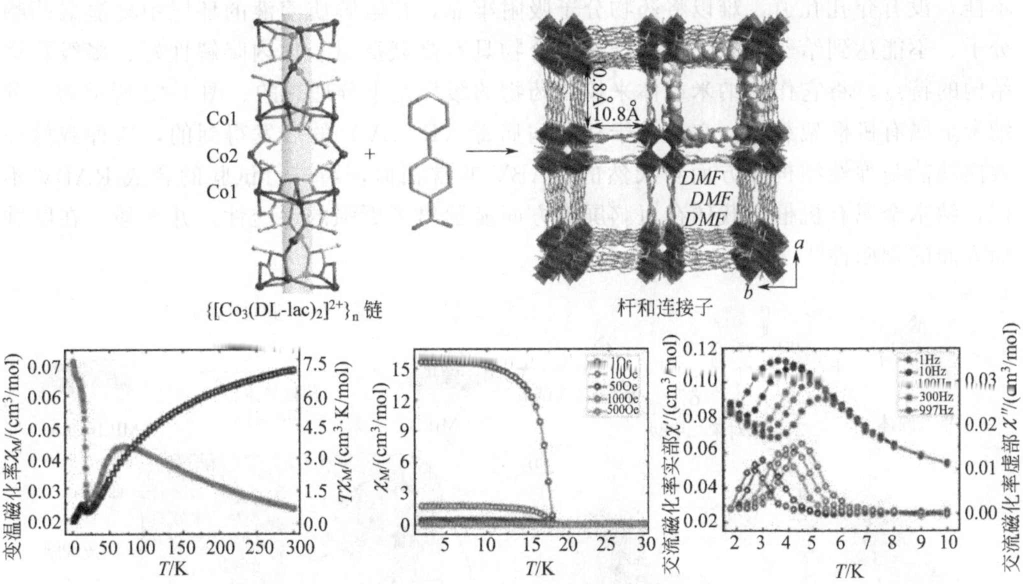

图 1-41　MOF-[$Co_3^{II}(lac)_2(pybz)_2$] 通过溶剂分子的调控使得其表现出不同的磁现象[108]

(图 1-42)，Co(Ⅱ) 离子在结构中没有机配体有效间隔，磁化率测试显示轨道贡献对磁矩非常突出，而交流变温磁化率的测试表明配合物中存在慢磁弛豫现象[109]。

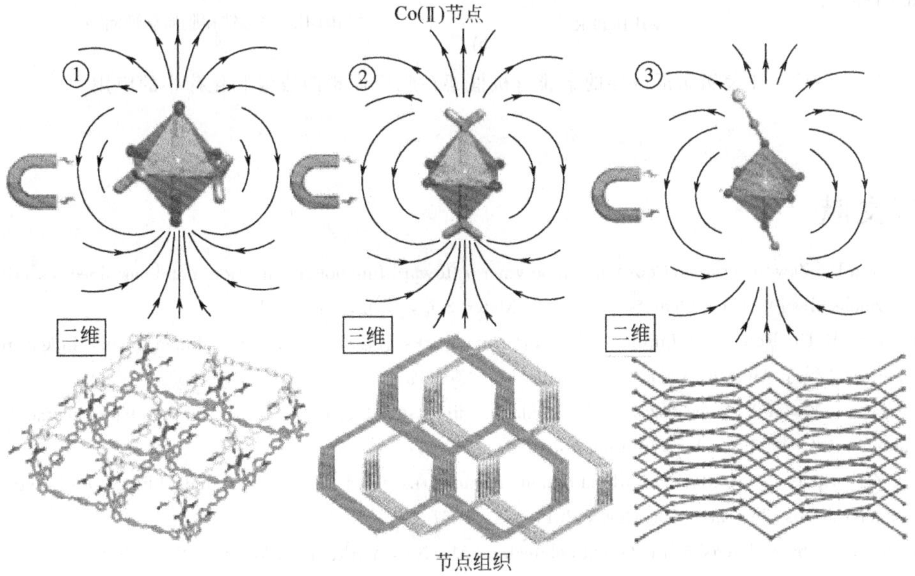

图 1-42　三个具有磁性钴基配位聚合物的结构单元及空间结构[109]

1.5.5　在药物输送或缓释方面的应用

传统药物以不可控的速率给药进行治疗，这远远不能满足一些药物的给药条件。如果采用传统的碳纳米材料作为药物载体，虽然优于直接给药，但仍存在生物相容性不佳，没有介孔孔道，难以将药物分子吸附牢靠，在电解质溶液的环境中易泄漏药物分子，不能达到给药效果。多孔配位聚合物具有高载药量、体内降解性好、多级孔道结构的特点，将它作为纳米载体来控制药物的缓释是十分理想的。图 1-43 所示为一种纳米金属有机框架载体，它是基于狂犬病病毒（RABV）的启发得到的，这种载体在表面功能与弹性结构等方面与天然的 RABV 非常相似，与进行试验的合成 RABV 不同，纳米金属有机框架载体在血脑屏障方面显示出了更强的渗透性，并增强了在脑肿瘤方面的靶向性[110]。

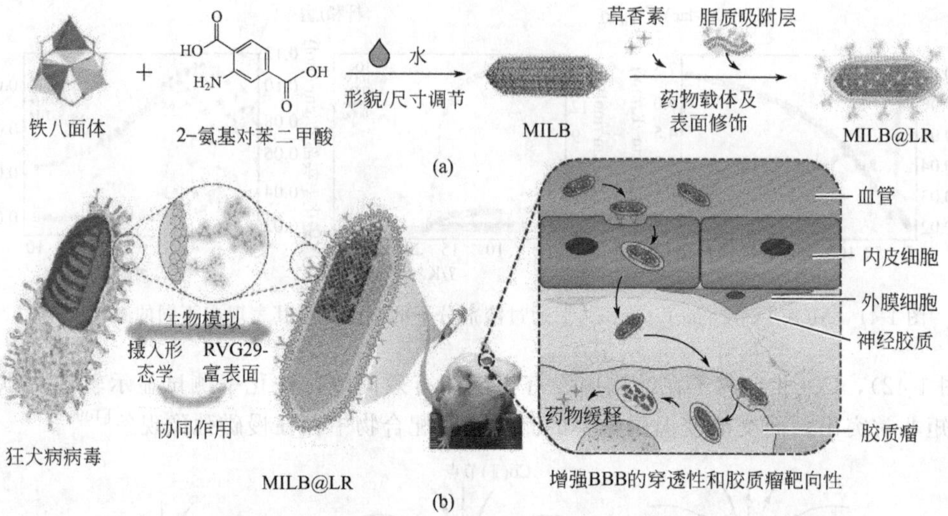

图 1-43　狂犬病病毒诱导的金属有机框架在胶质瘤靶向成像和化疗中的应用[110]

参考文献

[1] Moulton B，Zaworotko M J. Coordination polymers：toward functional transition metal sustained materials and supermolecules [J]. Curr. Opin. Solid State & Mater. Sci.，2002，6：117-123.

[2] Hoskins B F，Robson R. Infinite polymeric frameworks consisting of three dimensionally linked rod-like segments [J]. J. Am. Chem. Soc.，1989，111：5962-5964.

[3] Fujita M，Kwon Y J，Miyazawa M，et al. One-dimensional coordinate polymer involving heptacoordinate cadmium（Ⅱ）ion [J]. Chem. Commun.，1994，1977-1978.

[4] Lin Z J，Lu J，Hong M，et al. Metal-organic frameworks based on flexible ligands（FL-MOFs）：structures and applications [J]. Chem. Soc. Rev.，2014，43：5867-5895.

[5] Wells A F. Three-dimensional nets and polyhedral [M]. New York：John Wiley & Sons，1977.

[6] Batten S R，Robson R. Interpenetrating nets：ordered，periodic entanglement [J]. Angew. Chem.，Int. Ed.，1998，37：1460-1494.

[7] Yaghi O M，O'Keeffe M，Ockwig N W，et al. Reticular synthesis and the design of new materials [J]. Nature，2003，423：705-714.

[8] Ockwig N W，Delgado-Friedrichs O，O'Keeffe M，et al. Reticular chemistry：occurrence and taxonomy of nets and grammar for the design of frameworks [J]. Acc. Chem. Res.，2005，38：176-182.

[9] Zaworotko M J. From disymmetric molecules to chiral polymers：a new twist for supramolecular synthesis?

[J]. Angew. Chem. , Int. Ed. , 1998, 37: 1211-1213.

[10] Desiraju G R, Crystal engineering, the design of organic solids [M]. Amsterdam: Elsevier, 1989.

[11] Swiegers G F, Malefetse T J. New self-assembled structural motifs in coordination chemistry [J]. Chem. Rev. , 2000, 100: 3483-3538.

[12] Fujita M, Umemoto K, Yoshizawa M, et al. Molecular paneling via coordination [J]. Chem. Commun. , 2001, 509-518.

[13] Zaworotko M J. Crystal engineering of diamondoid networks [J]. Chem. Soc. Rev. , 1994, 23: 283-288.

[14] Carlucci L, Ciani G, Proserpio D M. Polycatenation, polythreading and polyknotting in coordination network chemistry [J]. Coord. Chem. Rev. , 2003, 246: 247-289.

[15] Long D L, Hill R J, Blake A J, et al. Anion control over interpenetration and framework topology in coordination networks based on homoleptic six-connected scandium nodes [J]. Chem. Eng. J. , 2005, 11: 1384-1391.

[16] Ghalasinski G, Szczesniak M. Origins of structure and energetics of van der Waals clusters from initio calculations [J]. Chem. Rew. , 1994, 94: 1729-1765.

[17] Bernal J D, Megaw H D. Function of hydrogen in intermolecular forces [J]. Proc. Royal Soc. Lon. , Series A: Mathe, Phys. and Eng. Sci. , 1935, 151: 384-420.

[18] Przybylski M, Glocker M O. Electrospray mass spectrometry of biomacromolecular complexes with noncovalent interactions-new analytical perspectives for supramolecular chemistry and molecular recognition processes [J]. Angew. Chem. , Int. Ed. , 1996, 35: 806-826.

[19] Mei L, Chai Z F, Shi W Q, et al. The first case of an actinide polyrotaxane incorporating cucurbituril: a unique 'dragon-like' twist induced by a specific coordination pattern of uranium [J]. Chem. Commun. , 2014, 50: 3612-3615.

[20] Shang X B, Song I, Jung G Y, et al. Chiral self-sorted multifunctional supramolecular biocoordination polymers and their applications in sensors [J]. Nat. Commun. , 2018, 9: 3933.

[21] Zhang J P, Chen X M. Crystal engineering of binary metal imidazolate and triazolate frameworks [J]. Chem. Commun. , 2006, 1689-1699.

[22] Jones J T, Hasell T, Wu X, et al. Modular and predictable assembly of porous organic molecular crystals [J]. Nature, 2011, 474: 367-371.

[23] Chen C T, Suslick K S. One-dimensional coordination polymers: applications to material science [J]. Coord. Chem. Rev. , 1993, 128: 293-322.

[24] Noro S I, Kitagawa S, Kondo M, et al. A New, Methane adsorbent, porous coordination polymer [{$CuSiF_6$ (4,4'-bipyridine$)_2\}_n$] [J]. Angew. Chem. , Int. Ed. , 2000, 39: 2081-2084.

[25] Janiak C, Vieth J K. MOFs, MILs and more: concepts, properties and applications for porous coordination networks (PCNs) [J]. New J. Chem. , 2010, 34: 2366-2388.

[26] Leong W L, Vittal J J. One-dimensional coordination polymers: complexity and diversity in structures, properties, and applications [J]. Chem. Rev. , 2011, 111: 688-764.

[27] Zhang J P, Zhang Y B, Lin J B, et al. Metal azolate frameworks: from crystal engineering to functional materials [J]. Chem. Rev. 2012, 112: 1001-1033.

[28] Cui Y, Yue Y, Qian G, et al. Luminescent functional metal-organic frameworks [J]. Chem. Rev. , 2012, 112: 1126-1162.

[29] Horcajada P, Gref R, Baati T, et al. Metal-organic frameworks in biomedicine [J]. Chem. Rev. , 2012, 112: 1232-1268.

[30] Furukawa H, Cordova K E, O'Keeffe M, et al. The chemistry and applications of metal-organic frameworks [J]. Science 2013, 341: 974-986.

[31] Deng H, Doonan C J, Furukawa H, et al. Multiple functional groups of varying ratios in metal-organic frameworks [J]. Science, 2010, 327: 846-850.

[32] Shimizu G K, Taylor J M, Kim S. Proton conduction with metal-organic frameworks [J]. Science, 2013, 341: 354-355.

[33] Oh H, Savchenko I, Mavrandonakis A, et al. Highly effective hydrogen isotope separation in nanoporous metal-organic frameworks with open metal sites: direct measurement and theoretical analysis [J]. ACS Nano, 2014, 8: 761-770.

[34] Mahato P, Monguzzi A, Yanai N, et al. Fast and long-range triplet exciton diffusion in metal-organic frameworks for photon up conversion at ultralow excitation power [J]. Nature mate., 2015, 14: 924-931.

[35] 麦松威，周公度，李伟基. 高等无机化学 [M]. 北京：北京大学出版社，2001.

[36] 陈小明，蔡继文. 单晶结构分析原理与实践 [M]. 北京：科学出版社，2003.

[37] Go Y B, Wang X, Anokhina E V, et al. Influence of the reaction temperature and ph on the coordination modes of the 1, 4-benzenedicarboxylate (BDC) Ligand: a case study of the Ni^{II}(BDC)/2, 2′-bipyridine system [J]. Inorg. Chem., 2005, 44: 8265-8271.

[38] Tong M L, Hu S, Wang J, et al. Supramolecular isomerism in cadmium hydroxide phases. temperature-dependent synthesis and structure of photoluminescent coordination polymers of α- and β-$Cd_2(OH)_2$(2, 4-pyda) [J]. Cryst. Growth Des., 2005, 5: 837-839.

[39] Yang G P, Hou L, Ma L F, et al. Investigation on the prime factors influencing the formation of entangled metal-organic frameworks [J]. CrystEngComm, 2013, 15: 2561-2578.

[40] Yin P X, Zhang J, Qin Y Y, et al. Role of molar-ratio, temperature and solvent on the Zn/Cd 1, 2, 4-triazolate system with novel topological architectures [J]. CrystEngComm, 2011, 13: 3536-3544.

[41] Long L S. pH effect on the assembly of metal-organic architectures [J]. CrystEngComm, 2010, 12: 1354-1365.

[42] Mahmoudi G, Morsali A. Counter-ion influence on the coordination mode of the 2, 5-bis (4-pyridyl)-1, 3, 4-oxadiazole (bpo) ligand in mercury (Ⅱ) coordination polymers, $[Hg(bpo)_nX_2]$: $X = I^-$, Br^-, SCN^-, N_3^- and NO_2^-; spectroscopic, thermal, fluorescence and structural studies [J]. CrystEngComm, 2007, 9: 1062-1072.

[43] Zhang Z, Zaworotko M J. Template-directed synthesis of metal-organic materials [J]. Chem. Soc. Rev., 2014, 43: 5444-5455.

[44] Biradha K. Crystal engineering: from weak hydrogen bonds to co-ordination bonds. CrystEngComm, 2003, 5: 374-384.

[45] Hou Q Q, Wu Y, Zhou S, et al. Ultra-tuning of the aperture size in stiffened ZIF-8 _ Cm frameworks with mixed-linker strategy for enhanced CO_2/CH_4 separation [J]. Angew. Chem. Int. Ed., 2019, 58: 327-331.

[46] Falcone M, Chatelain L, Scopelliti R, et al. Nitrogen reduction and functionalization by a multimetallic uranium nitride complex [J]. Nature, 2017, 547: 332-335.

[47] Li H, Eddaoudi M, O′Keeffe M. et al. Design and synthesis of an exceptionally stable and highly porous metal-organic framework [J]. Nature, 1999, 402: 276-279.

[48] Eddaoudi M, Kim J, Wachter J B, et al. porous metal-organic polyhedra: 25Å cuboctahedron constructed from 12 $Cu_2(CO_2)_4$ paddle-wheel building blocks [J]. J. Am. Chem. Soc., 2001, 123: 4368-4369.

[49] Tranchemontagne D J, Mendoza-Cortes J L, O'Keeffe M, et al. Secondary building units, nets and bonding in the chemistry of metal-organic frameworks [J]. Chem. Soc. Rev., 2009, 38: 1257-1283.

[50] Forster P M, Burbank A R, Livage C, et al. The role of temperature in the synthesis of hybrid inorganic-organic materials: the example of cobalt succinates [J]. Chem. Commun., 2004, 368-369.

[51] Sun D, Ke Y, Mattox T M, et al. Temperature-dependent supramolecular stereoisomerism in porous copper coordination networks based on a designed carboxylate ligand [J]. Chem. Commun., 2005, 5447-5449.

[52] Sun D, Collins D J, Ke Y, et al. Construction of open metal-organic frameworks based on predesigned carboxylate isomers: from achiral to chiral nets [J]. Chem. Eur. J., 2006, 12: 3768-3776.

[53] de Oliveira C A F, da Silva F F, Malvestiti I, et al. Effect of temperature on formation of two new lanthanide metal-organic frameworks: synthesis, characterization and theoretical studies of Tm(Ⅲ)-succinate [J]. J. Solid State Chem., 2013, 197: 7-13.

[54] Kanoo P, Gurunatha K L, and Maji T K. Temperature-controlled synthesis of metal-organic coordination polymers: crystal structure, supramolecular isomerism, and porous property [J]. Cryst. Growth & Des., 2009, 9: 4147-4156.

[55] Zhang S M, Hu T L, Du J L, et al. Tuning the formation of copper (I) coordination architectures with quinoxaline-based N, S-donor ligands by varying terminal groups of ligands and reaction temperature [J]. Inorg. Chim. Acta, 2009, 362: 3915-3924.

[56] Luan X J, Cai X H, Wang Y Y, et al. An investigation of the self-assembly of neutral, interlaced, triple-stranded molecular braids [J]. Chem. Eur. J., 2006, 12: 6281-6289.

[57] Liu P P, Cheng A L, Yue Q, et al. Cobalt(Ⅱ) coordination networks dependent upon the spacer length of flexible bis (tetrazole) ligands [J]. Cryst. Growth Des, 2008, 8: 1668-1674.

[58] Wu Y P, Li D S, Fu F, et al. Stoichiometry of N-donor ligand mediated assembly in the Zn^{II}-Hfipbb system: from a 2-fold interpenetrating pillared-network to unique (3,4) -connected isomeric nets [J]. Cryst. Growth Des., 2011, 11: 3850-3857.

[59] Huang X C, Zhang J P, Lin Y Y, et al. Luminescent zigzag chains and triple-stranded helices of copper(I) 2-ethylimidazolate: solvent polarity-induced supramolecular isomerism [J]. Chem. Commun. 2005, 2232-2234.

[60] Lan Y Q, Jiang H L, Li S L, et al. Solvent-induced controllable synthesis, single-crystal to single-crystal transformation and encapsulation of Alq_3 for modulated luminescence in (4, 8)-connected metal-organic frameworks [J]. Inorg. Chem., 2012, 51: 7484-7491.

[61] Wang Z, Kravtsov V C, Zaworotko M J. Ternary nets formed by self-assembly of triangles, squares, and tetrahedra [J]. Angew. Chem., Int. Ed., 2005, 117: 2937-2940.

[62] Hao X R, Wang X L, Shao K Z, et al. Remarkable solvent-size effects in constructing novel porous 1, 3, 5-benzenetricarboxylate metal-organic frameworks [J]. CrystEngComm, 2012, 14: 5596-5603.

[63] Panda T, Pachfule P, Banerjee R. Template induced structural isomerism and enhancement of porosity in manganese (II) based metal-organic frameworks (Mn-MOFs) [J]. Chem. Commun., 2011, 47: 7674-7676.

[64] Xiong W W, Zhang Q C. Surfactants as promising media for the preparation of crystalline inorganic materials [J]. Angew. Chem. Int. Ed., 2015, 54: 11616-11623.

[65] Zhao J, Wang Y N, Dong W W, et al. A new surfactant-introduction strategy for separating the pure single-phase of metal-organic frameworks [J]. Chem. Commun., 2015, 51: 9479-9482.

[66] Zhang W H, Wang Y Y, Lermontova E K, et al. Interaction of 1, 3-adamantanediacetic acid (H_2ADA) and ditopic pyridyl subunits with cobalt nitrate under hydrothermal conditions: ph influence, crystal structures, and their properties [J]. Cryst. Growth Des., 2010, 10: 76-84.

[67] Meng F J, Jia H Q, Hu N H, et al. pH-controlled synthesis of two new coordination polymers modeled by pyridine-2, 4-dicarboxylic acid [J]. Inorg. Chem. Commun., 2012, 21: 186-190.

[68] Yuan F, Xie J, Hu H M, et al. Effect of pH/metal ion on the structure of metal-organic frameworks based on novel bifunctionalized ligand 4′-carboxy-4,2′:6′,4″-terpyridine [J]. CrystEngComm, 2013, 15: 1460-1467.

[69] Chu Q, Liu G X, Okamura T, et al. Structure modulation of metal-organic frameworks via reaction pH: Self-assembly of a new carboxylate containing ligand *N*-(3-carboxyphenyl) iminodiacetic acid with cadmium (Ⅱ) and cobalt (Ⅱ) salts [J]. Polyhedron, 2008, 27: 812-820.

[70] Zhang S Q, Jiang F L, Wu M Y, et al. pH modulated assembly in the mixed-ligand system Cd(Ⅱ)-dpstc-phen: structural diversity and luminescent properties [J]. CrystEngComm, 2013, 15: 3992-4002.

[71] Volkringer C, Loiseau T, Guillou N, et al. High-throughput aided synthesis of the porous metal-organic framework-type aluminum pyromellitate, MIL-121, with extra carboxylic acid functionalization [J]. Inorg. Chem., 2010, 49: 9852-9862.

[72] Luo L, Lv G C, Wang P, et al. pH-Dependent cobalt(Ⅱ) frameworks with mixed 3,3′,5,5′-tetra (1*H*-imidazol-1-yl) -1, 1′-biphenyl and 1, 3, 5-benzenetricarboxylate ligands: synthesis, structure and sorption property [J]. CrystEngComm, 2013, 15: 9537-9543.

[73] Yan Y, Yang S, Blake A J, et al. Studies on metal-organic frameworks of Cu (Ⅱ) with isophthalate linkers for hydrogen storage [J]. Acc. Chem. Res., 2014, 47: 296-307.

[74] Li J R, Kuppler R J, Zhou H C. Selective gas adsorption and separation in metal-organic frameworks [J]. Chem. Soc. Rev., 2009, 38: 1477-1504.

[75] Dhakshinamoorthy A, Garcia H. Metal-organic frameworks as solid catalysts for the synthesis of nitrogen-containing heterocycles [J]. Chem. Soc. Rev., 2014, 43: 5750-5765.

[76] Allendorf M D, Bauer C A, Bhakta R K, et al. Luminescent metal-organic frameworks [J]. Chem. Soc. Rev., 2009, 38: 1330-1352.

[77] Fang Q R, Zhu G S, Xue M, et al. Microporous metal-organic framework constructed from heptanuclear zinc carboxylate secondary building units [J]. Chem. Eng. J., 2006, 12: 3754-3758.

[78] Fang Q R, Zhu G S, Jin Z, et al. A multifunctional metal-organic open framework with a bcu topology constructed from undecanuclear clusters [J]. Angew. Chem., Int. Ed., 2006, 45: 6126-6130.

[79] Wang Y T, Feng L, Fan W D, et al. Topology exploration in highly connected rare-earth metal-organic frameworks via continuous hindrance control [J]. J. Am. Chem. Soc., 2019, 141: 6967-6975.

[80] Chun H, Dybtsev D N, Kim H, et al. Synthesis, X-ray crystal structures, and gas sorption properties of pillared square grid nets based on paddle-wheel motifs: implications for hydrogen storage in porous materials [J]. Chem. Eng. J., 2005, 11: 3521-3529.

[81] Suh M P, Park H J, Prasad T K, et al. Hydrogen storage in metal-organic frameworks [J]. Chem. Rev., 2012, 112: 782-835.

[82] Suh M P, Moon H R, Lee E Y, et al. A redox-active two-dimensional coordination polymer: preparation of silver and gold nanoparticles and crystal dynamics on guest removal [J]. J. Am. Chem. Soc., 2006, 128: 4710-4718.

[83] Cheon Y E, Suh M P. Multifunctional fourfold interpenetrating diamondoid network: gas separation and fabrication of palladium nanoparticles [J]. Chem. Eng. J., 2008, 14: 3961-3967.

[84] Wang X L, Qin C, Wu S X, et al. Bottom-up synthesis of porous coordination frameworks: apical substitution of a pentanuclear tetrahedral precursor [J]. Angew. Chem., Int. Ed., 2009, 48: 5291-5295.

[85] Brozek C K, Dincă M. Lattice-imposed geometry in metal-organic frameworks: lacunary Zn_4O clusters in MOF-5 serve as tripodal chelating ligands for Ni^{2+} [J]. Chem. Sci., 2012, 3: 2110-2113.

[86] Peterson V K, Liu Y, Brown C M, et al. Neutron powder diffraction study of D_2 sorption in Cu_3(1,3,5-benzenetricarboxylate)$_2$ [J]. J. Am. Chem. Soc., 2006, 128: 15578-15579.

[87] Prestipino C, Regli L, Vitillo J G, et al. Local structure of framework Cu(Ⅱ) in HKUST-1 metallorganic framework: spectroscopic characterization upon activation and interaction with adsorbates [J]. Chem. Mater., 2006, 18: 1337-1346.

[88] Corma A, Iglesias M, Llabres I, et al. Cu and Au metal-organic frameworks bridge the gap between homogeneous and heterogeneous catalysts for alkene cyclopropanation reactions [J]. Chem. Eng. J., 2010, 16: 9789-9795.

[89] Chen Z J, Li P H, Anderson R, et al. Balancing volumetric and gravimetric uptake in highly porous materials for clean energy [J]. Science, 2020, 368: 297-303.

[90] Pang J D, Jiang F L, Hong M C, et al. A porous metal-organic framework with ultrahigh acetylene uptake capacity under ambient conditions [J]. Nature Commun., 2015, 6: 7575.

[91] Tharanga B, Xu J M, Potter I D, et al. Mechanisms for the removal of Cd(Ⅱ) and Cu(Ⅱ) from aqueous solution and mine water by biochars derived from agricultural wastes [J]. Chemosphere, 2020, 254: 126745-

126755.

[92] Li L B, Lin R B, Krishna R. et al. Flexible-robust metal-organic framework for efficient removal of propyne from propylene [J]. J. Am. Chem. Soc., 2017, 139: 7733-7736.

[93] Feng L, Wang Y, Yuan S, et al. Porphyrinic metal-organic frameworks installed with brønsted acid sites for efficient tandem semisynthesis of artemisinin [J]. ACS Catal., 2019, 9: 5111-5118.

[94] Liu H, Xu C Y, Li D D, et al. Photocatalytic hydrogen production coupled with selective benzylamine oxidation over MOF composites [J]. Angew. Chem. Int. Ed., 2018, 57: 5379-5383.

[95] Chen Y Z, Wang Z U, Wang H W, et al. Singlet oxygen-engaged selective photo-oxidation over Pt nanocrystals/porphyrinic MOF: the roles of photothermal effect and Pt electronic stat [J]. J. Am. Chem. Soc., 2017, 139: 2035-2044.

[96] An B, Zhang J Z, Cheng K, et al. Confinement of ultrasmall Cu/ZnO_x nanoparticles in metal-organic frameworks for selective methanol synthesis from catalytic hydrogenation of CO_2 [J]. J. Am. Chem. Soc., 2017, 139: 3834-3840.

[97] Hu Z, Deibert B J, Li J. Luminescent metal-organic frameworks for chemical sensing and explosive detection [J]. Chem. Soc. Rev., 2014, 43: 5815-5840.

[98] Jiang H L, Liu B, Xu Q. Rational assembly of d^{10} metal-organic frameworks with helical nanochannels based on flexible v-shaped ligand [J]. Cryst. Growth Des., 2010, 10: 806-811.

[99] Daiguebonne C, Kerbellec N, Guillou O, et al. Structural and luminescent properties of micro- and nanosized particles of lanthanide terephthalate coordination polymers [J]. Inorg. Chem., 2008, 47: 3700-3708.

[100] Yang E C, Li J, Ding B, et al. An eight-connected 3D lead(Ⅱ) metal-organic framework with octanuclear lead(Ⅱ) as a secondary building unit: synthesis, characterization and luminescent property [J]. CrystEngComm, 2008, 10: 158-161.

[101] Dong M J, Zhao M, Ou S, et al. A luminescent Dye@MOF platform: emission fingerprint relationships of volatile organic molecules [J]. Angew. Chem. Int. Ed., 2014, 53: 1575-1579.

[102] Lefton O B, Pekar K B, Haris U, et al. Defect formation and amorphization of Zn-MOF-74 crystals by post-synthetic interactions with bidentate adsorbates [J]. J. Mater. Chem. A, 2021, 9: 19698-19704.

[103] Huang Y H, Sheng T L, Zhu Q L, et al. Two Cd (Ⅱ) metal-organic frameworks(MOFs) derived from a triazine-based flexible polycarboxylate ligand: syntheses, crystal structures and luminescence [J]. Chinese J. Struc. Chem., 2013, 32: 1572-1578.

[104] Xu X Y, Yan B. Intelligent molecular searcher from logic computing network based on Eu(Ⅲ) functionalized UMOFs for environmental monitoring [J]. Adv. Funct. Mater., 2017, 27: 1700247-1700258.

[105] Li Z Q, Wang G N, Ye Y X, et al. loading photochromic molecule into luminescent metal-organic framework for potential information anti-counterfeiting [J]. Angewandte Chemie, 2019, 131: 18193-18199.

[106] Zeng Y F, Hu X, Liu F C, et al. Azido-mediated systems showing different magnetic behaviors [J]. Chem. Soc. Rev., 2009, 38: 469-480.

[107] Weng D F, Wang Z M, Gao S. Framework-structured weak ferromagnets [J]. Chem. Soc. Rev., 2011, 40: 3157-3181.

[108] Zeng M H, Yin Z, Tan Y X, et al. Nanoporous cobalt(Ⅱ) MOF exhibiting four magnetic ground states and changes in gas sorption upon post-synthetic modification [J]. J. Am. Chem. Soc., 2014, 136: 4680-4688.

[109] Mondal P, Dey B, Roy S, et al. Field-induced slow magnetic relaxation and anion/solvent dependent proton conduction in cobalt (Ⅱ) coordination polymers [J]. Cryst. Growth Des., 2018, 18: 6211-6220.

[110] Qiao C Q, Zhang R L, Wang Y D, et al. Rabies virus-inspired metal-organic frameworks (MOFs) for targeted imaging and chemotherapy of glioma [J]. Angew. Chem. Int. Ed., 2020, 59: 17130-17136.

第 2 章

基于共轭多羧酸与第一过渡系金属离子构建金属链状配位聚合物

分子基磁性材料因其结构种类的多样性，可通过低温合成及加工的方法制备，得到磁与机械、光、电等方面结合的综合性能，具有磁损耗小等特点，在超高频装置、电磁屏蔽、高密度存储材料、吸波材料以及微电子工业等方面具有良好的应用前景。当物质由含有未成对电子的分子组成时，由于分子磁矩的存在而导致物质的磁性。可以将每个原子或分子自旋引起的磁矩看成一个小磁铁（常称为磁子）。通常由于这些磁子的无序取向而使物质不表现宏观的磁性。若将 1mol 的这种物质置于外磁场（H）下，则样品中磁子将产生有序取向，从而产生宏观磁矩（M）。根据磁性物质中电子自旋的不同取向，可以将磁性物质分为顺磁体（paramagnet）、铁磁体（ferromagnet）、反铁磁体（antiferromagnet）、亚铁磁体（ferrimagnet）和倾斜铁磁体（canted ferromagnet）等[1]。磁性功能配合物以含多金属中心的配合物为主，要使配合物具有磁性，金属离子须形成三维空间的网状结构，并通过桥联配体使金属之间的相互作用力得到适当的调节。与有机化合物的磁性分子比较，磁性金属配合物具有很多优势，不同金属离子可提供不同的配位数，因此可以形成不同的构型，这使得金属之间更容易形成三维的网络结构。此外，过渡金属离子的自旋量子数范围为 $S=1/2\sim5/2$，稀土金属离子的自旋量子数更是可以达到 $S=7/2$，利用这一特性更加容易控制整个分子的磁性。

磁性材料是由离散的顺磁单体（单核或多核实体金属离子）和配体组装而成的分子基磁体。近几十年来，在磁性研究方面，利用顺磁金属离子构建的磁性配合物一直处于化学和物理研究的前沿，旨在揭示新的磁性现象，建立磁-结构之间的关联性，从而制备具有潜在应用价值的功能分子基磁材料。磁性功能配合物可分为单分子磁体（single molecular magnets，SMMs）、单链磁体（single chain magnets，SCMs）和自旋交叉磁体（spin cross magnet）[2]。SMMs 在某一温度和外磁场作用下，磁化强度对外磁场的曲线会出现磁滞回线，低温下会表现出明显的量子隧道磁化效应，交流磁化率虚部的最大值随磁场频率变化而变化，表现出超顺磁性。SCMs 是金属离子通过桥联配体连接形成金属骨架一维结构的磁体，是一类具有缓慢磁弛豫和磁滞现象的新型分子磁性材料，其主要原因是单轴磁各向异性较大，链内磁相互作用强，链间磁相互作用弱或可忽略。自旋交叉磁体是具有 $3d^4$～$3d^7$ 电子组态的过渡金属配合物在适当强度的配位场中，由于温度或光照等外界微扰而引起轨道电子的重新排布，从而产生高低自旋的转变现象。20 世纪 80～90 年代长程有序分子磁体和单分子磁体被广泛研究之后，SCMs 成为当前一个新的前沿研究课题。单链分子磁体的设计基于三个要素：①选择合适的自旋载流子和桥联媒介构建 SCMs，当自旋电子沿着链方向相互不抵消排列，可以产生铁磁性（FO）、亚铁磁性（FI）或倾斜反铁磁性（AF），在构建单链分子磁体中，氧、氰基、叠氮基以及羧酸根等常用作桥联媒介连接 Mn(Ⅱ)、Fe(Ⅱ)/(Ⅲ)、Co(Ⅱ)、Ni(Ⅱ)、La(Ⅲ) 系等离子；②采用各向异性金属离子作为自旋载流子可以实现显著的单轴各向异性；③单链在晶体空间中彼此被隔离或通过足够弱的作用相互连接，从而确保一维链间自旋电子相互作用不受影响或具有独立的磁性。

氰基作为桥联媒介连接过渡金属离子形成的一维金属链配位聚合物表现出单链分子磁体的特征。2015 年，Wang 团队报道了两个同自旋铁基单链磁体 $[Fe(L)(H_2O)_2][MQ]_2 \cdot H_2O$ 和 $[Fe(L)(CN)][ABSA] \cdot 3H_2O$ [L＝2,13-二甲基-6,9-二氧杂-3,12,18-三氮杂双环-[12.3.1]十八碳-1(18),2,12,14,16-五烯；MQ^-＝甲基橙负离子；$ABSA^-$＝4-氨基偶氮苯基-4′-磺基]。Fe(Ⅱ) 离子通过氰桥连接形成一维金属链，均表现出反铁磁性、自旋倾斜和单链分子磁体行为，而后者也表现出超磁性。在结构中 Fe(Ⅱ) 离子中心呈现五角双锥体构型，其中 $ABSA^-$ 或 $[BF_4]^-$ 作为负离子位于链之间，从而有效地分隔了一维链，防止链间磁相互作用[3]。叠氮根（N_3^-）作为一种有效传递金属离子间磁耦合作用的桥联媒介，高松教授课题组报道了一例由叠氮基构筑的一维螺旋链 Co(Ⅱ) 配位聚合物，其分子式为 $Co(bt)(N_3)_2$（bt 为 2,2′-二噻唑啉），该配合物展现出了铁磁性耦合现象，并且具有慢磁弛豫现象[4]（图 2-1）。

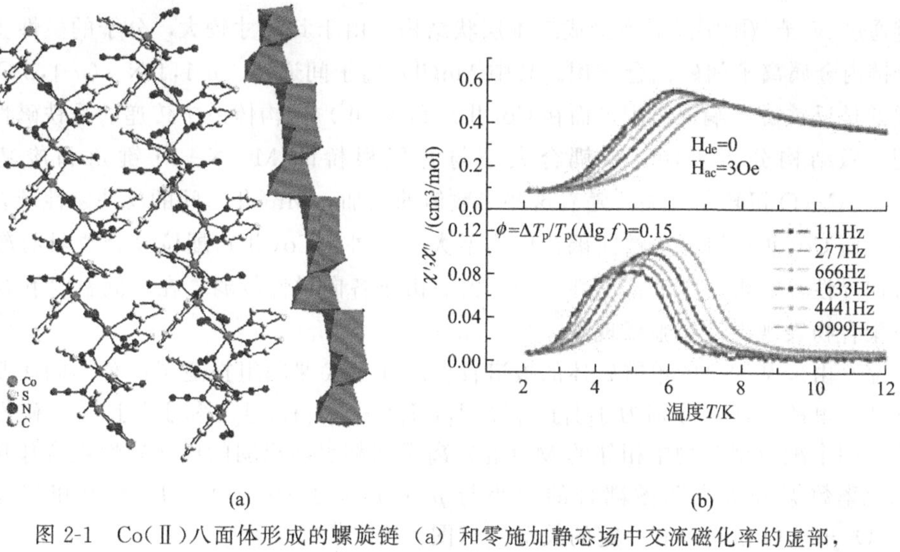

图 2-1　Co(Ⅱ)八面体形成的螺旋链（a）和零施加静态场中交流磁化率的虚部，振荡场为 3kOe，频率为 111～9999Hz(b)

在构建磁性配位聚合物过程中，顺磁金属离子和桥联媒介种类繁多，其中钴离子和多羧酸配体常被采用。一方面，高自旋八面体Co(Ⅱ)离子具有$^4T_{1g}$电子基态，角动量不能完全猝灭，通过自旋-轨道耦合会产生较大的磁各向异性。在轴向畸变下，$^4T_{1g}$电子基态的简并度会部分分裂为$^4A_{2g}$和^4E_g能级，当这种畸变与自旋-轨道耦合的量级相近时，在磁性分析时这两种扰动都需考虑在内，这些特征使八面体构型的Co(Ⅱ)离子成为构建磁各向异性体系合适的自旋载体。另一方面，羧基除了具有单齿配位和螯合配位模式外，还可以采用顺-顺（*syn-syn*）桥联模式、顺-反（*syn-anti*）桥联模式、反-反（*anti-anti*）桥联模式以及μ-oxo桥联模式，因此是一种顺磁金属离子间良好的桥联配体。

例如，高恩庆课题组以4-(3-吡啶基)苯甲酸（4,3-hpybz）和4-(4-吡啶基)苯甲酸（4,4-hpybz）为原料合成了三种具有叠氮根和/或羧基桥联的过渡金属配位聚合物[5]，在配合物$[Cu(4,3\text{-pybz})(N_3)]_n$中，铜离子通过二重$(\mu\text{-}N_3)(\mu\text{-COO})$桥基连接形成了一维金属链，链间通过4,3-pybz配体连接形成了二维层状结构；配合物$[Cu_2(4,4\text{-pybz})_3(N_3)]\cdot 3nH_2O$是由三重混合$(\mu\text{-}N_3)(\mu\text{-COO})_2$桥基连接双核铜离子形成了一维链状结构，链间由4,4-pybz间隔连接；配合物$[Mn(4,4\text{-pybz})(N_3)(H_2O)_2]_n$是由单$\mu$-$N_3$桥连接锰离子形成的一维金属链，由4,4-pybz配体间隔。磁学研究表明，链内Cu(Ⅱ)离子通过多重叠氮根和羧基混合桥传递铁磁性耦合作用，Mn(Ⅱ)间通过端位叠氮根桥传递反铁磁性耦合作用。在温度为6.2K以下，配合物$[Cu(4,3\text{-pybz})(N_3)]$表现出反铁磁性有序。另外磁结构分析发现随着Cu—N—Cu夹角的增大，通过混合桥传递的铁磁性耦合作用减小。

2014年，高恩庆课题组以1-(4-羧基苯基)吡啶-4-羧酸酯（L）为原料，合成了三例含有三重混合$(\mu\text{-}1,1\text{-}N_3)(\mu\text{-}1,3\text{-COO})_2$桥联媒介的同构配位聚合物，即$[M(L)(N_3)]_n\cdot 3nH_2O$ [M＝Mn(Ⅱ)、Co(Ⅱ)、Ni(Ⅱ)][6]。在结构中，混合桥联金属链通过*N*-苄基吡啶间隔连接成二维层状结构，由于其尺寸较大，分子的磁性主要取决于链内金属离子间磁耦合作用。其中Mn(Ⅱ)离子间通过$(\mu\text{-}1,1\text{-}N_3)(\mu\text{-}1,3\text{-COO})_2$传递的是反铁磁性耦合作用，而在Co(Ⅱ)和N(Ⅱ)同构体系中传递的是铁磁性耦合作用。磁结构分析表明，磁耦合大小与叠氮根桥的M—N—M键角和羧基桥的M—O—C—O扭转角有关。随着这些参数值的增加，Mn(Ⅱ)间的反铁磁性耦合作用减小，而Co(Ⅱ)间的铁磁性耦合作用增大。另外，Co(Ⅱ)配位聚合物具有较强的磁各向异性，表现出单链铁磁性（图2-2)。由于各向异性较弱，在较低温度下Ni(Ⅱ)配位聚合物表现出慢磁弛豫现象。

完全由羧基构筑的单链磁体的报道较少。杜少武课题组报道了四种不同羧基桥联Mn(Ⅱ)单链磁体，分别为-$J_1J_1J_1J_1$-、-$J_1J_2J_1J_2$-、-$J_1J_1J_2J_2$-和-$J_1J_2J_3J_3$-。磁性研究表明，四个配位聚合物中相邻的Mn(Ⅱ)离子间都表现出弱的反铁磁性耦合作用。变温磁化率数据分析表明磁耦合的大小与μ-oxo桥的Mn—O—Mn键角和羧基桥的Mn—O—C—O扭转角有一定的关系[7]（图2-3)。

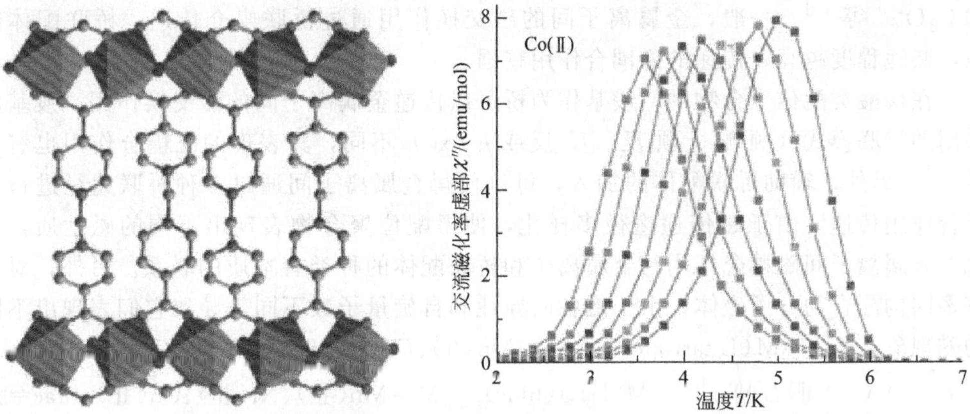

图 2-2　含有三重混合（μ-1,1-N_3）（μ-1,3-COO）$_2$ 桥联媒介的 Co(Ⅱ) 配位聚合物表现出单链铁磁性（1emu=10C）

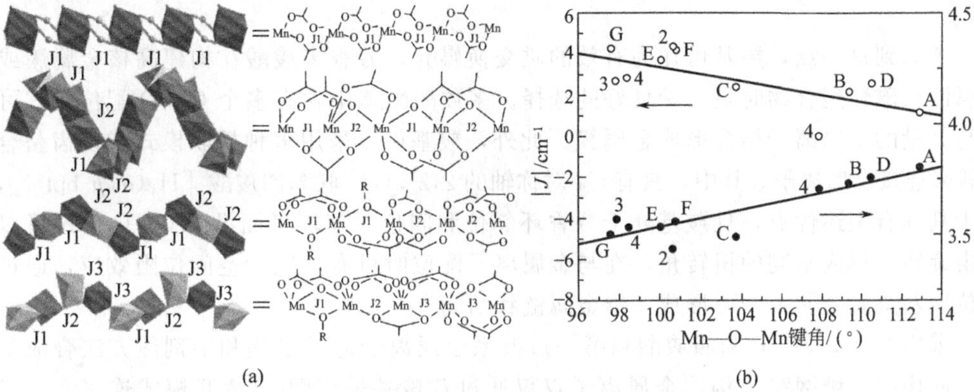

图 2-3　四个 Mn(Ⅱ) 配位聚合物的不同序列的无机磁链，显示 J 路径（a）和耦合常数｜J｜、Mn⋯Mn 的距离以及 Mn—O—Mn 键角的关系（b）

2.1　基于 2,2′,4,4′-联苯四羧酸构筑的同构金属链状配位聚合物的结构及其磁性质的研究

2.1.1　概述

目前，配位聚合物的研究越来越受到关注，由于其在结构上表现出新颖性和多样性，并且在许多领域中具有潜在的应用价值，例如手性识别、催化、吸附和分离、非线性光学、荧光和磁性等方面[8-11]。在磁学方面，配合物作为分子基磁体常常表现出反铁磁性、亚铁磁性和铁磁性现象。随着磁性配合物被大量合成出来，各种磁性理论模型得到建立，配位聚合物在分子磁性研究方面取得了显著的进展，将其设计为单分子磁体和单链磁体。而它们的设计主要考虑两个因素：自旋载体和桥联媒介[12]。单分子磁体常常采用多齿有机配体配位顺磁性金属离子或离子簇设计合成的，而单链磁体一般采用有机桥联配体或加入辅助桥联配体和 3d 轨道上含有未成对电子的第一个过渡系金属离子构筑，常见的桥联配体包含 O^{2-}、X^-、CN^-、SCN^-、N_3^-、COO^-

和 $C_2O_2^{2-}$ 等[13]。一般，金属离子间的磁交换作用通过桥联媒介传递，桥联配体越短，共轭程度越高，传递的磁耦合作用越强。

在羧酸类配位聚合物中，羧基作为桥可以传递金属离子间的磁交换作用，羧基所采用的桥联模式（顺-顺、顺-反、反-反或 μ-oxo）不同，其表现的磁耦合作用也有差异[14]。另外，辅助桥联配体的加入，可以使得金属离子间通过多种桥联途径进行磁耦合作用传递。由于磁传递途径多样化，使得配位聚合物表现出不同的磁性质，因此，金属离子间磁耦合作用与金属离子和桥联配体的种类有本质的联系。另外，对于许多同构配合物分子磁体，由于磁各向异性和自旋量子数不同，导致它们表现出不同的磁现象，例如 $[M(L\text{-tartrate})]_n$ [M＝Mn(Ⅱ)、Co(Ⅱ)、Fe(Ⅱ)和 Ni(Ⅱ)；L-tartrate＝(2*R*,3*R*)-(＋)-酒石酸][15]、$[M(HL)(hfac)]_n$[M＝Mn(Ⅱ)、Ni(Ⅱ)、Cu(Ⅱ)；hfac＝六氟乙酰丙酮阴离子][16]、$M(HCOO)_2(4,4'\text{-bpy})\cdot nH_2O$[M＝Co(Ⅱ)、Ni(Ⅱ)][17] 和 $[M(L)(N_3)]_n\cdot 3nH_2O$[M＝Mn(Ⅱ)、Co(Ⅱ)、Ni(Ⅱ)；$L^-$ ＝1-(4-苄基吡啶-4-羧酸)][18]。

考虑到这一点，羧基可作为有效的磁交换媒介，芳香多羧酸在构建高核金属簇或金属链状磁性配合物时是一种良好的选择。多羧酸配体中含有多个 O、O 配位点，可以与大量的金属离子结合形成金属簇。此外，羧基可以采用多种桥联模式或多齿螯合方式来连接金属离子。其中，具有 C_2 对称轴的 2,2′,4,4′-联苯四羧酸 [H_4(*o*,*p*-bpta)]，由于其具有上述优点，且羧基处于芳香环邻位和间位，苯环平面沿着 C—C 单键可以自由旋转，形成不同的扭转角，在与金属离子配位时可有效减少空间位阻效应，通过邻位羧基螯合金属离子可形成一维金属链状结构。

采用 2,2′,4,4′-联苯四羧酸和第一过渡系金属离子通过水热和溶剂热方法合成了四个同构的三维网络结构，金属离子仅仅通过双羧基采用顺-反桥联模式连接，形成了单链磁体，避免了不同桥联配体对配位聚合物磁性质的影响。

2.1.2 基于 2,2′,4,4′-联苯四羧酸构筑的同构金属链状配位聚合物的制备与结构测定

2.1.2.1 实验试剂与实验仪器

(1) 实验试剂

所有试剂和溶剂均由商业购买，其中有机配体购自济南恒化科技有限公司。

(2) 实验仪器

红外光谱测定采用瑞士布鲁克公司的 Bruker TENSOR27 Spectrometer 型傅里叶变化红外光谱仪，KBr 压片在 Shimadzu 8300 FT-IR-8300 红外压片机上完成，在 4000～400cm^{-1} 范围内扫描；热重分析在 Dupont thermal analyzer 热重仪上进行测试，以 10℃/min 的升温速度并且在氮气保护下进行测试，测试的温度范围为 45～825℃；X 射线粉末衍射（PXRD）用 Bruker D8 Advance X 射线衍射仪进行测量（Cu-Kα，λ ＝1.540598Å），测量的 2θ 范围为 5°～50°，测试速度为 5°/min。

2.1.2.2　配位聚合物的制备

(1) $[FeH_2(o,p\text{-bpta})]_n$ 的合成

分别称取 $H_4(o,p\text{-bpta})$（33.0mg，0.1mmol）、$Fe_2(SO_4)_3$（80.0mg，0.2mmol）和 $H_2C_2O_4$（18.0mg，0.2mmol）置于 13mL 聚四氟乙烯管中，以摩尔比 1∶2∶2 混合，加入 6mL 的水/乙腈（$V/V=2:1$）混合溶剂，搅拌 30min，将聚四氟乙烯管密封，置于不锈钢反应釜中，加热到 160℃恒温反应 72h，自然冷却到室温，获得大量黄色块状晶体，用蒸馏水和乙腈混合反复洗涤、干燥，产率约为 57%（按 Fe 计算）。

(2) $[MH_2(o,p\text{-bpta})]_n$（M＝Mn、Co、Ni、Cu 和 Zn）的合成

在 13mL 聚四氟乙烯管中，加入 0.1mmol $H_4(o,p\text{-bpta})$、0.2mmol 相应金属离子的氯化盐，以摩尔比 1∶2 混合后加入 8mL 水，用 0.2mmol/L NaOH 溶液调节反应体系 pH 为 6.5～7.0，磁力搅拌 30min。密封聚四氟乙烯管，置于不锈钢反应釜中，加热到 160℃恒温反应 72h，自然冷却到室温，获得大量块状晶体，用蒸馏水反复洗涤、干燥。

配合物的合成路线如图 2-4 所示，采用 2,2′,4,4′-联苯四羧酸配体在水热或溶剂热条件下，通过自组装合成了一系列含金属链结构单元的同构配位聚合物 $[MH_2(o,p\text{-bpta})]_n$ [M＝Mn(Ⅱ)～Zn(Ⅱ)]。在合成过程中，铁基配合物的合成方法不同于其他配合物，由于 Fe^{2+} 具有强的还原性，在反应体系中不稳定，当采用二价铁盐反应时未能得到目标产物，为了抑制二价铁盐被氧化，选择三价铁盐作为离子源，加入草酸作还原剂，在溶剂热条件下获得了铁基配位聚合物 $[FeH_2(o,p\text{-bpta})]_n$。对于其他金属离子配位聚合物直接采用相应二价金属盐 [M＝Mn(Ⅱ)～Zn(Ⅱ)] 通过水热反应获得。而对于具有 $3d^{1\sim4}$ 电子组态的金属离子尝试不同的方法均未能得到相应配位聚合物。分析上述配位聚合物的合成条件，可以得出对于第一过渡系金属离子配位聚合物，由于金属离子的 3d 轨道电子差异，在合成过程中合理的设计是至关重要的。

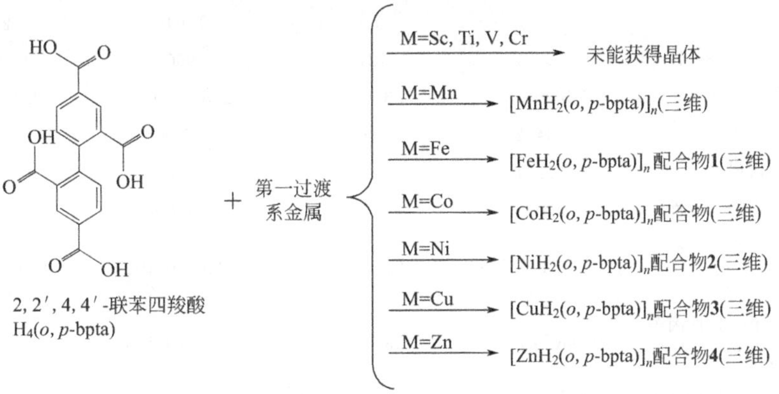

图 2-4　第一过渡系金属离子和 $H_4(o,p\text{-bpta})$ 配体反应示意图

2.1.2.3　配合物晶体结构的测定

配位聚合物的单晶衍射数据是通过 Bruker Smart Apex Ⅱ衍射仪或北京同步辐射光源

MARCCD-165 探测器收集的。配合物 **1** 的单晶衍射数据采用 Bruker Smart Apex Ⅱ衍射仪，在室温时采用石墨单色器 Mo-Kα（λ =0.71073Å）靶为辐射光源，以 ω-2θ 扫描方式收集。晶胞参数通过 SMART[19] 软件判定，数据还原和校正使用 SAINTPlus[20] 程序，吸收校正通过 SADABS[21] 程序。配合物 **2～4** 的单晶衍射数据通过北京同步辐射光源在 3W1A 线站收集，工作电压 2.5GeV，使用 MARCCD-165 探测器（λ =0.7200Å），在温度 100(2) K 下收集衍射数据，数据使用 HKL 2000[22] 程序包进行还原处理。最终数据使用 SHELXS-97[23] 程序包通过直接法或重原子法进行解析。初始结构经全矩阵最小二乘法做数轮精修，定义全部非氢原子坐标，然后对所有非氢原子做各向异性处理。对碳原子进行杂化理论加氢，其中 C—H=0.93Å，U_{iso}(H)=1.2U_{eq}(C)。O 原子上的氢通过差值 Fourier 图找出，用 DFIX 命令限定 O—H=0.82(2)Å，做各向同性处理 U_{iso}(H)=1.5U_{eq}(O)。其晶体学数据和结构精修数据列于表 2-1。

表 2-1　配合物 1～4 的相关晶体学数据和精修参数

配合物	1	2	3	4
化学式	$C_{16}H_8O_8Fe$	$C_{16}H_8O_8Ni$	$C_{16}H_8O_8Cu$	$C_{16}H_8O_8Zn$
分子量	384.07	386.93	391.76	393.59
温度/K	298(2)	100(2)	100(2)	100(2)
衍射线波长/Å	0.71073	0.7200	0.7200	0.7200
晶系	正交	正交	正交	正交
空间群	*Pbcn*	*Pbcn*	*Pbcn*	*Pbcn*
晶胞参数 a/Å	15.772(2)	15.680(3)	16.160(3)	15.147(3)
晶胞参数 b/Å	9.171(1)	9.149(2)	9.455(2)	8.834(2)
晶胞参数 c/Å	9.605(1)	9.415(2)	8.984(2)	9.062(2)
晶胞体积/Å^3	1389.3(4)	1350.6(5)	1372.7(5)	1212.6(4)
晶胞内分子数	4	4	4	4
晶体密度/(g/cm^3)	1.836	1.903	1.896	2.156
吸收校正/mm^{-1}	1.134	1.486	1.640	2.081
单胞中的电子数目	2288	2192	960	462
θ 角的范围/(°)	3.33～25.05	3.37～30.50	2.53～31.1	3.54～30.72
衍射点收集	3422	6613	6733	5983
独立衍射点	1221	1978	2068	1796
等效衍射点的等效性	0.0299	0.0247	0.0318	0.0336
非权重和权重一致性因子[$I>2\sigma(I)$]①	0.0384,0.0983	0.0297,0.0763	0.0362,0.1014	0.0678,0.1689
非权重和权重一致性因子（所有数据）①	0.0509,0.0983	0.0343,0.0778	0.0424,0.1054	0.0704,0.1749
基于 F^2 的 GOF 值	1.097	1.278	1.104	1.116
残余电子密度/(e/Å^3)	0.281/−0.338	0.540/−0.726	0.572/−1.211	2.293/−2.039

① I 为衍射强度，σ 为标准偏差，F 为衍射 hkl 的结构因子，$R_1=\sum\|F_o|-|F_c\|/\sum|F_o|$，$wR_2=[\sum w(F_o^2-F_c^2)^2/\sum w(F_o^2)^2]^{1/2}$。

2.1.3 基于 2,2′,4,4′-联苯四羧酸构筑的同构金属链状配位聚合物的结构分析与性质研究

2.1.3.1 配合物 1～4 的晶体结构描述

X 射线单晶衍射测试表明配合物 **1**～**4** 的晶胞为正交晶系，*Pbcn* 空间群，属于同构的三维网络结构。其结构特点是：金属中心离子通过双羧基采用顺-反模式连接形成了一维金属链。以配合物 **1** 为代表，在不对称单元中包含了 1/2 个晶体学独立的 Fe(Ⅱ) 离子和 1/2 个 $H_2(o,p\text{-bpta})^{2-}$ 配体阴离子，其中 Fe(Ⅱ) 离子位于 2 次轴上。如图 2-5 所示，Fe(Ⅱ) 离子表现出轻微变形的八面体几何构型，其由来自五个 $H_2(o,p\text{-bpta})^{2-}$ 配体的六个羧基氧配位构成，其中 Fe—O 键长范围为 2.100(2)～2.192(2)Å。配体 $H_4(o,p\text{-bpta})$ 在配位过程中部分去质子化，其中芳香环邻位 2,2′-COO^- 采取 μ_2-η^1:η^1 模式螯合一个 Fe(Ⅱ) 离子，同时采用羧基桥连接着三个 Fe(Ⅱ) 离子形成了 V 形结构 [Fe1…Fe1′…Fe1″= 159.5(1)°，对称代码：(′)1 −*x*，−*y*，−*z*；(″)*x*，*y*，1 + *z*]。而芳香环对位未去质子的 4,4′-COO^- 采用单齿模式与 2 个 Fe(Ⅱ) 离子配位，最终使得 $H_2(o,p\text{-bpta})^{2-}$ 配体采用 μ_5-η^2:η^1:η^2:η^1 配位模式配位五个金属离子。

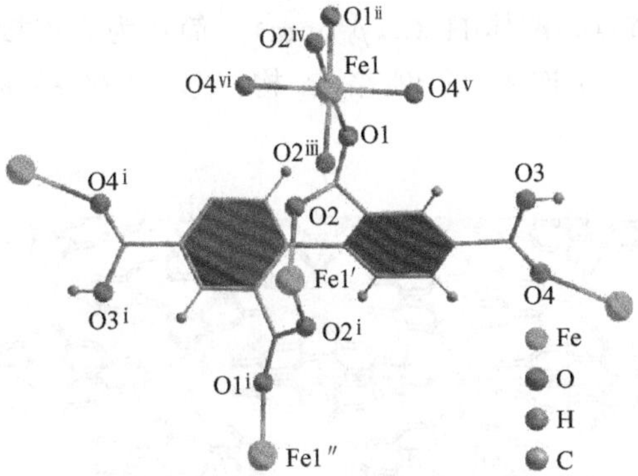

图 2-5 在配合物 **1** 中 Fe(Ⅱ) 离子和 $H_2(o,p\text{-bpta})^{2-}$ 的配位关系图

[对称代码：(ⅰ)1−*x*,*y*,1/2−*z*;(ⅱ)1−*x*,*y*,−1/2−*z*;(ⅲ)1−*x*,−*y*,−*z*;(ⅳ)*x*,−*y*,−1/2 + *z*;(ⅴ) 1/2−*x*,1/2−*y*,−1/2 + *z*;(ⅵ)1/2 + *x*,1/2−*y*,−*z*;(′)1−*x*,−*y*,−*z*;(″)*x*,*y*,1 + *z*]

如图 2-6(a) 所示，沿着晶轴 *c*，Fe(Ⅱ) 离子通过 2,2′,4,4′-联苯四羧酸邻位成对的羧基采用顺-反桥联模式依次连接形成棒状结构的无限一维链 $[Fe_2(CO_2)_2]_n$，相邻 Fe…Fe 间的距离为 4.880(2)Å，O—Fe—O 键角范围是 84.07(8)°～96.51(8)°。而且在 *bc* 平面上，$[Fe_2(CO_2)_2]_n$ 棒状结构通过 $H_2(o,p\text{-bpta})^{2-}$ 配体连接形成了如图 2-6(b) 所示的二维网格状结构，另外每一个 $[Fe_2(CO_2)_2]_n$ 棒状结构通过 $H_2(o,p\text{-bpta})^{2-}$ 配体连接着相邻的六个 $[Fe_2(CO_2)_2]_n$ 结构，形成了六棱柱状的三维网络结构，见图 2-7(a)。而分子内的 O3−H…O2 氢键 [O3…O2 间的距离为 2.532(3)Å] 进一步加强了网络结构的稳定性。为了使结构简明清晰，根据拓扑分析，可将相邻两个 M(Ⅱ)

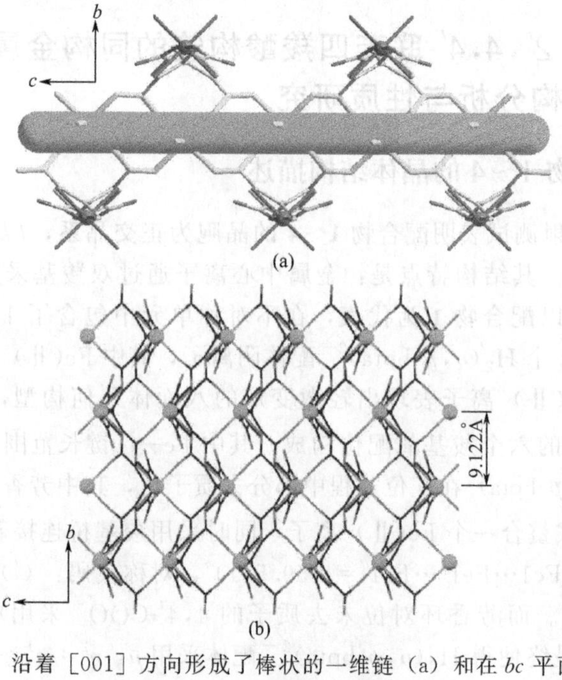

图 2-6 沿着［001］方向形成了棒状的一维链（a）和在 *bc* 平面上的通过羧基形成的二维层状结构（b）

离子简化为 5-连接的节点，配体 $H_2(o,p\text{-bpta})^{2-}$ 简化为 5-连接的节点，图 2-7(b) 显示了最终形成了 5，5-连接的网络结构，该网络结构的拓扑点符号为 $(4.6^4.8.4^3.6^6.8^6)$。

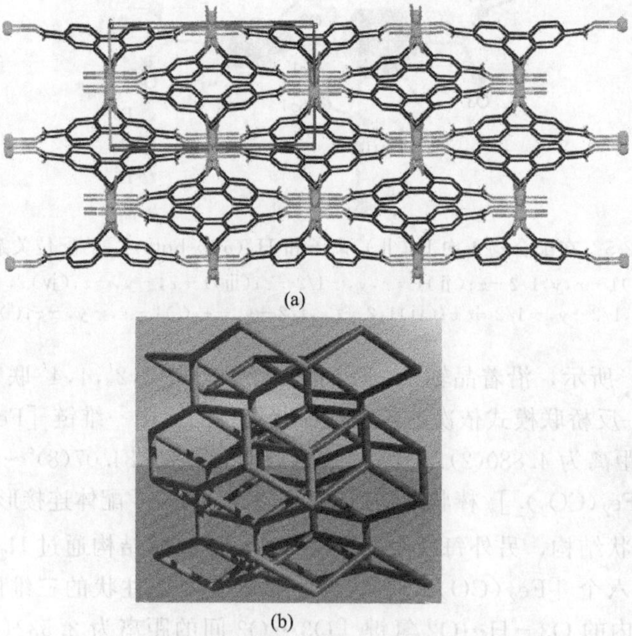

图 2-7 六棱柱状的三维堆积图（a）和（5,5）-连接的拓扑网络结构图（b）

上述同构配位聚合物羧基采用顺-反模式（见图 2-8）桥联，具有 $3d^n$（$n=5\sim10$）电子组态的金属离子形成一维金属链，进一步通过 $H_2(o,p\text{-bpta})^{2-}$ 配体连接形成了三维网络结构。比较表 2-2 发现，在这些同构配合物中，M—O 键长随着金属离子 d 轨道电子数的增加而减小，对应于金属离子半径随质子数增加而减小。而对于 Cu(Ⅱ) 配合物由于姜-泰勒（Jahn-Teller）效应使得 M—O 键长发生异常，表现为拉长的八面体构型。另外，双羧基桥联相邻金属离子形成了 $[M_2(CO_2)_2]$ 次级结构单元（SBUs），相邻 M···M 间的距离（Å）分别为 4.951(2)、4.880(2)、4.781(2)、4.784(2)、4.541(2) 和 4.607(2)。链间最近 M···M 间的距离（Å）分别为 9.103(3)、9.122(4)、9.088(2)、9.077(3)、9.361(3) 和 8.767(2)。比较这两种 M···M 间的距离，可以推测配合物的磁耦合作用主要发生在一维羧酸金属链 $[M_2(CO_2)_2]_n$ 内。由于空间位阻效应，使得配体 $H_2(o,p\text{-bpta})^{2-}$ 的两个苯环平面形成的二面角分别为 70.85(2)°、73.59(4)°、75.70(3)°、74.72(4)°、86.36(4)°和 75.61(1)°。

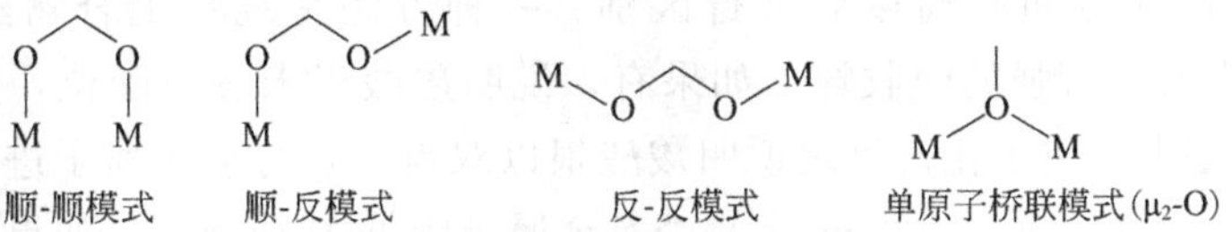

图 2-8　羧基采用的主要桥联模式

表 2-2　比较第一过渡金属离子的同构配合物的键长（Å）和键角（°）

键长(键角)	M—Mn[24]	M—Fe	M—Co[24]	M—Ni	M—Cu	M—Zn
M—O1	2.144(2)	2.100(2)	2.065(4)	2.053(3)	1.971(1)	1.977(1)
M—O2B	2.181(2)	2.126(2)	2.077(3)	2.060(4)	1.981(4)	2.011(1)
M—O4D	2.210(2)	2.192(2)	2.161(5)	2.114(4)	2.439(5)	2.093(1)
M···M	4.951(2)	4.880(2)	4.781(2)	4.784(2)	4.541(2)	4.607(2)
O1—M—O1A	94.00(1)	94.36(2)	92.27(1)	91.21(6)	88.58(3)	92.35(4)
O1A—M—O2B	86.78(2)	86.68(2)	87.86(3)	87.82(4)	89.07(5)	87.84(4)
O2B—M—O2C	92.47(1)	92.38(1)	92.21(1)	93.33(6)	93.76(7)	92.15(6)
O1—M—O4D	85.65(8)	84.07(8)	83.17(7)	82.64(5)	81.92(5)	83.45(4)
O1A—M—O4D	95.03(8)	96.51(8)	97.62(7)	98.16(5)	99.90(5)	98.34(4)
O2B—M—O4D	93.36(8)	93.53(8)	93.75(7)	94.34(4)	93.27(4)	93.46(4)
O2C—M—O4D	85.95(8)	85.88(8)	85.46(7)	84.88(4)	85.00(4)	84.76(4)
∠Ph—Ph	70.85(2)	73.59(4)	75.70(3)	74.72(4)	86.36(4)	75.61(1)
氢键(D···A)	2.521(2)	2.533(3)	2.497(2)	2.498(4)	2.619(0)	2.422(1)

注：对称代码：(A) $-x+1,y,-z-1/2$；(B) $x,-y,z-1/2$；(C) $-x+1,-y,-z$；(D) $-x+1/2,-y+1/2,z-1/2$。

2.1.3.2　配合物 1～4 的红外光谱和 X 射线粉末衍射

红外光谱在配合物研究中是一项重要表征手段。在配体和金属离子形成配合物时，配体的对称性和振动能级受到影响，其振动光谱发生改变，并且在配体和金属之间产生新的振动。所以，配合物的振动光谱主要包括三种振动：配体振动、骨架振动和耦合振动。配合物分子的对称性、配位键的强度和环境的相互作用都会影响到其红外光谱。因此，可以利用红外光谱进行配合物的形成、结构、对称性及稳定性等方面的研究。

众所周知，很多配体在与金属配位时，可以有多种配位模式。由于羧基配位模式丰富，常见的羧酸类配合物中有单齿、双齿、螯合、单原子桥联。而双齿又可以分为顺-顺双齿、反-反双齿和顺-反双齿三种类型，又有双齿加单原子桥联以及螯合加单原子桥联等配位方式。羧基的反对称伸缩振动频率高于伸缩振动频率，两者之间差值与其配位模式有关。所以，可以根据羧酸对称伸缩振动和不对称伸缩振动值的差值，判断羧酸是否参与配位及其配位方式。游离羧酸根离子的 $\Delta\nu$ 在 $160cm^{-1}$ 附近，如果配合物红外光谱中的 $\Delta\nu$ 远大于 $160cm^{-1}$，一般认为羧酸根以单齿方式配位；如果配合物红外光谱中的 $\Delta\nu$ 比 $160cm^{-1}$ 小得多，一般认为羧酸根以螯合方式配位。当羧酸根以双齿方式进行配位，其 $\Delta\nu$ 与游离酸根离子的 $\Delta\nu$ 差不多。对于这种情况，可以通过两种方法对双齿配位和游离羧酸进行区别。一种方法是观察配合物红外光谱图中 $1700cm^{-1}$ 附近有没有强的吸收峰。如果有，说明羧酸根未参与配位，芳香多羧酸配体可能部分羧基未去质子化；反之说明羧酸根以双齿方式与金属离子进行了配位。另外一种方法是，观察 $600\sim500cm^{-1}$ 是否有金属-配体的特征频率。如果有，说明配体与金属发生配位作用；反之，说明配体未参与配位。当配体中含有两种或两种以上配位原子时，通过金属-配体特征频率的位置，还可以判断是哪个原子与金属离子发生配位。

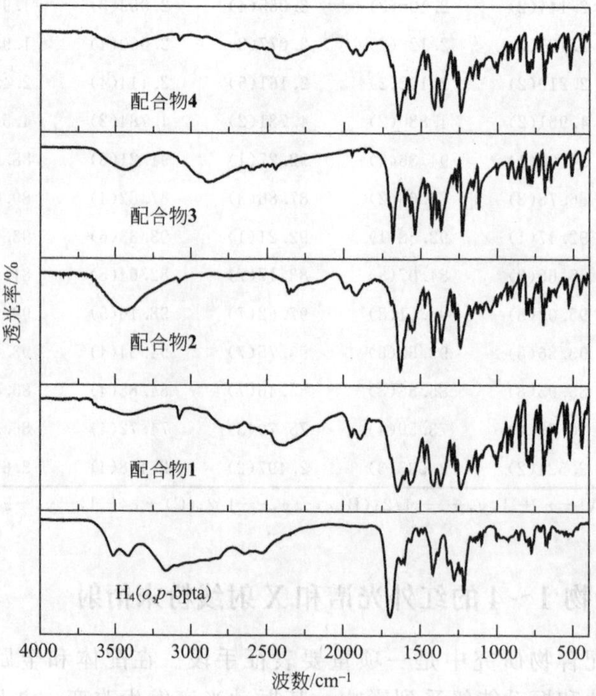

图 2-9　配体 H_4(o，p-bpta）和配合物 **1**～**4** 的红外光谱图

配合物的红外光谱测定是通过 BRUKER TENSOR27 型傅里叶变换红外仪，采用 KBr 压片，在 4000～400cm^{-1} 波数范围内扫描完成。如图 2-9 所示，在配合物 **1～4** 的红外光谱中出现了明显的 COO^-、O—H 和苯环上 C—H 的特征振动峰。相比较配体 $H_4(o,p$-bpta)，在 3443cm^{-1} 处的特征振动峰指示的是邻位/对位羧基上的 O—H，这表明在这些配合物中，配体的羧基是部分去质子化的。在 3084cm^{-1} 处的特征振动峰是苯环上 C—H 的振动峰。未去质子化的羧基 C=O 伸缩振动分别出现在 1637cm^{-1}、1686cm^{-1}、1646cm^{-1} 和 1643cm^{-1}，相对于配体的 $\nu_{(C=O)}$(1706cm^{-1}) 伸缩振动发生了红移，这是由于羧基的氧原子与金属离子配位引起的。另外，配位羧基的不对称伸缩振动 [$\nu_{(OCO)as}$] 分别出现在 1571cm^{-1}、1563cm^{-1}、1570cm^{-1} 和 1561cm^{-1}，而对称伸缩振动 [$\nu_{(OCO)s}$] 分别出现在 1368cm^{-1}、1360cm^{-1}、1371cm^{-1} 和 1370cm^{-1}，其伸缩振动差值 $\Delta\nu_{(as-s)}$ 大约是 200～255cm^{-1}，表明配体 $H_2(o,p\text{-bpta})^{2-}$ 的羧基采用桥联和单齿配位模式连接金属离子。

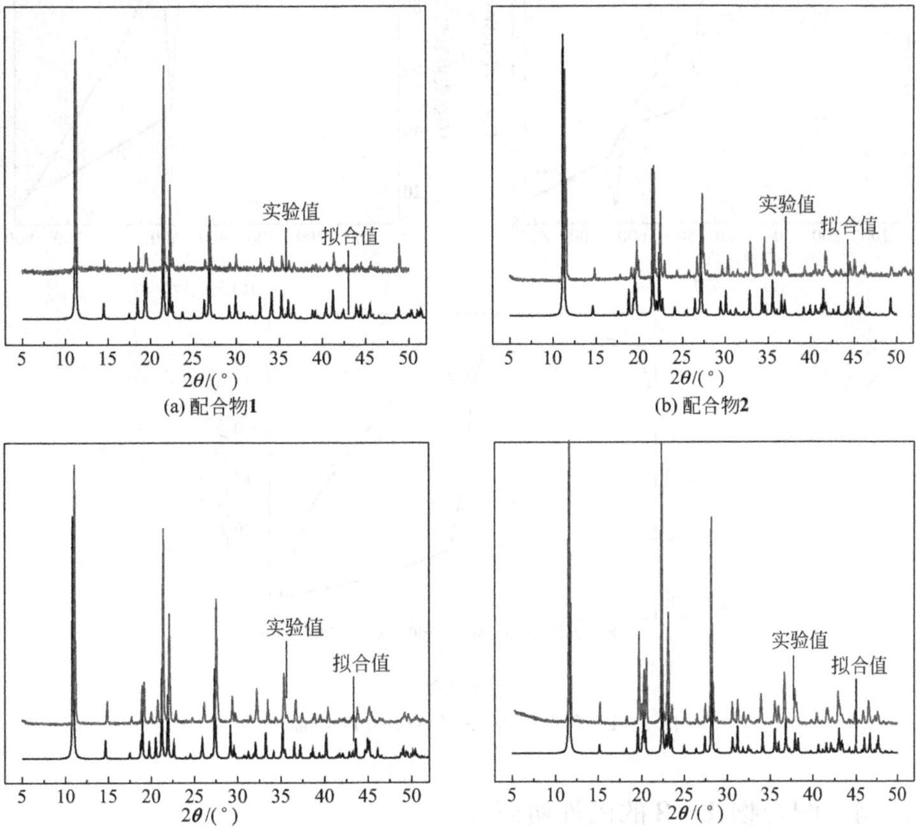

(a) 配合物**1**　(b) 配合物**2**　(c) 配合物**3**　(d) 配合物**4**

图 2-10　配合物 **1**～**4** 的粉末衍射花样和对应单晶模拟衍射花样

为了确定配位聚合物的单晶与大量样品是否相同，对其进行了 X 射线粉末衍射实验。采用 Bruker D8 Advance X 射线衍射仪（Cu-Kα，λ=1.5418Å），电压为 40kV，电流为 25mA，2θ 角扫描范围从 5°到 50°，如图 2-10 显示配合物 **1**～**4** 样品的实验粉末衍射花样和对应单晶结构模拟衍射花样很好地匹配，表明配合物 **1**～**4** 的粉末样品是纯相的。

2.1.3.3 配合物 1～3 的热稳定性研究

配合物的热稳定性是其应用的重要指标之一。配合物 **1**～**3** 的热重分析（TG）和差热分析（DSC）通过 Dupont 热分析仪进行测试的，测试温度范围为 25～825℃，在氮气气氛下升温速率控制为 10℃/min。如图 2-11 所示，热重（TG）曲线表明在温度 25～420℃范围内配合物 **1**～**3** 是稳定的，随着温度的升高，骨架开始发生分解，相应的在差热扫描（DSC）曲线中，分别在 468℃、487℃和 415℃左右出现了吸热峰，结果表明配合物 **1**～**3** 具有高的热稳定性。

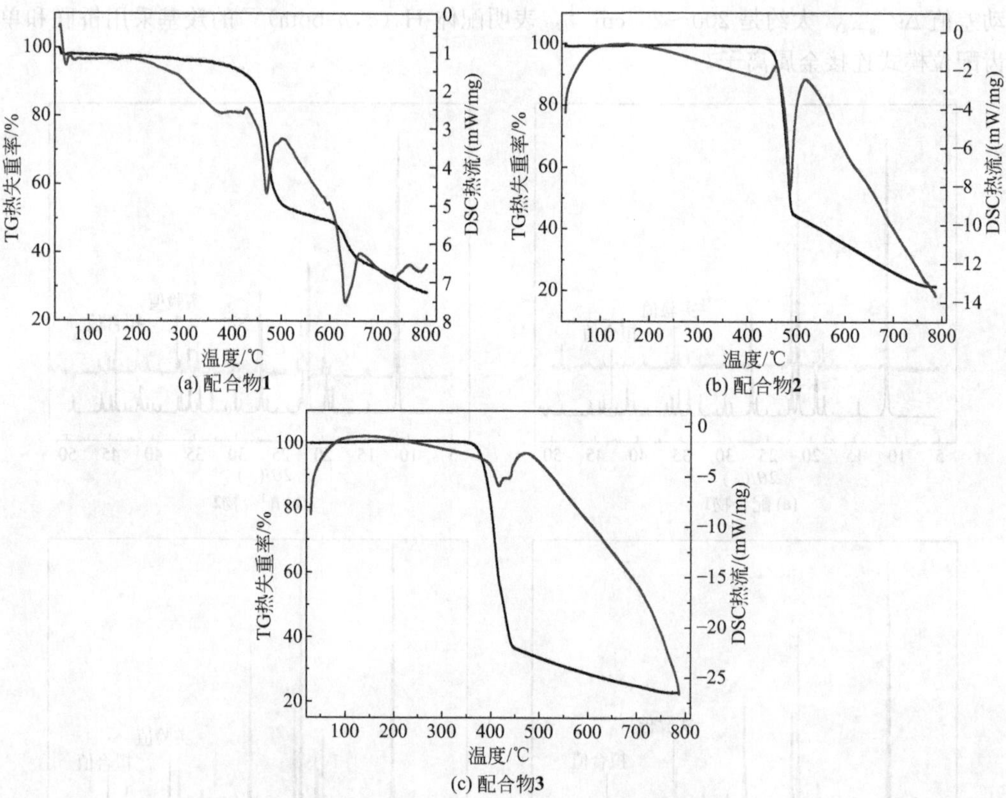

图 2-11 配合物 **1**～**3** 的 TG 和 DSC 曲线图

2.1.3.4 配合物 1～3 的磁性质研究

配合物 **1**～**3** 粉末样品的变温磁化率是采用 MPMS XL-5SQUID 型超导量子干涉磁性测量仪进行的，测试温度范围为 1.8～300K，外加磁场强度为 1000Oe。顺磁金属离子通过羧基采用顺-反模式桥联形成一维金属链，链内金属离子间会表现出弱铁磁性或反铁磁性耦合作用[25,26]，对于第一过渡系同构配合物，由于金属离子的 3d 电子组态不同可能导致其磁性质差异。

(1)$[FeH_2(o,p\text{-bpta})]_n$(配合物 1)的磁性质

如图 2-12 所示，在温度为 300K 时，配合物 **1** 的摩尔变温磁化率与温度乘积($\chi_M T$)的值是 4.03(1)$cm^3·K/mol$，大于一个高自旋 Fe(Ⅱ)离子(朗德因子 $g=2.0$ 和自旋量子数 $S=2$)的理论值 3.00$cm^3·K/mol$。随着温度降低，$\chi_M T$ 的值逐渐减小，在 1.8 K 时达到了 0.036(3)$cm^3·K/mol$，表明在配合物 **1** 中 Fe(Ⅱ)离子之间表现的是反铁磁性耦合作用。在 1.8～300K 范围内摩尔变温磁化率遵循 Curie-Weiss 定律 $\chi=C/(T-\theta)$，通过对 χ_M^{-1} 与温度的关系拟合得到 $C=4.09(1)cm^3·K/mol$，$\theta=-7.59(1)K$，见图 2-12，进一步表明在这个温度范围内 Fe(Ⅱ)离子之间表现的是反铁磁性耦合作用。

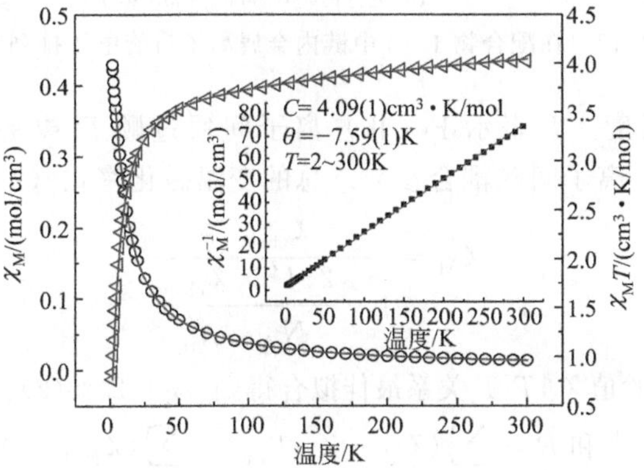

图 2-12　配合物 **1** 的摩尔变温磁化率 χ_M 和 $\chi_M T$ 与温度的关系图(插图为 χ_M^{-1} 与温度的关系图)(实线代表了实验拟合值)

羧酸类金属配合物，无论是离散的还是聚合的，都显示出多种结构，通过大量的研究建立了一般的磁性-结构间关系，通过比较金属离子间磁耦合参数 J 和 zJ' 的大小可合理地评估金属离子间磁耦合程度。根据上述配合物晶体结构分析，羧基采用顺-反桥联模式连接金属离子形成了一维无限链状结构 $[Fe_2(CO_2)_2]_n$，Fe…Fe 间的距离是 4.880(2) Å，相比于相邻链间通过 2,4-或 2′,4′-COO^- 连接 Fe^{2+} 间的距离 9.122(4)Å 较短，因此，配合物 **1** 的磁耦合交换作用主要发生在一维无限链结构 $[Fe_2(CO_2)_2]_n$ 内，见图 2-13(a)，链间的磁耦合作用可以忽略或采用分子场近似处理。配合物 **1** 的 χ_M 与 T 的关系通过修正的费希尔模型进行拟合(自旋量子数 $S=2$)。对应的式(2-1)[27] 如下：

$$\chi_{chain}=\frac{N_A g^2\mu_B^2 S(S+1)}{3kT}\left(\frac{1+u}{1-u}\right) \tag{2-1}$$

其中，u 代表朗之万函数：

$$u=\coth\frac{JS(S+1)}{kT}-\frac{kT}{S(S+1)} \tag{2-2}$$

式中，N_A、g、μ_B、k 和 T 分别表示阿伏伽德罗常数、朗德因子、玻尔磁子、玻尔

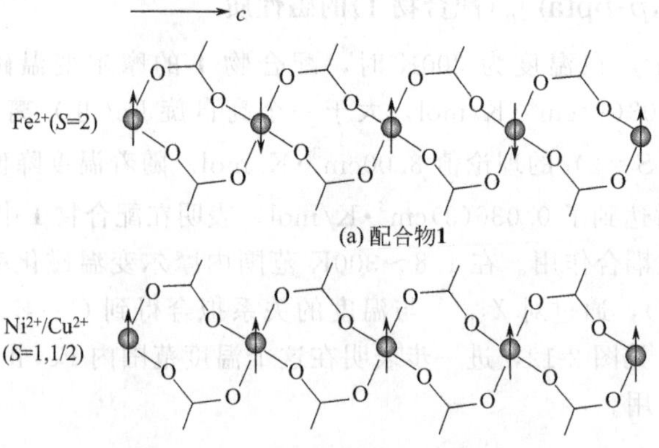

图 2-13 在配合物 **1**～**3** 中链内金属离子自旋电子排列顺序

兹曼常数和磁耦合温度。J 表示 Fe(Ⅱ) 离子间通过顺-反羧基桥联的磁耦合参数，zJ'表示链间 Fe(Ⅱ) 离子间磁耦合参数。总的变温磁化率式 (2-3) 如下：

$$\chi_M = \frac{\chi_{chain}}{1 - \dfrac{2zJ' \times \chi_{chain}}{N_A g^2 \mu_B^2}} \tag{2-3}$$

对配合物 **1** 的实验值 $\chi_M T$-T 关系最佳拟合得到：$g=2.25(2)$、$J=-0.81(1)\text{cm}^{-1}$、$zJ'=-0.036(1)\text{cm}^{-1}$ 和 $R=\sum(\chi_M-\chi_M T_{cal})^2/\sum(\chi_M T_{exp})^2=8.9\times10^{-4}$。这里 $\theta<0$ 和 $J<0$ 都表明在羧酸金属链内 Fe(Ⅱ) 离子间通过顺-反羧基桥联传递的是弱反铁磁性相互作用。从电子排布角度考虑，对于八面体几何构型的金属离子，当未成对自旋电子排列在 e_g 轨道时，金属离子间表现出铁磁性耦合作用，而排列在 t_{2g} 轨道上表现的是强的反铁磁性耦合作用[28]，因此，配合物 **1** 呈现的是反铁磁性。另外，Fe(Ⅱ) 离子间通过羧基顺-反桥联模式传递，磁耦合作用较弱。与陈小明团队报道的 [$Fe(pyoa)_2$]$_n$ [pyoa=2-(吡啶基-3-基氧基)乙酸乙酯] 配合物[29] 相比较，二者结构中都包含顺-反羧基桥联 Fe(Ⅱ) 离子形成相似的一维链结构，但它们表现出的磁性质不同。这是由姜-泰勒效应使得 Fe(Ⅱ) 离子的自旋态电子排布顺序发生改变引起的。

对于 Mn(Ⅱ) 和 Co(Ⅱ) 的同构配合物，在一维无限链结构 [$Mn_2(CO_2)_2$]$_n$ 内，Mn(Ⅱ) 离子间的磁耦合作用同样可以通过修正的费希尔模型进行拟合 ($S=5/2$)。拟合得到磁参数分别为 $J=-0.12(3)\text{cm}^{-1}$，$zJ'=-0.92(3)\text{cm}^{-1}$ 和 $R=1\times10^{-4}$，结果表明 Mn(Ⅱ) 离子间磁耦合作用为弱的反铁磁性相互作用。而对于 Co(Ⅱ) 的同构配合物，如图 2-14 所示，在 300K 时 $\chi_M T$ 值为 $3.35\text{cm}^3\cdot\text{K/mol}$，大于一个孤立的高自旋钴离子的理论值 ($1.876\text{cm}^3\cdot\text{K/mol}$，$S=3/2$)，表明其存在明显的自旋-轨道耦合。从室温冷却后，$\chi_M T$ 持续下降，在 20K 时达到最低值 $2.54\text{cm}^3\cdot\text{K/mol}$，这是典型的八面体 Co(Ⅱ) 离子自旋-轨道耦合现象。20K 以下，$\chi_M T$ 急剧增加，1.8K 时达到最大值 $4.74\text{cm}^3\cdot\text{K/mol}$，可能由于高自旋 Co(Ⅱ) 离子的电子基态 $^4T_{1g}$ 产生较大的零场分裂 (ZFS) 引起。对于自旋量子数 $S=3/2$ 的零场分裂效应体系，可通过下面公式进行拟合。

$$\chi'=\frac{\chi_{//}+2\chi_{\perp}}{3} \tag{2-4}$$

$$\chi_{//}=\frac{Ng^2\mu_B^2}{k_BT}\times\frac{1+9e^{-2D/kT}}{4(1+e^{-\frac{2D}{kT}})} \tag{2-4a}$$

$$\chi_{\perp}=\frac{Ng^2\mu_B^2}{k_BT}\times\frac{4+(3kT/D)(1-e^{-2D/kT})}{4(1+e^{-\frac{2D}{kT}})} \tag{2-4b}$$

式中，D 表示零场分裂能；zJ' 表示 Co(Ⅱ) 离子之间的相互作用。最佳拟合值为 $D=80.9\text{cm}^{-1}$，$zJ'=0.03\text{cm}^{-1}$，$g=2.69$。对于羧酸桥联的高自旋钴离子，考虑自旋-轨道耦合效应，对于其磁性质的分析较为复杂，因此关于其磁-结构间关系研究比较少。总之，过渡金属离子间羧基采用顺-顺构象传递弱的反铁磁性相互作用，而反-反和反-顺构象传递弱铁磁性或反铁磁性相互作用。

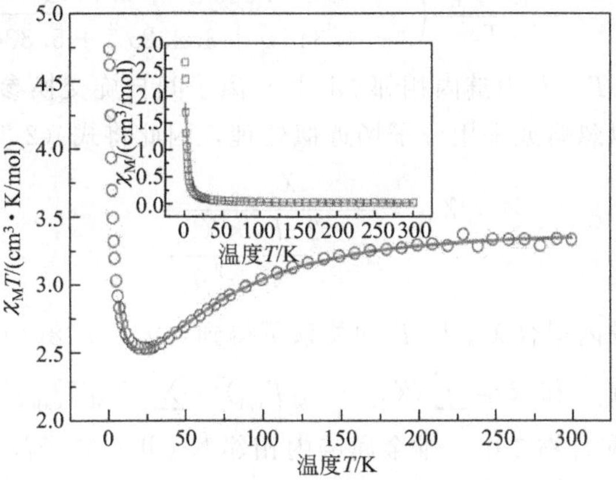

图 2-14　钴配合物的摩尔变温磁化率 χ_M 和 $\chi_M T$ 与温度的关系图

（实线代表了实验拟合值）

(2) $[NiH_2(o,p\text{-bpta})]_n$（配合物 2）的磁性质

如图 2-15(a) 所示，在 300K 时，配合物 **2** 的 $\chi_M T$ 值是 $1.45\text{cm}^3\cdot\text{K/mol}$，大于独立 Ni(Ⅱ) 离子（$g=2.0$ 和 $S=1$）的仅自旋理论值为 $1.00\text{cm}^3\cdot\text{K/mol}$，表明在八面体晶体场中轨道对于总的磁矩具有贡献。随着温度降低，$\chi_M T$ 值缓慢升高，在 20K 时为 $1.81\text{cm}^3\cdot\text{K/mol}$。当温度低于 20K 后 $\chi_M T$ 开始迅速上升，在 1.8K 时达到最大值 $5.11\text{cm}^3\cdot\text{K/mol}$。另外，在磁场为 60kOe 时，配合物 **2** 的磁矩值达到了 $2.22\mu_B$，低于饱和磁矩理论值 $2.83\mu_B$，表明 Ni(Ⅱ) 离子间存在铁磁性相互作用［图 2-15(b)］。在 1.8～300K 范围内，变温磁化率遵循 Curie-Weiss 定律，拟合得到 $C=1.43\text{cm}^3\cdot\text{K/mol}$ 和 $\theta=3.20\text{K}$。虽然镍配合物与配合物 **1** 的结构相似，但是变温磁化率不适合费歇尔无限链状模型，为了估计金属链内 Ni(Ⅱ) 离子间磁耦合作用（J），采用各向同性海森堡链模拟链内铁磁性耦合，其磁化率计算公式为：

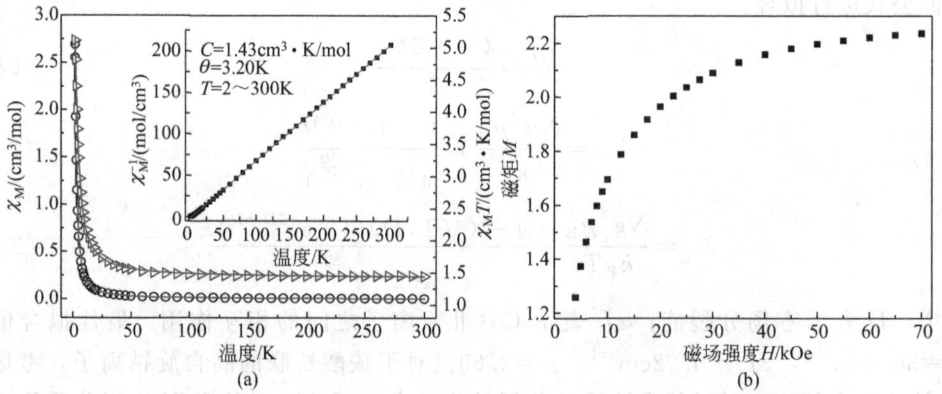

图 2-15 配合物 **2** 的变温磁化率 χ_M、$\chi_M T$ 和 χ_M^{-1} 与温度的关系图（a）和在 1.8K 时，磁矩（*M*）与磁场（*H*）的曲线图（b）（实线代表实验拟合值）

$$\chi_{chain}=\frac{N_A g^2\mu_B^2}{kT}\left(\frac{2+0.0194x+0.777x^2}{3+4.346x+3.232x^2+5.834x^3}\right) \tag{2-5}$$

式中 $x=|J|/kT$；J 为链内相邻 Ni(Ⅱ) 离子间自旋交换参数。链间 Ni(Ⅱ) 离子间磁相互作用可以忽略或采用分子场近似处理，因此将式（2-5）修正为式（2-5a）：

$$\chi_M=\frac{\chi_{chain}}{1-\dfrac{2zJ'\times\chi_{chain}}{N_A g^2\mu_B^2}} \tag{2-5a}$$

在整个温度范围内拟合 χ_M 与 T 的关系可得到：$g=2.38(1)$、$J=3.67(2)\mathrm{cm}^{-1}$、$zJ'=-0.070(2)\mathrm{cm}^{-1}$ 和 $R=\sum(\chi_M-\chi_M T_{cal})^2/\sum(\chi_M T_{exp})^2=5.5\times10^{-4}$。其中 $\theta>0$ 和 $J>0$ 表明配合物 **2** 中一维金属链内相邻 Ni(Ⅱ) 离子间表现的是弱铁磁性相互作用。该结果与文献中总结的结论相符，当自旋量子数 $S=1$ 时，羧基采用顺-反桥联模式连接 Ni(Ⅱ) 离子传递的是弱铁磁性耦合作用。然而对于仅仅依赖顺-反羧基桥联传递磁耦合作用的镍配合物在文献中出现的较少，而大多数是通过羧基和其他（μ-oxo、CN^-、SCN^- 或 μ-N_3 等）桥联共同传递 Ni(Ⅱ) 间的磁耦合作用[30]。

(3) [CuH_2(*o*,*p*-bpta)]$_n$（配合物 3）的磁性质

如图 2-16（a）所示，在 300K 时，配合物 **3** 的 $\chi_M T$ 值是 $0.54\mathrm{cm^3\cdot K/mol}$，大于独立的 Cu(Ⅱ) 离子（$g=2.0$ 和 $S=1/2$）的理论值 $0.375\mathrm{cm^3\cdot K/mol}$。随着温度的降低，$\chi_M T$ 值缓慢升高 $0.26\mathrm{cm^3\cdot K/mol}$，低于 20K 以后，$\chi_M T$ 迅速上升，在 1.8K 时达到最大值 $2.50\mathrm{cm^3\cdot K/mol}$，表明配合物 **3** 呈现的是铁磁性现象。在 1.8K 时，随着磁场增加到 60kOe 时，磁矩值为 $1.14\mu_B$ 低于仅自旋态的 Cu^{2+} 的饱和磁矩理论值 $1.73\mu_B$，表明在金属链内 Cu^{2+} 间表现的是铁磁性相互作用［图 2-16(b)］。在 1.8～300K 范围内，变温磁化率遵循 Curie-Weiss 定律，拟合得到 $C=0.54\mathrm{cm^3\cdot K/mol}$ 和 $\theta=5.40\mathrm{K}$。

为了计算金属链内 Cu(Ⅱ) 离子间的磁耦合参数(J)，基于哈密顿算符 $\vec{H}=$

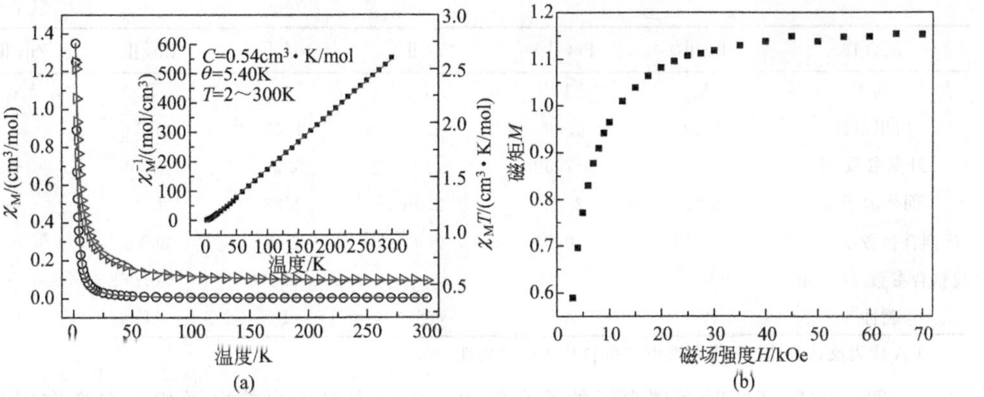

图 2-16　配合物 **3** 的变温磁化率 χ_M、$\chi_M T$ 和 χ_M^{-1} 与温度的关系图 (a) 和在 1.8K 时，磁矩 (M) 与磁场 (H) 的曲线 (b)(实线代表实验拟合值)

$-J\sum\vec{S}_i\vec{S}_{i+1}$，采用海森堡 ($S=1/2$) 链状模型进行拟合。则其变温磁化率对应的公式为：

$$\chi_{\text{chain}}=\frac{N_A g^2 \mu_B^2}{4kT}\left(\frac{A}{B}\right)^{\frac{2}{3}} \tag{2-6}$$

式中，$A=1.0+5.7979916x+16.902653x^2+29.376885x^3+29.832959x^4+14.036918x^5$；$B=1.0+2.7979916x+7.0086780x^2+8.6538644x^3+4.5743114x^4$，而 $x=J/2kT$。磁耦合作用传递主要发生在一维无限链结构 $[Cu_2(CO_2)_2]_n$ 内 [图 2-13(b)]，链间 Cu(Ⅱ) 离子磁相互作用可以忽略或采用分子场近似处理。因此对于上述公式 (2-6) 进行修正为式 (2-6a)：

$$\chi_M=\frac{\chi_{\text{chain}}}{1-\dfrac{2zJ'\times\chi_{\text{chain}}}{N_A g^2 \mu_B^2}} \tag{2-6a}$$

对配合物 **3** 的实验值 $\chi_M T$-T 关系最佳拟合得到：$g=2.34(1)$、$J=9.28(1)\text{cm}^{-1}$、$zJ'=-0.068(3)\text{cm}^{-1}$ 和 $R=\sum(\chi_M-\chi_M T_{\text{cal}})^2/\sum(\chi_M T_{\text{exp}})^2=1.8\times10^{-4}$。结果 $\theta>0$ 和 $J>0$ 都表明配合物 **3** 中链内相邻 Cu(Ⅱ) 离子间表现的是弱铁磁性相互作用。2017 年，Yang 等[31]合成了一例含羧酸金属链的三维配合物 [Cu(bsal)(4,4′-bpy)·DMF]$_n$，在结构中，Cu(Ⅱ) 离子通过单羧基顺反桥联模式连接形成了一维“之”字形链，拟合得到 $g=2.17(6)$，$J=6.33(3)\text{cm}^{-1}$ 和 $zJ'=-0.043(1)\text{cm}^{-1}$ 在金属链内 Cu(Ⅱ) 离子间通过单顺-反羧基桥联传递的是弱铁磁性相互作用。

(4)磁性质讨论

表 2-3　在 [MH$_2$(*o*,*p*-bpta)]$_n$ [M=Mn(Ⅱ), Fe(Ⅱ), Co(Ⅱ), Ni(Ⅱ), Cu(Ⅱ)] 中，仅通过顺-反羧基桥联模式传递磁耦合作用的各种磁参数

配合物	Mn(Ⅱ)	Fe(Ⅱ)	Co(Ⅱ)	Ni(Ⅱ)	Cu(Ⅱ)	Zn(Ⅱ)
3d^n 电子组态	d^5	d^6	d^7	d^8	d^9	d^{10}
自旋量子数	5/2	2	3/2	1	1/2	0

续表

配合物	Mn(Ⅱ)	Fe(Ⅱ)	Co(Ⅱ)	Ni(Ⅱ)	Cu(Ⅱ)	Zn(Ⅱ)
基态	$^6A_{1g}$	$^5T_{2g}$	$^4T_{1g}$	$^3A_{2g}$	^2E_g	$^1A_{1g}$
居里参数	4.29	4.09	4.34	1.43	0.54	—
外斯参数/K	—	−7.59	−42.2	3.20	5.40	—
朗德因子 g	2.21	2.25	2.69	2.38	2.34	—
磁耦合参数 J/cm^{-1}	−0.12	−0.81	0.92	3.67	9.28	—
磁耦合参数 zJ'/cm^{-1}	−0.92	−0.036	—	−0.070	−0.068	—
磁性①	AF	AF	F	F	F	D

①A 代表反铁磁性，F 代表铁磁性和 D 代表抗铁磁性。

一般，在羧基桥联金属离子的配合物中，磁特点是由自旋电子相互交换作用和不同模式的羧基桥联引起的电子效应共同决定。对于含有 3d 富电子的金属配合物，在 $M_2(CO_2)_n$[M=Mn(Ⅱ)～Cu(Ⅱ)]链状体系中，金属离子间磁交换作用通过 M—O—C—O—M 或 M—O—M 途径发生。而配合物表现的铁磁性或反铁磁性现象依赖于不同金属离子的几何参数和羧基的桥联模式。在配合物中，羧基连接金属离子采用反-反桥联模式传递的是反铁磁性耦合作用，可能是由于磁轨道的几何构型导致的。一般羧基采用顺-反模式，金属离子间发生的是弱铁磁性耦合作用或反铁磁性耦合作用。像这类 Cu(Ⅱ) 配位聚合物目前已报道较多，而对于 Fe(Ⅱ) 和 Ni(Ⅱ) 配合物是非常稀少的。通过表 2-3 发现，对于仅依赖顺-反羧基桥联形成的金属离子链状结构的同构配合物，它们表现出不同的磁现象。在 [MnH_2(o,p-bpta)]$_n$ 和 [FeH_2(o,p-bpta)]$_n$ 中，链内金属离子间表现的是反铁磁性作用，对于一些 Mn(Ⅱ) 配合物，磁性耦合通过多桥联方式传递，在温度 1.8K 以上，由于自旋倾斜引起金属离子间发生弱铁磁性相互作用。对于八面体 Co(Ⅱ) 配合物，由于$^4T_{1g}$ 基态电子的轨道贡献容易引起链内磁各向异性，最终 [CoH_2(o,p-bpta)]$_n$ 表现的铁磁性相互作用。对于这些具有不同电子数的同构 $3d^n$(n=5～10) 金属离子配合物，由于 d 轨道电子数不同和配位模式不同导致了它们表现出不同的磁性质。另外，比较含多重桥联的金属链状配合物，如一维链 [$Cu_2(\mu_2\text{-}1,1\text{-}N_3)_2(\mu_2\text{-}1,3\text{-}NO_3)_2(\mu_2\text{-}1,3\text{-}Me_3NCH_2CO_2)_2$]$_n$ 配合物包含三种不同的桥基 μ_2-1,1-N_3^-、μ_2-NO_3^- 和 μ_2-COO^-，共同决定了链内铜离子间的磁耦合行为。变温磁化率和变场下的磁化强度显示，链内铁磁性占主导地位，链间铁磁性和反铁磁性较弱。利用分子轨道理论对链内铁磁性计算，结果表明尽管叠氮根产生的 M—N—M 角比较大（>119.5°），但两个桥联基团（叠氮根和羧基）仍存在轨道互补，共同影响配合物的磁性[32]。对于羧酸类配位聚合物，由于金属离子之间存在混合的桥联媒介，大部分羧酸类配合物会表现出铁磁性和反铁磁性竞争效应，从而导致很难预测其整体的磁耦合效应。另外，比较含 M—O—C—O—M [M=Mn(Ⅱ)～Cu(Ⅱ)] 模型的同构配位聚合物中自旋电子交换作用 $|J|$，发现随着金属离子电子数增加，磁耦合作用增强；金属离子的 d 轨道上自旋电子数不同，配位聚合物表现出的磁现象各异。以上结果表明 H_4(o,p-bpta) 配体能很好地构筑三维网络结构，羧基桥可作为良好的磁耦合传递媒介。

2.1.4 小结

本小节采用 2,2′,4,4′-联苯四羧酸为基础，通过水热或溶剂热方法获得了一系列同构配位聚合物。在合成过程中，配合物 **1** 的合成是采用 Fe(Ⅲ) 离子加入草酸作为还原剂，在溶剂热条件下反应得到的，因此对于同构配位聚合物的合成，由于金属离子的不同，使得合成条件也不同。在结构中，双羧基采用顺-反桥联模式连接金属离子形成了一维金属链，通过 $H_2(o,p\text{-bpta})^{2-}$ 配体进一步连接形成了 (5,5)-连接的三维网络结构。对于 Fe(Ⅱ)、Ni(Ⅱ) 和 Cu(Ⅱ) 离子，其 3d 轨道上含有未成对电子，并且金属离子仅仅通过羧基顺-反模式桥联形成了单链磁体，这在芳香性羧酸配位聚合物中是较为罕见的，因此探索它们的磁性质是非常有趣的。磁性测试表明，具有均匀链状的同构配合物由于金属中心离子的最外层自旋电子排布不同，表现出的磁行为不同。其中配合物 **1** 表现的是反铁磁性行为，配合物 **2** 和 **3** 表现的是铁磁性行为。通过选择合适的均匀链状磁性拟合公式对这些配位聚合物的摩尔变温磁化率进行拟合，发现它们表现出是弱铁磁性或反铁磁性耦合作用。

2.2 基于异构三联苯四羧酸构筑的单水桥金属链状配位聚合物的结构及其磁性质的研究

2.2.1 概述

由于单分子磁体（SMMs）和单链磁体（SCMs）体系的结构和磁性能不同，过渡金属配合物的磁学研究引起人们广泛的兴趣。大量基于金属链的配位聚合物通过不同的桥联配体构建出来，如 μ_2-oxo、μ_2-COO^-、μ_2-N_3^- 和 μ_2-X^-（X＝F 和 Cl)，这些配位聚合物呈现出有趣的结构和磁性。例如具有三重桥联配体的同构 $[M(L)(N_3)]_n\cdot 3nH_2O$[$L^-$＝1-(4-羧基苯基)吡啶-4-羧酸盐，M＝ Mn(Ⅱ)、Co(Ⅱ) 和 Ni(Ⅱ)] 聚合物，Mn(Ⅱ) 配合物的链内金属离子表现出反铁磁性耦合作用，而在 Co(Ⅱ) 和 Ni(Ⅱ) 配合物中表现出铁磁性作用[33]。由萘酸（na）异构体构建的两例水桥 Co(Ⅱ) 链配合物 $[Co(H_2O)_3(2\text{-na})_2]_n$ 和 $\{[Co(H_2O)_3(1\text{-na})_2]\cdot 2H_2O\}_n$ 表现出单水桥传递的超磁性交换作用和不同寻常的单链磁性行为[34]。大量的关于磁性-结构间关系的研究旨在深入了解和开发潜在的功能材料。磁耦合大小与 M⋯M 的距离或金属离子的几何构型以及桥联介质的类型有关。一些实验和理论研究给出了磁耦合的影响因素，还包含 M—O—M 角度和 M—O 键长等参数。而与含氧桥联配体（羟基、羧基、羰基、烷氧基、苯氧基等）在金属簇和金属链化合物中很常见。这些含有 μ-oxo 桥的配合物最常见的特征是含有多重桥，而依赖于 M—O—M 角度的磁交换（J）可被同时存在的其他桥联配体影响。因此，阐明单 μ-oxo 桥联体系的结构特征与磁交换作用之间的关系是非常有意义的。

在单分子磁体或单链磁体中，通过单原子（X^-、N_3^-、μ-oxo）桥联传递顺磁金属离子间的磁耦合作用是比较有趣的[35,36]。因为在这种体系，磁传递媒介较短，使得金属离子间磁耦合作用较强。目前报道含有 μ-oxo 作为桥联传递磁耦合作用的体系较多[37,38]，研究表明金属离子间的自旋电子交换作用与 M—O—M 角度和 M—O 键长有一定的关系[39,40]，例如一些单氧桥联双核体系 Cr^{3+}、Fe^{3+} 和 Mn^{3+} 配合物[41,42]。然而对于大多数含氧单链磁体，金属离子间的磁耦合作用是通过多原子桥或多重桥联配体（例如 CN^-、SCN^-、N_3^- 和 $C_2O_2^{2-}$ 等）协同传递的[43,44]，它们共同对配位聚合物的磁性进行影响，对其磁耦合作用的分析相对复杂。

由于金属离子间磁耦合作用与金属离子和桥联配体的种类有本质的联系，为了避免不同的桥联配体相互对金属离子间的磁耦合作用影响，采用异构三联苯四羧酸通过水热方法合成得到一系列新颖的单水分子桥联钴和镍的配位聚合物，而这些单水桥联的链状结构在单链磁体体系中是非常罕见的，金属离子间的磁耦合作用仅仅通过单氧原子传递，可以排除其他桥联配体对体系磁性的影响，对于含 μ-oxo 的多重桥联配合物磁体的研究提供了很好的借鉴，探索其磁性质是非常有意义的。

2.2.2 基于异构三联苯四羧酸构筑的单水桥金属链状配合物的制备与结构测定

2.2.2.1 配位聚合物的制备

如图 2-17 所示，以两种不同的三联苯四羧酸和 $MCl_2 \cdot 6H_2O(M=Co^{2+},Ni^{2+})$ 为基础，在水热条件下获得了一系列一维配位聚合物，而在反应中通过改变溶液的 pH 值得到了一个三维网络结构。具体合成过程为在 13mL 聚四氟乙烯管中，加入 0.1mmol m-H_4tpta 或 p-H_4tpta、0.2mmol 相应金属离子的氯化盐，以摩尔比 1∶2 混合，后加入 8mL 水，用 0.2mmol/L NaOH 溶液调节反应体系 pH 为 6.5～7.0，磁力搅拌 30min。密封聚四氟乙烯管，置于不锈钢反应釜中，加热到 160℃恒温反应 72h，自然冷却到室温，获得大量粉色块状晶体或蓝色块状晶体，用蒸馏水反复洗涤、干燥。

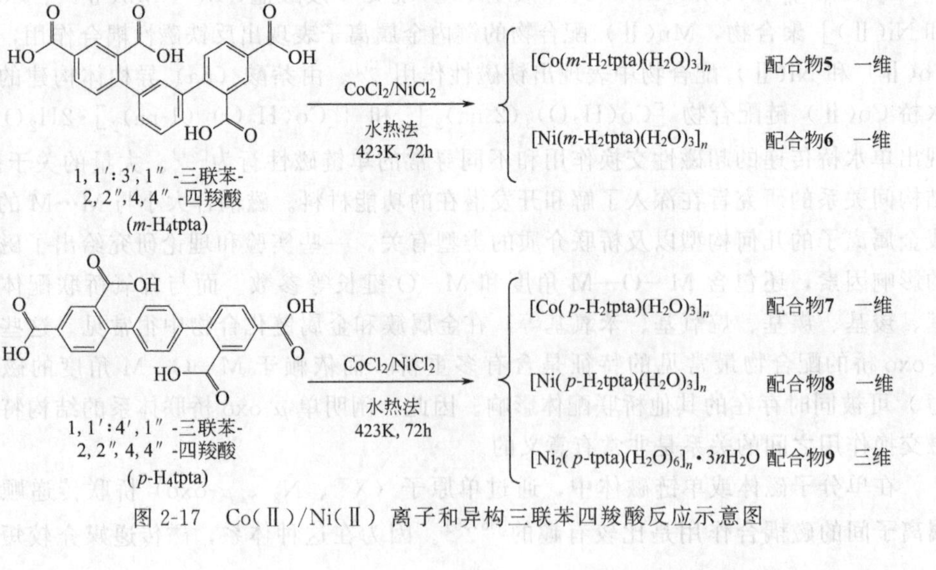

图 2-17 Co(Ⅱ)/Ni(Ⅱ) 离子和异构三联苯四羧酸反应示意图

2.2.2.2 配合物晶体结构的测定

配合物 **5**～**9** 的单晶衍射数据收集和解析参照第 1 章 2.1.2.3 相同部分。晶体学数据和结构精修数据列于表 2-4。

表 2-4 配合物 5～9 的相关晶体学数据和结构精修数据

配合物	**5**	**6**	**7**	**8**	**9**
化学式	$C_{22}H_{18}O_{11}Co$	$C_{22}H_{18}O_{11}Ni$	$C_{22}H_{18}O_{11}Co$	$C_{22}H_{18}O_{11}Ni$	$C_{22}H_{27}O_{17}Ni_2$
分子量	517.29	517.05	517.29	517.07	679.85
温度/K	296(2)	100(2)	296(2)	296 (2)	100(2)
衍射线波长/Å	0.71073	0.7200	0.71073	0.71073	0.7200
晶系	正交	正交	单斜	单斜	三斜
空间群	*Pnma*	*Pnma*	*C*2/*c*	*C*2/*c*	$P\bar{1}$
晶胞参数 *a*/Å	7.803(1)	7.661(2)	24.459(5)	24.442(1)	7.741(1)
晶胞参数 *b*/Å	22.863(1)	22.772(5)	11.295(2)	11.281(1)	8.902(2)
晶胞参数 *c*/Å	11.513(1)	11.451(2)	7.851(1)	7.758(1)	9.488(1)
晶胞参数 α/(°)	90	90	90	90	88.87(3)
晶胞参数 β/(°)	90	90	106.54(3)	107.173(1)	75.71(3)
晶胞参数 γ/(°)	90	90	90	90	78.69(3)
晶胞体积/$Å^3$	2053.72(18)	1997.7(7)	2079.1(7)	2043.6(2)	621.0(2)
晶胞内分子数	4	4	4	4	1
晶体密度/(g/cm^3)	1.673	1.719	1.653	1.681	1.796
吸收校正/mm^{-1}	0.902	1.040	0.891	1.016	1.604
单胞中的电子数目	1060	1064	1060	1064	350
非权重和权重一致性因子[$I>2\sigma(I)$]①	0.0269,0.0602	0.0340,0.1613	0.0338,0.0809	0.0353,0.0829	0.0659,0.2081
基于 F^2 的 GOF 值	0.984	0.962	1.013	1.040	1.068
残余电子密度/($e/Å^3$)	0.339/−0.336	0.758/−1.216	0.365/−0.376	0.330/−0.449	2.377/−1.089

① I 为衍射强度，σ 为标准偏差，F 为衍射 hkl 的结构因子，$R_1=\sum\|F_o|-|F_c\|/\sum|F_o|$，$wR_2=[\sum w(F_o^2-F_c^2)^2/\sum w(F_o^2)^2]^{1/2}$。

2.2.3 基于异构三联苯四羧酸构筑的单水桥金属链状配合物的结构分析与性质研究

2.2.3.1 配合物 5～9 的晶体结构描述

(1) $[M_2(m\text{-}H_2tpta)(H_2O)_3]_n$（配合物 5，M= Co；配合物 6，M= Ni）的晶体结构

单晶 X 射线衍射分析表明配合物 **5** 和 **6** 属于同构配位聚合物，其空间群是正交 *Pnma*，呈现出单水桥无限一维链状结构。配合物 **5** 的不对称单元包含了 1/2 个 Co(Ⅱ) 离子和 $m\text{-}H_2tpta^{2-}$ 配体，3/2 个配位水分子。如图 2-18(a) 所示，Co(Ⅱ)

离子与六个氧原子配位形成了一个轻微变形的八面体构型，其中赤道平面被来自一个配体 m-H_2tpta^{2-} 的两个羧基氧［O1 和 O1ⁱ，对称代码：(i) x，$3/2-y$，z］和两个端基水分子（O6 和 O6ⁱ）占据。Co—O 键长范围是 2.049(1)～2.080(1)Å，O—Co—O 的键角范围是 85.14(7)°～95.88(8)°。径向位置被两个桥联水分子（O5 和 O5ⁱⁱ，对称代码：(ii) $1/2+x$，y，$1/2-z$）配位，连接相邻的两个 Co(Ⅱ) 离子，Co—O 键长分别是 2.145(1)Å 和 2.163(1)Å。

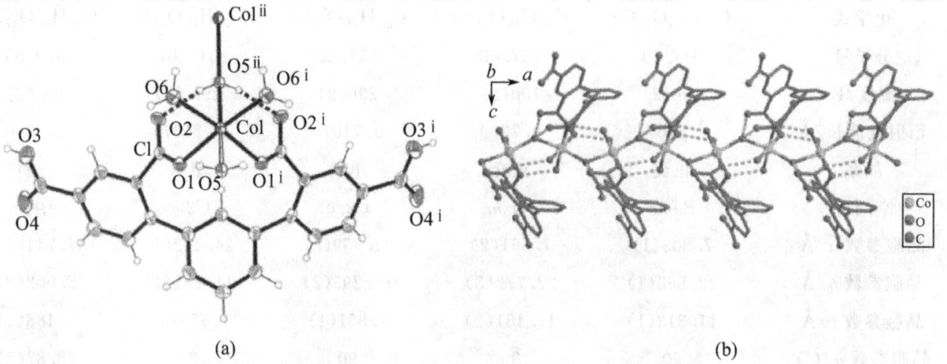

图 2-18　配合物 **5** 中 Co(Ⅱ) 离子的配位环境（30%的椭球度，对称代码：(ⅰ) x，$3/2-y$，z；(ⅱ) $1/2+x$，y，$1/2-z$）(a) 和沿着晶轴 a 方向形成的一维链 (b)

配体 m-H_2tpta^{2-} 的 2,2″-COO⁻ 采用 μ_1-η^1：η^1 模式螯合着一个 Co(Ⅱ) 离子，形成的 O1—Co1—O1ⁱ 键角是 85.14(7)°。沿着晶轴 a 方向，相邻 Co(Ⅱ) 离子通过 O5 桥联形成了单水桥金属链，Co⋯Co 间的距离是 3.914(2)Å，Co1—O5—Co1 的键角是 130.59(8)°，见图 2-18(b)。这里的羧基和配位水分子之间产生了分子内的氢键作用，从而形成了一个密封的结构，另外，水分子（O6）与羧基氧（O1）形成的氢键［O6－H⋯O1＝2.7109(17)Å］产生了一个类似五面体的链状结构。如图 2-19(a) 所示，这种链进一步通过局部 π⋯π 堆积作用在晶体学 ac 平面上形成了二维层状结构，最后通过分子间作用形成了六棱柱的超分子网络结构［图 2-19(b)］。

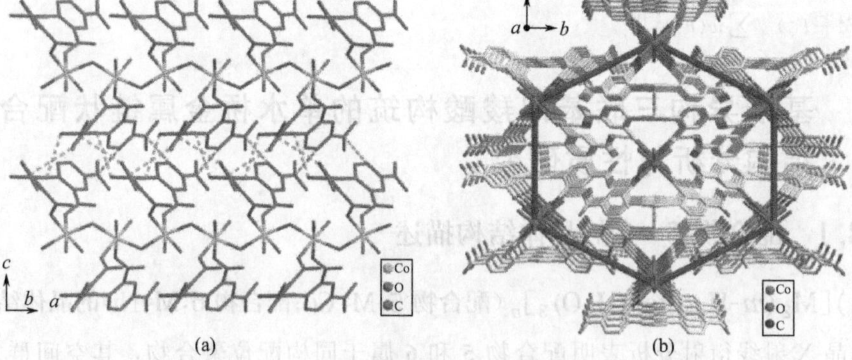

图 2-19　在 ac 平面上通过 π 键形成的二维层状结构 (a) 和沿着中心方向观察配合物 **6** 形成的六棱柱堆积图 (b)

(2) $[M_2(m\text{-}H_2tpta)(H_2O)_3]_n$（配合物 7，M=Co；配合物 8，M=Ni）的晶体结构

配合物 **7** 和 **8** 也是同构的，属于单斜晶系，$C2/c$ 空间群，其中 Co(Ⅱ）离子位于倒反中心位置。不对称单元中包含了 1/2 个 Co(Ⅱ）离子和 $p\text{-}H_2tpta^{2-}$ 配体，3/2 个配位水分子。如图 2-20(a) 所示，在配合物 **7** 中，Co(Ⅱ）离子表现为八面体构型，其中赤道位置被来自两个不同 $p\text{-}H_2tpta^{2-}$ 配体的两个羧基氧［O1 和 $O1^{ii}$，对称代码：(ii) $-x$，$2-y$，$-z$］和两个桥联水分子（O5 和 $O5^{ii}$）占据；而径向位置被两个端基水分子（O6 和 $O6^{ii}$）占据。Co—O 的键长处于 2.023(1)～2.157(1)Å 内，O—Co—O 的键角范围是 87.36(6)°～92.64(6)°。

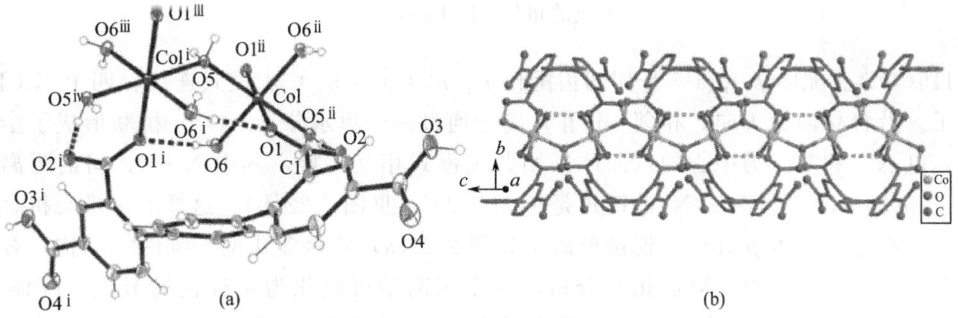

图 2-20　在配合物 **7** 中 Co(Ⅱ）离子的配位环境［30％的椭球度，对称代码：(ⅰ) $-x$，y，$1/2-z$；(ⅱ) $-x$，$2-y$，$-z$；(ⅲ) x，$2-y$，$1/2+z$；(ⅳ) $-x$，$2-y$，$1-z$］(a) 和沿着晶轴 c 方向形成具有交替环的一维链 (b)

与配合物 **5** 和 **6** 相反，配体 $p\text{-}H_2tpta^{2-}$ 的 2,2″-COO^- 绑定两个金属离子［Co…Co，3.9252(8)Å］，一个桥联水分子配位金属离子形成了六配位环境，这是由于中间苯环的对位取代使得 2,2″-COO^- 间的距离增大所致。沿着晶轴 c 方向，相邻金属离子通过配体 $p\text{-}H_2tpta^{2-}$ 上下交替连接传递形成了具有 15 元环的无限一维链，水分子（O5）起到了辅助桥联作用，Co—O5—Co 的键角是 132.50(10)°，见图 2-20(b)。处于二重轴上的桥联水分子（O5）占据在 Co(Ⅱ）离子八面体构型的赤道平面上。类似于配合物 **5** 和 **6**，在配合物 **7** 中，水分子（O6）与羧基氧（O1）形成的氢键［O6—H…O1＝2.734(2)Å］同样产生了一个类似五面体的链状结构。在晶体学 bc 平面，一维链通过局部 π 键作用堆积形成了如图 2-21(a) 所示的二维层状结构，最后这种层状结构像沙漏一样相互嵌入并通过分子间作用力［O3—H…O2，2.718(2)Å 和 O6—H…O4，2.688(2)Å］形成了超分子三维网络结构［图 2-21(b)］。

(3) $[Ni_2(p\text{-}tpta)(H_2O)_6]_n \cdot 3nH_2O$（配合物 9）的晶体结构

配合物 **9** 是基于单水分子桥联的金属镍链形成的三维网络结构。它属于单斜晶系，$P\overline{1}$ 空间群，Ni(Ⅱ）离子处于倒反中心位置。不对称单元包含了两个晶体学独立的 Ni(Ⅱ）离子、1/2 个配体 $p\text{-}tpta^{4-}$ 阴离子、三个配位水分子和一个客体水分子。如图 2-22(a) 所示，两个 Ni(Ⅱ）离子是八面体构型，分别与四个水分子和来自两个完全去质子化的 $p\text{-}tpta^{4-}$ 配体的两个羧基氧配位。Ni—O 键长范围是 2.028(5)～

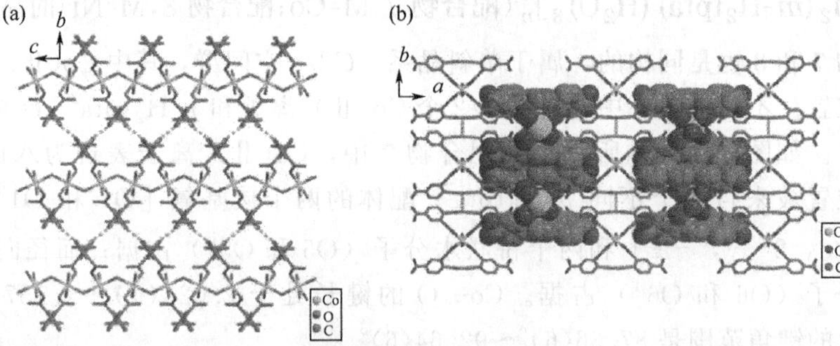

图 2-21　在 bc 平面上通过 π 键形成的二维层状结构（a）和通过分子间作用力形成的超分子网络结构（b）

2.115(4)Å。配体 p-tpta^{4-} 采用四齿配位 μ_4-η^1：η^1：η^1：η^1 模式连接着四个 Ni(Ⅱ）离子。沿着晶轴 a 方向，相邻 Ni(Ⅱ）离子通过一个单水分子（O7）桥联形成了金属链，以 Ni1 和 Ni2 为中心的八面体采用共顶模式相互连接，其中 Ni…Ni 间的距离是 3.8705(8)Å，Ni—Ow—Ni 的键角是 133.3(2)°，见图 2-22(b)。这样的一维无机金属链进一步通过配体 p-tpta^{4-} 连接形成了如图 2-23(a) 所示多孔型三维网络结构，客体水分子填充到孔洞中。根据拓扑分析，每个镍离子可简化为 4-连接的节点，配体 p-tpta^{4-} 也可简化为 4-连接的节点，最终形成了(4,4)-连接的 NbO 型网络结构（图 2-23(b)，网络拓扑的点符号为（$6^4.8^2$）。

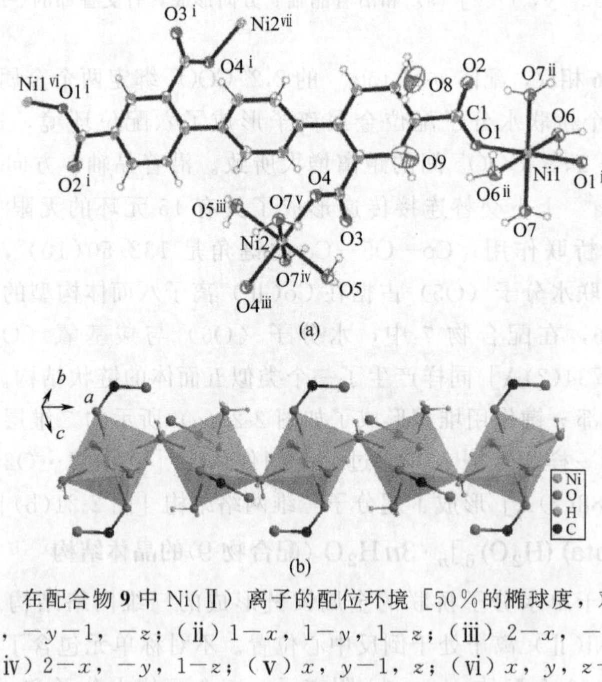

图 2-22　在配合物 **9** 中 Ni(Ⅱ）离子的配位环境［50%的椭球度，对称代码：（ⅰ）$2-x$，$-y-1$，$-z$；（ⅱ）$1-x$，$1-y$，$1-z$；（ⅲ）$2-x$，$-y-1$，$1-z$；（ⅳ）$2-x$，$-y$，$1-z$；（ⅴ）x，$y-1$，z；（ⅵ）x，y，$z-1$；（ⅶ）$x+1$，$y-2$，$-z-1$］(a) 和沿着［100］方向形成的一维链（b）

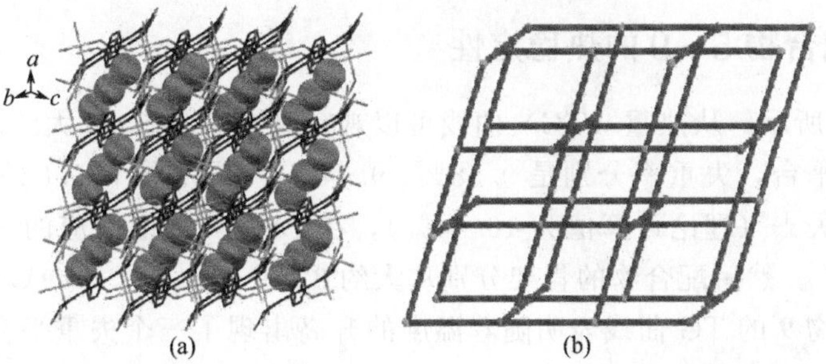

图 2-23　三维网络结构，客体水分子填充在孔洞中（a）和 NdO 型拓扑网络结构，点符号为 $\{6^4.8^2\}$（b）

2.2.3.2　配合物 5～9 的 X 射线粉末衍射(PXRD)

配合物 **5**～**9** 的 X 射线粉末衍射是通过 Bruker D8 Advance X 射线衍射仪在室温下测定的，从图 2-24 可知，粉末样品的实验衍射花样与对应 X 射线单晶衍射模拟值能够很好地吻合，表明配合物 **5**～**9** 的粉末样品是纯相的。

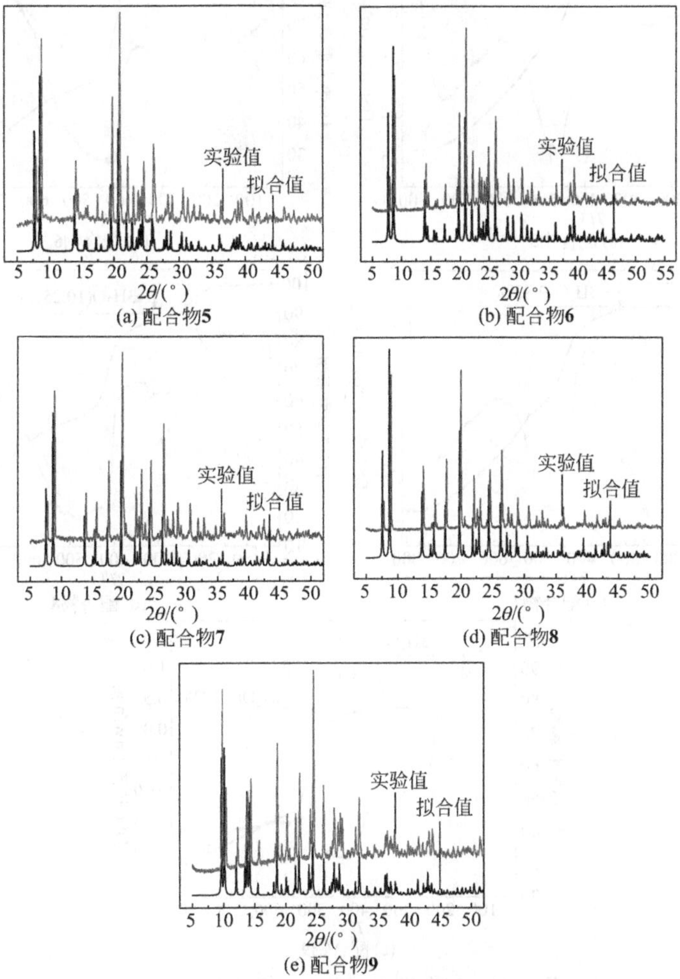

图 2-24　配合物 **5**～**9** 样品的粉末衍射花样和对应单晶模拟衍射花样

2.2.3.3 配合物 5～9 的热稳定性

如图 2-25 所示，从热重（TG）曲线可以观察到配合物 **5**～**8** 大约从 120℃开始出现第一个失重平台，失重率分别是 9.58%、9.74%、10.25%和 9.82%，可归属于三个配位水分子失去（理论计算值为 10.44%），在 DSC 曲线上对应的一个尖锐的吸热峰大约是 252℃。然后配合物的骨架分别从大约 327℃、243℃、309℃和 256℃开始发生分解。配合物 **9** 的 TG 曲线表明随着温度的升高出现了三个失重平台，分别发生在 60～108 ℃（失重率为 8.23%）、108～160℃（失重率为 9.49%）和 180～232℃（失重率为 5.13%），对应失去三个客体水分子（理论计算值为 7.94%）和六个配位水分子（理论计算值为 15.88%）。最后温度达到 450℃时有机骨架开始发生分解。在差热（DSC）曲线上出现对应的吸热峰。

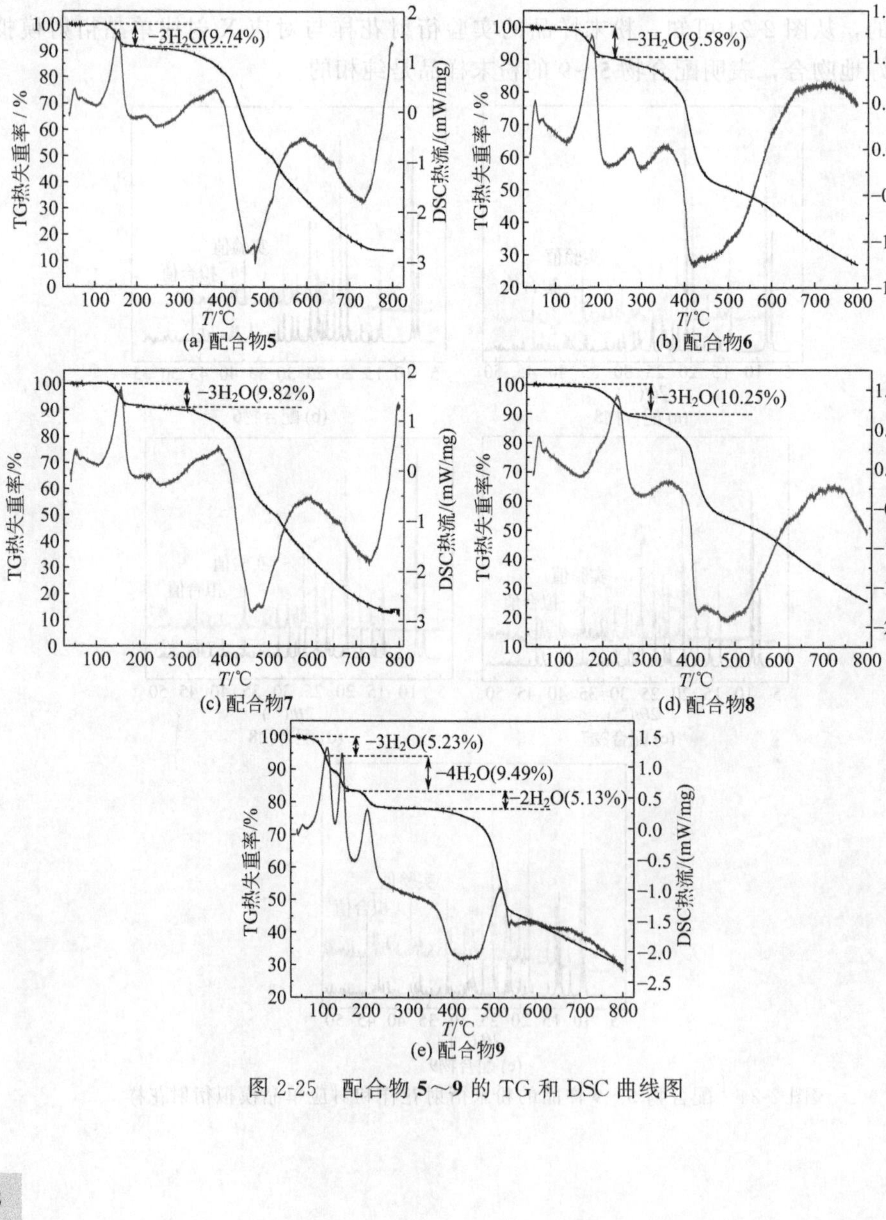

图 2-25　配合物 **5**～**9** 的 TG 和 DSC 曲线图

2.2.3.4　配合物 5～9 的磁性质研究

在配合物 **5～9** 中 Co(Ⅱ)/Ni(Ⅱ) 离子仅仅通过单水分子桥传递金属离子间的磁耦合作用，这在单链磁体中非常罕见，因此对其磁性质进行研究非常有趣。配合物 **5～9** 粉末样品的变温磁化率测试温度范围是 1.8～300K，外加磁场强度为 1000Oe。

(1)配合物 6、8 和 9 的磁性质

如图 2-26 所示，在 300K 时，配合物 **6**、**8** 和 **9** 的 $\chi_M T$ 值 ($cm^3 \cdot K/mol$) 分别是 1.67(2)、1.60(2) 和 1.20(2)，大于孤立 Ni(Ⅱ) 离子 ($g=2.0$ 和 $S=1$) 的仅自旋理论值 1.00$cm^3 \cdot K/mol$。随着温度降低，$\chi_M T$ 值逐渐减低，在 1.8K 时 $\chi_M T$ 达到最小值 ($cm^3 \cdot K/mol$) 分别为 0.030(1)、0.036(1) 和 0.027(1)，表明 Ni(Ⅱ) 配合物呈现出反铁磁性耦合作用。此外，在 50～300K 范围内摩尔变温磁化率遵循 Curie-Weiss 定律 $\chi = C/(T-\theta)$，拟合得到居里常数 C ($cm^3 \cdot K/mol$) 分别是 1.49(2)、1.52(2) 和 2.39(2)，外斯常数 θ(K) 分别是 −78.85(2)、−86.96(2) 和 −148.73(2)，负的 θ 进一步表明在这个温度范围内 Ni(Ⅱ) 离子之间表现出强的反铁磁性耦合作用，见图 2-26(a)。然而随着温度的降低，配合物的 χ_M (cm^3/mol) 值逐渐升高，在 35K 左右出现一个峰包，分别是 0.011、0.012 和 0.012，可能是由短程磁有序导致的，其值随着温度降低而快速升高，在 1.8K 时到达一个极值，可能是由于水热反应配合物样品中含有微量的顺磁性杂质所致。

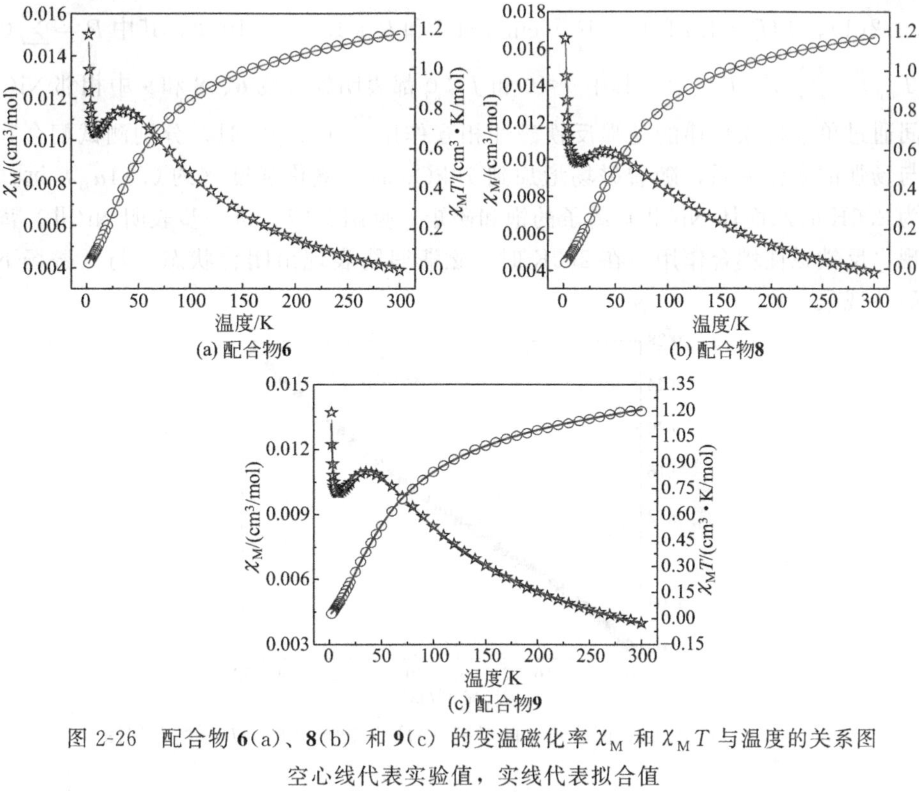

图 2-26　配合物 **6**(a)、**8**(b) 和 **9**(c) 的变温磁化率 χ_M 和 $\chi_M T$ 与温度的关系图

空心线代表实验值，实线代表拟合值

根据配合物 **6** 和 **8** 的结构分析，它们呈现了单水桥联的一维金属链结构，链间通过氢键连接，对磁性的传递可以忽略。对于配合物 **9**，三维结构的磁性质可看作成一维链结构，由于相邻单水桥金属链通过 p-tpta^{4-} 配体连接，Ni(Ⅱ) 离子间的距离是 8.984(1)Å，相比较链内离子间距离［Ni…Ni，3.871(2)Å］较长，因此可认为 Ni(Ⅱ) 离子间磁耦合作用传递主要发生在一维链内，链间磁耦合作用可以忽略或用分子场近似处理。在配合物 **6**、**8** 和 **9** 中 Ni(Ⅱ) 离子间的桥联参数：Ni—O_w—Ni 的夹角分别是 132.29°、134.91°和 133.34°，对应的 Ni(Ⅱ) 离子间的距离分别是 3.843Å、3.879Å 和 3.871Å，由于配合物中金属离子间传递的是反铁磁性交换作用，其 χ_M 与 T 的关系可采用各向同性海森堡链模型（S=1）进行拟合，公式见式（2-7）。

$$\chi_{\text{chain}}=\frac{N\beta^2 g^2}{kT}\left(\frac{2+0.0194x+0.777x^2}{3+4.346x+3.232x^2+5.834x^3}\right) \tag{2-7}$$

式中，$x=|J|/kT$，J 表示链内 Ni(Ⅱ) 离子间磁耦合参数。根据对 χ_M 曲线分析，杂质项（ρ）和顺磁温度项（TIP）被考虑，这样式（2-7）被修正为式（2-7a）：

$$\chi_M=\chi_{\text{chain}}(1-\rho)+\frac{2N_A g^2\mu_B{}^2}{3kT}\rho+TIP \tag{2-7a}$$

在整个温度范围内，对配合物 **6**、**8** 和 **9** 的 χ_M 与 T 关系拟合，分别得到：$g=2.181(5)$、$J=-29.58(8)\text{cm}^{-1}$、$\rho=0.013(1)$、$TIP=3.76(1)\times10^{-4}\text{cm}^3/\text{mol}$ 和 $R=9.52\times10^{-6}$，$g=2.281(1)$、$J=-35.21(1)\text{cm}^{-1}$、$\rho=0.017(1)$、$TIP=8.46(1)\times10^{-5}\text{cm}^3/\text{mol}$ 和 $R=2.01\times10^{-5}$，以及 $g=2.193(7)$、$J=-31.31(6)\text{cm}^{-1}$、$\rho=0.012(1)$、$TIP=4.74(1)\times10^{-4}\text{cm}^3/\text{mol}$ 和 $R=1.63\times10^{-5}$，其中 $R=\sum(\chi_M-\chi_M T_{\text{cal}})^2/\sum(\chi_M T_{\text{exp}})^2$。其中 $\theta<0$ 和 $J<0$ 都表明配合物 **6**、**8** 和 **9** 中相邻 Ni(Ⅱ) 离子间通过单水桥联传递的是强反铁磁性相互作用。在 2.0K 时，分别测试配合物的磁矩与场强的变化关系，随着磁场增加到 70kOe 时，磁化强度（约 $0.14\mu_B$）远低于温度为 2.0K 时八面体 Ni(Ⅱ) 离子的饱和磁矩，见图 2-27，进一步表明 Ni(Ⅱ) 离子间呈现出反铁磁性耦合作用。在 2.0K 时，磁滞回线表现出闭合状态，与低磁场下的反铁磁性现象一致。

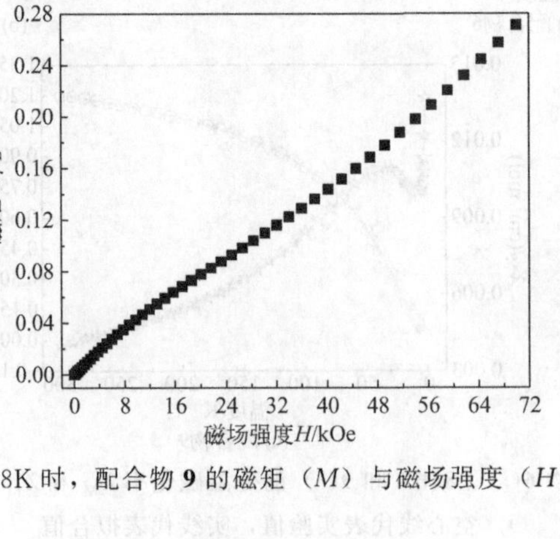

图 2-27　在 1.8K 时，配合物 **9** 的磁矩（M）与磁场强度（H）的曲线图

对于含氧桥的镍配合物，离子间的耦合参数与桥联键角（Ni—O—Ni）有关，一般当键角小于 97°时，镍离子间表现的是铁磁性耦合作用，大于 97°时表现的是反铁磁性耦合作用。关于含水桥的多桥联镍离子配合物，其最常见的特征是含有多重桥（双桥或三桥），例如表 2-5 列举的配位聚合物，在这些配合物中由于多重桥联途径参与镍离子间的磁交换作用，在磁传递过程中它们起到了协同作用，使得镍离子间的磁耦合参数（J）与 Ni—O—Ni 角度关系较复杂。而对于单水桥的镍配合物在单链磁体中是比较罕见的，镍离子间磁交换作用仅仅通过单水桥传递，避免其他桥联途径的影响。在配合物 **6**、**8** 和 **9** 结构中由于较大的 Ni—O—Ni 键角，表现出强的反铁磁性耦合作用，并且随着角度的增大（134.91°＞133.34°＞132.29°），反铁磁性耦合强度增加（$-30.36cm^{-1}$＜$-28.08cm^{-1}$＜$-26.75cm^{-1}$）。这些配合物的磁行为与较大 Ni—O—Ni 键角导致相邻 Ni(Ⅱ) 离子间产生反铁磁性相互作用的观点一致。这些单水桥链状结构中金属离子间磁耦合作用仅通过单 μ-oxo 桥传递，避免了其他磁交换介质的影响，对于分析含有含氧桥的链状镍配合物的磁性质有重要的意义。

表 2-5　含氧桥的磁性配合物的几何参数和磁耦合参数

配合物	M⋯M 距离/Å	键角 M—O_w—M/(°)	磁耦合 J/cm^{-1}	文献
[$Ni_2L^1(PhCOO)_2(H_2O)$]	2.862	85.83(7)	+11.1	[45]
[$Ni_2L^1(PhCH_2COO)_2(H_2O)$]	2.876	87.04(13)	10.9	[45]
[$Ni_2(L^2)_2$(o-$NO_2C_6H_4COO)_2(H_2O)$]	2.891	88.10	+25.4	[46]
[$Ni_2(L^4)(H_2O)_5]_n\cdot 2nH_2O$	3.447	114.28	+1.47	[47]
[$Ni(L^3)(\mu_{1,1}$-$N_3)Ni(L^3)(N_3)(H_2O)]\cdot H_2O$	3.187	106.8	+25.6	[48]
[$Ni(L^3)(\mu_{1,1}$-$NCO)Ni(L^3)(NCO)(H_2O)]\cdot H_2O$	3.305	110.4	+6.2	[48]
$Na[Ni_{12}(L^5)_6(H_2O)_{17}(OH)]\cdot xH_2O$	4.213	114.7	−4.00	[49]
配合物 **9**	3.843	132.29	−29.58	—
配合物 **8**	3.871	133.34	−35.21	—
配合物 **6**	3.879	134.91	−31.31	—

(2)配合物 5 的磁性质

如图 2-28(a) 所示，在 300K 时，配合物 **5** 的 $\chi_M T$ 的值是 $2.89cm^3\cdot K/mol$，是典型的八面体钴配合物的自旋-轨道耦合作用。随着温度降低，$\chi_M T$ 值逐渐减低，在 1.8K 时达到最小值 $0.059cm^3\cdot K/mol$，表明金属链内钴离子间表现的是反铁磁性耦合作用。此外，在 25～300K 范围内变温磁化率遵循 Curie-Weiss 定律 $\chi=C/(T-\theta)$，拟合得到居里常数 C 是 $3.65(2)cm^3\cdot K/mol$，外斯常数 θ 是−74.80(2)K，负的 θ 进一步表明在这个温度范围内 Co(Ⅱ) 离子之间表现的是强反铁磁性耦合作用[(见图 2-28(b) 的插图]。在 2.0K 时，随着磁场增加到 70kOe 时，磁矩值为 $0.16\mu_B$ 未达到仅自旋态的 Co^{2+} 的饱和磁矩，表明在 Co(Ⅱ) 离子之间存在反铁磁性相互作用 [图 2-28(b)]。

对于具有自旋-轨道耦合的 Co(Ⅱ) 体系，很难找到一个精确的表达式来解释配位聚合物链内钴离子间磁耦合作用。由于轨道对磁矩的强贡献，使得钴离子表现出磁各

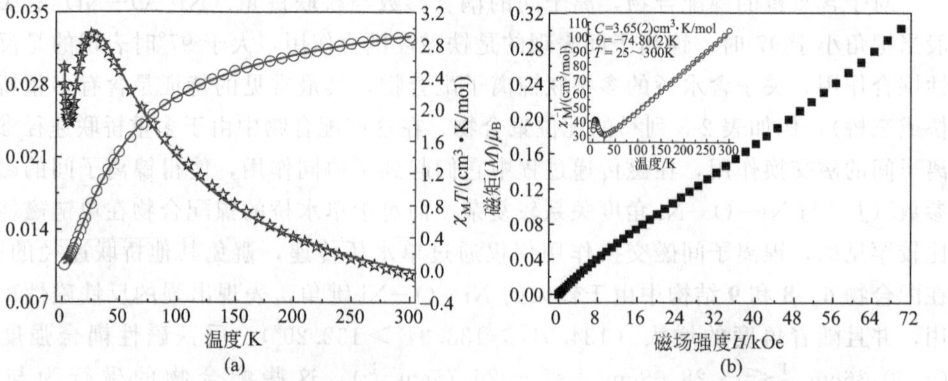

图 2-28 (a) 配合物 **5** 的变温磁化率 χ_M、$\chi_M T$ 和 χ_M^{-1} 与温度 T 的关系；(b) 在 1.8K 时，配合物 **5** 的磁矩（M）与磁场（H）的关系曲线（实线代表拟合值）

向异性。Lines 模型仅适用于具有 O_h 对称性的 Co(Ⅱ) 离子理想八面体构型。八面体轻微变形对一维无限 Co(Ⅱ) 链的磁性能影响较小。因此，尝试采用经典的海森堡链状模型[50] 进行实验数据拟合，公式（2-8）如下。

$$\chi_{chain}=\frac{N_A g^2 \mu_B{}^2}{kT}\left(\frac{1.25+17.041x^2}{1+6.736x+238.47x^3}\right) \tag{2-8}$$

在公式中 $x=|J|/kT$，J 为链内相邻 Co(Ⅱ) 离子间自旋交换参数。适当地加入了顺磁杂质比例 ρ 和温度无关磁贡献（TIP）的修正项。总磁化率见式（2-8a）

$$\chi_M=\chi_{chain}(1-\rho)+\frac{N_A g^2 \mu_B{}^2}{3kT}S(S+1)\rho+TIP \tag{2-8a}$$

实验值 $\chi_M T$-T 关系最佳拟合参数为 $g=2.41(3)$、$J=-9.94(3)\,cm^{-1}$、$\rho=0.0022(1)$、$TIP=1.41(2)\times10^{-4}\,cm^3/mol$ 和 $R=9.82\times10^{-5}$。负 J 值表示 Co(Ⅱ) 离子之间发生反铁磁性耦合。用 Bruker EMXplus 10/12 电子自旋共振（ESR）仪对样品测试，确定反铁磁性相互作用的 g 因子。如图 2-29 所示，在 2.0K 和 100K 时产生较宽信号，分析得到 g 值为 2.376。由于八面体 Co(Ⅱ) 体系谱项之间存在复杂的跃迁，我们没有尝试赋值其他谱。

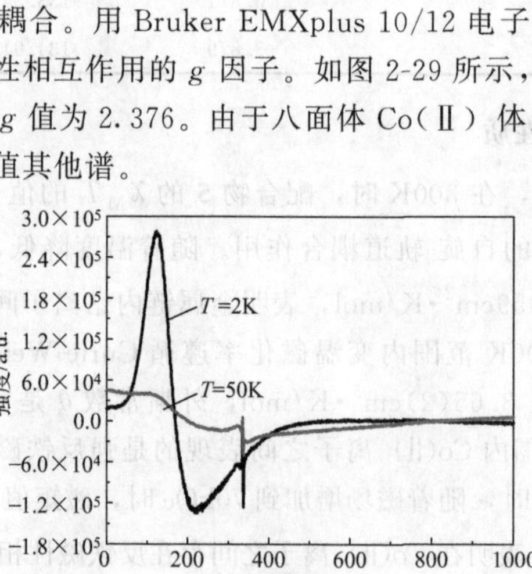

图 2-29 在温度 2.0K 和 100K 下，配合物 **5** 的 ESR 光谱

对于大多数自旋-轨道耦合的八面体钴体系，$\chi_M T$-T 曲线更适合采用 Rueff[51,52] 给出的磁性表达式（2-9）进行拟合。根据上述 χ_M-T 曲线的描述，式（2-9）需要加入了顺磁 Co(Ⅱ) 离子（ρ）的贡献，其修正为式（2-9a），该式可以估计低维 Co(Ⅱ) 体系的反铁磁性相互作用，并能充分描述自旋-轨道耦合。

$$\chi_M T = A\exp(-E_1/kT) + B\exp(-E_2/kT) \tag{2-9}$$

$$\chi_M T = \left[A\exp\left(-\frac{E_1}{kT}\right) + B\exp\left(-\frac{E_2}{kT}\right)\right](1-\rho) + \frac{N_A g^2 \mu_B^2}{3k} S(S+1)\rho \tag{2-9a}$$

式中，$A + B$ 代表的是八面体钴离子体系的居里常数（2.8～3.4cm^3·K/mol）；E_1 和 E_2 分别代表的是自旋 耦合的活化能和反铁磁性交互作用对应的活化能。如图 2-28 (a) 显示对实验数据的最佳拟合是 $A = 1.86(7)$ cm^3·K/mol，$E_1/k = 54.08(1)$ K，$B = 1.61(8)$ cm^3·K/mol，$E_2/k = 14.99(7)$ K，顺磁杂质 $\rho = 0.047$。$A + B = 3.47$cm^3·K/mol 的值与居里常数完全一致。同样，$E_1/k = 55.72(2)$K 与 Rueff 等给出的自旋轨道耦合和不同 Co(Ⅱ) 配合物中位置畸变的影响一致。$E_2 > 0$ 表示链内的反铁磁性相互作用。

(3)配合物 7 的磁性质

如图 2-30 所示，在 300K 时，配合物 **7** 的 $\chi_M T$ 值是 3.14cm^3·K/mol，明显高于孤立的 Co(Ⅱ)（$S = 3/2$）仅自旋值 1.875cm^3·K/mol，这是由于八面体钴离子的自旋-轨道耦合作用引起的。随着温度的降低，$\chi_M T$ 值逐渐减低，在 30K 时，达到最小值 1.35cm^3·K/mol，然后突然升高，在 5K 时达到最大值 3.07cm^3·K/mol，最后又快速降低。这表明在低温时配合物 **7** 中表现的是铁磁性耦合作用。此外，在 90～300K 范围内变温磁化率遵循 Curie-Weiss 定律 $\chi = C/(T-\theta)$，拟合得到居里常数 C 是 3.18(2)cm^3·K/mol，外斯常数 θ 是 $-42.87(2)$K，表明在这个温度范围内 Co(Ⅱ) 离子间表现的是反铁磁性耦合作用。八面体钴体系的自旋轨道耦合明显影响链内的磁各向异性，因此，在低温时用 Ising 模型（$S' = 1/2$）来拟合链内铁磁性耦合作用，哈密顿算符是 $\vec{H} = -J\sum \vec{S}_i \vec{S}_{i+1}$ [53,54]，拟合公式见式（2-10）。

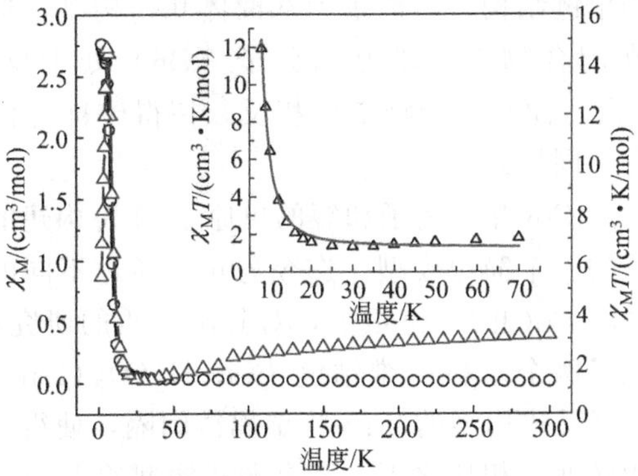

图 2-30　配合物 **7** 的变温磁化率 χ_M 和 $\chi_M T$ 与温度 T 的关系图

（实线代表拟合值）

$$\chi = \frac{1}{3}\chi_{/\!/} + \frac{2}{3}\chi_{\perp},\ g = \frac{g_{/\!/} + 2g_{\perp}}{3} \tag{2-10}$$

$$\chi_{/\!/} = \frac{Ng_{/\!/}^{2}\beta^{2}}{4kT}\exp(J/2kT) \tag{2-10a}$$

$$\chi_{\perp} = \frac{Ng_{\perp}^{2}\beta^{2}}{2J}[\tanh(J/4kT) + (J/4kT)\mathrm{sech}^{2}(J/4kT)] \tag{2-10b}$$

在 8.0～70K 时最佳拟合得到：$J=47.91(1)\mathrm{cm}^{-1}$，$g_{/\!/}=2.34(1)$ 和 $g_{\perp}=4.56(1)$。而 $J>0$ 表明在低温时链内钴离子间存在的是铁磁性耦合作用。这可能是由于自旋倾斜引起的铁磁性现象。与文献报道的钴配合物 $[Co(Htmopa)_2(H_2O)_2]_n$（Htmopa＝2,3,6,7-四甲氧菲-9-羧酸）[55] 表现的磁现象相似。

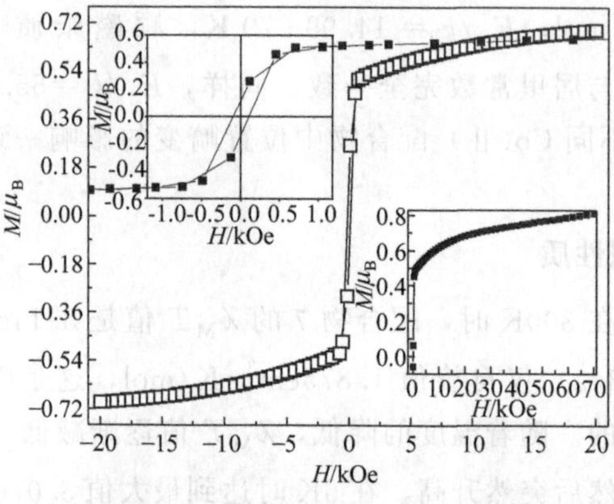

图 2-31　在 1.8K 时，配合物 **7** 磁矩（M）与磁场强度（H）的关系曲线

在温度 1.8K 时，M-H 的曲线关系图表现为 S 形特征，表明配合物 **7** 的磁性转变的临界磁场为 300Oe（图 2-31）。随着外加磁场的增加，磁矩在 70kOe 时未达到饱和（图 2-31，右下插图），表明 Co(Ⅱ) 离子的 d 轨道上电子组态从激发态（$S=3/2$）转变为基态（$S=1/2$）。在图 2-31 左上插图中出现了一个小的磁滞回线，其中剩余磁矩为 $0.14\mu_B$，矫顽磁场为 100Oe 表明在低温时配合物 **7** 表现为自旋倾斜现象。配合物 **5** 和 **7** 为单水分子桥联的单链结构，钴离子为八面体几何构型，然而它们表现出不同的磁现象。可能是由于在配合物 **5** 中端基水分子（O6）处于反式位置，桥联水分子（O5）位于八面体赤道面，而在配合物 **7** 中相反，使得磁耦合作用通过水分子桥传递时钴离子采取的磁轨道不同导致的。

具有各向异性高自旋 Co(Ⅱ) 离子和短的单原子 O 桥构建的金属钴（Ⅱ）链可作为理解复杂磁结构关系的一个简单模型。迄今为止，通过不同的端基配体构筑的水桥金属链—Co(Ⅱ)—H_2O—Co(Ⅱ)—链很少，对其磁性质的研究更少，如 Liu[34] 采用萘酸（na）异构体合成了两个水桥一维钴链 $[Co(H_2O)_3(2\text{-}na)_2]_n$ 和 $\{[Co(H_2O)_3(1\text{-}na)_2]\cdot 2H_2O\}_n$，具有反式构型的 2-na 将金属链间隔，使得钴金属链表现出从反铁磁性有序到饱和顺磁相转变。相比之下，具有顺式构型的 1-na 间隔金属链，在零直流场下显示出不同寻常的单链磁行为。因此，异构萘酸盐配体链间完全不同的堆积方式决定了链内与链间磁性相互作用，从而产生了不同的磁性现象，为一维磁性体系提供了重要的磁结构信息。桥联配体是影响单链分子磁体性能的关键因素之一。不同的桥联配体可以传递不同强度的铁磁性（FO）、亚铁磁性（FI）或弱铁磁性（WF）相互作用，这取决于相邻磁轨道的重叠，如叠氮基、羧酸盐、磷酸盐/膦酸盐和氧原子可以作为桥联配体构建 SCMs。在不同的桥中，单原子桥是展示单链分子磁行为的很好桥联媒介，因为单原子桥不仅可以有效传递相邻的自旋电子的磁耦合，而且有助于构建自旋倾斜结构。在文献报道的单原子桥中，氧原子尤其是酸氧是构建分子基弱铁磁体最常见的配体。然而，使用水分子作为桥梁是相当罕见的。以往对以水分子为桥的配合物的磁性研究较少，多与其他桥联配体相伴。

2.2.4 小结

采用 p-H_4tpta 和 m-H_4tpta 配体为基础，通过水热方法可获得一系列水桥联金属配位聚合物，其结构特点是：基于单独水分子桥联 Co^{2+} 和 Ni^{2+} 形成了具有线性金属链的一维或三维结构。在磁性方面，顺磁金属离子仅仅通过单水分子桥联传递磁耦合作用，这种体系在单链磁体中是比较罕见的。另外，通过单水分子桥联形成的均匀链对于含有 μ-oxo 桥的多桥联链状配合物的磁性质分析具有重要的意义。通过磁性测试表明，Ni^{2+} 配合物表现的是强的反铁磁性行为，并且随着 Ni—O—Ni 角度（134.91°＞133.34°＞132.29°）的增大，磁耦合作用增强（$-30.36cm^{-1}<-28.08cm^{-1}<-26.75cm^{-1}$）。而金属中心离子是八面体构型的钴配合物 **5** 和 **7** 却表现出不同的磁行为，由于在配合物 **5** 中端基水分子（O6）处于反式位置，桥联水分子（O5）位于八面体赤道平面，而在配合物 **7** 中相反。由于在这两种配合物中通过单水分子桥传递磁耦合作用的钴离子采取的磁轨道不同，因此使得配位物 **5** 表现的是反铁磁性耦合作用，而配位物 **7** 表现的是自旋倾斜磁现象。

参考文献

[1] Thompson L K, Dawe L N. Magnetic properties of transition metal (Mn(Ⅱ), Mn(Ⅲ), Ni(Ⅱ), Cu(Ⅱ)) and lanthanide (Gd(Ⅲ), Dy(Ⅲ), Tb(Ⅲ), Eu(Ⅲ), Ho(Ⅲ), Yb(Ⅲ)) clusters and [nxn] grids: isotropic exchange and SMM behaviour [J]. Coordin. Chem. Rev., 2015, 289-290: 13-31.

[2] Tao Y, Chen Y K, Qin H F, et al. hierarchical construction and magnetic difference of {$Co_{12}M_{12}$} ($M=Co^{2+}/Cd^{2+}$) aggregates from {Co_{14}} cluster-based precursors in the presence of homo/heterometal salts [J]. Inorg. Chem., 2021, 60: 2372-2380.

[3] Shao D, Zhao X H, Zhang S L, et al. Structural and magnetic tuning from a field-induced single-ion magnet to a single-chain magnet by anions [J]. Inorg. Chem. Front., 2015, 2: 846-853.

[4] Liu T F, Fu D, Gao S, et al. An azide-bridged homospin single-chain magnet: [Co(2,2′-bithiazoline)$(N_3)_2$] [J]. J. Am. Chem. Soc., 2003, 125: 13976-13977.

[5] Zhang X M, Wang Y Q, Song Y, et al. Synthesis, structures, and magnetism of copper (Ⅱ) and manganese (Ⅱ) coordination polymers with azide and pyridylbenzoates [J]. Inorg. Chem., 2011, 50: 7284-7294.

[6] Zhang J Y, Wang K, Li X B, et al. Magnetic coupling and slow relaxation of magnetization in chain-based $Mn^{Ⅱ}$, $Co^{Ⅱ}$, and $Ni^{Ⅱ}$ coordination frameworks [J]. Inorg. Chem. 2014, 53: 9306-9314.

[7] Tian C B, He C, Han Y H, et al. Four new Mn(Ⅱ) inorganic-organic hybrid frameworks with diverse

inorganic magnetic chain's sequences: syntheses, structures, magnetic, NLO, and dielectric properties [J]. Inorg. Chem. 2015, 54: 2560-2571.

[8] Islamoglu T, Chen Z, Wasson M C, et al. Metal-organic frameworks against toxic chemicals [J]. Chem Rev, 2020, 120: 8130-8160.

[9] Bavykina A, Kolobov N, Khan I S, et al. Metal-organic frameworks in heterogeneous catalysis: recent progress, new trends, and future perspectives [J]. Chem Rev, 2020, 120: 8468-8535.

[10] Li A L, Gao Q, Xu J, et al. Proton-conductive metal-organic frameworks: Recent advances and perspectives [J]. Coordin. Chem. Rev., 2017, 344: 54-82.

[11] Zhang W, Xiong R G. Ferroelectric metal-organic frameworks [J]. Chem. Rev., 2012, 112: 1163-1195.

[12] Malrieu J P, Caballol R, Calzado C J, et al. Magnetic interactions in molecules and highly correlated materials: physical content, analytical derivation, and rigorous extraction of magnetic Hamiltonians [J]. Chem. Rev., 2014, 114: 429-492.

[13] Samarasekere P, Wang X, Jacobson A J, et al. Synthesis, crystal structures, magnetic, and thermal properties of divalent metal formate-formamide layered compounds [J]. Inorg. Chem., 2014, 53: 244-256.

[14] Sun Q, Cheng A L, Wang Y Q, et al. Magnetic ordering in three-dimensional metal-organic frameworks based on carboxylate bridged square-grid layers [J]. Inorg. Chem., 2011, 50: 8144-8152.

[15] Coronado E, Galan-Mascaros J R, Gomez-Garcia C J, et al. Chiral molecular magnets: synthesis, structure, and magnetic behavior of the series [M(L-tart)] (M=Mn(Ⅱ), Fe(Ⅱ), Co(Ⅱ), Ni(Ⅱ); L-tart=(2*R*, 3*R*)-(+)-tartrate) [J]. Chem. Eur. J., 2006, 12: 3484-3492.

[16] Colacio E, DomÍnguez-Vera J M, Ghazi M, et al. Singly anti-anti carboxylate-bridged zig-zag chain complexes from a carboxylate-containing tridentate schiff base ligand and $M(hfac)_2$ [M = Mn^{II}, Ni^{II}, and Cu^{II}]: synthesis, crystal structure, and magnetic properties [J]. Eur. J. Inorg. Chem., 1999, 441-445.

[17] Wang X Y, Wei H Y, Wang Z M, et al. Formate-the analogue of azide: structural and magnetic properties of $M(HCOO)_2(4,4'\text{-bpy})\cdot nH_2O$ (M=Mn, Co, Ni; n= 0, 5) [J]. Inorg. Chem., 2005, 44: 572-583.

[18] Zhang J Y, Wang K, Li X B, et al. Magnetic coupling and slow relaxation of magnetization in chain-based Mn(Ⅱ), Co(Ⅱ), and Ni(Ⅱ) coordination frameworks [J]. Inorg. Chem., 2014, 53: 9306-9314.

[19] SMART and SAINT (Software Package) [CP]; Sicmens analytical x-ray instruments Ins., Madison, WI, USA, 1996.

[20] SAINTPlus, version 6.22, Bruker analytical x-ray systems [M], Madison, WI, 2001.

[21] Weeks C M, Hauptman H A, Smith G D, et al. Crambin: a direct solution for a 400-atom structure [J]. Acta Crystallogr., Sect. A: Found. Crystallogr., 1995, D51: 33-38.

[22] Otwinowski Z, Minor W. Processing of x-ray diffraction data collected in oscillation mode [J]. Methods in Enzymol., 1997, 276: 307-326.

[23] Sheldrick G M. A short history of SHELX [J]. Acta Crystallogr., Sect. A: Found. Crystallogr., 2008, 64: 112-122.

[24] Pan Z R, Xu J, Yao X Q, et al. Syntheses, structures, magnetic and photoluminescence properties of metal-organic frameworks based on aromatic polycarboxylate acids [J]. CrystEngComm, 2011, 13: 1617-1624.

[25] Rueff J M, Paulsen C, Souletie J, et al. Very-low temperature magnetic ordering and dimensionality of the square planar system cobalt (Ⅱ) phenoxyacetate [J]. Solid State Sci., 2005, 7: 431-436.

[26] Kolks G, Lippard S J, Waszczack J V. A tricopper(Ⅱ) complex containing a triply bridging carbonate group [J]. J. Am. Chem. Soc., 1980, 102: 4832-4833.

[27] Eichhöfer A, Buth G. Polymeric cobalt (Ⅱ) thiolato complexes-syntheses, structures and properties of ${}_{1\infty}[Co(SMes)_2]$ and ${}_{1\infty}[Co(SPh)_2NH_3]$ [J]. Dalton Trans., 2016, 45: 17382-17391.

[28] Whitfield T, Zheng L M, Wang X, et al. Syntheses and characterization of $Co(pydc)(H_2O)_2$ and Ni(pydc) (H_2O) (pydc=3,5-pyridinedicarboxylate) [J]. Solid State Sci., 2001, 3: 829-835.

[29] Zheng Y Z, Xue W, Tong M L, et al. A two-dimensional iron (Ⅱ) carboxylate linear chain polymer that

exhibits a metamagnetic spin-canted antiferromagnetic to single-chain magnetic transition [J]. Inorg. Chem., 2008, 47: 4077-4087.

[30] Nanda K K, Das R, Thompson L K, et al. Combined effect of phenoxy and carboxylate bridges on magnetic properties of a series of macrocyclic dinickel (Ⅱ) complexes [J]. Inorg. Chem., 1994, 33: 5934-5939.

[31] Yang X F, Liu M, Zhu H B, et al. Syntheses, structures, and magnetic properties of two unique Cu(Ⅱ)-based coordination polymers involving crystal-to-crystal structural transformation from 1D chain to 3D network [J]. Dalton Trans., 2017, 46: 17025-17031.

[32] Thompson L K, Tandon S S, Lloret F, et al. An azide-bridged copper(Ⅱ) ferromagnetic chain compound exhibiting metamagnetic behavior [J]. Inorg. Chem., 1997, 36: 3301-3306.

[33] Zhang J Y, Wang K, Li X B, et al. Magnetic coupling and slow relaxation of magnetization in chain based M^{II} Co^{II} and Ni^{II} coordination frameworks [J]. Inorg. Chem, 2014, 3-3: 9306-9314.

[34] Liu Z Y, Xia Y F, Jiao J, et al. Two water-bridged cobalt(Ⅱ) chains with isomeric naphthoate spacers: from metamagnetic to single-chain magnetic behaviour [J], Dalton Trans., 2015, 44: 19927-19934.

[35] Pedersen K S, Sorensen M A, Bendix J. Fluoride-coordination chemistry in molecular and low-dimensional magnetism [J]. Coordin. Chem. Rev., 2015, 299: 1-21.

[36] Pedersen K S, Sigrist M, Weihe H, et al. Magnetic interactions through fluoride: magnetic and spectroscopic characterization of discrete, linearly bridged [Mn(Ⅲ)$_2$(mu-F)F$_4$(Me$_3$tacn)$_2$](PF$_6$) [J]. Inorg. Chem., 2014, 53: 5013-5019.

[37] Wannarit N, Siriwong K, Chaichit N, et al. New series of triply bridged dinuclear Cu(Ⅱ) compounds: synthesis, crystal structure, magnetic properties, and theoretical study [J]. Inorg. Chem., 2011, 50: 10648-10659.

[38] Costa R, Moreira Ide P, Youngme S, et al. Toward the design of ferromagnetic molecular complexes: magnetostructural correlations in ferromagnetic triply bridged dinuclear Cu(Ⅱ) compounds containing carboxylato and hydroxo bridges [J]. Inorg. Chem., 2010, 49: 285-294.

[39] Zhao X G, Richardson W H, Chen J L, et al. Density functional calculations of electronic structure, charge distribution, and spin coupling in manganese-oxo dimer complexes [J]. Inorg. Chem., 1997, 36: 1198-1217.

[40] Delfs C D, Stranger R. Investigating the stability of the peroxide bridge in (mu-oxo)- and bis (mu-oxo) manganese clusters [J]. Inorg. Chem., 2003, 42: 2495-2503.

[41] Feig A L, Bautista M T, Lippard S J. A carboxylate-bridged non-heme diiron dinitrosyl complex [J]. Inorg. Chem., 1996, 35: 6892-6898.

[42] Castell O, Caballol R. Ab Initio configuration interaction calculation of the exchange coupling constant in hydroxo doubly bridged Cr(Ⅲ) Dimers [J]. Inorg. Chem., 1999, 38: 668-673.

[43] Miyasaka H, Madanbashi T, Saitoh A, et al. Cyano-bridged Mn(Ⅲ)-M(Ⅲ) single-chain magnets with M(Ⅲ)=Co(Ⅲ), Fe(Ⅲ), Mn(Ⅲ), and Cr(Ⅲ) [J]. Chem. Eur. J., 2012, 18: 3942-3954.

[44] Jia Q X, Tian H, Zhang J Y. et al. Diverse structures and magnetism of cobalt (Ⅱ) and manganese (Ⅱ) compounds with mixed azido and carboxylato bridges induced by methylpyridinium carboxylates [J]. Chem. Eur. J., 2011, 17: 1040-1051.

[45] Biswas R, Kar P, Song Y, et al. The importance of an additional water bridge in making the exchange coupling of bis (mu-phenoxo) dinickel (Ⅱ) complexes ferromagnetic [J]. Dalton Trans., 2011, 40: 5324-5331.

[46] Biswas R, Diaz C, Bauza A, et al. Triple-bridged ferromagnetic nickel (Ⅱ) complexes: A combined experimental and theoretical DFT study on stabilization and magnetic coupling [J]. Dalton Trans., 2014, 43: 6455-6467.

[47] Canadillas-Delgado L, Fabelo O, Pasan J, et al. Unusual (mu-aqua) bis (mu-carboxylate) bridge in homometallic M(Ⅱ) (M = Mn, Co and Ni) two-dimensional compounds based on the 1, 2, 3, 4-butanetetracarboxylic acid: synthesis, structure, and magnetic properties [J]. Inorg. Chem., 2007, 46:

7458-7465.

[48] Dey S K, Mondal N, El Fallah M S, et al. Crystal structure and magnetic interactions in nickel (Ⅱ) dibridged complexes formed by two azide groups or by both phenolate oxygen-azide, -thiocyanate, -carboxylate, or -cyanate groups [J]. Inorg. Chem. 2004, 43: 2427-2434.

[49] Gudima A O, Shovkova G V, Trunova O K, et al. Sodium-centered dodecanuclear Co(Ⅱ) and Ni(Ⅱ) complexes with 2-(phosphonomethylamino) succinic acid: studies of spectroscopic, structural, and magnetic properties [J]. Inorg. Chem., 2013, 52: 7467-7477.

[50] Lloret F, Julve M, Cano J, et al. Magnetic properties of six-coordinated high-spin cobalt (Ⅱ) complexes: Theoretical background and its application [J]. Inorg. Chim. Acta, 2008, 361: 3432-3445.

[51] Rueff J M, Masciocchi N, Rabu P, et al. Structure and magnetism of a polycrystalline transition metal soap-Co^{II} [$OOC(CH_2)10COO$] $(H_2O)_2$ [J]. Eur. J. Inorg. Chem., 2001, 11: 2843-2848.

[52] Rueff J M, Masciocchi N, Rabu P, et al. Synthesis, structure and magnetism of homologous series of polycrystalline cobalt alkane mono-and dicarboxylate soaps [J]. Chem. Eur. J., 2002, 8: 1813-1820

[53] Fisher M E, Perpendicular Susceptibility of the Ising Model [J]. J. Math. Phys., 1963, 4: 124-135.

[54] Sato M, Kon H, Akoh H, et al. Anomalous magnetic properties of tetraphenylporphinato Co (Ⅱ) complex in the solid state [J]. Chem. Phys., 1976, 16: 405-410.

[55] Pan Z R, Song Y, Jiao Y, et al. Syntheses, structures, photoluminescence, and magnetic properties of phenanthrene-based carboxylic acid coordination polymers [J]. Inorg. Chem., 2008, 47: 5162-5168.

第3章

刚性含氮辅助配体调控 3,3′,5,5′-联苯四羧酸配位聚合物

配位聚合物由于其独特的结构特点，如孔隙率高、比表面积大、孔表面性质可调、结构多样性等，在气体吸附、小分子分离、多相催化、质子导电性、能量储存和转化、环境保护以及发光等方面表现出潜在的应用价值，成为近年来无机化学和材料化学研究的热点。如 MOF-5、HKUST-1、UIO-66、ZIF-8/67、MIL-101/125-NH_2 等多种三维多孔配位聚合物及其衍生物在上述应用中均表现出独特的功能[1~4]。虽然这些应用大多基于金属有机框架结构的孔隙率，但是配位聚合物也表现出传统的物理特性，如磁性、电学或光学特性，在高密度存储器件、分子电子以及光学器件等领域具有潜在的应用。对于磁性配合物，影响磁行为的主要因素是顺磁载体和桥联媒介种类。报道的大量磁性配合物为金属簇配合物，金属离子间通过多原子桥联配体连接，如 N_3^-、COO^-、CN^-、SCN^- 等。其中双核金属簇体系是最常见分子基磁体，例如，一些双核型双(μ-oxo)二铁配合物[5]、双(μ-oxo)二铬配合物[6]、双(μ-oxo)二钴配合物[7] 和双核 Ni(Ⅱ)-Ln(Ⅲ) 配合物[8] 等，根据其表现出的磁行为，研究人员总结了一些磁-结构间的关系，对预测新配合物的磁性非常有用。

近年来，随着配位化学快速发展，大量结构新颖的配位聚合物被合成出来，伴随的合成方法也层出不穷，在合成过程中有许多影响因素，其中金属离子的类型、有机配体的构型是目标产物的主要影响因素，另外 pH 值、溶剂、温度、辅助配体和模板剂等在合成过程中也具有重要的影响作用[9~16]，因此设计构筑具有特殊功能性的目标产物还存在很大的挑战。在大多数配位聚合物结构中，常选择含 N 或 O 的有机配体，作为其中主要的一类，芳香性羧酸类配体目前已构筑出大量的配位聚合物。芳香族多羧酸可以通过多个羧基氧原子采用不同配位模式（单齿、螯合和桥联模式）连接金属离子形成金属簇次级结构单元（secondary building units，SBUs）。例如，Wang 等采用 3-连接的 4,4′,4″-*s*-三嗪-2,4,6-三基三苯甲酸（4,4′,4″-*s*-triazine-2,4,6-triyltribenzoic acid）作桥联配体制备了一例多孔钴基配位聚合物，可直接作为碱性电池的活性材料[17]。Liu 等利用含醚基的 5,5′-氧化二苯二甲酸（5,5′-oxidiisophthalic acid）配体合成了一例具有五核金属簇［$Co_5(\mu_3\text{-}OH)_2(\mu_2\text{-}OH_2)_2]^{8+}$ 结构单元的多孔钴基配位聚合物，其表现出有趣的磁自旋慢弛豫现象，当负载 Ag 纳米颗粒后可作为先进的电化学传感器[18]。在金属簇 SBUs 中羧基常常采用 *syn-syn*、*syn-anti* 和 μ_2-oxo 桥联方式，尤其是在多重桥联的 SBUs 中，μ_2-oxo 桥联最为常见[19]。此外，金属簇 SBUs 的不饱和配位点可进一步与含氮辅助配体结合，如联吡啶、咪唑、吡唑类衍生物配体，从而扩展配合物的维度[20]。

随着晶体工程技术的发展，研究者总结出了各种合成策略和经验，如混合配体合成策略、模板剂策略、添加表面活性剂策略[21] 以及离子热策略[22]。这些合成策略对配位聚合物的合成做出了巨大的贡献，导致了配位聚合物的功能和拓扑结构呈现多样性。例如，柱状的吡嗪、4,4′-联吡啶、1,4-双咪唑苯作为辅助配体，可有效扩展配合物的拓扑网络[23]。Zaworotko 等采用 4,4′-dipyridylacetylene、吡嗪和 $CuSiF_6$ 合成了三种不同铜基配位聚合物，由于含氮配体尺寸不同，导致配合物的孔径大小不同，从而通过控制孔隙的功能和大小来实现提高二氧化碳的选择性吸附[24]。孙道峰团队采用混合配体策略，基于 3,3′,5,5′-联苯四羧酸［H_4(*m*,*m*-bpta)］桥联配体，在吡嗪或 4,4′-联吡啶（4,4′-bipy）调控下构建了两种具有 fsc 型拓扑网的钴基配位聚合物，由于含氮桥联配体的尺寸不同，导致配位聚合物表现出不同的孔径[25]。Zhang 团队基于对映异构有机配体和 4,4′-bipy 合成了两种具有单螺旋链结构的三维手性镉基配位聚合物，即 $(H_3O)_2[Cd_8((S)\text{-TMTA})_6(4,4'\text{-bipy})_3(H_2O)_4]$ 和 $(H_3O)_2[Cd_8((R)\text{-TMTA})_6(4,4'\text{-bipy})_3(H_2O)_4]$[26]。Wang 等在柔性含氮配体双（1*H*-咪唑-1-基甲基）苯或三（4-咪唑苯基）胺［bis((1*H*-imidazol-1-yl)methyl)benzene 或 tris(4-imidazolylphenyl)amine］的辅助下，采用刚性配体 4,4′,4″-*s*-三嗪-2,4,6-三基三苯甲酸（4,4′,4″-*s*-triazine-2,4,6-triyltribenzoic acid）和 Mn(Ⅱ) 离子制备了两种新型的两重穿插的锰基配位聚合物[27]。而一些含氮螯合配体，如 2,2′-联吡啶（2,2′-bipy）、邻菲啰啉（phen）等常被用于构建低维配合物。

3.1 端基含氮配体调控 3,3′,5,5′-联苯四羧酸双核配位聚合物的合成、结构及其磁性质

3.1.1 概述

配位聚合物的结构和功能具有可调节性，其设计和开发已引起了研究人员的广泛关注。大多数研究表明，根据金属离子或金属簇的几何构型偏好可选择合适的有机配体，第一过渡金属离子常表现出六配位八面体构型，采用混合配体策略通过芳香多羧酸和含氮配体可有效地构建过渡金属配位聚合物。羧基具有良好的配位能力，可以采用单齿、螯合或桥联模式组装金属簇 SBUs。含氮配体表现为电中性和简单的配位模式，有利于调控过渡金属离子的配位点以及配合物的维度。这种混合配体策略极大地促进了配位聚合物结构的多样性。具有 C_2 对称性的 3,3′,5,5′-联苯四羧酸［H_4(*m*,*m*-bpta)］配体在构建具有多种结构和功能的配位聚合物中得到了非常广泛的应用，

是构建配位聚合物理想的桥联配体。其结构特点主要表现为四个羧基处于苯环的间位，相邻羧基间距离较大，即使苯环随着 C—C 键旋转，连接金属离子也不易形成羧酸金属链状结构，由于其空间构型的特点，羧基连接金属离子易形成双核金属簇结构单元，同时在构建的结构中两个芳香环几乎处于同一平面。

以 H_4(*m*，*m*-bpta) 和端基含氮配体邻菲啰啉（phen）或 2，2′-联吡啶（2，2′-bipy）为基础，在水热或溶剂热条件下，可以制备混合配体类配位聚合物。可通过改变反应体系 pH 值来调控配合物的结构，此外，采用含单电子的顺磁金属离子，可用于研究不同配合物的磁现象，分析配合物的磁性与结构之间的关系。

3.1.2　端基含氮配体调控 3，3′，5，5′-联苯四羧酸双核配位聚合物的制备与结构测定

3.1.2.1　双核金属簇配位聚合物的制备

配合物的合成路线如图 3-1 所示。在 13mL 聚四氟乙烯管中，分别加入 0.1mmol H_4(*m*，*m*-bpta)、0.2mmol 含氮端基辅助配体、0.2mmol 相应金属离子的氯化盐，以摩尔比 1∶2∶2 混合，后加入 6mL 体积比为 2∶1 的水和乙腈混合溶剂，用三乙胺溶液调节反应体系 pH 值范围为 6.5～9.0。密封聚四氟乙烯管，置于不锈钢反应釜中，加热到 160℃恒温反应 72h，自然冷却到室温，获得大量块状晶体，用蒸馏水反复洗涤、干燥。

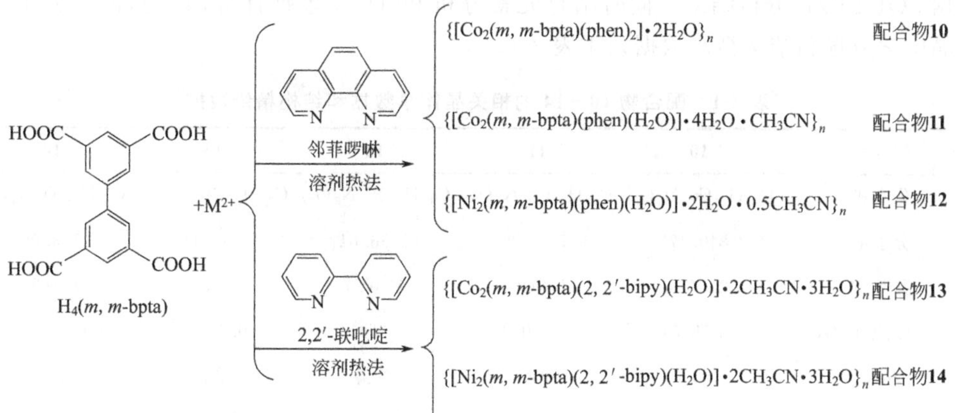

图 3-1　端基含氮配体调控 H_4(*m*，*m*-bpta) 构筑金属配位聚合物的反应示意图

在构筑配位聚合物时，选择合适的桥联配体是非常关键的，具有 C_2 对称性的 H_4(*m*，*m*-bpta) 配体是一种合适的连接子。采用混合配体策略，通过端基含氮配体（phen 和 2，2′-bipy）调控合成了一系列双核金属簇配位聚合物，在结构中，双核金属簇单元是通过羧基采用顺-反、顺-顺模式和 μ-oxo 多重桥联模式连接金属离子形成的。在合成过程中，当反应物和反应溶剂完全相同时，分别选用无机碱和有机碱来调节反应体系的 pH 值，获得最佳合成条件。结果表明，当采用三乙胺调节反应体系的 pH

值时成功获得不同的双核金属簇 SBUs，这是由于 pH 值的变化对配位聚合物的前驱反应物的溶解度和构型有着强烈的影响。一般低 pH 值时，由于含氮配体质子化，阻碍与金属离子配位。因此在双核金属配合物 **11**～**14**（pH=6.5～7）中，只有一个金属离子与 phen 或 2,2′-bipy 配位，而另一个金属离子与溶剂 H_2O 分子配位。同时，在低 pH 值条件下羧基配体去质子化能力较弱，不能和金属离子进行反应。当 pH 值较高时会导致羧酸的去质子化程度加快，但可能会降低配体（m,m-bpta)$^{4-}$ 的多向排布机会，例如配合物 **10**（pH=8.5）在组装过程中（m,m-bpta)$^{4-}$ 配体单向排布。另外，体系中三乙胺的加入，在反应过程中起到了模板剂的作用。

3.1.2.2 配合物晶体结构测定

配位聚合物的单晶结构衍射数据是通过 Bruker D8-Quest 衍射仪，在室温时采用石墨单色器 Mo-$K\alpha$（λ=0.71073Å）靶为辐射光源，以 ω-2θ 扫描方式收集。晶胞参数通过 SMART[28] 软件判定，数据还原和校正使用 SAINTPlus[29] 程序，吸收校正通过 SADABS[30] 程序。最终数据使用 SHELXS-97[31] 程序包通过直接法或重原子法进行解析。初始结构经全矩阵最小二乘法做数轮精修，定义全部非氢原子坐标，然后对所有非氢原子做各向异性处理。对 C 原子进行杂化理论加氢，其中 C—H 为 0.93Å，U_{iso}(H) =1.2U_{eq}(C)。O 原子上的氢通过差值傅里叶图找出，用 DFIX 命令限定 O—H 为 0.82(2)Å，做各向同性处理 U_{iso}(H) =1.5U_{eq}(O)。对于配合物 **10**，由于溶剂分子无序，无法确定其位置，使用 PLATON SQUEEZE 程序去溶剂处理。根据 SQUEEZE 分析结果，同时结合元素分析和 TGA 数据计算出了其最终分子式。其晶体学数据和结构精修数据列于表 3-1。

表 3-1 配合物 10～14 的相关晶体学数据和结构精修数据

配合物	10	11	12	13	14
化学式	$C_{40}H_{26}Co_2N_4O_{10}$	$C_{30}H_{27}Co_2N_3O_{13}$	$C_{58}H_{43}Ni_4N_5O_{22}$	$C_{30}H_{28}Co_2N_4O_{12}$	$C_{30}H_{28}Ni_2N_4O_{12}$
分子量	840.47	755.40	1396.81	754.44	753.98
温度/K	293(2)	173(2)	293(2)	173(2)	173(2)
衍射线波长/Å	0.71073	0.71073	0.71073	0.71073	0.71073
晶系	单斜	单斜	单斜	单斜	单斜
空间群	$P2_1/c$	$P2_1/c$	$P2_1/c$	$P2_1/c$	$P2_1/c$
晶胞参数 a/Å	10.0310(11)	13.033(3)	12.9963(2)	13.044(3)	11.778(2)
晶胞参数 b/Å	30.580(4)	13.803(3)	13.6020(2)	13.487(3)	13.566(3)
晶胞参数 c/Å	13.2857(13)	20.455(3)	20.5411(3)	20.283(7)	19.386(6)
晶胞参数 α/(°)	90.00	90.00	90.00	90.00	90.00
晶胞参数 β/(°)	117.738(7)	119.85(2)	119.320(1)	119.30(2)	117.10(2)
晶胞参数 γ/(°)	90.00	90.00	90.00	90.00	90.00
晶胞体积/Å^3	3607.0(7)	3191.6(11)	3166.01(9)	3111.8(16)	2757.4(12)

续表

配合物	10	11	12	13	14
晶胞内分子数	4	4	2	4	4
晶体密度/(g/cm³)	1.481	1.572	1.465	1.320	1.816
吸收校正/mm⁻¹	0.979	1.111	1.250	1.113	1.446
单胞中的电子数目	1632	1544	1428	1248	1552
等效衍射点的等效性	0.0723	0.0363	0.0382	0.0784	0.0333
基于 F^2 的GOF值	1.031	1.065	1.051	1.036	1.023
非权重一致性因子 $[I>2\sigma(I)]$①	0.0575	0.0403	0.0501	0.0670	0.0749
权重一致性因子 $[I>2\sigma(I)]$①	0.0961	0.1149	0.1470	0.1680	0.2016
残余电子密度/(e/Å³)	0.382,−0.313	1.503,−0.828	1.219,−0.451	0.67,−0.72	1.50,−1.46

① I 为衍射强度，σ 为标准偏差，F 为衍射 hkl 的结构因子，$R_1=\sum\|F_o|-|F_c\|/\sum|F_o|$，$wR_2=[\sum w(F_o^2-F_c^2)^2/\sum w(F_o^2)^2]^{1/2}$。

3.1.3　端基含氮配体调控3,3′,5,5′-联苯四羧酸双核配位聚合物的结构分析与性质研究

3.1.3.1　配合物10～14的晶体结构描述

(1) $\{[Co_2(m,m\text{-tpta})(phen)_2]_2\cdot 2H_2O\}_n$ (配合物10)的晶体结构

配合物**10**结晶于单斜晶系，空间群为 $P2_1/c$，不对称单元是由两个晶体学独立的Co(Ⅱ)离子、一个 $(m,m\text{-bpta})^{4-}$ 阴离子、两个邻菲啰啉分子和两个晶格水分子组成。如图3-2(a)所示，每个Co(Ⅱ)离子分别与来自三个 $(m,m\text{-bpta})^{4-}$ 配体的四个羧基氧、一个邻菲啰啉分子的两个氮原子配位，Co(Ⅱ)离子表现扭曲的八面体几何构型。由于羧基与phen分子分别采用螯合模式与Co(Ⅱ)离子配位，导致偏离理想八面体几何构型，其中O7—Co—O8和O3—Co—O4键角分别为59.43(8)°和60.03(8)°。Co—O键长为2.050(2)～2.203(2)Å，Co—N键长为2.099(3)～2.153(3)Å。

在配合物**10**中，$(m,m\text{-bpta})^{4-}$ 的羧基采用螯合和顺-反桥联模式连接6个钴离子，表现为 $\mu_6\text{-}\kappa^2:\kappa^1:\kappa^2:\kappa^1$ 配位模式。相邻的Co(Ⅱ)离子由3,3′-羧基连接形成了双核金属簇 $[Co_2(\mu\text{-OCO})_2]$ SBUs，Co…Co距离为4.298(2)Å。沿着 a 轴方向，羧基采用螯合和单齿模式连接Co(Ⅱ)离子形成了具有22元环的一维链状结构［见图3-2(b)］，沿着 c 轴方向，一维链相交形成了如图3-2(c)所示的二维正弦层状结构，其中交联链之间 $(m,m\text{-bpta})^{4-}$ 平面的二面角为46.845(31)°。沿着 c 轴观察，二维层状结构通过端基邻菲啰啉阻断延伸，形成了具有一维孔道的蜂窝状结构［见图3-2(c)］，溶剂 H_2O 分子通过分子间氢键作用被填充到孔道中。当客体分子从孔道中被移除后，利用PLATON程序计算，溶剂占有晶胞体积约18.0%（649.2Å³/

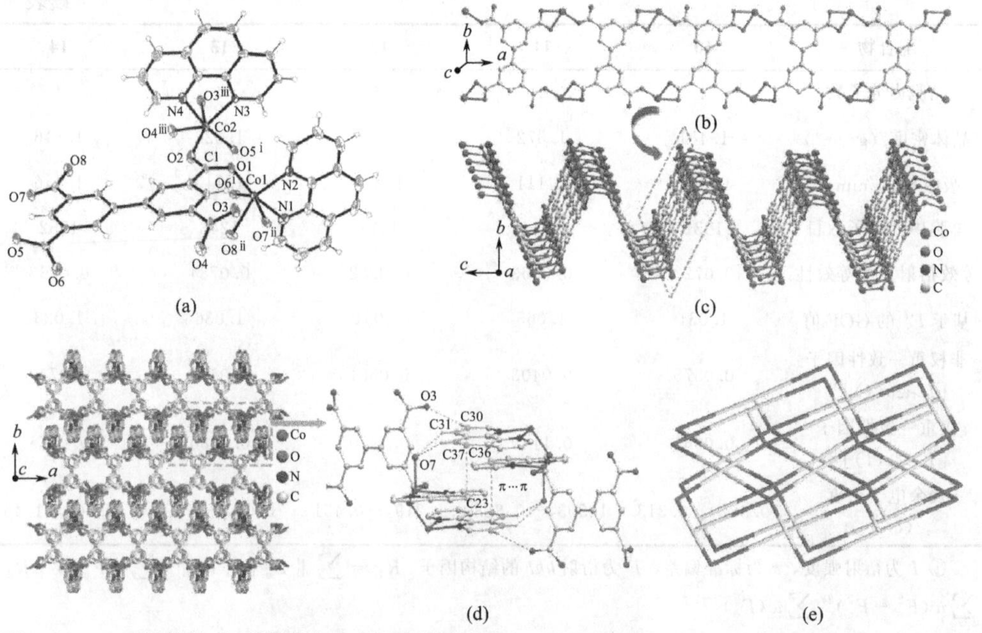

图 3-2 (a) 晶体的分子热椭球图［椭球度为 30%，对称代码：（ⅰ）$1+x$，$1.5-y$，$1/2+z$；（ⅱ）x，$1.5-y$，$1/2+z$；（ⅲ）$1+x$，y，z］；(b) 具有孔道的一维链状结构；(c) 波浪状的二维层状结构；(d) 三维超分子网络结构和 (e) sql 型 $\{4^4.6^2\}$ 拓扑结构

3607.0Å^3)。相邻的层间进一步通过 C—H…O 氢键和 phen 分子平面间的 π…π 堆积作用连接，形成如图 3-2(d) 显示的三维超分子网络结构。相邻 phen 分子间的中心到平面间垂直距离为 3.2327(1)Å，二面角为 6.797°，C30—H…O3 和 C31/37—H…O7 的键长分别为 3.125(1)Å、3.223(1)Å 和 3.310(1)Å。$(m,m\text{-bpta})^{4-}$ 与 phen 配体所在平面几乎垂直，其二面角分别为 85.22(7)°和 89.97(7)°。根据拓扑分析，双核金属簇和 $(m,m\text{-bpta})^{4-}$ 配体可被简化为 4-连接的节点，相互连接形成单节点的 sql 型拓扑网络，点符号为 $\{4^4.6^2\}$［见图 3-2(e)］。

(2) $\{[Co_2(m,m\text{-tpta})(phen)(H_2O)]\cdot 4H_2O\cdot CH_3CN\}_n$（配合物 11）的晶体结构

配合物 **11** 和 **12** 属于同构结构，结晶于单斜 $P2_1/c$ 空间群，呈现出具有孔洞的三维网络结构。晶胞不对称单元包含两个 Co(Ⅱ) 离子、一个 $(m,m\text{-bpta})^{4-}$ 阴离子、一个 phen 分子、一个配位水分子、四个游离水分子和一个 CH_3CN 分子。如图 3-3(a) 所示，Co(Ⅱ) 离子表现出不同的六配位环境，呈现出扭曲的［CoN_2O_4］和［CoO_6］八面体几何构型。Co1 离子与分别来自三个 $(m,m\text{-bpta})^{4-}$ 配体和一个配位水分子的四个氧原子配位［O1，O4^{i}，O7^{ii}和 O9，对称代码：（ⅰ）$-x+1$，$y-1/2$，$-z+1/2$；（ⅱ）$x+1$，$-y+1/2$，$z+1/2$；（ⅲ）$-x+1$，$-y$，$-z$］，和来自一个 phen 分子的两个氮原子配体。Co2 离子与分别来自四个 $(m,m\text{-bpta})^{4-}$ 配体的六个羧基氧［O2、O3^{i}、O5^{iii}、O6^{iii}、O7^{ii} 和 O8^{ii}］配位。Co—O 键长为 2.0231(18)～2.3211(18)Å，Co—N 键长为 2.127(2)Å 和 2.163(2)Å。

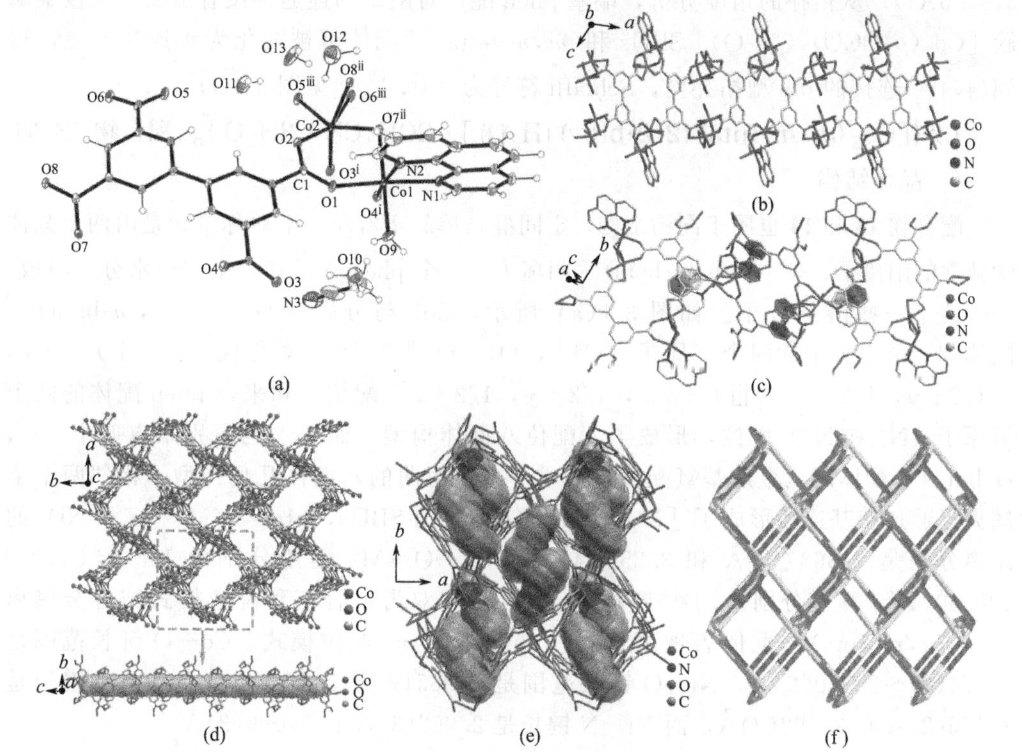

图 3-3　(a) 晶体的分子热椭球图［椭球度为 30%，对称代码：(ⅰ) $-x+1$，$y-1/2$，$-z+1/2$；(ⅱ) $x+1$，$-y+1/2$，$z+1/2$，(ⅲ) $-x+1$，$-y$，$-z$］；(b) 具有 22 元环的一维链状结构；(c) 一维波浪状结构；(d) 具有孔道的三维网络结构；(e) 三维网络结构；(f) pts 型三维拓扑网络结构

在自组装过程中，$(m,m\text{-bpta})^{4-}$ 配体采用 μ_7-κ^2：κ^2：κ^1：κ^2 配位模式与 7 个 Co(Ⅱ) 离子结合，包含了 μ-oxo、螯合和顺-顺桥联模式，形成了双核金属簇［$Co_2(\mu\text{-OCO})_2(\mu_2\text{-O})$］SBUs。相邻 Co1…Co2 间的距离为 3.347(2)Å，μ-oxo 桥联形成的 Co1—O—Co2 键角为 105.32(7)°。沿 *a* 轴方向，如图 3-3(b) 所示，$(m,m\text{-bpta})^{4-}$ 配体采用反向排列方式连接［$Co_2(\mu\text{-OCO})_2(\mu_2\text{-O})$］SBUs 形成了具有 22 元子环的无限一维链状结构。另外，22 元子环沿不同方向交联，沿［110］方向形成一维波浪状结构［见图 3-3(c)］，相邻子环所处平面形成的二面角为 78.296(4)°。$(m,m\text{-bpta})^{4-}$ 和 phen 的芳香环平面间存在较强的 π…π 相互作用，中心到平面的垂直距离为 3.396(1)Å，二面角为 4.678(8)°。最终这些链相互交织，形成了具有孔道的三维网络结构［见图 3-3(d)］，通道被 Co—N 配位键固定的 phen 分子占据［见图 3-3(e)］。相比较配合物 **10**，端基 phen 配体并未阻断整个网络的延展，由于金属离子采用不同的配位环境诱导配体在空间排布，从而导致了三维金属有机框架的构建。此外，客体水分子和乙腈分子与来自羧基 O 原子和配位水分子形成了氢键［O—H…O＝2.725(3)～3.178(4)Å、O—H…N＝2.992(5)Å 和 C—H…O＝3.179(3)～3.569(6)Å］。当去除客体溶剂分子后，通过 PLATON 程序计算得到配合物的孔隙率为 28.7%(917.2$Å^3$/

3191.6Å^3)。从拓扑的角度分析，端基 phen 配体对网络的连通性没有贡献，双核金属簇［$Co_2(\mu$-$OCO)_2(\mu_2$-$O)$］SBUs 和$(m,m$-bpta$)^{4-}$配体可被简化为 4-连接节点，得到(4,4) -连接的 pts 型拓扑网，Schläfli 符号为 $\{4^2.8^4\}$［见图 3-3(f)］。

(3) {[$Co_2(m,m$-tpta$)(2,2'$-bipy$)(H_2O)$]·$2CH_3CN$·$3H_2O$}$_n$（配合物 13）的晶体结构

配合物 **13** 和 **14** 也属于同构结构，空间群是单斜 $P2_1/c$。不对称单元是由两个晶体学独立的阳离子、一个 $(m,m$-bpta$)^{4-}$阴离子、一个 phen 分子和一个配位水分子组成，并包含了一些溶剂分子。如图 3-4(a) 所示，Co1 与分别来自三个$(m,m$-bpta$)^{4-}$配体和一个水分子的四个氧原子［O1^{i}，O4，O7^{iii}和 O9，对称代码：(i) $1-x$，$-1/2+y$，$1/2-z$；(iii) $1+x$，$1/2-y$，$1/2+z$］配位，和来自 phen 配体的两个氮原子（N1 和 N2）配位，形成了六配位八面体构型。而 Co2 与分别来自四个$(m,m$-bpta$)^{4-}$配体的六个羧基氧配位，形成了一个扭曲的八面体几何构型。相邻两个金属离子通过羧基连接形成了［$M_2(OCO)_2(\mu_2$-$O)$］SBUs，M…M（M＝Co 和 Ni）的距离分别是 3.363(3)Å 和 3.252(4)Å，M1—O—M2 键角分别为 105.34(4)°和 108.69(4)°。羧基分别采用顺-顺桥联、μ-oxo 和双齿螯合三种配位模式结合金属离子，$(m,m$-bpta$)^{4-}$配体表现出 μ_7-$\eta^2:\eta^2:\eta^1:\eta^2$ 配位模式。Co—O 键长范围是 1.974(2)～2.320(2)Å，Ni—O 键长范围是 1.965(3)～2.228(3)Å。Co—N 键长是 2.125(2)Å 和 2.162(2)Å，而 Ni—N 键长是 2.062(3)Å 和 2.096(3)Å。

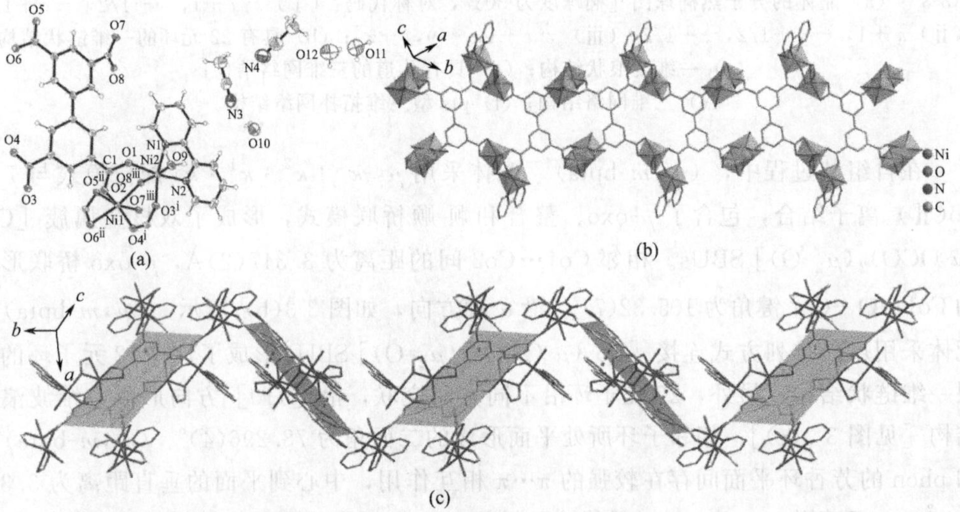

图 3-4 (a) 晶体的分子热椭球图［椭球度为 50%，对称代码：(i) $1-x$，$-1/2+y$，$1/2-z$；(ii) $1-x$，$-y$，$-z$；(iii) $1+x$，$1/2-y$，$1/2+z$］；(b) 一维链状结构；(c) 一维波浪形的带状结构

沿着 b 轴，$(m,m$-bpta$)^{4-}$配体连接双核金属簇［$M_2(OCO)_2(\mu_2$-$O)$］形成了如图 3-4(b) 所示具有交替子环的一维链，这些子环相互垂直，沿着 a 轴形成了一维波浪形的带状结构［见图 3-4(c)］。进一步通过 $(m,m$-bpta$)^{4-}$配体扩展，构建出具有

孔洞的三维网络结构（见图3-5），溶剂分子（CH_3CN和H_2O）占据其中，分别和羧基O原子和配位水分子形成了O—H…O＝1.76～2.53Å、N—H…O/N＝2.22～2.64Å的氢键。类似于配合物**13**和**14**，其表现出(4,4)-连接的pts型拓扑结构。

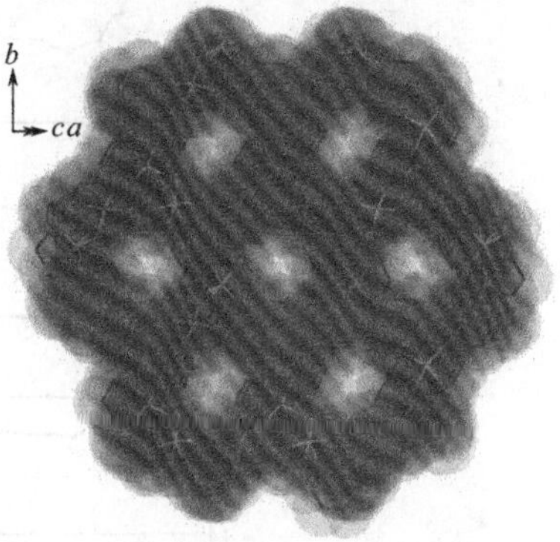

图3-5 具有孔洞的三维网络结构

对比配合物**10**～**14**的结构，配合物**10**的双核金属簇SBUs由双顺-反羧基桥联构成。配合物**11**～**14**的双核簇单位是通过羧基采用双顺-顺和μ_2-oxo模式构成的。根据羧基几何结构，当羧基采用顺-顺构型时有利于形成双核金属簇配合物[32]。在结构构建中，虽然采用了端基含氮辅助配体，但是（*m*,*m*-bpta)$^{4-}$配体作为连接子连接SBUs仍扩展为三维网络结构，这是由于金属离子表现为八面体几何构筑且配位环境不同，诱导（*m*,*m*-bpta)$^{4-}$配体向空间不同方向伸展，形成的金属有机骨架含有较大的空腔，可以容纳相当尺寸的含氮辅助配体与金属离子配位，最终仍形成了三维网络结构。

3.1.3.2 配合物10～14的红外光谱和X射线粉末衍射

通过红外光谱数据分析，如图3-6所示，在振动频率为3650～3200cm^{-1}范围内出现宽的、弱的伸缩振动峰，分别属于配体和配合物中羟基缔合伸缩振动频率，表明配合物中含有—OH基团，其来源于晶格/配位水分子。在配体H_4(*m*,*m*-bpta）红外光谱图中，$\nu_{(C=O)}$的特征伸缩振动出现在1702cm^{-1}处，而在配合物**10**～**14**的$\nu_{(C=O)}$特征伸缩振动峰向低波数移动且发生了分裂，表明（*m*,*m*-bpta)$^{4-}$配体的羧基与金属离子发生配位且完全去质子化。配合物**10**的不对称伸缩振动（ν_{as}）和对称伸缩振动（ν_s）分别出现在1554～1517cm^{-1}和1407～1365cm^{-1}处，$\Delta\nu_{(as-s)}$的差值为110～189cm^{-1}，表明羧基以螯合和桥联配位模式结合Co(Ⅱ)离子。对于配合物**11**和**12**，$\nu_{as(OCO)}$伸缩振动位于约1624cm^{-1}和1580cm^{-1}，$\nu_{s(OCO)}$伸缩振动位于约1415cm^{-1}和1367cm^{-1}。$\Delta\nu_{(as-s)}$＝165～257cm^{-1}，表明配合物**11**和**12**的羧基采用双齿和桥联模式与金属离子配位。对于配合物**13**和**14**，$\nu_{as(OCO)}$出现在1624cm^{-1}、1560cm^{-1}附近，$\nu_{s(OCO)}$出现在1411cm^{-1}和1365cm^{-1}附近，$\Delta\nu_{(as-s)}$值为149～299cm^{-1}，表明羧基采用桥联和螯合模式与金属离子配位，这与配合物的单晶结构相符。在1542～1565cm^{-1}处为芳香胺（C＝N）伸缩振动。此外，在配合物**11**～**14**的红外光谱中，位于2307～2383cm^{-1}处弱的振动峰为溶剂CH_3CN分子的C＝N键的伸缩振动峰[33]。

为了确定合成的样品是否纯相，对配合物的晶体样品进行X射线粉末衍射测试，比对实验测得的粉末衍射花样与对应的配合物单晶衍射模拟花样，如图3-7所示，实验结果与理论数据完全吻合，这说明配合物**10**～**14**样品是纯相的。SEM图像显示，配合物**10**～**12**呈不规则块状晶体（图3-8）。

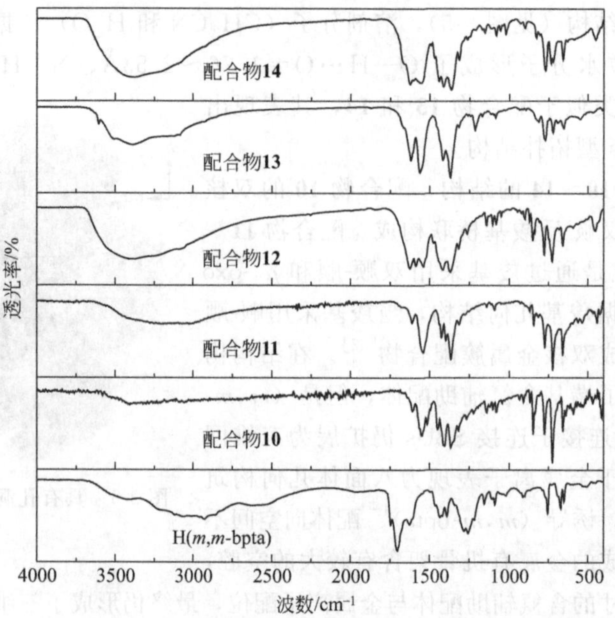

图 3-6　配体 H_4（m，m-bpta）和配合物 **10**～**14** 的红外光谱图

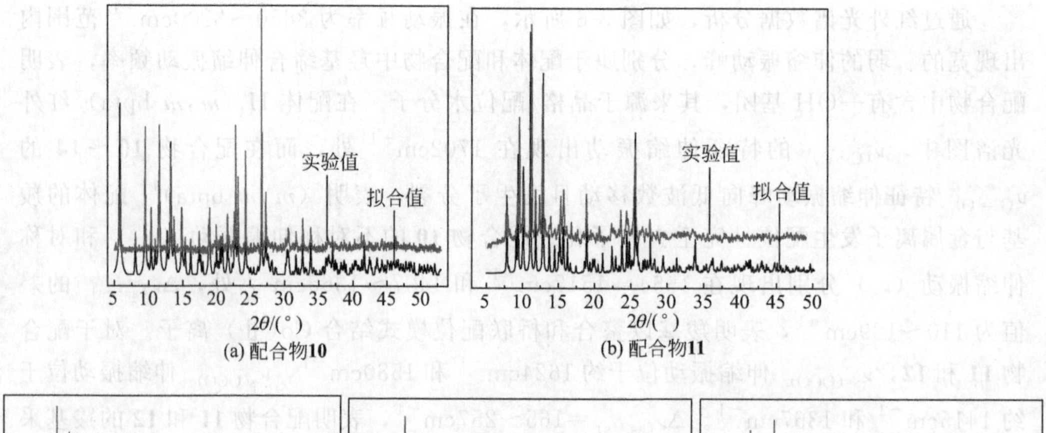

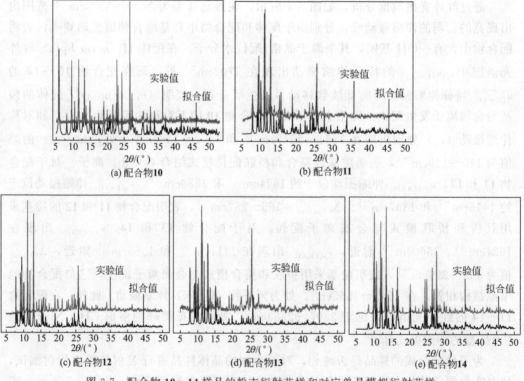

图 3-7　配合物 **10**～**14** 样品的粉末衍射花样和对应单晶模拟衍射花样

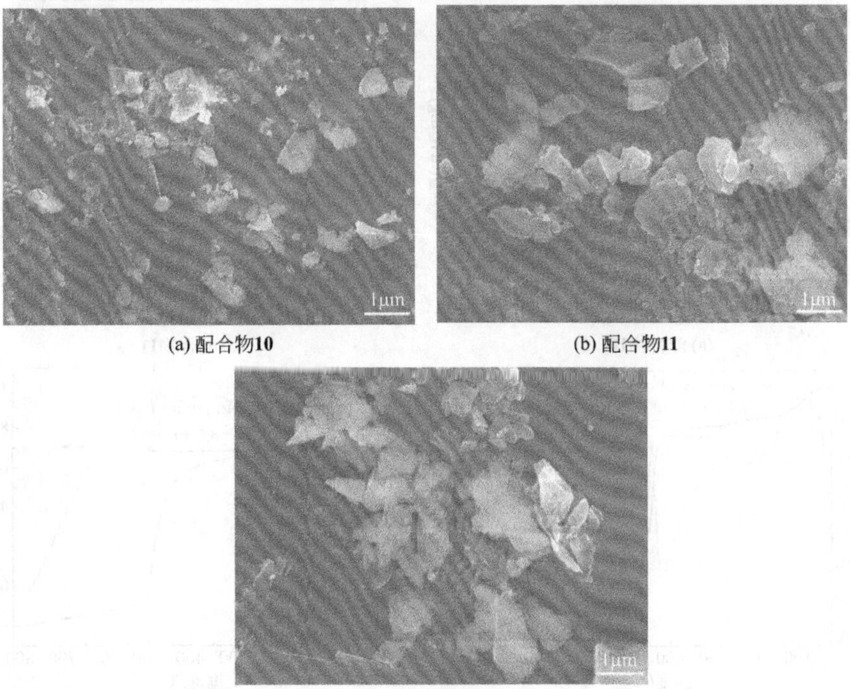

(a) 配合物**10**　　(b) 配合物**11**

(c) 配合物**12**

图 3-8　配合物 **10～12** 的扫描电子显微图像

3.1.3.3　配合物 10～14 的热稳定性

用热重（TG）分析方法考察了配合物 **10～14** 的热稳定性。如图 3-9 所示，配合物 **10** 在 30～135℃显示了 4.40%的失重率（计算值：4.20%），对应失去两个水分子，随着温度升高，金属有机框架结构保持稳定，当温度高于 450℃时骨架结构发生坍塌。配合物 **11** 在 60～110℃的温度范围内失重 14.50%，对应失去一个晶格 CH_3CN 分子（实验值：5.20%，计算值：5.02%）和 4 个水分子（实验值：9.30%，计算值：9.53%），在 110～165℃时，失重率为 2.50%，对于失去一个配位水分子（计算值：2.51%）。然后 phen 配体快速分解，失重率为 21.0%（计算值：23.8%），当温度为 410℃时，剩余的（m，m-bpta）$^{4-}$ 配体继续分解。配合物 **12**，在 30～90℃范围内失重率为 3.0%，对应于一个晶格 CH_3CN 分子（计算值：2.94%）。随着温度升高，在 90～220℃范围内失重率为 7.5%，对应于失去 4 个溶剂水分子和 2 个配位水分子（计算值：7.73%）。进一步加热后，金属有机框架开始分解。配合物 **13**，在 23～77℃范围内失重率为 10.00%，对应失去两个晶格 CH_3CN 分子（计算值：10.88%），随着温度升到 304℃失重率为 9.20%，对应于失去四个晶格水分子（计算值：9.54%）。进一步加热整个框架结构开始发生分解。TG 分析表明配合物 **14** 在 27～130℃范围内失重率为 9.50%，对应失去两个晶格 CH_3CN 分子（计算值：10.88%），在 130～277℃范围内失重率为 10.00%，对应失去四个水分子（计算值：10.00%），随后金属有机框架中的 2，2′-联吡啶或（m，m-bpta）$^{4-}$ 配体开始分解。DSC 曲线所观

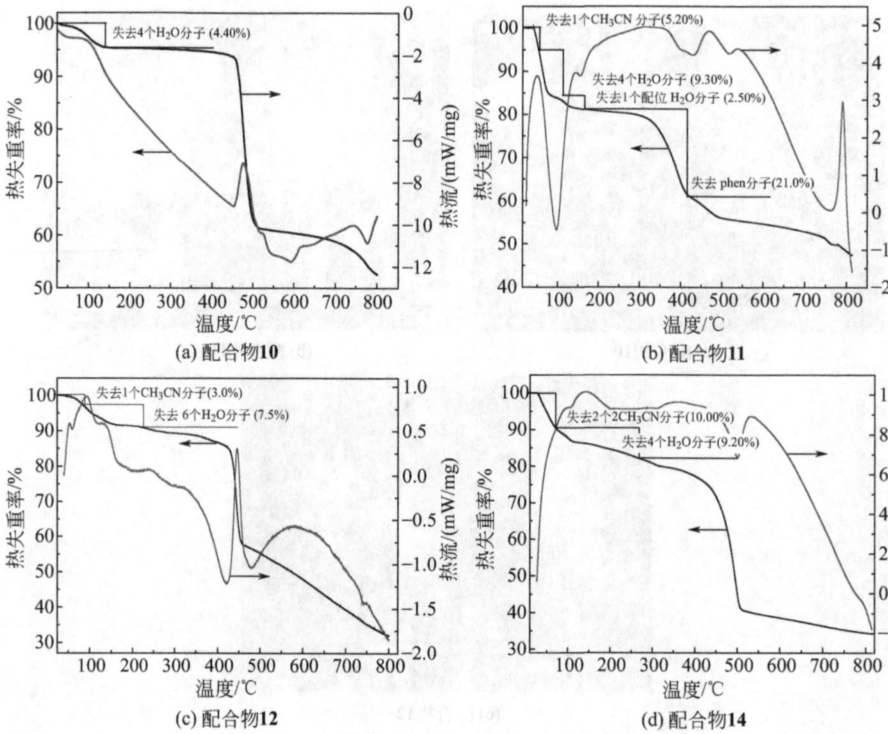

图 3-9 配合物 **10**～**14** 的 TG 和 DSC 曲线图

察到的吸热峰与 TG 曲线分析结果基本一致。上述结果表明配合物的金属有机框架部分具有良好的热稳定性。

3.1.3.4 配合物 10～14 的磁性质研究

(1)配合物 10、11 和 13 的磁性质

配合物 **10**、**11** 和 **13** 含有双核金属簇结构单元，相邻金属离子之间通过多重羧基桥连接，可能会导致其表现出不同的磁现象。从图 3-10 可知，在 300K，双核钴配合物 **10**、**11** 和 **13** 的 $\chi_M T$($cm^3\cdot K/mol$) 实验值分别是 5.65、5.16 和 4.53，远高于两个独立 Co(Ⅱ) 离子 ($g=2.0$ 和 $S=3/2$) 的仅自旋理论值 $3.75cm^3\cdot K/mol$，表明八面体高自旋 Co(Ⅱ) 离子的$^4T_{1g}$ 电子基态角动量不完全猝灭，轨道耦合对磁性产生影响。随着温度的降低，$\chi_M T$ 值逐渐降低，表明在配合物中相邻 Co(Ⅱ) 离子间通过 μ-oxo 和顺-反/顺羧基桥传递的是反铁磁性相互作用。在 1.8～300K 温度范围内，摩尔变温磁化率符合居里-外斯定律 $\chi=C/(T-\theta)$，拟合分别得到 $C=5.78(2)\ cm^3\cdot K/mol$、$\theta=-9.48(1)K$，$C=5.34(2)cm^3\cdot K/mol$、$\theta=-8.29(1)K$ 和 $C=4.97(2)cm^3\cdot K/mol$、$\theta=-39.09(2)K$。负的外斯常数 θ 表明配合物 **10**、**11** 和 **13** 表现反铁磁性。根据配合物的结构分析，相邻 Co(Ⅱ) 离子分别通过双重顺-反羧基桥和三重顺-顺羧基桥和 μ-oxo 连接形成了不同的双核金属簇单元，其中 Co…Co 间距离分别是 4.298(2)Å、3.347(2)Å 和 3.363(3)Å，明显小于通过 (m,m-bpta)$^{4-}$ 配体连接的双核金属簇间的

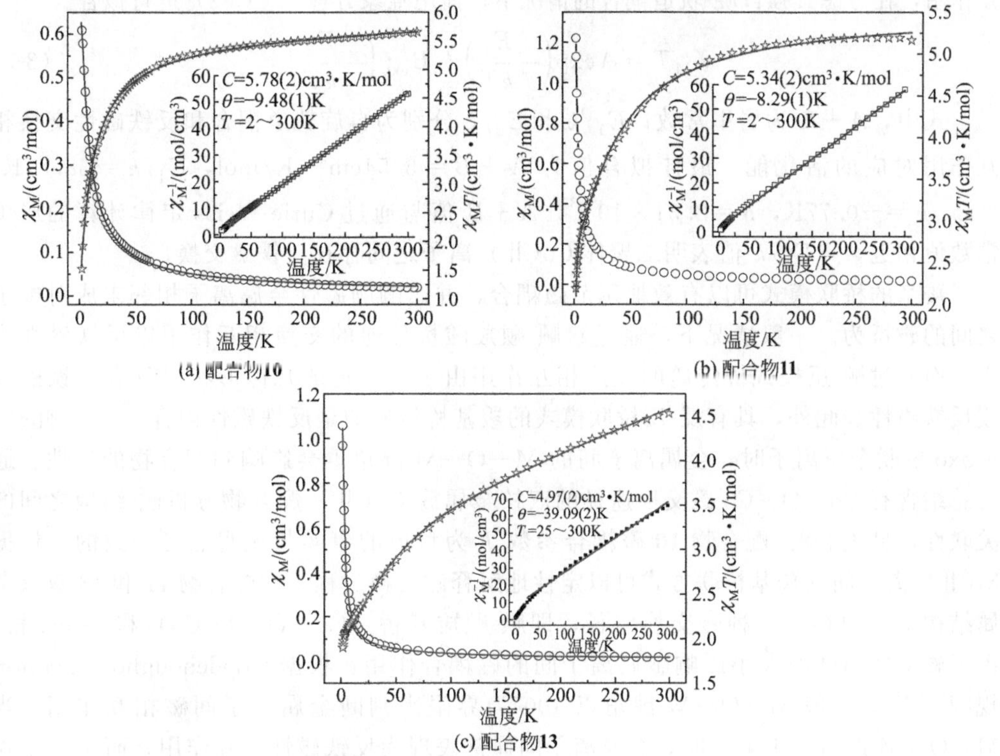

图3-10 配合物**10**（a）、**11**（b）和**13**（c）的变温磁化率 χ_M、$\chi_M T$ 和 χ_M^{-1} 与温度的关系图（实线代表实验拟合值）

距离。因此，可采用双核模型[34,35]对摩尔变温磁化率数据 $\chi_M T$ 与 T 关系进行拟合，公式（3-1）如下：

$$\chi_{\text{dimer}}=\frac{2Ng^2\beta^2}{kT}\left[\frac{e^{(-10J/kT)}+5e^{(-6J/kT)}+14}{e^{(-12J/kT)}+3e^{(-10J/kT)}+5e^{(-6J/kT)}+7}\right] \tag{3-1}$$

式中，J 为双核金属簇内Co(Ⅱ)离子间自旋耦合参数，考虑到双核金属簇间弱磁交换相互作用（zJ'）、顺磁杂质比例（ρ）和温度无关的磁贡献（TIP）对配合物磁性的影响，将上述公式（3-1）进行修正，总的磁化率公式为式（3-1a）：

$$\chi_M=\frac{\chi_{\text{dimer}}}{1-\left(\frac{zJ'}{N\beta^2g^2}\right)\chi_{\text{dimer}}}(1-\rho)+\frac{Ng^2\beta^2}{3kT}S(S+1)\rho+N_\alpha \tag{3-1a}$$

对配合物**10**和**13**的摩尔变温磁化率实验数据拟合分别得到 $g=2.20(1)$、$J=-0.53(6)\text{cm}^{-1}$、$zJ'=-0.18(6)\text{cm}^{-1}$、$R=1.47\times10^{-5}$ 和 $g=2.40(1)$、$J=-11.32(6)\text{cm}^{-1}$、$zJ'=-3.50(9)\text{cm}^{-1}$、$R=1.63\times10^{-4}$。其中 g 值与报道的相似结构的双核簇Co(Ⅱ)配合物的值相近。负 J 值进一步表明配合物**10**和**13**双核簇内Co(Ⅱ)离子之间通过双重顺-反羧基桥和三重顺-顺羧基桥和 μ-oxo传递弱的反铁磁性耦合作用。上述公式对于配合物**11**的变温磁化率进行拟合是不成功的，可能Co(Ⅱ)离子极度扭曲的八面体导致 $^4T_{1g}$ 基态的轨道角动量不猝灭。为了估计双核簇内Co(Ⅱ)离子的反铁磁性相互作用，在考虑其强自旋-轨道耦合的情况下，使用唯象方程[36]（3-2）进行拟合。

$$\chi_M T = A\exp\left(-\frac{E_1}{kT}\right) + B_{\exp}\left(-\frac{E_2}{kT}\right) \tag{3-2}$$

式中，$A+B$ 为居里常数；E_1/k 和 E_2/k 分别为自旋轨道耦合和反铁磁性交换相互作用对应的活化能。最佳拟合值为 $A+B=5.54\text{cm}^3\cdot\text{K/mol}$，$E_1/k=38.87\text{K}$，$-E_2/k=-0.77\text{K}$，$R=2.31\times10^{-3}$。$A+B$ 值与通过 Curie-Weiss 定律计算的居里常数值相近，$-E_2/k$ 值表明二聚体 Co(Ⅱ) 离子之间存在反铁磁交换。

羧基的桥联模式可以有效地调节磁耦合，并影响顺磁性金属离子相邻未成对电子之间的磁行为。一般情况下，通过双顺-顺羧酸桥传递的交换相互作用以反铁磁性为主，而通过顺-反模式桥传递的交换相互作用由于磁轨道的几何形状而具有弱铁磁性或反铁磁性。此外，具有反-反桥联模式的羧基桥传递的是反铁磁性耦合[37-39]。此外，μ-oxo 桥联金属离子时，金属离子间的 M—O—M 键角也会影响到配合物的磁性。通过总结含有 Co—O—Co 磁交换途径的双核金属簇 Co(Ⅱ) 配合物分析磁-结构之间的关联性，见表 3-2。配合物 **10** 磁耦合参数 J 为负值的事实与该观点是一致的。根据 M(Ⅱ) 离子间的羧基桥联方式可以定性地解释磁交换过程。在配合物 **11** 和 **13** 双核金属结构单元中存在三种磁交换路径，即顺-顺羧基桥（Co—OCO—Co）和 μ-oxo 桥。由于磁交换角度的大小影响金属离子间的磁耦合作用，根据 Goodenougho-Kanamori 规则[40,41]，一般 M—O—M 键角以 100°为界限来判断金属离子间磁相互作用。当 M—O—M 键角大于 100°时，金属离子间通常表现为反铁磁性相互作用，而小于 100°时，则表现为铁磁性相互作用。配合物 **11** 和 **13**，钴离子间通过双顺-顺羧基桥传递反铁磁交换，Co—O—Co 角为 105.34(4)°时进一步引起反铁磁性耦合作用。

表 3-2 比较双核金属簇配合物含有 M—O—M 键角对磁性的影响

配合物①	羧基桥联模式	M—O—M 键角/(°)	耦合参数 J/cm^{-1}	文献
$[Co_2(butca)(H_2O)_5]_n\cdot 2nH_2O$	*syn-syn*-OCO$^-$，μ_2-O	113.10(8)	−1.2	[42]
$[Co_2(bta)(H_2O)_4]_n\cdot 2nH_2O$	*syn-syn*-OCO$^-$，μ_2-O	120.78(7)	−1.9	[43]
$[Co_2(bta)(H_2O)_6]_n\cdot 2nH_2O$	*syn-syn*-OCO$^-$，μ_2-O	93.89(4)，92.16(4)	5.4	[44]
$[Co_2(L^1)_4(phen)_2(\mu\text{-}H_2O)](CH_3OH)$	*syn-syn*-OCO$^-$，μ_2-O	117(3)	−1.58	[45]
$\{[Co_2(bpta)(2,2'\text{-}bipy)(H_2O)]\cdot 2CH_3CN\cdot 3H_2O\}_n$	*syn-syn*-OCO$^-$，μ_2-O	105.34(4)	−11.32(6)	
$\{[Co(H_2bpta)(4,4'\text{-}bipy)]\cdot H_2O\}_n$	*syn-syn*-OCO$^-$	107.31(4)	−0.84(4)	
$[CoL]_2\cdot 2CH_3CN$	三重 μ_2-O	102.04(7)	−7.5	[46]
$[Co(apo)(N(CN)_2)_2]$	双重 μ_2-O	108.16(3)	−17.8	[38]

① 配合物中涉及的配体的缩写：H_4butca—1,2,3,4-丁烷四羧酸，H_4bta—均苯四羧酸，HL^1—蒽-9-羧酸，H_2L—*N*,*N*-双(3,4-二甲基-2-羟基苯)-*N'*,*N'*-二甲基乙二胺，apo—2-氨基吡啶 *N*-氧化物，H_4tpta—1,1'∶3',1''-三联苯-3,3'',5,5''-四羧酸。

(2)配合物 12 和 14 的磁性质

在 300K 时，配合物 **12** 和 **14** 的 $\chi_M T$ 实验值为 $2.35(1)\text{cm}^3\cdot\text{K/mol}$ 和 $2.42(1)\text{cm}^3\cdot\text{K/mol}$，高于两个孤立的 Ni^{2+} 仅自旋的理论值 $2.0\text{cm}^3\cdot\text{K/mol}$。随着温度降低，$\chi_M T$ 值逐渐升高，在 14K 时出现一个小的峰，最大值分别是 $2.65(1)\text{cm}^3\cdot\text{K/mol}$ 和

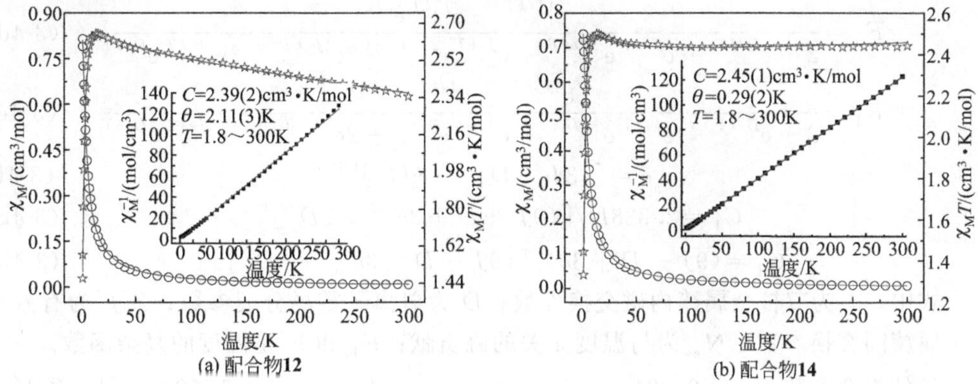

图 3-11　配合物 **12**（a）和 **14**（b）的变温磁化率 χ_M，$\chi_M T$ 和 χ_M^{-1} 与温度 T 的关系图
（实线代表拟合值）

2.49(1)cm^3·K/mol，表明双核 Ni^{2+} 间表现的是铁磁性耦合作用，随后 $\chi_M T$ 值急剧下降，可能是由于低温区零场分裂或双核金属簇间反铁磁性相互作用导致的。在 1.8～300K 范围内，摩尔变温磁化率符从居里-外斯定律，拟合得到 $C=2.39(2)cm^3$·K/mol、$\theta=2.11(3)$K 和 $C=2.45(1)cm^3$·K/mol、$\theta=0.29(2)$K。从磁结构上看，双核簇内 Ni(Ⅱ) 离子间的磁交换主要依赖于顺-顺羧基桥（Ni—OCO—Co）和 μ-oxo 桥，交换角 Ni—O—Ni 为 107.44(11)°。二聚体通过（m,m-bpta$)^{4-}$ 配体进行的交换，其 Ni⋯Ni 距离较大，具有很弱的反铁磁性。采用由各向同性自旋哈密顿量导出的双核模型式（3-3）进行拟合。

$$\chi_{\text{dimer}}=\frac{Ng^2\beta^2}{kT}\frac{1+5\exp(4J/kT)}{3+5\exp(4J/kT)+\exp(-2J/kT)} \tag{3-3}$$

考虑分子场近似，对上述公式修正为式（3-3a）。

$$\chi_M=\frac{\chi_{\text{dimer}}}{1-(zJ'/N\beta^2g^2)\chi_{\text{dimer}}}+\frac{Ng^2\beta^2}{3kT}S(S+1)+N_a \tag{3-3a}$$

式中，zJ'代表双核簇间的磁耦合作用。对配合物 **12** 的 $\chi_M T$ 值与温度 T 关系进行拟合得到 $g=2.26(1)$、$J=2.44(1)cm^{-1}$、$zJ'=-0.14(1)cm^{-1}$ 和 $R=2.79(1)\times10^{-3}$。正的 θ 和 J 表明配合物 **12** 中双核簇内 Ni(Ⅱ)离子间表现的是铁磁性耦合作用，而 $zJ'<0$ 表明双核簇间 Ni(Ⅱ) 离子间表现的是弱的反铁磁性耦合作用。

对于配合物 **14**，式（3-3a）未能很好地将其摩尔变温磁化率进行拟合，采用 Ginsberg 等[47] 给出双核模型磁性公式进行拟合，式（3-4）如下：

$$\chi_M=\frac{2Ng^2\beta^2}{3k}\left(\frac{F_1}{T-4Z'J'F_1}+\frac{2F'}{1-4Z'J'F_1}\right)+N_\alpha \tag{3-4}$$

$$F'=\frac{1}{D}F_2+\frac{3C_2^2}{3J-\delta}F_3+\frac{3C_1^2}{3J+\delta}F_4 \tag{3-4a}$$

$$F_1=\frac{1+e^{4J/kT}+4e^{4J/kT}e^{D/kT}}{2+e^{D/kT}+e^{J/kT}e^{-\delta/kT}+e^{J/kT}e^{\delta/kT}+2e^{4J/kT}+2e^{4J/kT}e^{D/kT}} \tag{3-4b}$$

$$F_2=\frac{2e^{4J/kT}e^{D/kT}+e^{D/kT}-1-2e^{4J/kT}}{2+e^{D/kT}+e^{J/kT}e^{-\delta/kT}+e^{J/kT}e^{\delta/kT}+2e^{4J/kT}+2e^{4J/kT}e^{D/kT}} \tag{3-4c}$$

$$F_3=\frac{e^{4J/kT}-e^{J/kT}e^{\delta/kT}}{2+e^{D/kT}+e^{J/kT}e^{-\delta/kT}+e^{J/kT}e^{\delta/kT}+2e^{4J/kT}+2e^{4J/kT}e^{D/kT}} \quad (3\text{-}4d)$$

$$F_4=\frac{e^{4J/kT}-e^{J/kT}e^{-\delta/kT}}{2+e^{D/kT}+e^{J/kT}e^{-\delta/kT}+e^{J/kT}e^{\delta/kT}+2e^{4J/kT}+2e^{4J/kT}e^{D/kT}} \quad (3\text{-}4e)$$

$$\delta=[(3J+D)^2-8JD]^{1/2} \quad (3\text{-}4f)$$

$$C_1=2.828D/[(9J-D+3\delta)^2+8D^2]^{1/2} \quad (3\text{-}4g)$$

$$C_2=(9J-D+3\delta)/[(9J-D+3\delta)^2+8D^2]^{1/2} \quad (3\text{-}4h)$$

式中，J 为双核金属簇内磁交换参数；D 为单离子零场分裂参数；$Z'J'$ 为有效双核金属簇间交换参数；N_α 为与温度无关的磁贡献；F_1 和 F' 是温度的复杂函数。

最佳拟合参数为 $g=2.38(1)$、$J=1.02(7)\text{cm}^{-1}$、$D=-4.17(2)\text{cm}^{-1}$、$Z'J'=-0.31(1)\text{cm}^{-1}$、$R=1.10(1)\times10^{-4}$。正的 J 值表明相邻 Ni(Ⅱ) 离子间通过 μ-oxo 和双顺-顺羧基桥传递的是铁磁交换作用。配合物 **12** 和 **14** 与其他双核 Ni(Ⅱ) 配合物比较，二者具有相似的顺-顺桥联的 Ni—OCO—Ni 和 Ni—O—Ni 磁交换途径，且磁交换角大于 100°，表现出铁磁性行为，而对于钴配合物表现出反铁磁性行为，虽然通过磁耦结构可定性评估复杂的磁耦作用，但由于中心离子自旋电子数不同，同结构配合物也会表现出不同的磁性行为。此外，当桥联媒介不同时，多重桥可以相互增加或抵消它们之间的磁耦合作用。

3.1.4 小结

在混合配体策略下，通过三乙胺调节反应体系的 pH 值可构建五种磁性配位聚合物，配体 H_4(m,m-bpta) 采用双重顺-反羧基桥和三重顺-顺羧基桥和 μ-oxo 连接金属离子形成了不同双核金属簇 SBUs。配合物 **10** 是由 (m,m-bpta)$^{4-}$ 和 4,4′-bipy 配体连接双核 [$Co_2(OCO)_2$] SBUs 形成的二维层状结构。在配合物 **11**～**14** 中，(m,m-bpta)$^{4-}$ 配体连接双核簇 [$Ni_2(OCO)_2(\mu_2\text{-}O)$] SBUs 形成了含有潜在空腔的骨架结构，在配合物组装过程中，即使采用了端基 2,2′-bipy 或 phen 配体，由于双核金属离子配位环境不同，最终仍然形成了三维网络结构。配合物的磁现象分析表明，顺-反/顺羧基桥和 μ-oxo 桥为金属离子间磁耦合提供了交换途径。比较双核钴和镍配位聚合物的磁性可知：具有相同结构的钴和镍双核配位聚合物，由于磁各向异性和自旋量子数不同，导致它们表现出不同的磁现象。

3.2 桥联含氮配体调控 3,3′,5,5′-联苯四羧酸双核配位聚合物的合成、结构及其磁性质

3.2.1 概述

配位聚合物是由金属离子或金属簇与有机配体之间形成配位键构筑的，配位键通常具有比较明确的方向性，因此金属离子和有机配体的配位属性和空间几何构型，往往对配位聚合物的结构起主导作用。因而，金属离子配位几何构型多样，有机配体结

构与配位性能的多样化，作为结构单元（也就是节点或连接子），通过配位键连接而成的网络结构，必然是丰富多彩的。根据上一节内容，以 3,3′,5,5′-联苯四羧酸[H_4(*m*,*m*-bpta)] 为配体构筑配合物时，加入端基含氮配体能促进配位聚合物的合成，本节仍以 3,3′,5,5′-联苯四羧酸为基础，通过桥联含氮桥联配体调控构建混合配体类配位聚合物。

3.2.2　桥联含氮配体调控 3,3′,5,5′-联苯四羧酸双核配位聚合物的制备与结构测定

3.2.2.1　双核金属簇配位聚合物的制备

配合物的合成路线如图 3-12 所示。在 13mL 聚四氟乙烯管中，加入 0.1mmol 对 H_4(*m*,*m*-bpta)、0.2mmol 含氮桥联辅助配体、0.2mmol 相应金属离子的氯化盐，以摩尔比 1∶2∶2 混合，后加入 6mL 水或体积比为 2∶1 水和 DMF 混合溶剂，用 0.2mmol/L KOH 溶液调节反应体系 pH 值范围为 6.5～7.5，磁力搅拌 30min。密封聚四氟乙烯管，置于不锈钢反应釜中，加热到 160℃恒温反应 72h，自然冷却到室温，获得大量块状晶体，用蒸馏水反复洗涤、干燥。

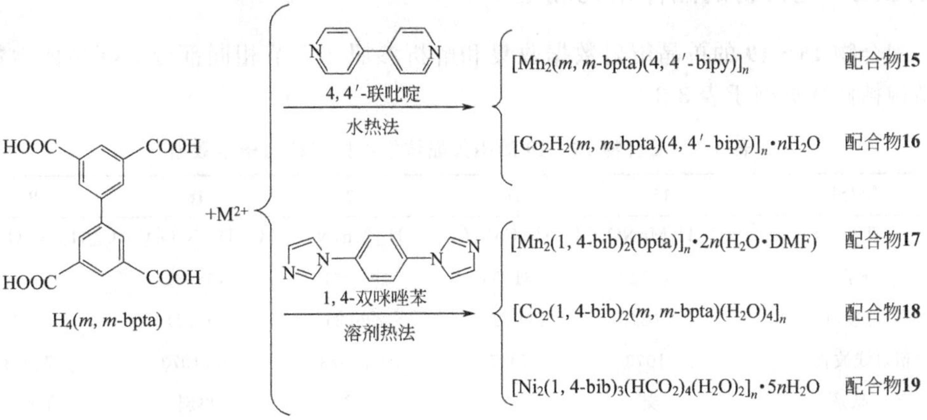

图 3-12　桥联含氮配体调控第一过渡系金属离子和 H_4(*m*,*m*-bpta) 配体反应示意图

以 3,3′,5,5′-联苯四羧酸为基础，通过桥联含氮配体（4,4′-bipy 和 1,4-bib）调控，采用水热/溶剂热法合成了一系列以双核金属簇为结构单元的配位聚合物（图 3-13）。当采用桥联含氮配体（4,4′-bipy）时，可获得一系列五配位的双核金属簇配位聚合物，它们表现出不同的二维或三维网络结构，在合成过程中，4,4′-bipy 对金属离子的配位环境起到了调节作用，形成了一系列五配位的双核金属簇配位聚合物。当采用 1,4-bib 时，获得了一系列六配位的双核金属簇配位聚合物。有机配体的选择以及实验条件的改变对配位聚合物的合成至关重要。在合成过程中，溶剂体系和辅助配体对最终结构也起着至关重要的作用。

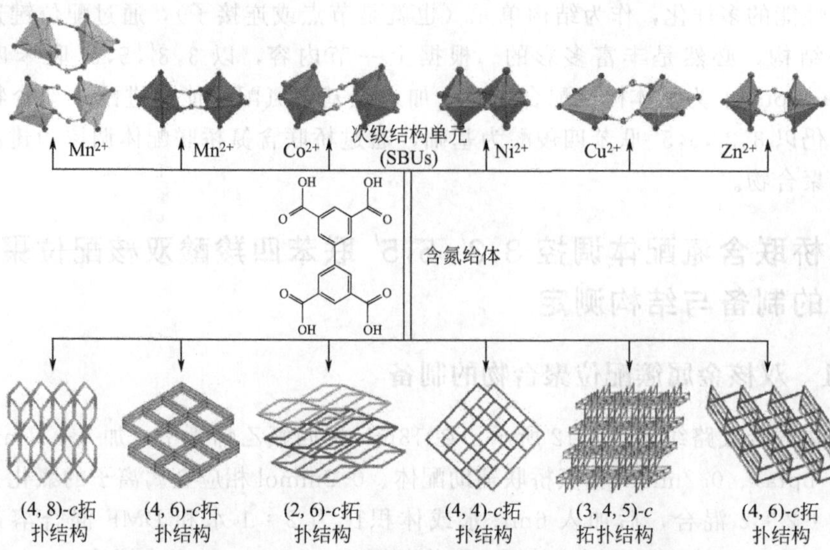

图 3-13　基于 3,3′,5,5′-联苯四羧酸构筑的双核金属簇配位聚合物

3.2.2.2　配合物的晶体结构测定

配合物 **15**～**19** 的单晶衍射数据收集和解析参照 2.1 节相同部分。其晶体学数据和结构精修数据列于表 3-3。

表 3-3　配合物 15～19 的相关晶体学数据和结构精修数据

配合物	**15**	**16**	**17**	**18**	**19**
化学式	$C_{13}H_5MnNO_4$	$C_{26}H_{18}CoN_2O_9$	$C_{43}H_{35}Mn_2N_9O_{10}$	$C_{20}H_{17}N_4O_6Co$	$C_{40}H_{48}N_{12}O_{15}Ni_2$
分子量	294.12	561.35	947.13	468.31	1054.32
温度/K	296(2)	296(2)	296(2)	298(2)	298(2)
衍射线波长/Å	0.71073	0.71073	0.71073	0.71073	0.71073
晶系	正交	三斜	三斜	单斜	单斜
空间群	*Cmma*	$P\bar{1}$	$P\bar{1}$	$P2_1/c$	$C2/c$
晶胞参数 *a*/Å	12.783(3)	7.6473(5)	10.109(5)	11.065(2)	24.344(1)
晶胞参数 *b*/Å	41.280(8)	11.4385(7)	10.461(5)	12.609(2)	12.291(4)
晶胞参数 *c*/Å	8.1610(16)	13.9685(9)	12.102(6)	15.087(2)	18.868(8)
晶胞参数 *α*/(°)	90.00	69.9580(10)	67.592(7)	90	90
晶胞参数 *β*/(°)	90.00	88.6520(10)	68.056(7)	119.371(8)	121.3369(10)
晶胞参数 *γ*/(°)	90.00	76.5070(10)	84.450(7)	90	90
晶胞体积/$Å^3$	4306.4(16)	1114.07(12)	1095.9(10)	1834.4(4)	4820(3)
晶胞内分子数	16	2	1	4	4
晶体密度/(g/cm^3)	1.815	1.673	1.298	1.696	1.453
吸收校正/mm^{-1}	1.234	0.835	0.633	0.987	0.859

续表

配合物	15	16	17	18	19
单胞中的电子数目	2352	574	436	960	2192
等效衍射点的等效性	0.0616	0.0288	0.0395	0.0677	0.0912
基于 F^2 的 GOF 值	1.082	1.016	1.052	1.011	1.028
非权重一致性因子 $[I>2\sigma(I)]$①	0.0710	0.0320	0.0382	0.0402	0.0583
权重一致性因子 $[I>2\sigma(I)]$①	0.2101	0.0779	0.0878	0.0722	0.1464
残余电子密度/(e/Å³)	1.087，−0.993	0.34，-0.31	0.364，−0.253	0.284，−0.320	0.891，−0.323

① I 为衍射强度，σ 为标准偏差，F 为衍射 hkl 的结构因子，$R_1=\sum||F_o|-|F_c||/\sum|F_o|$，$wR_2=[\sum w(F_o^2-F_c^2)^2/\sum w(F_o^2)^2]^{1/2}$。

3.2.3　桥联含氮配体调控 3,3′,5,5′-联苯四羧酸双核配位聚合物的结构分析与性质研究

3.2.3.1　配合物 15～19 的晶体结构描述

(1)$[Mn_2(m,m\text{-bpta})(4,4'\text{-bipy})]_n$（配合物 15）的晶体结构

配合物 **15** 结晶于正交 *Cmma* 空间群，其中 Mn(Ⅱ) 离子位于二次轴上。它的不对称单元包含了 2 个 Mn(Ⅱ) 离子、1/2 个 $(m,m\text{-bpta})^{4-}$ 配体和 1 个 4,4′-bipy 配体。在配合物 **15** 中，$(m,m\text{-bpta})^{4-}$ 和 4,4′-bipy 分子部分羧基和吡啶环无序，导致了 A 和 B 两种不同的配位单元形成了一个独特的三维网络结构［图 3-14(a)］。在 A

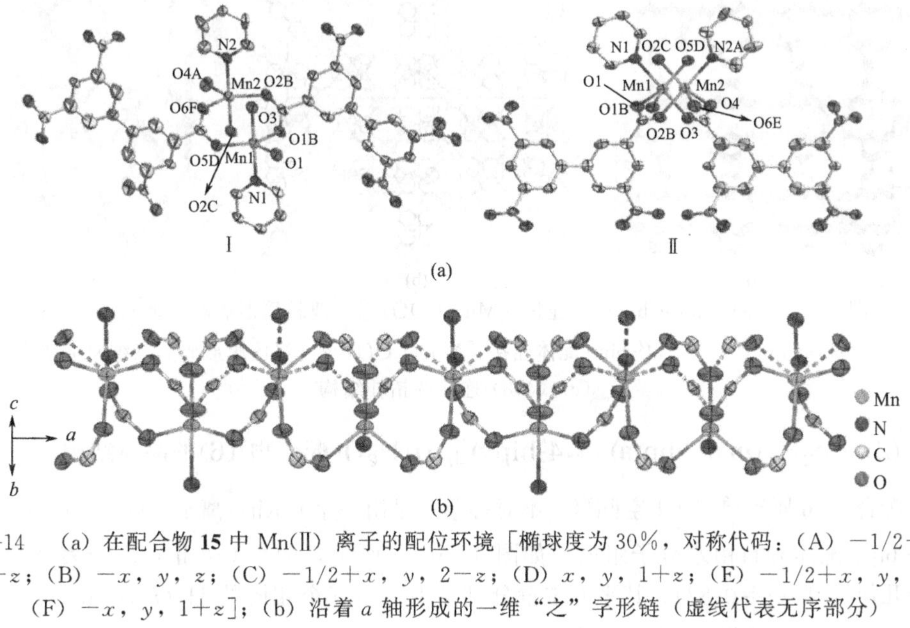

图 3-14　(a) 在配合物 **15** 中 Mn(Ⅱ) 离子的配位环境［椭球度为 30%，对称代码：(A) −1/2−x，y，2−z；(B) −x，y，z；(C) −1/2+x，y，2−z；(D) x，y，1+z；(E) −1/2+x，y，1−z；(F) −x，y，1+z］；(b) 沿着 a 轴形成的一维"之"字形链（虚线代表无序部分）

单元中，Mn1 与来自三个 $(m,m\text{-bpta})^{4-}$ 配体的四个氧原子［O1，O1B，O3 和 O5D，对称代码：(B) $-x$，y，z；(D) x，y，$1+z$］和来自 4,4′-bipy 配体的一个氮原子（N1）配位，形成了三角双锥几何构型（$\tau=0.83$）。Mn—O 键长为 2.090(3)～2.119(1)Å，Mn—N 键长是 2.231(3)Å。Mn2 也是三角双锥几何构型（$\tau=0.77$），它被来自四个 $(m,m\text{-bpta})^{4-}$ 配体的四个氧原子［O2B，O2C，O4A 和 O6F，对称代码：(A) $-1/2-x$，y，$2-z$；(B) $-x$，y，z；(C) $-1/2+x$，y，$2-z$；(F) $-x$，y，$1+z$］和来自 4,4′-bipy 配体的一个氮原子（N2）配位。Mn—O 键长为 2.105(2)～2.143(3)Å，Mn—N 键长为 2.244(3)Å。在 B 单元中，两个 Mn(Ⅱ）离子同样表现出三角双锥几何构型。

在配合物 **15** 中，$(m,m\text{-bpta})^{4-}$ 配体是全部去质子化的，采用 $\mu_8\text{-}\eta^2:\eta^2:\eta^2:\eta^2$ 配位模式连接四个双核簇单元［$Mn_2(CO_2)_2$］，Mn⋯Mn 间的距离是 3.815Å。有趣的是，沿着 a 轴，每个［$Mn_2(CO_2)_2$］单元通过羧基顺-顺桥联模式连接形成了一维“之”字形链状结构［图 3-14(b)］。此外，从磁性质角度分析，配合物 **15** 的磁行为也证明结构中包含了一维链状结构。不同于其他 Mn(Ⅱ）离子链，配合物 **15** 是基于双核簇五配位的 Mn(Ⅱ）离子构成“之”字形链状结构，对于 Mn(Ⅱ）配合物这种结构是非常罕见的。沿着晶轴 b 和 c 方向，相邻链间的距离分别是 8.161Å 和 8.237Å。如图 3-15(a) 和图 3-15(b) 所示，两种双核簇单元［$Mn_2(COO)_2$］$^{2+}$ 最终通过 $(m,m\text{-bpta})^{4-}$ 和 4,4′-bipy 配体构筑形成了一个独特的三维网络结构。通过拓扑分析，双核金属簇可简化为 4-连接节点，$(m,m\text{-bpta})^{4-}$ 可视为 8-连接节点，形成 (4,8)-连接的网络结构［图 3-15(c)］，其中线性的 4,4′-bipy 配体可看作对整个网络的连接没有贡献。

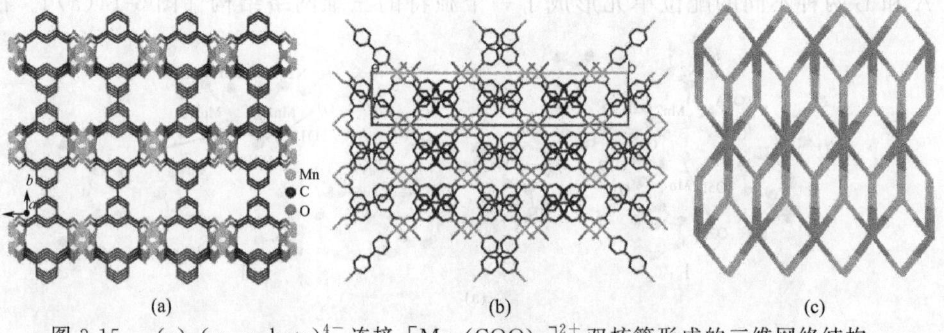

图 3-15 (a) $(m,m\text{-bpta})^{4-}$ 连接［$Mn_2(COO)_2$］$^{2+}$ 双核簇形成的三维网络结构；(b) $(m,m\text{-bpta})^{4-}$ 和 4,4′-bipy 配体连接［$Mn_2(COO)_2$］$^{2+}$ 双核簇形成的三维网络结构；(c) (4,8)-连接的拓扑结构

(2)［$Co_2H_2(m,m\text{-bpta})(4,4'\text{-bipy})$］$_n\cdot nH_2O$（配合物 16）的晶体结构

配合物 **16** 属于单斜 $P\bar{1}$ 空间群，不对称单元是由一个 Co(Ⅱ) 离子、$H_2(m,m\text{-bpta})^{2-}$、4,4′-bipy 配体和自由水分子组成。如图 3-16(a) 所示，两个 Co(Ⅱ）离子表现为三角双锥几何构型（$\tau=0.82$），其平面位置分别是由来自三个相同的 $H_2(m,m\text{-bpta})^{2-}$ 配体羧基氧［O1，O2^{i} 和 O5^{iii}，对称代码：(ⅰ) $-x$，$1-y$，$1-z$；(ⅲ) x，y，$z-1$］

构成，而轴向位置被分别来自两个 4,4′-bipy 配体的氮原子［N1 和 N2^{ii}，对称代码：（ⅱ）x，$1+y$，z］占据。Co—O 键长为 1.987(1)～2.009(1)Å，Co—N 键长分别为 2.167(1)Å 和 2.173(1)Å。

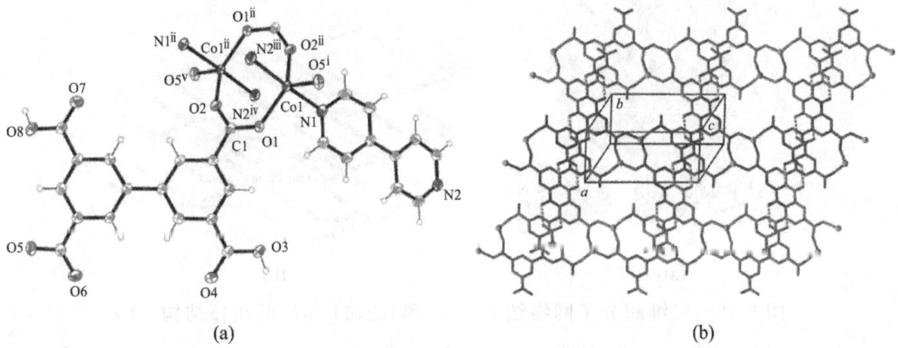

图 3-16　(a) 在配合物 **16** 中 Co(Ⅱ) 离子的配位环境［椭球度为 30%，对称代码：（ⅰ）x，y，$z-1$；（ⅱ）$-x$，$-y+1$，$-z+1$；（ⅲ）x，$y+1$，z；（ⅳ）$-x$，$-y$，$1-z$；（ⅴ）$-x$，$1-y$，$2-z$］；(b) 二维超分子层状结构

在配合物 **16** 中，$H_2(m,m\text{-bpta})^{2-}$ 配体的羧基是部分脱去质子，采用 μ_3-η^2:η^0:η^1:η^0 配位模式连接着 3 个 Co(Ⅱ) 离子，其中两个 3-COO^- 采用顺-顺桥联模式连接着两个 Co^{2+} 形成了双核簇单元 $Co_2(CO_2)_2$，Co⋯Co 间的距离为 3.752(1)Å，沿着 c 轴形成了一维链。另外，相邻链间通过氢键作用［O3-H⋯O7，2.601(2)Å、172.9°和 O8-H8⋯O4，2.644(2)Å，175.8°］连接形成了一个二维超分子层状结构［图 3-16(b)］。

一维链通过 4,4′-bipy 进一步连接形成了二维网格结构［图 3-17(a)］。相邻层间，$H_2(m,m\text{-bpta})^{2-}$ 配体的苯环反平行形成 π⋯π 堆积作用之间的垂直距离为 3.4201(2)Å［图 3-17(b)］，进一步稳定了超分子结构。羧基 O6 原子和 4,4′-bipy 配体的吡啶环间形成了弱的 C26—H⋯O6 (2.36Å) 相互作用。溶剂水分子分布在孔隙中，与羧基之间形成了 O9—H9A⋯O6^{i} = 1.98Å 和 O9—H9B⋯O3^{vi} = 2.56Å［对称代码：（ⅰ）x，y，$z-1$；（ⅵ）$-x+1$，$-y$，$-z+1$］氢键。最终通过分子间氢键作用形成了超分子三维网络结构，见图 3-18(a)。通过拓扑分析，双核 Co(Ⅱ)单元可简化为 6-连接节点，$H_2(m,m\text{-bpta})^{2-}$ 配体可

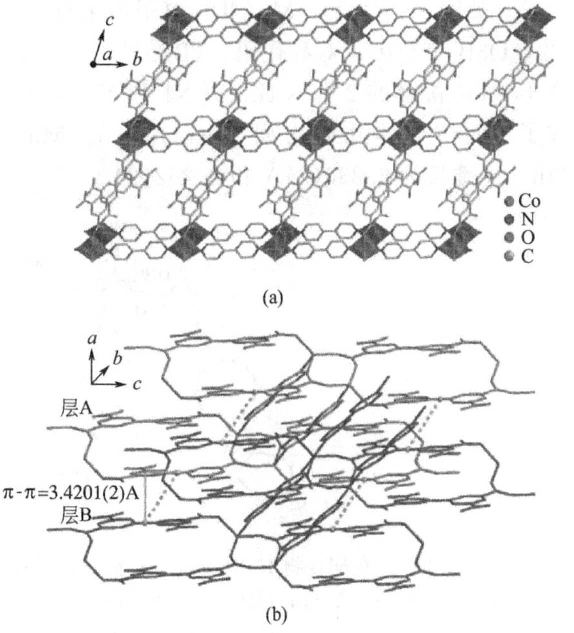

图 3-17　(a) 二维层状结构和 (b) 二维超分子层状结构

作为2-连接节点，使得配合物**16**结构能简化为(2,6)-连接的网络结构，其拓扑点符号是$(4^2.6^8.8.10^4)$(4)［图3-18(b)］。

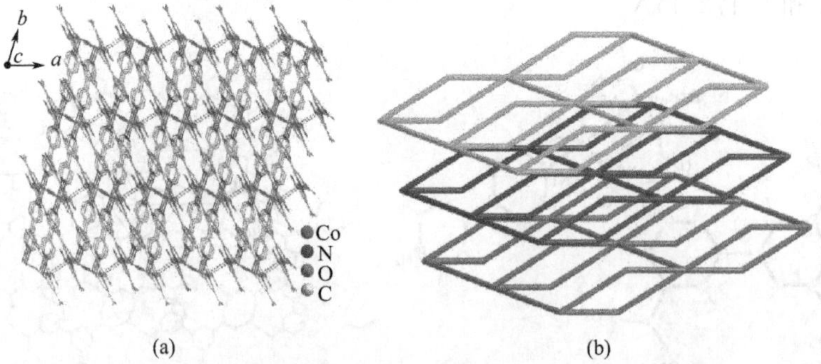

(a) (b)

图3-18 三维超分子网络结构(a)和(2,6)-连接的拓扑结构(b)

比较端基含氮配体(见第3.1节)，在与金属离子自组装和识别过程中，桥联4,4′-bipy配体的优先满足Co(Ⅱ)离子的配位几何构型，由于金属离子空间位阻的影响，导致了五配位双核金属簇［$Co_2(OCO)_2$］的形成。桥联4,4′-bipy的引入不仅改变了Co(Ⅱ)离子的配位环境，而且改变了配合物**16**的维数，$H_2(m,m\text{-bpta})^{2-}$和4,4′-bipy配体连接双核SBUs形成二维层。

(3)$[Mn_2(1,4\text{-bib})_2(bpta)]_n \cdot 2n(H_2O \cdot DMF)$(配合物17)的晶体结构

配合物**17**结晶于三斜$P\bar{1}$空间群，其不对称单元中包含了2个晶体学独立的Mn(Ⅱ)离子，1/2个$(m,m\text{-bpta})^{4-}$、1个1,4-bib配体、1个结晶水和1个DMF分子。如图3-19所示，Mn(Ⅱ)离子与来自3个不同$bpta^{4-}$配体的4个O原子［O1，O2，O3B和O4C；对称代码：(B) $-x$，$1-y$，$1-z$；(C) $x-1$，y，z］和来自2个1,4-bib配体的2个N原子［N1和N4D；对称代码：(D) $x-1$，$y+1$］配位，形成了八面体立体几何构型［MnO_4N_2］。Mn—O键长为2.100(2)～2.317(2)Å，Mn—N键长为2.236(2)Å和2.262(2)Å。

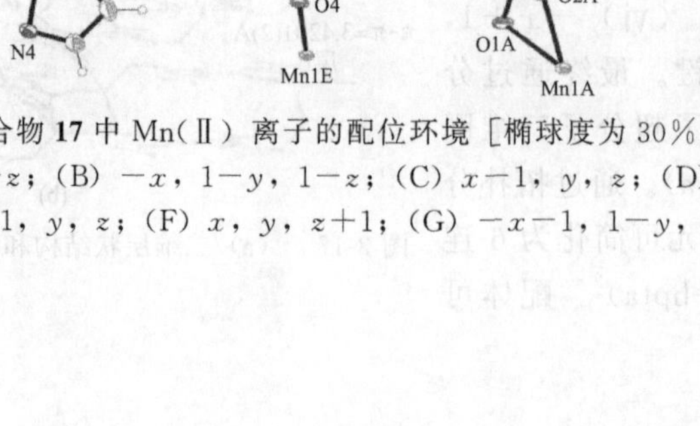

图3-19 在配合物**17**中Mn(Ⅱ)离子的配位环境［椭球度为30%，配位代码：(A) $-x$，$1-y$，$2-z$；(B) $-x$，$1-y$，$1-z$；(C) $x-1$，y，z；(D) $x-1$，$y+1$，z；(E) $x+1$，y，z；(F) x，y，$z+1$；(G) $-x-1$，$1-y$，$2-z$］

在结构中，完全去质子化的 $(m,m\text{-bpta})^{4-}$ 配体采用 μ_6-η^1：η^2：η^1：η^2 模式与 4 个 Mn(Ⅱ) 配位，其中 3,3′-COO^- 以螯合方式结合 2 个 Mn(Ⅱ)，而 5,5′-COO^- 采用顺-反模式桥联 2 个 Mn(Ⅱ) 形成双核簇二级构造单元 $[Mn_2(COO)_2]^{2+}$。Mn…Mn 距离为 4.620(2)Å。这个双核簇单元通过平行的 $(m,m\text{-bpta})^{4-}$ 配体相互连接，形成了具有无限交替的子环（8 元环和 16 元环）的一维链状结构 [图 3-20(a)]。

此外，在 [001] 方向上，双核簇单元通过 $(m,m\text{-bpta})^{4-}$ 配体连接，形成了 (4,4)-连接的 $[Mn_2(m,m\text{-bpta})]_n$ 二维层状，层内 M…M 最近距离为 13.692(3)Å。沿 b 轴，相邻平面通过的 1,4-bib 配体连接形成了一个具有菱形孔道的三维网状结构，溶剂分子占据其中。沿着 a 轴，$[Mn_2(m,m\text{-bpta})]_n$ 面面距离为 9.737(1)Å。与 4,4′-bipy 配体相比，1,4-bib 配体的尺寸更大，使得层状 $[Mn_2(m,m\text{-bpta})]_n$ 的扩展与配合物 **17** 相比有显著的差异，晶胞的空间群也完全不同，表明刚性的 1,4-bib 配体有助于将二维层扩展为具有孔道的三维网状结构 [图 3-20(b)]。此外，利用 PLATON 程序计算该框架结构中溶剂占有孔道总体积的 25.0%(273.5Å^3/1095.9Å^3)。通过拓扑分析，三维框架结构可以简化为如图 3-20(c) 所示的 fsc 型拓扑网络，其中双核 Mn(Ⅱ) 被视为 6-连接的节点，$(m,m\text{-bpta})^{4-}$ 配体作为 4-连接的节点，而 1,3-bimb 配体在结构中作为连接子支撑整个网状结构，Schläfli 符号为 $(4^4.6^{10}.8)(4^4.6^2)$。

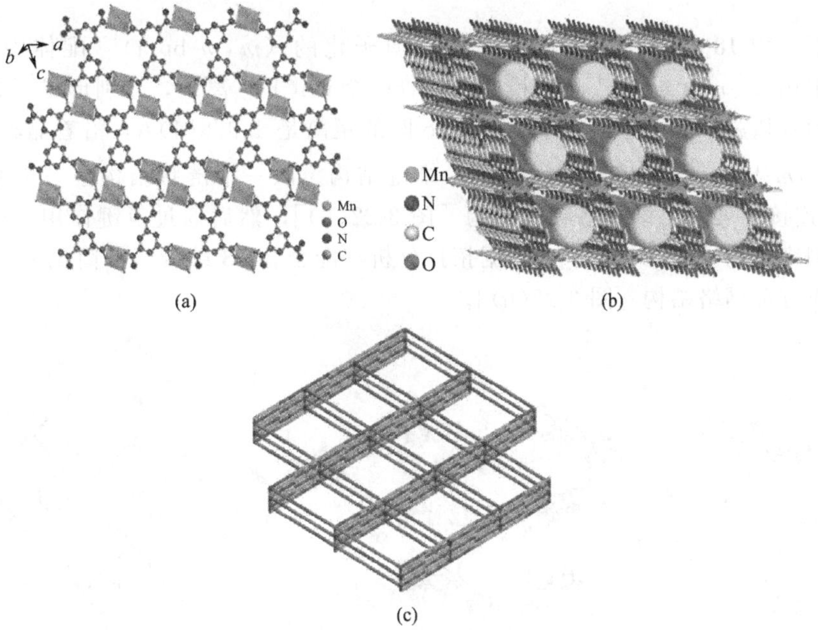

图 3-20　(a) 二维层状结构；(b) 带有孔道的三维网络结构和 (c) (4,6) -连接的拓扑网

(4) $[Co_2(1,4\text{-bib})_2(m,m\text{-bpta})(H_2O)_4]_n$（配合物 18）的晶体结构

配合物 **18** 的空间群是 $P2_1/c$ 晶系，不对称单元是由一个 Co(Ⅱ) 离子、1/2 个 $(m,m\text{-bpta})^{4-}$ 配体、一个 1,4-bib 配体和两个配位水分子组成的。如图 3-21(a) 所示，两个来自不同 $(m,m\text{-bpta})^{4-}$ 配体的羧基采用顺-顺桥联模式连接着两个 Co(Ⅱ)

离子，形成了 $Co(CO_2)_2$ 二聚体。Co(Ⅱ) 离子是八面体几何构型，赤道平面由四个氧原子［O1，O5，O6 和 O2B，对称代码：(B) $1-x$，$2-y$，$2-z$］组成，这些氧原子分别来自两个 (m,m-bpta)$^{4-}$ 配体和两个端基水分子；轴向位置被两个来自 1,4-bib 配体的氮原子［N1 和 N4A，对称代码：(A) $x+1$，y，$z+1$］占据。Co—O 键长为 2.041(2)～2.179(2)Å，Co—N 的键长是 2.109(3)～2.146(3)Å。

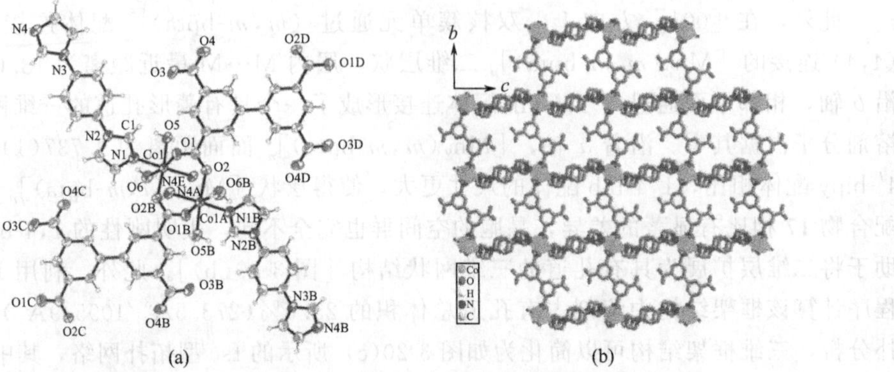

图 3-21 (a) 在配合物 **18** 中 Co(Ⅱ) 离子的配位环境［对称代码：(A) $x+1$，y，$z+1$；(B) $1-x$，$2-y$，$2-z$；(C) x，$y+1$，z；(D) $1-x$，$1-y$，$2-z$；(E) $-x$，$2-y$，$1-z$］；(b) 在 bc 平面上形成的二维方格状结构

在配合物 **18** 结构中，每一个完全去质子化的 (m,m-bpta)$^{4-}$ 配体中的 3,3′-COO^- 采用 μ_4-η^1:η^1:η^1:η^1 模式连接着四个 Co(Ⅱ) 离子，分别形成了具有 8 元环单元的双核簇单元 $Co(CO_2)_2$，Co⋯Co 间的距离是 4.388(1)Å，沿着晶轴 b 方向，通过 (m,m-bpta)$^{4-}$ 配体延伸形成了一维链结构。该一维链状结构进一步通过配体 1,4-bib 连接伸展为二维网络层状结构［图 3-22(b)］，然后通过氢键作用形成了三维超分子网络结构［图 3-22(a)］。根据拓扑分析，配合物 **18** 结构能够简化为 (4,4)-连接平面正方形网络结构［图 3-22(b)］。

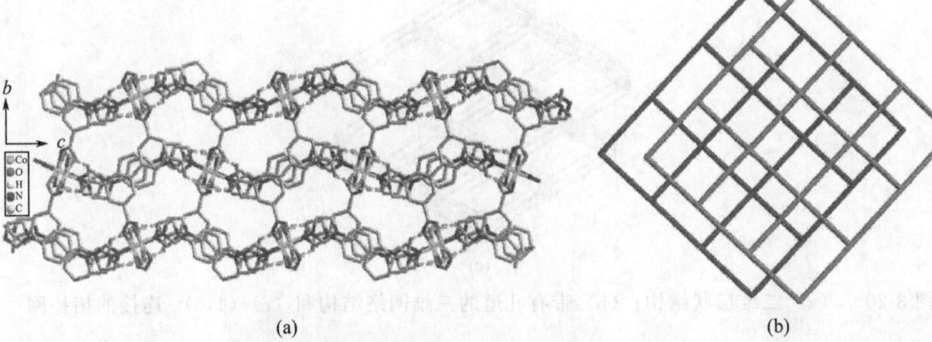

图 3-22 (a) 沿着 a 轴方向通过氢键形成的三维网络结构；(b) (4,4)-连接的二维层状结构

(5)$[Ni_2(1,4\text{-bib})_3(HCO_2)_4(H_2O)_2]_n \cdot 5nH_2O$（配合物 19）的晶体结构

在配合物 **19** 的合成过程中，溶剂 DMF 分子分解产生的甲酸根取代了 H_4(m,m-bpta)

配体，得到一个新颖的一维梯形链结构，有趣的是：一维梯形链相互穿插、连锁形成了具有孔洞的三维网络结构。不对称单元中包含了一个 Ni(Ⅱ) 离子、两个 COO^- 阴离子、3/2 个 1,4-bib 配体和一些水分子。Ni(Ⅱ) 离子与三个氮原子 [N1, N5 和 N4A，对称代码：(A) $1/2+x$，$-1/2+y$，z] 和三个氧原子 (O1, O3 和 O5) 配位，它们分别来自三个 1,4-bib 配体、两个 COO^- 阴离子和一个水分子 [图 3-23(a)]。

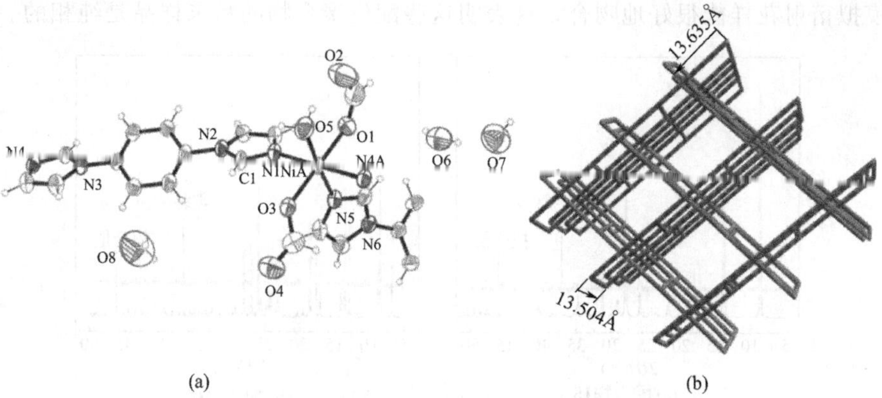

图 3-23　(a) 在配合物 **19** 中 Ni(Ⅱ) 离子的配位环境
[对称代码：(A) $1/2+x$，$-1/2+y$，z]；(b) 一维梯形链相互穿插、连锁形成的拓扑网络结构

如图 3-23(b) 所示，四个 1,4-bib 配体连接四个 Ni(Ⅱ) 离子形成了 $[Ni_4(1,4\text{-bib})_4]$ 平行四边形单元，Ni…Ni 间的距离分别是 13.504(6)Å 和 13.635(4)Å。这些 $[Ni_4(1,4\text{-bib})_4]$ 单元沿着晶轴 [001] 通过 1,4-bib 配体相互连接形成了无限一维梯形链。在配合物 **19** 的堆积结构中，这些一维链通过端基水分子和甲酸根形成的氢键 [O…O 间的距离是 2.704(7)Å] 相互连接形成了二维超分子层状结构。有趣的是：最终一维梯形链相互穿插、连锁形成了蜂窝状的三维网络结构（一维＋一维⟶三维）。在这个结构中虽然链间是相互穿插的，但仍形成了孔道，结晶水分子填充在这些孔道中（图 3-24）。当除去结晶水分子后，使用 PLATON 软件计算表明配合物 **19** 的孔隙率为 18.9%。

对比端基含氮配体调控配合物的构筑（3.1 节），可以得出：当羧基采用顺-顺构型时有利于形成双核配位聚合物。对于配合物 **11**～**14**，通过双顺-顺 COO^- 和双 μ-oxo 桥联方式形成双核 $[M_2(OCO)_2(\mu_2\text{-}O)]$ 单元。虽然使用了端基 phen 和 2,2′-bipy 配体，但由于形成了含有潜在空腔的骨架，$(m,m\text{-bpta})^{4-}$ 配体连接 SBUs 形成了三维网络。当端基含氮配体被桥联 4,4′-bipy 配体取代时，4,4′-bipy 配体的吡啶基团为了满足金属离子的配位几何构型，从而形成五配位双核 $[Co_2(OCO)_2]$ 结构。$H_2(m,m\text{-bpta})^{2-}$ 和 4,4′-bipy 配体连接双核 SBUs 形成二维层。桥联 4,4′-bipy 的插入不仅改变了 Co(Ⅱ) 离子的配位环境，而且改变了配合物的维数。当采用咪唑基 1,4-bib 配体时，由于咪

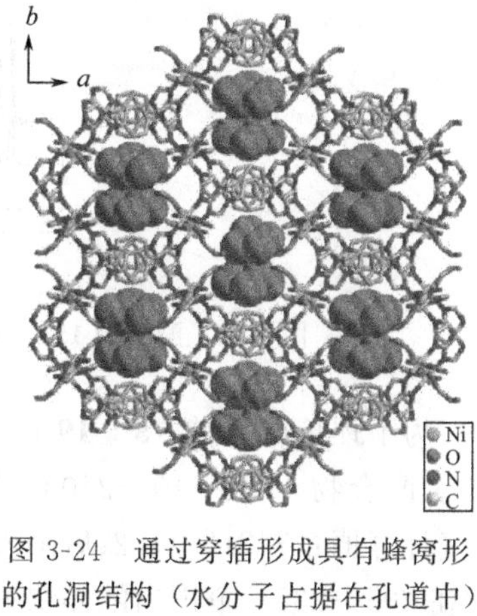

图 3-24　通过穿插形成具有蜂窝形的孔洞结构（水分子占据在孔道中）

唑基团尺寸较小，空间位阻较小，可满足金属离子的六配位几何构型。

3.2.3.2 配合物 15～19 的粉末 X 射线衍射(PXRD)和热稳定性分析

配位聚合物 **15～19** 的 X 射线粉末衍射是通过 Bruker D8 Advance X 射线衍射仪在室温下测定的，如图 3-25 所示，粉末样品的 X 射线粉末衍射花样与对应的 X 射线单晶模拟衍射花样能很好地吻合，这表明这些配位聚合物的粉末样品是纯相的。

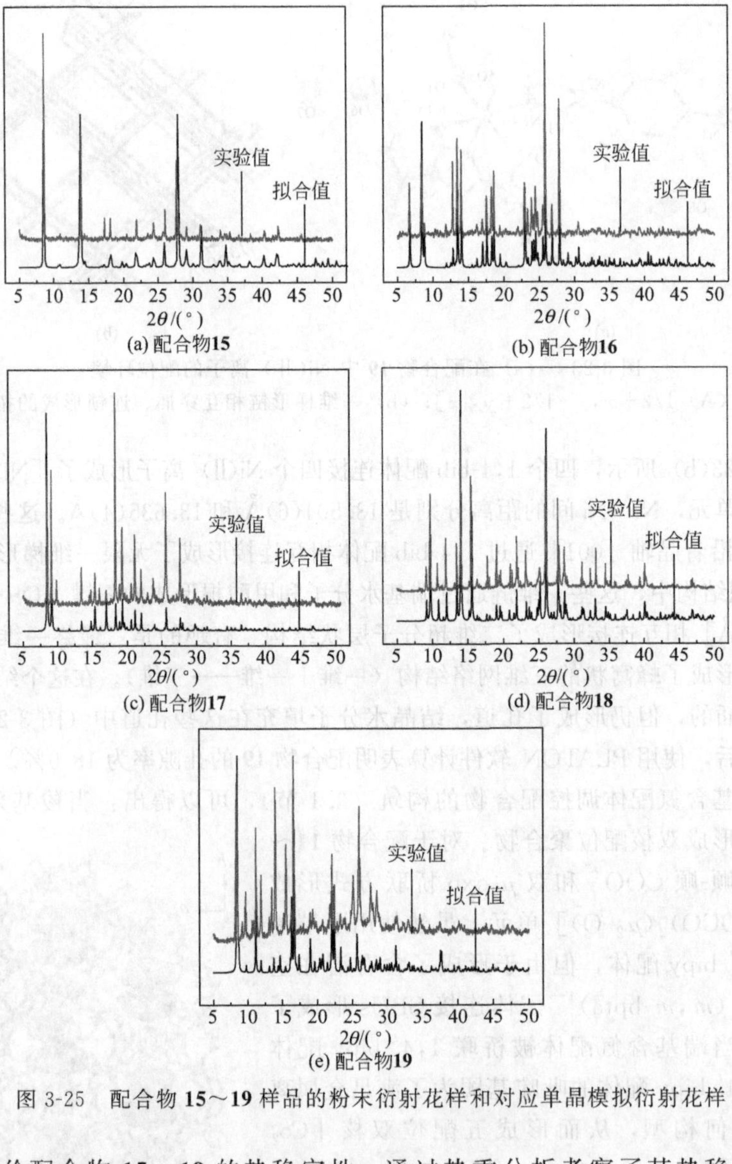

图 3-25 配合物 **15～19** 样品的粉末衍射花样和对应单晶模拟衍射花样

为了评价配合物 **15～19** 的热稳定性，通过热重分析考察了其热稳定性（图 3-26）。配合物 **15** 在 110～250℃范围内缓慢失重率为 3.05%，对应一个配位水分子失去（计算值：3.21%）；然后随着温度升高到 410℃时，配合物骨架开始分解。配合物 **16** 在 205～235℃范围内配体快速分解，失重率是 27.5%，对应 1/2 个 4,4′-bipy 配体分子失去（计算值：26.5%），相应地在 DTA 曲线上出现了尖锐的吸热峰；然后剩余 1/2 个 $(m,m\text{-bpta})^{4-}$ 配体开始分解。配合物 **17** 在 25～120℃时出现第一个失重平台，失去一个水分子（实验值：4.0%，理论值：3.6%），然后保持稳定直到 356℃时骨架发生分解。配合物 **18** 在 25～190℃时出现第一个失重平台，失去两个水分子（实验值：4.0%，理论值：5.7%），然后保持稳定直到 335℃时骨架发生分解。配合物 **19** 在 150～297℃范围内出现了第一个失重平台，对应的是 2.5 个结晶水和 1 个配位水分子（实验值：11.5%，理论值：12.0%），然后当温度到达 297℃时骨架开始分解。

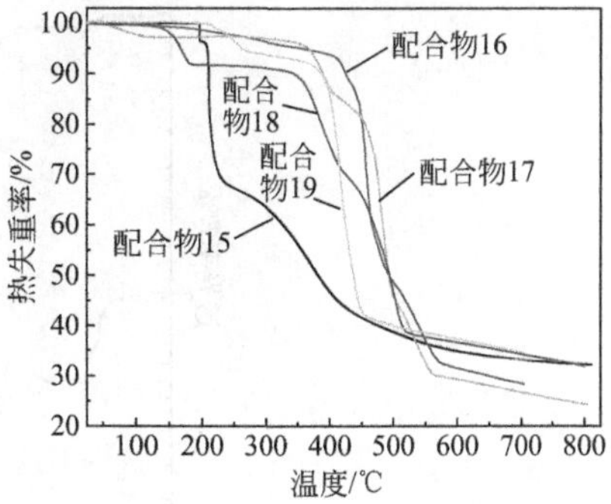

图 3-26 配合物 **15**～**19** 的 TG 曲线图

3.2.3.3 配合物 17 的气体吸附作用

配合物 **17** 的稳定性是影响气体吸附的关键因素之一，通过变温 PXRD 实验进一步检测配合物 **17** 的热稳定性。如图 3-27(a)所示，在 40～200℃的温度范围内，配合物 **17** 能够保持完整的结晶度和骨架结构。

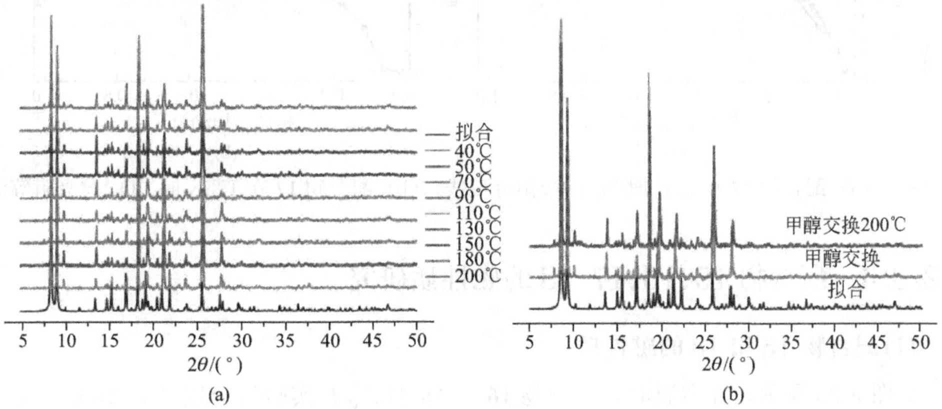

图 3-27 (a) 配合物 **17** 在 40～200℃处理后的 PXRD 图谱；(b) 活化处理后配合物 **17** 的 PXRD 图谱

为了对配合物 **17** 的多孔性进行评估，需要对配合物 **17** 的样品进行活化处理。首先将配合物 **17** 的样品在 CH_3OH 溶剂中浸泡 3 天，然后在真空干燥箱中加热到 200℃，将客体溶剂分子除去。通过 PXRD（图 3-27）和红外分析测试（图 3-28）活化后的配合物 **17**a，与配合物 **17** 的红外振动峰以及粉末衍射花样对比，红外振动峰部分发生了轻微地移动，粉末衍射花样完全吻合，表明金属有机框架结构保持稳定。

通过 N_2(77K) 和 CO_2(195K) 等温吸附证实了配合物 **17a** 的孔隙率。如图 3-29 所示，随着压力的增加，N_2 的吸附可达到 15.8cm^3/g，而对 CO_2 气体具有更好的吸附量，可达到 30.1cm^3/g。在 CO_2 气体吸附和脱附测试中，检测到了脱附滞后现象，表明配合物 **17** 表现出门控效应[17]。

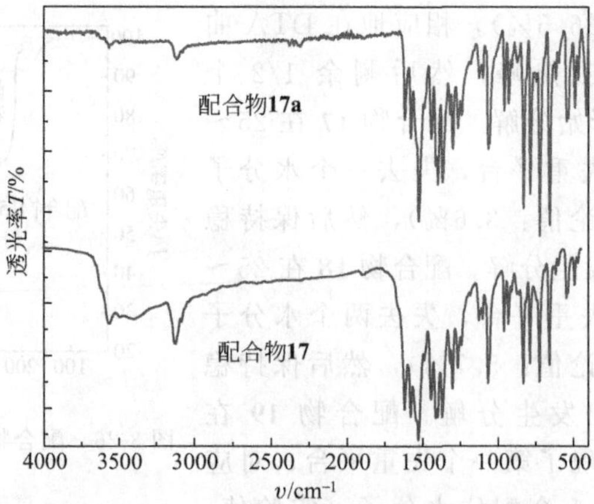

图 3-28　配合物 **17** 和去溶剂后配合物 **17a** 的红外光谱图

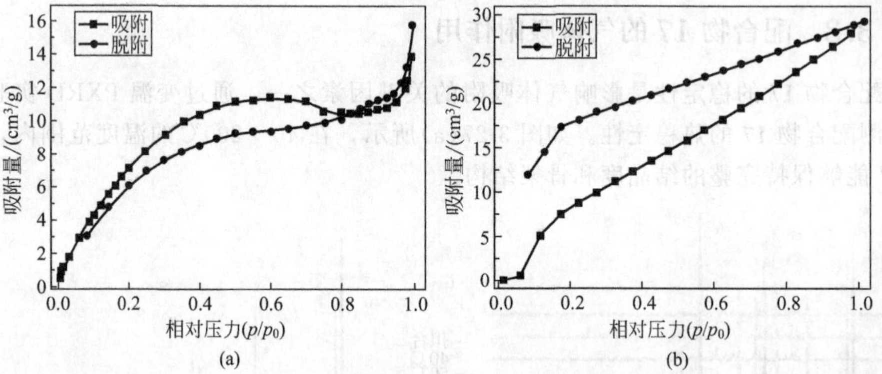

图 3-29　(a) 配合物 **17** 在 77K 时 N_2 的吸附等温线；(b) 配合物 **17** 在 195K 时 CO_2 的吸附等温线

3.2.3.4　配合物 15、16、17、18 的磁性质研究

(1)配合物 16 和 18 的磁性质

如图 3-30 所示，在室温时，配合物 **16** 和 **18** 的 $\chi_M T$ 实验值分别是 5.21$cm^3 \cdot K/mol$

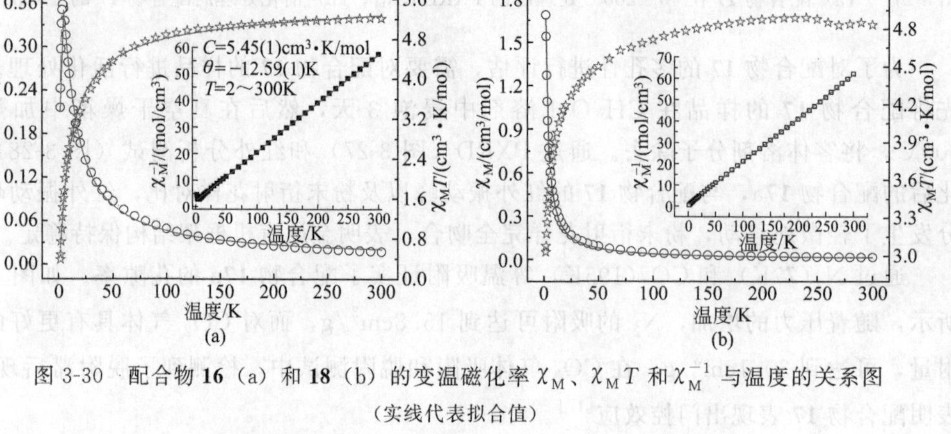

图 3-30　配合物 **16** (a) 和 **18** (b) 的变温磁化率 χ_M、$\chi_M T$ 和 χ_M^{-1} 与温度的关系图

(实线代表拟合值)

和4.83cm^3·K/mol，明显大于两个孤立的Co(Ⅱ)离子（$S=3/2$和$g=2.0$）仅自旋的理论值3.75cm^3·K/mol。随着温度的降低，$\chi_M T$值逐渐降低，低于70K时迅速降低，在1.8K时达到最小值分别是3.03cm^3·K/mol和3.03cm^3·K/mol，表明配合物**16**和配合物**18**表现的是反铁磁性耦合作用。在高温区$\chi_M T$值缓慢降低可能是由于Co(Ⅱ)离子处于基态时轨道参与耦合导致的。在1.8～300K范围内，变温磁化率遵从居里-外斯定律，居里常数C分别是5.45(1)cm^3·K/mol和4.912cm^3·K/mol，外斯常数θ分别是−12.59(1)K和−2.824K。对配合物**16**和配合物**18**从磁性角度分析，相邻Co(Ⅱ)离子通过顺-顺羧基桥和μ-oxo连接形成了双核簇单元，其最相邻Co(Ⅱ)离子间的距离[3.752(1)Å和4.388(1)Å]相比较(m,m-bpta)$^{4-}$和1,4-bib配体连接Co(Ⅱ)离子的距离近，因此(m,m-bpta)$^{4-}$和1,4-bib配体连接Co(Ⅱ)离子间的磁相互作用可忽略不计。在配合物**16**和配合物**18**中Co(Ⅱ)离子间的磁耦合作用是依赖于顺-顺羧基桥进行传递。对于八面体双核Co(Ⅱ)离子体系，自旋哈密顿算符是$\vec{H}=-J\vec{S}_1\cdot\vec{S}_2$，$J$代表双核Co(Ⅱ)离子间磁耦合参数，拟合公式(3-5)[34]给出如下：

$$\chi_{\text{dimer}}=\frac{2N\beta^2 g^2}{kT}\left(\frac{e^{-10x}+5e^{-6x}+14}{e^{-12x}+3e^{-10x}+5e^{-6x}+7}\right) \tag{3-5}$$

式中，$x=J/kT$。公式(3-5)通过分子场近似和顺磁温度项(N_α)修改为公式(3-6)：

$$\chi_M=\frac{\chi_{\text{dimer}}}{1-(zJ'/N\beta^2 g^2)\chi_{\text{dimer}}}+\frac{Ng^2\beta^2}{3kT}S(S+1)+N_\alpha \tag{3-6}$$

在1.8～300K范围内，对配合物**16**和**18**的实验值χ_M与温度T的关系最佳拟合分别得到：$g=2.35(1)$、$J=-0.84(4)\text{cm}^{-1}$、$zJ'=1.53(7)\text{cm}^{-1}$和$R=3.43\times10^{-3}$和$g=2.041(1)$、$J=-0.1164(1)\text{cm}^{-1}$、$R=1.0\times10^{-3}$。拟合得到的负$\theta$和$J$表明在两个钴配位聚合物中相邻Co(Ⅱ)离子通过顺-顺羧基桥或羧基氧桥传递的是反铁磁性耦合作用。

(2)配合物15的磁性质

从磁性角度分析，配合物**15**表现为一种顺-顺羧基桥联的一维"之"字形链状结构。如图3-31所示，在300K时，配合物**15**的$\chi_M T$的实验值是4.00(7)cm^3·K/mol，低于一个高自旋Mn(Ⅱ)离子（$g=2.0$和$S=5/2$）的理论值4.375cm^3·K/mol。随着温度降低，$\chi_M T$值逐渐减低，在2.0K时达到最小值0.117(1)cm^3·K/mol，表明在配合物**15**中Mn(Ⅱ)离子之间通过顺-顺羧基传递的是反铁磁性耦合作用。在20～300K范围内变温磁化率遵循Curie-Weiss定律$\chi=C/(T-\theta)$，拟合得到$C=4.43(1)$ cm^3·K/mol，$\theta=-27.61(1)$K，进一步表明在这个温度范围链内Mn(Ⅱ)离子之间表现的是反铁磁性耦合作用。

根据结构分析，羧基采用顺-顺桥联模式连接Mn(Ⅱ)离子形成了一维无限链，Mn…Mn间的距离是3.815(1)Å，相比于相邻链间的Mn(Ⅱ)离子间的距离8.161(2)Å和8.237(2)Å较短，因此可认为磁耦合作用传递主要发生在一维无限链内，链间的磁

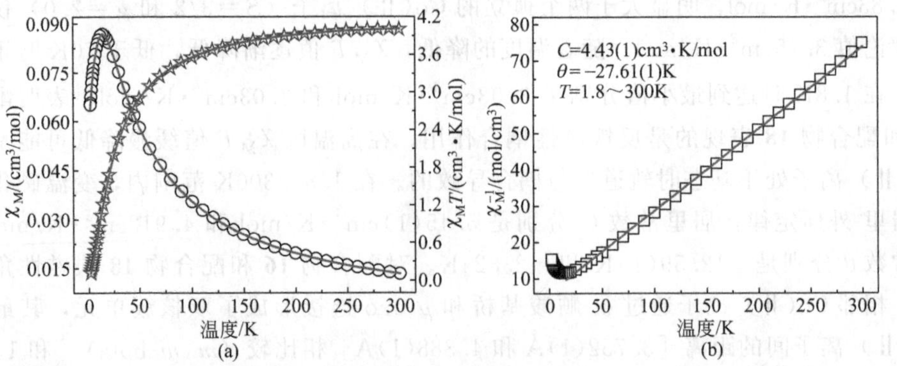

图 3-31　配合物 **15** 的变温磁化率 χ_M、$\chi_M T$(a) 和 χ_M^{-1}(b) 与温度 T 的关系

（实线代表拟合值）

耦合作用可以忽略或可以用分子场近似进行处理。配位物 **15** 的 χ_M 与 T 的关系可以通过修正的费希尔模型[48] 进行拟合（$S=2$）。对应的公式（3-7）如下：

$$\chi_{chain}=\frac{N_A g^2 \mu_B^2 S(S+1)}{3kT}\left(\frac{1+u}{1-u}\right) \tag{3-7}$$

式中，u 代表朗之万函数：

$$u=\coth\frac{JS(S+1)}{kT}-\frac{kT}{S(S+1)} \tag{3-7a}$$

式中，J 表示链内 Mn(Ⅱ) 离子间通过羧基顺-顺桥联传递的磁耦合参数；zJ' 表示链间 Mn(Ⅱ) 离子间磁耦合参数。总的变温磁化率公式如下：

$$\chi_M=\frac{\chi_{chain}}{1-\dfrac{2zJ'\times\chi_{chain}}{N_A g^2 \mu_B^2}} \tag{3-7b}$$

对配合物 **15** 的实验值 $\chi_M T$ 与 T 关系拟合得到：$g=2.03(2)$、$J=-2.21(1)\text{cm}^{-1}$、$zJ'=-0.47(1)\text{cm}^{-1}$ 和 $R=2.70(1)\times10^{-4}$。这里 $\theta<0$ 和 $J<0$ 都表明配合物 **15** 的单链中相邻 Mn(Ⅱ) 离子间通过羧基顺-顺桥联传递的是弱反铁磁性耦合作用，$zJ'=-0.47(1)\text{cm}^{-1}$ 表明链间金属离子间发生弱反铁磁性相互作用。通过在配位场中金属离子的电子构型和离子间的桥联配体可以定性地解释配合物的反铁磁性。一般金属离子的 e_g 轨道上含有未成对的自旋电子有利于铁磁性相互作用，而 t_{2g} 轨道上的自旋往往表现出更强的反铁磁性相互作用，当 t_{2g} 轨道上只有一个未成对电子时就足以决定整个超交换过程。此外，Mn(Ⅱ) 离子通过顺-顺羧基桥连接传递反铁磁交换，因此配合物 **15** 表现出反铁磁性。大多数链状 Mn(Ⅱ) 配合物表现出反铁磁性，包含由顺-顺、顺-反或反-反羧基桥联模式组成的多桥联的一维链，如顺-顺-COO^- 和 μ-NCO^- 桥联的 $[Mn(L_1)(NCO)]_n$（L_1＝1-羧甲基吡啶-4-羧酸）[49]、顺-顺-COO^- 和 μ-N_3^- 桥联的 $[Mn(L_2)(N_3)]\ ClO_4\cdot1/2H_2O$ [L_2＝1,3-双(3-羧基吡啶)丙烷][50]、顺-顺-COO^- 和 μ-oxo 桥联的 $[Mn_2(L_3)(H_2O)(DMA)]_n\cdot n$DMA($L_3$＝1,1′:4′,1″-三联苯-2′,4,4″,5′-四羧酸)[51]，顺-顺-COO^- 和 μ-N＝N 桥联的 $[Mn(L_4)]_n\cdot n$DMF

[L_4=4-双(苯甲酸)胺-4H-1,2,4-三氮唑][52]、顺-反-COO^-、μ-oxo和μ-N_3^-桥联的[$Mn_2L_5(N_3)_2(CH_3OH)$]$_n$(HL_5=异烟酸-N-氧化物)[53]和反-反-COO^-和μ-oxo桥联的[$Mn(Rmal)(H_2O)$]$_n$(Rmal=甲基丙二酸)[54]。比较这些链状体系，磁交换(J)依赖于多重桥联配体协同和竞争作用。这些磁交换相互作用在分子磁性中是普遍存在的，而通过唯一的顺-顺或顺-反桥联模型连接的配合物是罕见的。到目前为止，还没有一种具有类似于配合物**15**的顺-顺羧基桥联模式五配位的Mn(Ⅱ)羧酸链，在结构和磁性上得到表征。

(3)配合物17的磁性研究

如图3-32所示，在室温时，$\chi_M T$的实验值为7.12cm^3·K/mol，低于两个孤立高自旋的Mn(Ⅱ)离子(S=5/2和g=2.0)的理论值8.75cm^3·K/mol。随着温度的降低，$\chi_M T$值逐渐降低，低于70K时迅速降低，在1.8K时达到最小值0.51cm^3·K/mol，表明配合物**17**表现的是反铁磁性耦合作用。在10～300K范围内，变温磁化率遵从居里-外斯定律，居里常数C分别是7.51cm^3·K/mol，外斯常数θ是−10.94K。对配合物**17**从磁性角度分析Mn^{2+}间的磁耦合作用是依赖于顺-顺羧基桥进行传递的，可采用Heisenberg-Dirac van Vleck哈密顿公式$\vec{H}=2J\vec{S}_1\vec{S}_2+g\mu_B(\vec{S}_{1z}+\vec{S}_{2z})H$进行拟合[55]，公式如下：

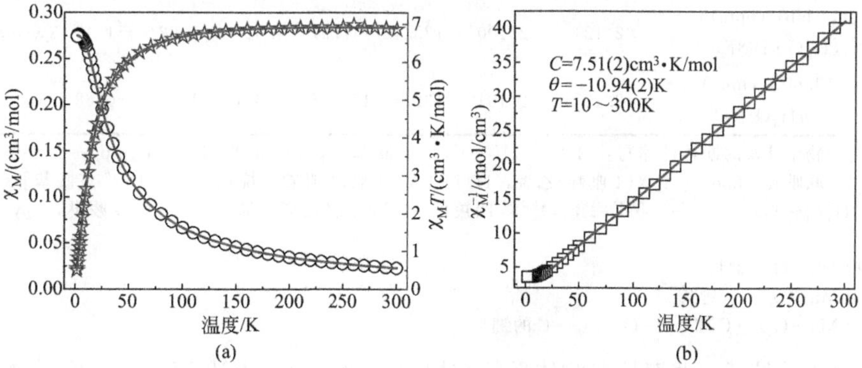

图3-32 配合物**17**的变温磁化率χ_M、$\chi_M T$(a)和χ_M^{-1}(b)与温度T的关系(实线代表拟合值)

$$\chi_{dimer}=\frac{N_A g^2 \mu_B^2}{kT}[(1-\rho)F_1+\rho F_2] \tag{3-8}$$

式中，ρ指的是含有Mn^{2+}的杂质项，

$$F_1=\frac{\sum_{S_T=0}^{5} S_T(S_T+1)(2S_T+1)\exp\left(\frac{JS_T(S_T+1)}{kT}\right)}{\sum_{S_T=0}^{5}(2S_T+1)\exp\left(\frac{JS_T(S_T+1)}{kT}\right)} \tag{3-8a}$$

$$F_2=\sum_{i=1}^{2} S_i(S_i+1) \tag{3-8b}$$

变温磁化率与温度的关系最终拟合得到g=2.01(1)，J=−1.57(2)cm^{-1}，ρ=

−0.036(2)，误差 $R=4.91\times10^{-4}$。拟合得到的负 θ 和 J 表明在配合物 **17** 中相邻 Mn^{2+} 通过顺-顺羧基桥联传递的是反铁磁性耦合作用。

表 3-4 羧酸双核 Mn(Ⅱ) 配位聚合物体系的结构与磁性参数的关系

配合物①	D_{syn}②/Å	$D_{syn/anti}$③/Å	τ④/(°)	Mn…Mn/Å	g	J/cm^{-1}	桥联模式	文献
$[Mn(H_3L)(H_2L)_{0.5}(phen)]_n$	2.178	2.107	121.47/135.45	4.174	1.99	−0.76	*syn-syn*	[41]
$[Mn(4\text{-}cptpy)_2]_n$	2.115	2.066	128.45/156.51	4.174	1.97	−0.49	*syn-syn*	[56]
[(adipate)Mn(bpe)]	2.123	2.116	136.71/142.73	4.113	2.00	−1.84	*syn-syn*	[57]
$[Mn(H_2TPTA)(phen)]_n$	2.156	2.109	111.53/165.23	3.843	2.06	−0.15	*syn-syn*	[58]
$\{[Mn_2L_1(phen)_2]\cdot(DMA)(H_2O)\}$	2.134	2.183	125.64/140.29	3.444	1.98	−3.27	*syn-syn*	[41]
$[Mn(TTF)(4,4'\text{-}bpy)(H_2O)]_n\cdot CH_3CN$	2.153	2.140	127.36/128.28	4.819	1.98	−0.299	*syn-anti*	[59]
$[Mn(ClCH_2COO)_2(phen)]_n$	2.134	2.183	138.20/135.31	4.613	2.01	−0.45	*syn-anti*	[60]
$[Mn(4,4'\text{-}bpy)(o\text{-}(NO_2)C_6H_4COO)_2]_n$	2.143	2.108	120.79/169.06	4.087	1.98	−0.509	*syn-anti*	[61]
$\{[Mn_2(TPTA)(2,2'\text{-}bpy)H_2O]\cdot1.5H_2O\}_n$	2.125	2.091	120.47/128.83	3.276	1.97	−1.13	*syn-syn*，μ-oxo	[58]
$[Mn_2(1,4\text{-}bib)_2(bpta)]_n\cdot2n(H_2O\cdot DMF)$	2.124	2.100	125.12/147.91	4.620	1.92	−1.48	*syn-anti*	—
$[Mn_2(1,3\text{-}bimb)_2(bpta)]_n\cdot2nH_2O$	2.123	2.101	132.30/156.48	4.381	1.98	−0.68	*syn-syn*	—

① 配合物中涉及的配体的缩写：H_4L—1,1′：4′,1″-三联苯-2′,4,4″,5′-四羧酸，4-cptpy—4-(4-羧基苯)-4,2′：6′,4″-三联吡啶，bpe=1,2-双(4-吡啶)乙烷，H_4TPTA—2-双(4-吡啶乙烷)-[1,1′：3′,1″-三联苯]-3,3″,5,5″-四羧酸，H_4L_1—1,1′：4′,1″-三联苯-2′,4,4″,5′-四羧酸，TTF—四硫富瓦烯，phen—邻菲啰啉，bpy=2,2′-联吡啶。

② 指 $Mn—O_{syn}$ 键长。

③ 指 $Mn—O_{syn/anti}$ 键长。

④ 指 $Mn—O_{syn}—C$ 和 $Mn—O_{syn/anti}—C$ 的键角。

表 3-4 总结了一些双核羧酸体系的结构和磁性参数。上述 Mn(Ⅱ) 配合物在结构上完全不同，但它们含有双核 SBUs，相邻的 Mn(Ⅱ) 离子通过双顺-顺或顺-反式羧基桥连接，Mn…Mn 的距离不同。由于双桥联模型中配位金属离子表现出不对称性，导致两个 C—O—Mn 键角明显不同。磁性上，所有 Mn(Ⅱ) 配合物通过羧基桥传递反铁磁性耦合。金属离子之间的磁耦合与自旋载体和桥联媒介密切相关。通常情况下，金属离子间的 T_{2g}-E_g 能级轨道的未成对电子耦合有利于反铁磁性相互作用，而 T_{2g}-T_{2g} 和 E_g-E_g 能级间电子耦合有利于传递铁磁性作用[60,61]。未成对自旋电子数目以及之间的耦合程度共同决定了配合物的整体磁性。对于 Mn(Ⅱ)($T_{2g}^3E_g^2$) 离子，T_{2g}-E_g 能级上的未成对电子间反铁磁性耦合程度远远大于 T_{2g}-T_{2g} 和 E_g-E_g 间的超交换的铁磁性相互作用。因此，Mn(Ⅱ) 配合物主要以反铁磁性为主。羧酸类配合物中金属离子间耦合相互作用很大程度上取决于羧基桥联构象和 d 轨道的自旋电子构型。羧酸配体具有多种配位模式，包括顺-顺、顺-反、反-反和 μ-oxo 配位模式。从表

3-4中可发现，在羧基桥联的金属簇中，M—O距离、O—M—O(α)和M—O—C(β)的角度，这些参数的微小变化引起金属间的磁耦合作用的变化。对比表中Mn配位聚合物发现，$Mn—O_{syn}$距离和相应的$Mn—O_{syn}—C$角(β)是控制反铁磁性耦合大小的两个最重要的因素。较短的$Mn—O_{syn}$距离和较小的β角有利于更强的反铁磁性耦合[58]。顺-顺或顺-反式构象倾向于传递弱的反铁磁性相互作用，原因可能与Mn(Ⅱ)中心的3d轨道和羧基氧原子的2p轨道之间的重叠程度较小有关。一般来说，顺-顺羧基桥是一种有效的磁交换途径，M…M距离较短，与顺-反和反-反桥联模式相比，会引起更强的反铁磁性耦合。当羧酸盐配位模式为μ-oxo时，M—O—M夹角对磁交换有显著的影响。金属离子间自旋交换作用（J）依赖于桥联模式，随桥联数目的增加而增加，这一趋势既与超交换途径数量的增加有关，也与桥联多样性的增加有可能导致金属核间距离的缩短有关。通过多种桥联模式传递的磁相互作用是有差异的。一般来说，单羧基桥或双羧基桥传递的磁相互作用较弱，但通过附加的桥联基团如azide和μ-oxo可有效加强磁耦合作用。对于羧酸类化合物，由于金属离子之间存在混合桥联媒介，大部分表现出铁和反铁磁性竞争现象，难以预测整体的耦合效应。

3.2.4 小结

以不同桥联含氮配体作为辅助配体，通过H_4(*m*,*m*-bpta)配体可构筑一系列的双核金属簇配位聚合物。在结构中羧基采用顺-顺桥联模式连接不同金属离子形成了双核金属簇次级结构单元（SBUs），当采用4,4′-bipy作为桥联配体时，金属离子表现为五配位三角双锥形或四角锥构型，通过H_4(*m*,*m*-bpta)和4,4′-bipy延伸形成了具有不同结构的二维或三维配位聚合物。当采用1,4-bib时，获得了一系列六配位的双核金属簇配位聚合物。有机配体的选择以及实验条件的改变对配位聚合物的合成至关重要。在合成过程中，溶剂体系和辅助配体对最终结构也起着至关重要的作用。

3.3 含氮配体调控3,3′,5,5′-联苯四羧酸Cu(Ⅰ/Ⅱ)配位聚合物的合成、结构及其磁性质

3.3.1 概述

根据3.2节内容，如果以单个金属离子为节点，就必须预先知道金属离子的配位习性。常见过渡金属离子中，不同金属离子由于核外电子数目不同、离子半径不同，可以形成不同的配位结构（图3-33）。例如，Cu(Ⅰ)离子容易形成直线形或稍微弯曲的2配位结构，Cu(Ⅱ)离子容易形成5配位四方锥结构或者6配位八面体结构等。不过，因配位环境的变化，金属离子的配位几何能发生一定程度的畸变，偏离理想的几何结构。显然，构筑特定连接方式的网络，必须选择具有合适配位结构的金属离子，才能形成特定类型的网络节点。然后，再选择合适的桥联配体，就可能组装出目标超分子构筑。芳香多羧酸在结构上有进行去质子化反应以及作为氢键给体和受体的优势。对于联苯四羧酸配体而言通过pH值调节，羧基可以产生不同程度的去质子化

形式，与金属离子配位形成不同维度的结构，使得配位聚合物呈现出不同的结构。本节中，以 H_4(*m*,*m*-bpta) 和含氮配体为基础，在水热或溶剂热条件下来制备混合配体类配位聚合物。通过反应体系 pH 值的调控构建不同结构的铜基配位聚合物。

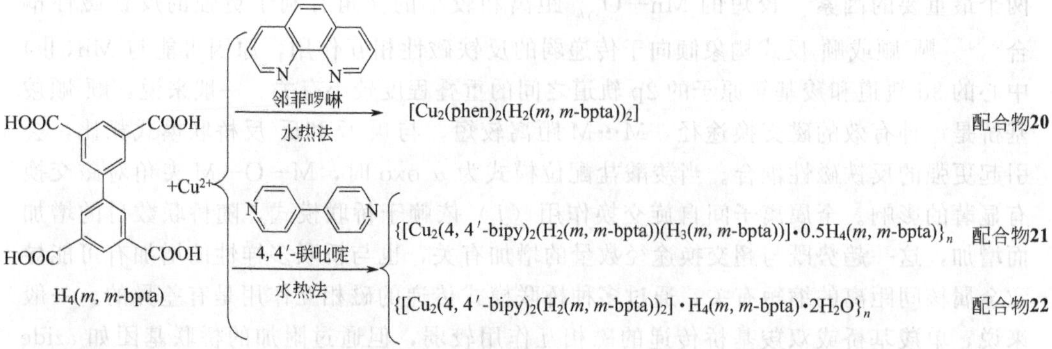

图 3-33　含氮配体调控调控铜离子和 H_4(*m*,*m*-bpta) 配体反应示意图

3.3.2　含氮配体调控 3,3′,5,5′-联苯四羧酸 Cu(Ⅰ/Ⅱ)配位聚合物的制备与结构测定

3.3.2.1　铜基配位聚合物的制备

(1) 配合物[Cu_2(phen)$_2$(H_2(*m*,*m*-bpta))$_2$](配合物 20)

将 phen（36.0mg，0.20mmol）、H_4(*m*,*m*-bpta)（33.0mg，0.10mmol）和 $CuCl_2 \cdot 2H_2O$（40.0mg，0.20mmol）以摩尔比 1∶2∶2 混合，置于 13mL 聚四氟乙烯管中，加入 7mL H_2O，用 0.2mmol/L 的 NaOH 调节 pH 值为 6.0 左右后，将聚四氟乙烯管密封，置于不锈钢反应釜中，加热到 160℃ 恒温反应 72h，自然冷却到室温，获得蓝色块状晶体，用蒸馏水反复洗涤、干燥，产率约为 47%（按 Cu 计算）。

(2) 配合物{[Cu_2(4,4′-bipy)$_2$(H_2(*m*,*m*-bpta))(H_3(*m*,*m*-bpta))]$_n$·0.5H_4(*m*,*m*-bpta)}$_n$(配合物 21)

将 4,4′-联吡啶（31.2mg，0.20mmol）、H_4(*m*,*m*-bpta)（33.0mg，0.10mmol）和 $CuCl_2 \cdot 2H_2O$(40.0 mg，0.20mmol）以摩尔比 1∶2∶2 混合，置于 13mL 聚四氟乙烯管中，加入 7mL H_2O，用 0.2mmol/L 的 NaOH 调节 pH 值为 6.0 左右后，将聚四氟乙烯管密封，置于不锈钢反应釜中，加热到 160℃ 恒温反应 72h，自然冷却到室温，获得黄色块状晶体，用蒸馏水反复洗涤、干燥，产率约为 47%（按 Cu 计算）。

(3) 配合物{[Cu_2(4,4′-bipy)$_2$(H_2(*m*,*m*-bpta))$_2$]·H_4(*m*,*m*-bpta)·2H_2O}$_n$(配合物 22)

将 4,4′-联吡啶（31.2mg，0.20mmol）、H_4(*m*,*m*-bpta)（33.0mg，0.10mmol）和 $CuCl_2 \cdot 2H_2O$(40.0mg，0.20mmol）以摩尔比 1∶2∶2 混合，置于 13mL 聚四氟乙烯管中，加入 7mL H_2O，用 0.2mmol/L 的 NaOH 调节 pH 值为 6.0 左右后，将聚四

氟乙烯管密封，置于不锈钢反应釜中，加热到 160℃恒温反应 72h，自然冷却到室温，获得蓝色块状晶体，用蒸馏水反复洗涤、干燥，产率约为 47%（按 Cu 计算）。

3.3.2.2　配合物的晶体结构测试

配合物 **20～22** 的单晶衍射数据收集和解析参照 2.1 节相同部分，通过北京同步辐射光源测试。其晶体学数据和结构精修数据列于表 3-5。

表 3-5　配合物 20～22 的相关晶体学数据和精修参数

配合物	**20**	**21**	**22**
化学式	$C_{56}H_{30}Cu_2N_4O_{18}$	$C_{60}H_{38}Cu_2N_4O_{20}$	$C_{56}H_{36}Cu_2N_4O_{18}$
分子量	1179.97	1262.02	731.08
温度/K	296(2)	296(2)	296(2)
衍射线波长/Å	0.71073	0.71073	0.71073
晶系	单斜	三斜	三斜
空间群	$P2_1/c$	$P\bar{1}$	$P\bar{1}$
晶胞参数 a/Å	12.1620(7)	12.2991(6)	11.103(2)
晶胞参数 b/Å	13.4301(12)	13.7893(7)	12.1317(19)
晶胞参数 c/Å	28.4184(17)	16.1765(8)	12.174(2)
晶胞参数 α/(°)	90	71.7560(10)	95.939(3)
晶胞参数 β/(°)	95.337(5)	84.2080(10)	102.705(3)
晶胞参数 γ/(°)	90	80.034(2)	108.934(3)
晶胞体积/Å^3	4621.6(6)	2563.0(2)	1485.8(4)
晶胞内分子数	4	2	2
晶体密度/(g/cm^3)	1.696	1.635	1.634
吸收校正/mm^{-1}	1.012	0.921	0.814
单胞中的电子数目	2408	1288	748
θ 角的范围/(°)	3.020,25.048	2.344,28.369	1.75,25.50
等效衍射点的等效性	0.0493	0.0537	0.0617
非权重和权重一致性因子[$I>2\sigma(I)$]①	0.0525,0.1280	0.0512,0.1081	0.0522,0.1213
非权重和权重一致性因子(所有数据)①	0.0676,0.1410	0.0964,0.1259	0.0792,0.1356
基于 F^2 的 GOF 值	1.062	1.005	1.030
残余电子密度/(e/Å^3)	1.035/−0.621	1.047/−1.208	1.851/−0.755

① I 为衍射强度，σ 为标准偏差，F 为衍射 hkl 的结构因子，$R_1=\sum\|F_o|-|F_c\|/\sum|F_o|$，$wR_2=[\sum w(F_o^2-F_c^2)^2/\sum w(F_o^2)^2]^{1/2}$。

3.3.3　含氮配体调控 3,3′,5,5′-联苯四羧酸 Cu(Ⅰ/Ⅱ)配位聚合物的结构分析与性质研究

3.3.3.1　配合物 20～22 的晶体结构描述

(1)配合物[$Cu_2(phen)_2(H_2(m,m\text{-}bpta))_2$](配合物 20)的晶体结构

配合物 **20** 的空间群是单斜 $P2_1/c$。不对称单元含有两个 Cu(Ⅱ) 离子、2 个

$H_2(m,m\text{-bpta})^{2-}$配体、2个phen和2个配位水分子。如图3-34所示，Cu1和Cu2原子为四配位环境，表现为四方锥几何构型，Cu原子与来自phen的两个氮原子和一个羧基氧端基水分子配位形成了四方锥的底面；其顶点被一个羧基氧占据。$H_2(m,m\text{-bpta})^{2-}$配体都采用部分去质子化形式参与配位，以$\mu_2\text{-}\eta^1:\eta^0:\eta^1:\eta^0$模式配位着2个Cu(Ⅱ)离子形成了零维分子结构。其中Cu—O键长为1.920(3)～2.293(3)Å，Cu—N键长为2.006(3)～2.035(3)Å。

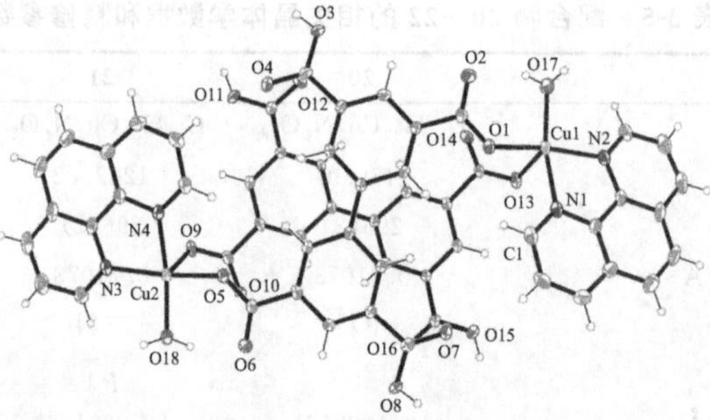

图3-34　配合物**20**的Cu(Ⅱ)离子的配位环境（椭球度为30%）

上述不对称单元之间通过羧基间的氢键作用（O11—H11…O16、O8—H8…O4、O15—H15…O12和O3—H3…O7）连接形成了如图3-35所示的一维超分子链状结构。另外，这样的不对称单元间通过phen配体间π…π堆积作用上下交替连接，形成了具有交替环的波浪形的一维链状结构。最终进一步堆积，通过分子间作用力（氢键、π…π堆积作用力）形成具有如图3-36所示三维超分子网络结构。

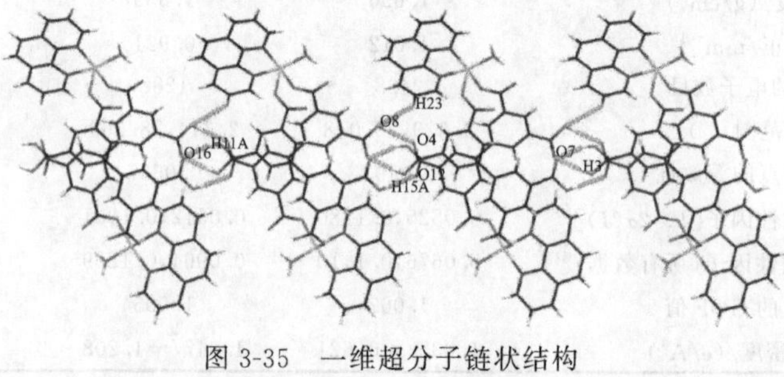

图3-35　一维超分子链状结构

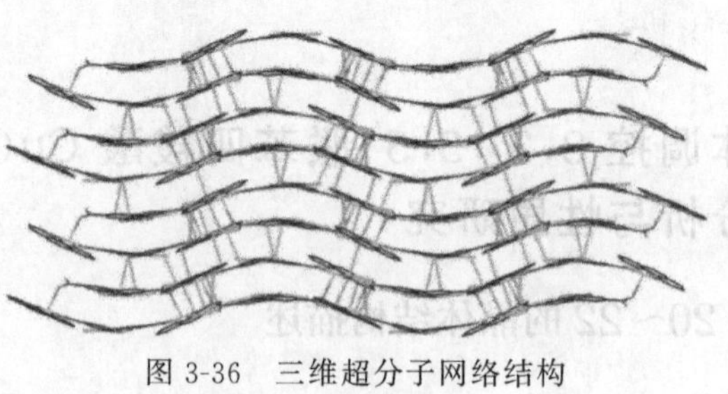

图3-36　三维超分子网络结构

(2) $\{[Cu_2(4,4'\text{-bipy})_2(H_2(m,m\text{-bpta}))(H_3(m,m\text{-bpta}))]\cdot 0.5H_4(m,m\text{-bpta})\}_n$（配合物 21）的晶体结构

配合物 **21** 的结构结晶于单斜 $P\bar{1}$ 空间群。不对称单元是由两个变价的 Cu(Ⅱ)/Cu(Ⅰ)离子、2.5 个不同程度去质子化的 $H_4(m,m\text{-bpta})$ 配体和 2 个 4,4′-bipy 配体组成。如图 3-37 所示，Cu(Ⅰ)离子是三配位的，呈现了一个“T”形构型，与来自两个 4,4′-bipy 配体的氮原子（N1 和 N3）和一个羧基氧（O1）配位，其中∠N1—Cu1—N3＝151.98(9)°，∠N1—Cu1—O1＝108.59(9)°。而 Cu(Ⅱ)离子表现为四配位变形的三角锥几何构型，其底面是由来自两个 4,4′-bipy 配体的氮原子［N2A 和 N4，对称代码：(A)$x+1$，$y-1$，$z+1$］和一个羧基氧（O10）组成，∠N4—Cu2—N2A＝146.39(10)°，顶点被羧基氧（O7A）占据。Cu—O 键长范围为 2.1246(18)～2.4762(19)Å，Cu—N 键长范围为 1.912(2)～1.923(2)Å。

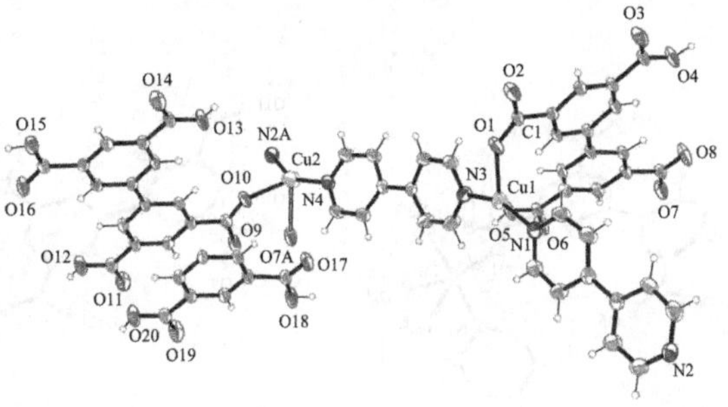

图 3-37　配合物 **21** 的 Cu(Ⅱ)/Cu(Ⅰ)离子的配位环境
［椭球度为 30%，对称代码：(A) $x+1$，$y-1$，$z+1$］

在配合物 **21** 中，$H_4(m,m\text{-bpta})$ 配体表现出三种不同程度的去质子化形式，即 $H_3(m,m\text{-bpta})^-$、*trans*-$H_2(m,m\text{-bpta})^{2-}$ 和 $H_4(m,m\text{-bpta})$。其中 $H_3(m,m\text{-bpta})^-$ 配体采用单齿模式与 Cu2 离子配位；*trans*-$H_2(m,m\text{-bpta})^{2-}$ 采用桥联模式连接 Cu1 和 Cu2 混价离子，进一步通过 4,4′-bipy 配体连接形成了如图 3-38(a) 所示的一维梯形链状结构；未去质子化的 $H_4(m,m\text{-bpta})$ 配体以中性游离的形成存在于结构中，且

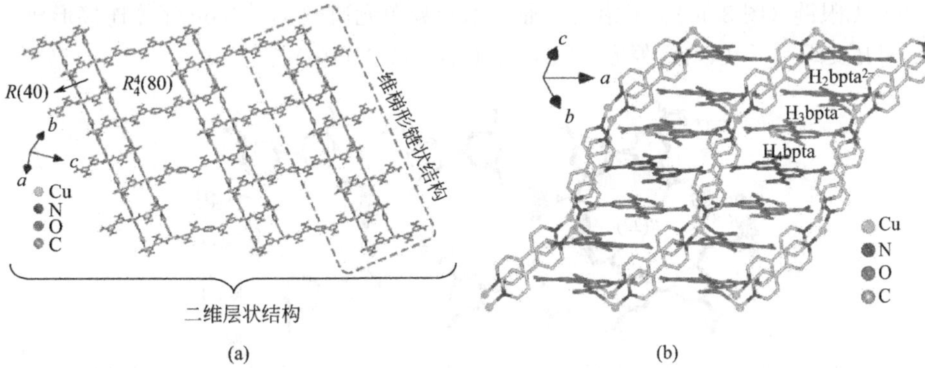

(a)　　(b)

图 3-38　梯状的一维链状结构

与 $H_3(m,m\text{-bpta})^-$ 配体形成了 π…π 堆积作用。相邻链间通过分子间氢键作用形成了二维超分子层状结构［图 3-38(b)］。

(3) $\{[Cu_2H_2(m,m\text{-bpta})_2(4,4'\text{-bipy})_2]\cdot H_4bpta\cdot 2nH_2O\}_n$（配合物 22）的晶体结构

配合物 **22** 结晶于单斜 $P\bar{1}$ 空间群，展示了一个独特的二维结构。它由金属有机框架和中性 $H_4(m,m\text{-bpta})$ 配体以 1∶1 的化学计量比组成。不对称单元包含了 1 个 Cu(Ⅱ) 离子、$H_2(m,m\text{-bpta})^{2-}$ 阴离子、4,4′-bipy 配体、1/2 个结晶 $H_4(m,m\text{-bpta})$ 配体和 1 个结晶水分子。如图 3-39 所示，Cu^{2+} 是五配位三角双锥构型，赤道位置占据着三个羧基氧（O1、$O2^{ii}$ 和 $O6^{iii}$），径向位置占据着两个氮原子［$N1^{i}$ 和 $N2^{iv}$，对称代码：(ⅰ)$-x$，$-y+2$，$-z$；(ⅱ)$-x+1$，$-y+1$，$-z+1$；(ⅲ)$-x+1$，$-y$，$-z+1$；(ⅳ)$x-1$，y，z］。Cu—O 键长为 1.979(2)～2.248(3)Å，Cu—N 键长为 2.023(3)Å 和 2.012(3)Å。

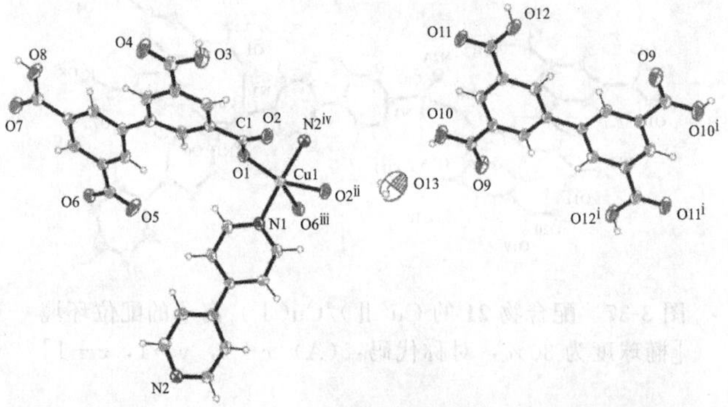

图 3-39　在配合物 **22** 中 Cu^{2+} 的配位环境［椭球度为 50%，对称代码：(ⅰ) $-x$，$2-y$，$-z$；(ⅱ) $1-x$，$1-y$，$1-z$；(ⅲ) $1-x$，$-y$，$1-z$；(ⅳ) $-1+x$，y，z］

配体 $H_2(m,m\text{-bpta})^{2-}$ 是部分去质子的，采用顺-顺桥联模式连接着两个对称性的铜离子，形成了双核簇单元，$Cu1\cdots Cu1^{ii}$ 间的距离是 4.375(2)Å。其中 5′-COO^- 螯合着一个铜离子。沿着 *b* 轴，双核簇单元通过 $H_2(m,m\text{-bpta})^{2-}$ 配体形成了具有交替 8 元环和 22 元环的无限链（图 3-40）。而沿着 *a* 轴，双核簇单元通过 4,4′-bipy 配体连接形成了一维链，相互交织产了（4,4）菱形层状结构（A）［图 3-41(a)］。

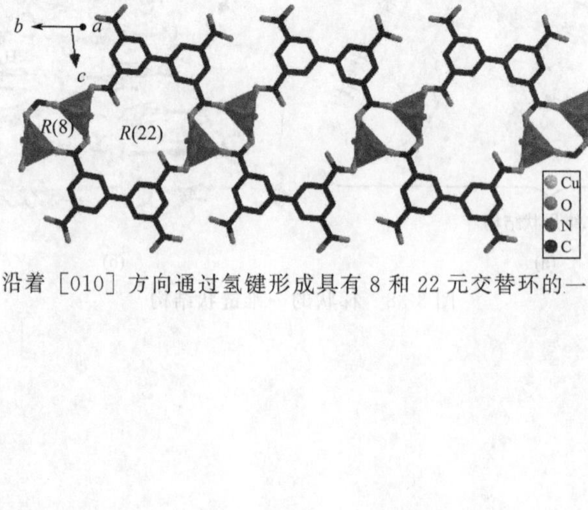

图 3-40　沿着［010］方向通过氢键形成具有 8 和 22 元交替环的一维链状结构

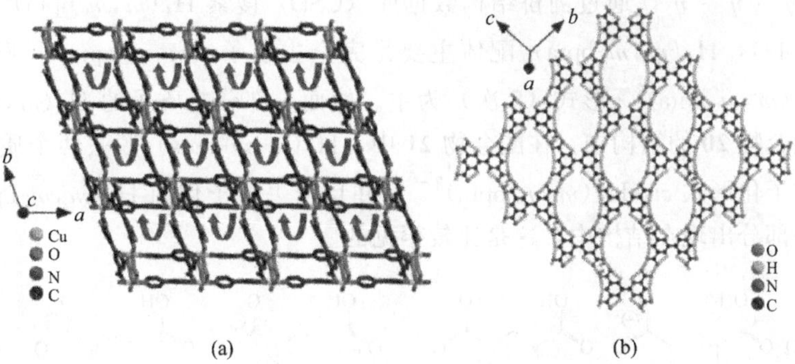

图 3-41　(a) 在 *ab* 平面形成了 (4, 4) 菱形层状结构；(b) 在 *bc* 平面形成了 (4,4)-连接的层状超分子结构

另外，自由 $H_4(m,m\text{-bpta})$ 配体作为客体分子，通过羧基间的氢键作用［O12—H12A⋯O11 2.544(4)Å 和 O10—H10⋯O9 2.555(4)Å］相互连接，在 *bc* 平面上形成了 (4,4)-连接的超分子层状结构 (B)［图 3-41(b)］，穿插于金属有机框架结构中。相邻的层沿着晶轴 *a* 方向堆积形成了一个矩形通道，层与层间的距离是 12.17(2)Å。

最终两种层状结构都形成了较大的空腔，使得 A 和 B 层相互穿插，形成了一个新颖的异双重、类似穿插的网络结构［图 3-42(a)］。它的特点是通过分子间氢键作用连接形成的异穿插结构。为了使结构简单，金属簇可以作为一个 5-连接的节点，$H_2(m,m\text{-bpta})^{2-}$ 配体简化为 3-连接的节点。而自由 $H_4(m,m\text{-bpta})$ 配体作为 4-连接的节点，从而结构可简化为 (3,4,5)-连接异穿插网络结构［图 3-42(b)］。

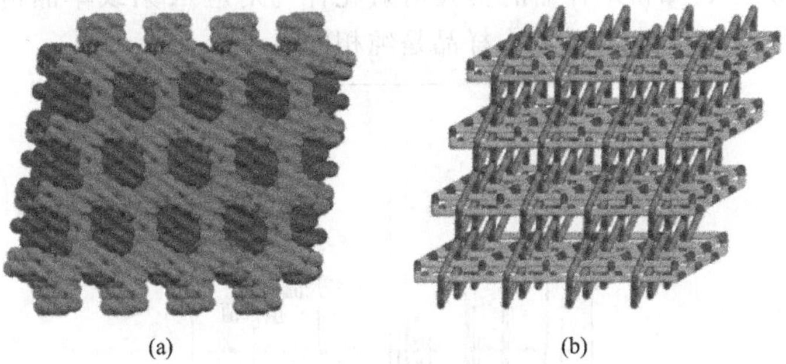

图 3-42　(a) 通过 A 和 B 层形成的三维堆积图和 (b) (3,4,5)-连接的异穿插网络结构

(4) $H_4(m,m\text{-bpta})$配体去质子模式

采用 $H_4(m,m\text{-bpta})$ 配体和含氮辅助配体可获得一列配位聚合物。在这些结构中 $H_4(m,m\text{-bpta})$ 出现了不同的去质子形式，通过剑桥数据库 (CSD)[62] 检索发现，在配合物 **22** 中，$H_4(m,m\text{-bpta})$ 配体表现出三种去质子化形式，分别为 $H_4(m,m\text{-bpta})$、$H_3(m,m\text{-bpta})^-$、*trans*-$H_2(m,m\text{-bpta})^{2-}$ 构象。在文献报道中，$H_3(m,m\text{-bpta})^-$ 阴离子在配合物 **21** 中首次出现，作为 Cu(Ⅱ) 离子的端基配体，而 *trans*-$H_2(m,m\text{-bpta})^{2-}$ 配体以单双模式桥联相邻的混合价 Cu(Ⅰ) 和 Cu(Ⅱ) 离子，其配位模式分别为 $\mu_2\text{-}\eta^1:\eta^0:\eta^0:\eta^1$

和 μ_2-η^1：η^0：η^0：η^0。通过剑桥结构数据库（CSD）搜索 $H_4(m,m$-bpta) 不同去质子模式（图 3-43），$H_4(m,m$-bpta) 配体主要是完全去质子 $(m,m$-bpta$)^{4-}$ 形式（34 次）和 *trans*-$H_2(m,m$-bpta$)^{2-}$ 形式（5 次）为主。然而，部分去质子的 $H_3(m,m$-bpta$)^-$ 首次出现在配合物 **20** 的结构中。在配合物 **21** 中，$H_4(m,m$-bpta) 脱去两个质子形成了一种新的去质子化形式 *cis*-$H_2(m,m$-bpta$)^{2-}$，并且未去质子化的 $H_4(m,m$-bpta) 配体作为共晶的一部分出现在结构中，这是比较罕见的。

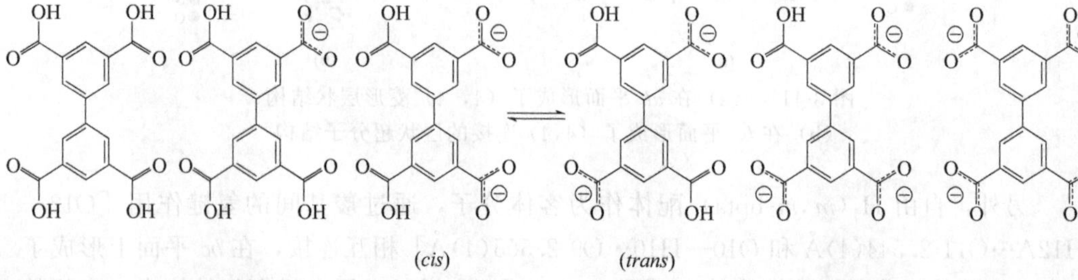

图 3-43　通过剑桥数据库（CSD）检索发现 $H_4(m,m$-bpta) 出现了不同的去质子形式

3.3.3.2　配合物 22 的粉末衍射(PXRD)

配合物 **22** 的 X 射线粉末衍射是通过 Bruker D8 Advance X 射线衍射仪在室温下测定的，从图 3-44 可知粉末样品的实验衍射花样与对应 X 射线单晶衍射模拟值能够很好地吻合，表明配合物 **22** 的粉末样品是纯相的。

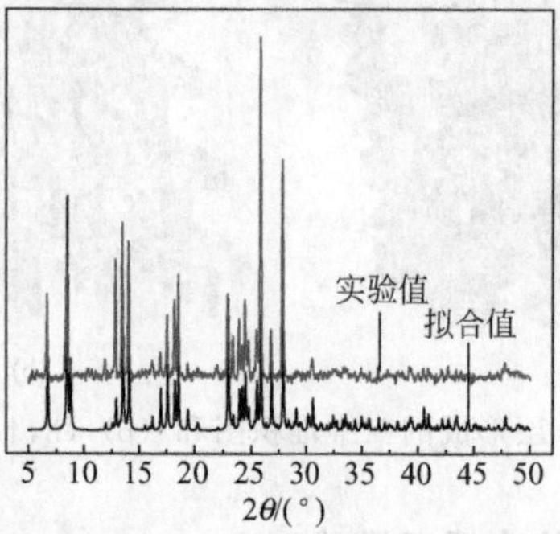

图 3-44　配合物 **22** 的粉末衍射花样和对应单晶模拟衍射花样

3.3.3.3　配合物 22 的热稳定性

配合物 **22** 的热重曲线如图 3-45 显示，在 25～115℃温度范围内出现了第一个平台，失重率是 2.20%，对应失去一个结晶水分子（计算值：2.46%）；在 390～443℃内失重率是 20.8%，对应失去 4,4′-bipy 配体（计算值：21.3%）；相应地在 DTA 曲线上出现了明显的吸热峰。然后在 443℃ $H_4(m,m$-bpta) 配体发生分解。

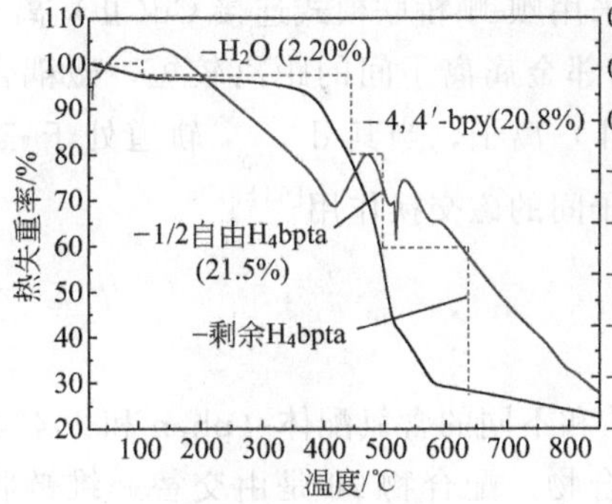

图 3-45　配合物 **22** 的 TG 和 DSC 曲线图

3.3.3.4　配合物22的磁性质

配合物**22**的χ_M、$\chi_M T$与温度的关系如图 3-46(a) 所示，在 300K 时，配合物**22**的$\chi_M T$值是 $0.92cm^3 \cdot K/mol$，大于两个孤立的 Cu(Ⅱ) 离子（$S=1/2$）仅自旋理论值 $0.75cm^3 \cdot K/mol$。随着温度降低，$\chi_M T$值逐渐降低，小于 20K 时，几乎是一个常数，表明相邻 Cu^{2+} 间表现的是反铁磁性耦合作用。而χ_M值随着温度降低逐渐升高，在 80K 时达到 $0.0061cm^3/mol$，然后又开始降低，在 9K 时达到最小值 $0.0027cm^3/mol$，随后迅速升高，在 1.8K 时达到极大值。在 60～300K 范围内，变温磁化率符合居里-外斯定律 [$\chi=C/(T-\theta)$]，拟合得 $C=1.26(1)cm^3 \cdot K/mol$，$\theta=-110.29(1)K$ [图 3-46(b)]。根据配合物**22**的结构分析，可采用双核铜模型修正的 Bleaney-Bowers 公式 (3-9)[63] 进行变温磁化率拟合。

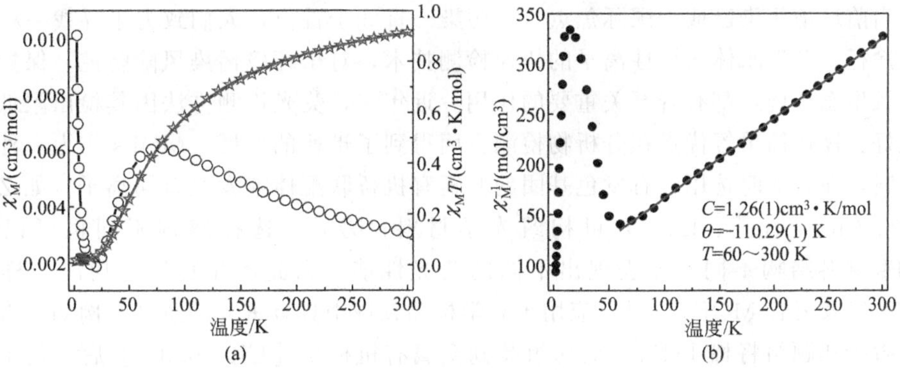

图 3-46　(a) 配合物 **22** 的变温磁化率 χ_M、$\chi_M T$ 与温度 T 的关系图；(b) χ_M^{-1} 与温度 T 的关系图（实线代表拟合值）

$$\chi_M=\frac{2N\beta^2 g^2}{3k(T-\theta)}[1+1/3\exp(-2J/kT)]^{-1}(1-\rho)+\frac{[N\beta^2 g^2]\rho}{3kT}+N_\alpha \tag{3-9}$$

式中，θ是双核铜离子间的磁耦合作用校正；ρ是杂质项，$N_\alpha=60\times10^{-6}$。最后对$\chi_M T$值与温度关系拟合得到 $g=2.43(2)$、$J=-35.69(1)cm^{-1}$、$\theta=32.78(1)K$、$\rho=0.032(1)$ 和 $R=5.0\times10^{-5}$。$J<0$ 表明双核簇内铜离子间表现的是反铁磁性耦合

作用，与文献中报道的羧基采用顺-顺桥联模式连接Cu(Ⅱ)离子主要传递的是反铁磁性耦合作用一致[64,65]，且相邻金属离子间的距离较短，磁耦合作用较强。另外，具有三角双锥几何构型的Cu(Ⅱ)离子，当其 $d_{x^2-y^2}$ 轨道处于三角双锥构型的基面时，桥联原子能有效地传递铜离子间的磁交换作用[66]。

3.3.4 小结

以3,3′,5,5′-联苯四羧酸和不同的含氮配体（phen和4,4′-bipy）为基础，采用水热方法可以合成3种铜基配合物。配合物**20**是由交替一维链状结构进一步堆积，通过分子间作用力、氢键、π⋯π堆积作用力形成具有三维网络结构。配合物**21**是由梯状的一维链状结构通过氢键作用形成网络状的二维层状结构。配合物**22**是一种新颖的异穿插［金属骨架和 H_4(*m*,*m*-bpta）部分］三维超分子网络结构。在这些配位聚合物中，H_4(*m*,*m*-bpta）配体的羧基采用了不同去质子化形式和金属离子配位，其中一种新的去质子化形式［*cis*-H_2(*m*,*m*-bpta)$^{2-}$］产生。第二含氮辅助配体的加入，使得配位聚合物的结构呈现出新颖多样性，且促进了金属离子表现出不同配位环境。磁性分析结果表明双核铜簇内铜离子间通过顺-顺羧基桥联传递的反铁磁性作用。

3.4 含氮配体调控下3,3′,5,5′-联苯四羧酸双核Zn(Ⅱ)配位聚合物的合成、结构及其光学性能

3.4.1 概述

当前环境污染已成为国际焦点，水污染一直处于首位，人们致力于寻找一种有效解决途径，开发水体污染性离子的快速检测技术，对于环境污染风险防控、保护人体健康及生态环境，都有着至关重要的作用。近年来，荧光检测方法因其检出限低、准确性好、操作简单等优点在分析物检测方面得到了迅速的发展。MOFs作为一种多功能材料，在合成时选用含有发色基团的共轭有机桥联配体或发光金属离子（如 Zn^{2+}、Cd^{2+}、Cu^{+}、Ag^{+}、Ln^{3+}）可构筑光学材料。另外，选择溶剂不同也可以使得MOFs材料结构不同，即表现出不同的荧光性能。因此，开发具有功能多样性的MOFs以及复合MOFs材料，应用于光学检测领域中具有重大的意义。例如同济大学闫冰教授课题组将稀土 Eu^{3+} 成功组装到金属有机框架［UiO(bpdc)］后，利用稀土离子优异的发光性能和MOFs独特的结构特性设计了多种单一污染性离子和分子的荧光探针Eu(Ⅲ)@UMOFs[67]。通过稀土离子功能化构造出多发光中心，利用其不同光响应行为实现光传感的系统策略，为实现多组分污染离子（Hg^{2+}、Ag^{+} 和 S^{2-}）的同时检测提供了简单、经济且实用的技术手段。程鹏教授课题组报道了两个Zn(Ⅱ)配位聚合物：{[Zn(L)]·DMA}$_n$ 和 {[Zn(L)]·MeOH·0.5NMP}$_n$，［H_2L＝5-(4*H*-1,2,4-三唑-4-基)间苯二甲酸］。由于它们的拓扑结构不同，两个Zn(Ⅱ)配位聚合物在孔道中客体分子交换时表现出明显不同的骨架稳定性。荧光测试发现配位聚合物（1）

对硝基苯具有显著的选择性和敏感性。此外，通过用溶剂简单地洗涤配位聚合物，便可以方便地重复使用。这些特点使得配位聚合物成为用于检测硝基苯的低成本和可回收的传感器[68]。聊城大学李允伍副教授课题组[69]报道了利用还原的席夫碱三羧酸配体 H_3cip，在溶剂热条件下成功制备了一例三维结构的 Cd(Ⅱ)-MOF [Cd(Hcip)$(bpea)_{0.5}(H_2O)]_n$ [H_3cip=5-(3-羧基苄基)异酞酸，bpea=1,2-双(4-吡啶基)乙烷]。多种金属离子的荧光识别实验的结果表明，该配合物对 Al(Ⅲ)和 Cr(Ⅲ)表现出明显的荧光颜色的改变，在紫外灯照射下肉眼就能分辨出来。Cd(Ⅱ)-MOF 也对 Fe(Ⅲ)也表现出明显的荧光猝灭效应。

3.4.2 含氮配体调控下3,3′,5,5′-联苯四羧酸双核Zn(Ⅱ)配位聚合物的制备与结构测定

3.4.2.1 配位聚合物的制备

配合物的合成路线如图3-47所示。在13mL聚四氟乙烯管中，加入0.1mmol对 $H_4(m,m\text{-bpta})$、0.2mmol含氮辅助配体、0.2mmol硝酸锌，以摩尔比1∶2∶2混合，后加入6mL体积比为2∶1的水和乙腈混合溶剂，用0.2mmol/L KOH溶液调溶液的pH约为7.0，磁力搅拌30min。密封聚四氟乙烯管，置于不锈钢反应釜中，加热到160℃恒温反应72h，自然冷却到室温，有白色块状晶体析出，分别用蒸馏水和丙酮溶剂反复洗涤、干燥，其产率约为73% [按 $H_4(m,m\text{-bpta})$ 计算]。

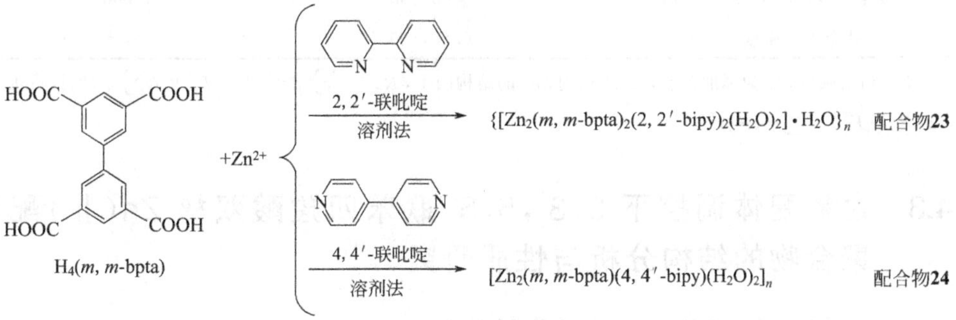

图3-47 含氮配体调控Zn(Ⅱ)离子和 $H_4(m,m\text{-bpta})$ 配体反应示意图

3.4.2.2 配合物的晶体结构测试

配合物**23**和**24**的单晶衍射数据收集和解析参照2.1节部分，通过北京同步辐射光源测试。其晶体学数据和结构精修数据列于表3-6。

表3-6 配合物23和24的相关晶体学数据和结构精修数据

配合物	**23**	**24**
化学式	$C_{36}H_{28}N_4O_{11}Zn_2$	$C_{13}H_9ZnNO_5$
分子量	823.36	324.58
温度/K	293(2)	296(2)

续表

配合物	23	24
衍射线波长/Å	0.71073	0.71073
晶系	单斜	三斜
空间群	$P2_1/c$	$P\bar{1}$
晶胞参数 a/Å	11.100(2)	7.8117(16)
晶胞参数 b/Å	22.267(4)	8.3196(17)
晶胞参数 c/Å	13.543(3)	9.805(2)
晶胞参数 α/(°)	90.00	73.97(3)
晶胞参数 β/(°)	106.93(3)	76.91(3)
晶胞参数 γ/(°)	90.00	71.01(3)
晶胞体积/Å^3	3202.3(12)	572.5(2)
晶胞内分子数	4	2
晶体密度/(g/cm^3)	1.57	1.883
吸收校正/mm^{-1}	0.979	2.165
单胞中的电子数目	1632	328
等效衍射点的等效性	0.038	4754
基于 F^2 的 GOF 值	1.03	2107
非权重一致性因子[$I>2\sigma(I)$]①	0.032	0.1295
权重一致性因子[$I>2\sigma(I)$]①	0.088	1.008
残余电子密度/(e/Å^3)	0.80,−0.57	0.0635,−0.78

① I 为衍射强度，σ 为标准偏差，F 为衍射 hkl 的结构因子，$R_1=\sum\|F_o|-|F_c\|/\sum|F_o|$，$wR_2=[\sum w(F_o^2-F_c^2)^2/\sum w(F_o^2)^2]^{1/2}$。

3.4.3 含氮配体调控下 3,3′,5,5′-联苯四羧酸双核 Zn(Ⅱ)配位聚合物的结构分析与性质研究

3.4.3.1 配合物 23 和 24 的晶体结构描述

(1) {[$Zn_2(m,m\text{-bpta})_2(2,2'\text{-bipy})_2(H_2O)_2$]·$H_2O$}$_n$（配合物 23）的晶体结构

配合物 **23** 结晶于单斜晶系，空间群为 $P2_1/c$。如图 3-48(a) 所示，不对称单元是由 2 个晶体学独立的 Zn^{2+}、2 个 2,2′-联吡啶配体、1 个（m,m-bpta）$^{4-}$ 配体、2 个配位 H_2O 和一个结晶 H_2O 组成的。Zn1 离子展现出四方锥形构型（τ=0.32），其分别与来自 2 个（m,m-bpta）$^{4-}$ 和 1 个 H_2O 的三个氧原子［O1、O8^{i} 和 O9，对称代码：（ⅰ）$-x+2$，$-y$，$-z$］和 2,2′-联吡啶中的 2 个 N 原子（N1 和 N2）配位。而 Zn2 离子为六配位，分别与来自 2 个（m,m-bpta）$^{4-}$ 配体的三个羧基氧［O5、O6 和 O4^{ii}，对称代码：（ⅱ）$-x+1$，$-y$，$-z+1$］和 1 个 H_2O 配位，和两个氮原子（N3 和 N4）配位，呈现扭曲的八面体几何构型。Zn—O 键长为 2.034(2)～2.359(2)Å，

Zn—N 键长为 2.088(2)～2.153(2)Å。在配合物中，$(m,m\text{-bpta})^{4-}$ 配体采用单齿和螯合配位模式结合 Zn^{2+}，其配位模式为 $(\eta^1:\eta^1\text{-}\mu_2)\text{-}(\eta^2:\eta^1\text{-}\mu_2)\text{-}\mu_4$，沿着 a 轴方向，如图 3-48(b) 所示，形成了具有 22 元环的一维链状结构。

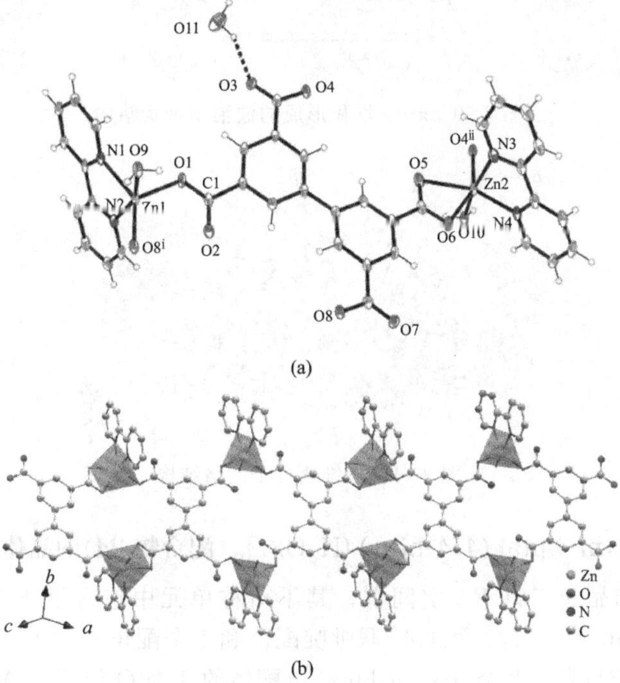

图 3-48 (a) 配合物 **23** 的分子热椭球图（椭球度为 30%）；(b) 配体与 Zn^{2+} 连接形成了一维链状结构

反向排列的 $[Zn_4(m,m\text{-bpta})]^{4+}$ 通过来自水分子和羧基间的 O—H⋯O 氢键（1.93～2.27Å）连接，形成了 $R_2^2(8)$ 笼状二聚体（图 3-49），沿着［101］方向，形成了一维超分子链。沿着 b 轴方向，22 元环通过吡啶环间 π⋯π 堆积作用，连接形成了具有波浪形的带状结构，吡啶环中心距离为 3.644(1)Å，面间夹角为 6.157(2)°，见图 3-50。另外，结构中存在分子间氢键 C—H⋯O 氢键，进一步稳固了 $[Zn_4(m,m\text{-bpta})]^{4+}$ 结构单元。最终配合物通过 π⋯π 堆积与氢键作用形成了如图 3-51 所示的梯形三维网络结构。

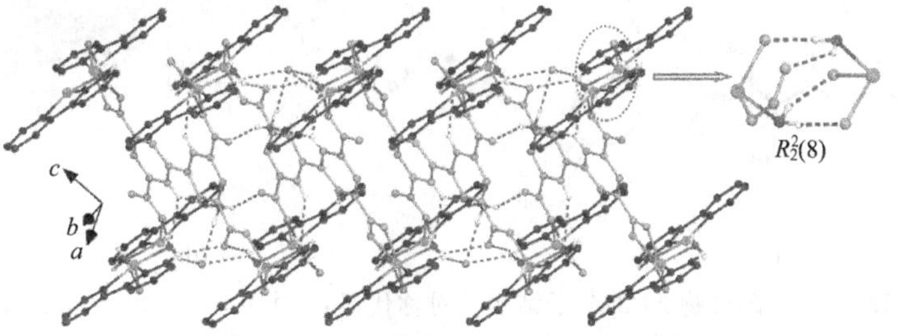

图 3-49 通过分子间氢键形成的 $R_2^2(8)$ 笼状二聚体

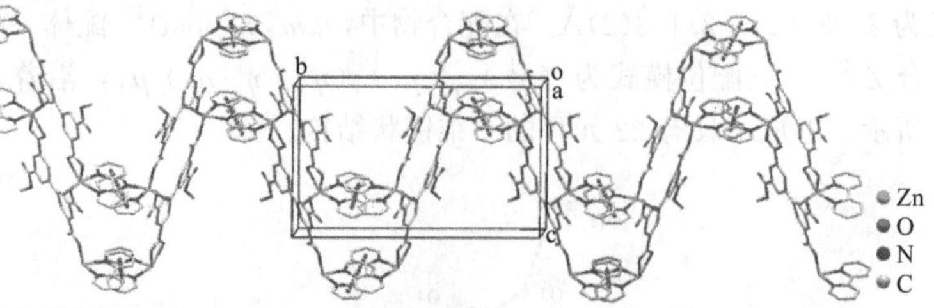

图 3-50 π…π 堆积形成的波浪型带状结构

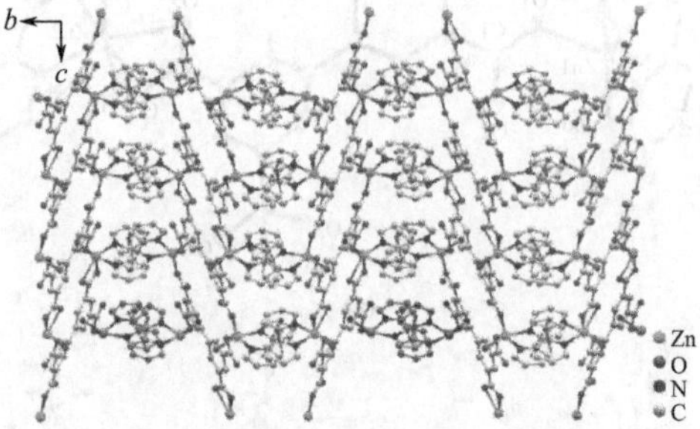

图 3-51 三维超分子网络结构

(2) $[Zn_2(m,m\text{-bpta})(4,4'\text{-bipy})(H_2O)_2]_n$（配合物 24）的晶体结构

配合物 **24** 结晶于三斜 $P\bar{1}$ 空间群，其不对称单元中包含了 1 个 Zn(Ⅱ) 离子、1/2 个 $(m,m\text{-bpta})^{4-}$、1/2 个 4,4′-联吡啶配体和 1 个配位水分子。如图 3-52(a) 所示，Zn(Ⅱ) 离子与来自 3 个 $(m,m\text{-bpta})^{4-}$ 配体的 3 个 O 原子［O1，$O2^{i}$ 和 $O3^{iii}$，对称代码：(ⅰ) $-x+1$，$-y+2$，$-z$；(ⅲ) $-x+2$，$-y+1$，$-z+1$］和来自配位水分子的 O 原子（O5）配位，另外，与来自 4,4′-bipy 配体的 1 个 N 原子配位，形成了五配位的三角双锥几何构型［ZnO_4N］($\tau=0.49$)，其中三角双锥形的平面夹角中最大键角为 144.9(2)°，最小为 86.2(2)°。在配合物中，Zn—O 的键长为 1.948(2)～2.174(2) Å，Zn—N 的键长为 2.020(2) Å，O2—Zn—O1 的键角为

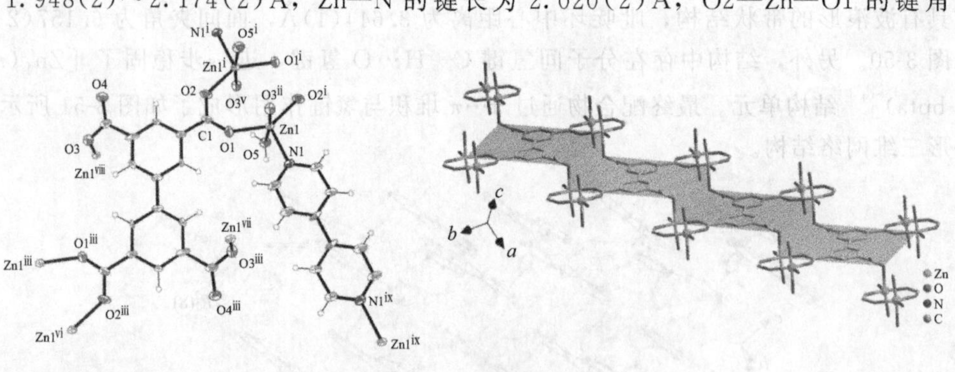

(a) (b)

图 3-52 (a) 配合物 **24** 的分子结构［对称代码：(ⅰ) $-x+1$，$-y+2$，$-z$；(ⅱ) $x-1$，$y+1$，z；(ⅲ) $-x+2$，$-y+1$，$-z+1$；(ⅳ) $-x+2$，$-y+1$，z；(ⅴ) $x+1$，$y-1$，$z+1$；(ⅵ) $-x+1$，$-y+2$，$-z+1$；(ⅶ) $x+1$，$y-1$，z；(ⅷ) $-x+1$，$-y+3$，$-z+1$］；(b) 沿 a 轴延伸形成一维阶梯状链

144.9(2)°。

在结构中，$(m,m\text{-bpta})^{4-}$ 配体结合 6 个 Zn(Ⅱ) 离子，其中 3,3′-COO^- 采用顺-顺桥联模式连接 4 个 Zn(Ⅱ) 离子，形成了 $[Zn_2(COO)_2]$ 次级结构单元，而 5,5′-COO^- 采用单齿模式连接 2 个 Zn(Ⅱ) 离子，最终表现为 $(\eta^1:\eta^1:\eta^1\text{-}\mu_3)\text{-}(\eta^1:\eta^1:\eta^1\text{-}\mu_3)\text{-}\mu_6$ 配位模式。沿着 a 轴，$(m,m\text{-bpta})^{4-}$ 配体连接双核锌簇 $[Zn_2(COO)_2]$ 单元延伸，形成了一维梯形链状结构 [图 3-52(b)]，沿着 c 轴方向延伸，形成了具有三种大小不同环相互连接的二维层状结构 [图 3-53(a)]。另外，通过 $(m,m\text{-bpta})^{4-}$ 和 4,4′-bipy 配体交替连接 Zn^{2+} 形成二维网格结构 [图 3-53(b)]，最后形成了如图 3-54(a) 所示的三维网络结构。在三维网络结构中，$(m,m\text{-bpta})^{4-}$ 与 4,4′-bipy 配体之间形成 π…π 堆积作用，如图 3-54(b) 所示，苯环中心之间的距离为 3.716(1)Å，苯环间的二面角为 6.888(3)°。另外，在结构中存在羧基和配位水之间的氢键 [O5—H5A…$O4^{iv}$，2.01Å；O5—H5B…$O4^{v}$，1.98Å；O10—H10B…$O8^{v}$，2.63Å；对称代码：(ⅲ) $-x+2$，$-y+1$，$-z+1$；(ⅳ) x，$y+1$，z；(ⅴ) $-x+2$，$-y+1$，$-z$]，进一步稳固了配合物的结构。为了使结构简化，通过拓扑分析将金属 Zn(Ⅱ) 离子简化为 4-连接的节点，配体 $H_4(m,m\text{-bpta})$ 简化为 6-连接的节点，最终形成了 (4,6)-连接的拓扑网络结构 (图 3-55)，其点符号为 $\{4^4.6^{10}.8\}\{4^4.6^2\}$。

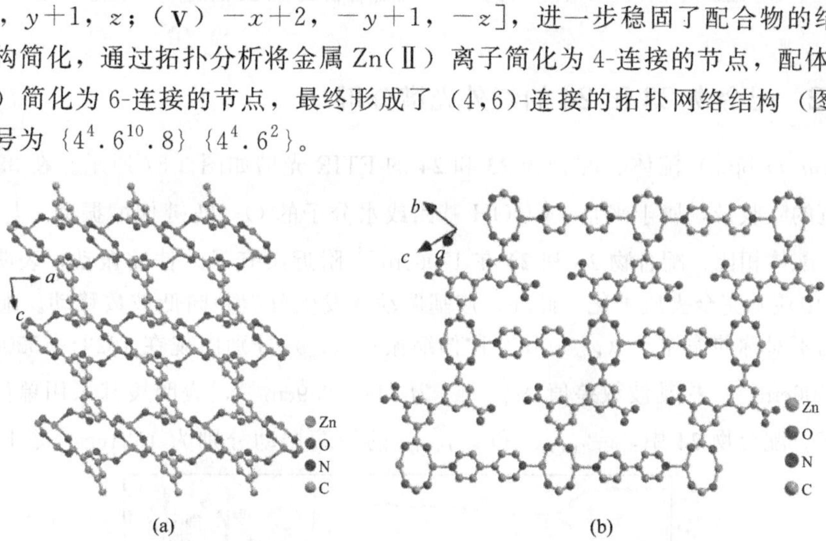

图 3-53　(a) 在 ac 平面，配合物 **24** 的二维层状结构和 (b) 在 bc 平面，由混合配体和双核单位组成的二维菱形层状结构

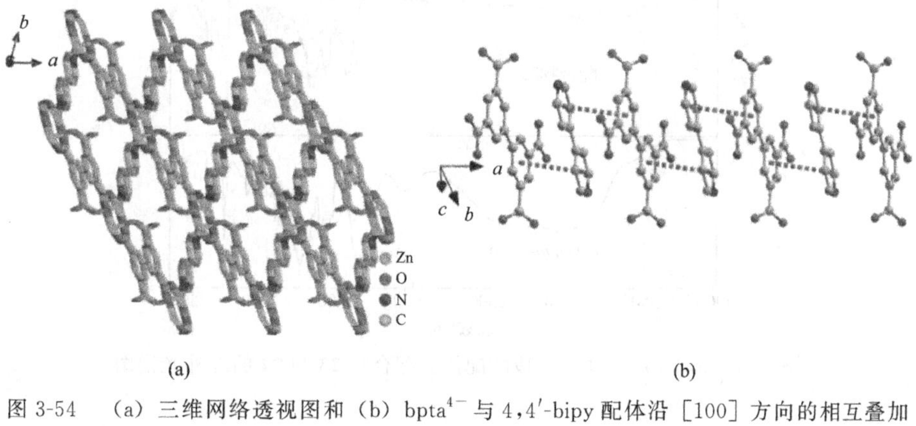

图 3-54　(a) 三维网络透视图和 (b) $bpta^{4-}$ 与 4,4′-bipy 配体沿 [100] 方向的相互叠加

比较配合物 **23** 和 **24**，从图 3-56 可见羧基采用不同的配位模式，分别为单齿和螯合以及单齿和顺-顺桥联模式，二者不同是由于在合成过程中使用的含 N 辅助配体不同所致，同时导致 Zn(Ⅱ) 离子表现出不同的几何构型。

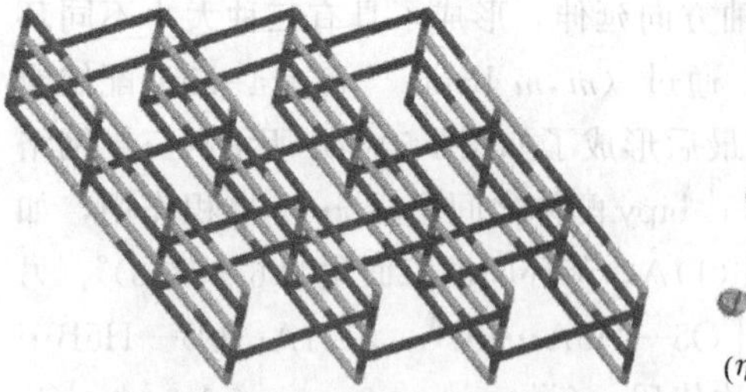

图 3-55 (4,6)-连接的拓扑网络结构

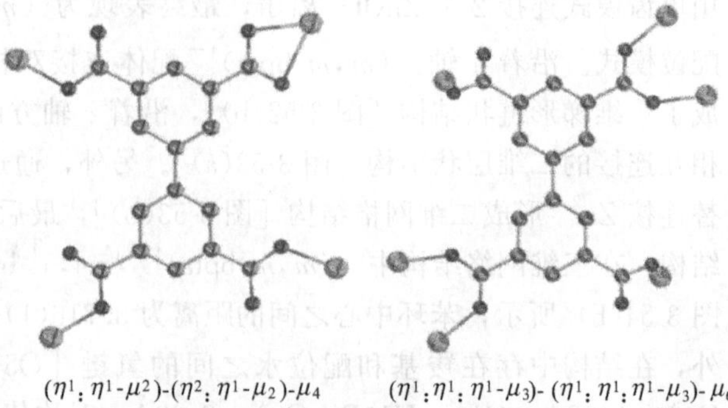

图 3-56 在配合物 **23** 和 **24** 的配体 $(m,m\text{-bpta})^{4-}$ 的配位模式

3.4.3.2 配合物23和24的红外光谱分析

$H_4(m,m\text{-bpta})$ 配体、配合物 **23** 和 **24** 的 FTIR 光谱如图 3-57 所示。在 $3390cm^{-1}$ 处有较宽的吸收带，属于来自—COOH 基团或水分子的 O—H 键伸缩振动。与 $H_4(m,m\text{-bpta})$ 配体相比，配合物 **23** 和 **24** 在 $1706cm^{-1}$ 附近没有强的伸缩振动，表明配合物 **23** 和 **24** 中羧基完全去质子化。此外，羧基振动峰发生分裂并向低波数移动。配合物 **23** 中羧基的不对称伸缩振动（ν_{as}）和对称伸缩振动（ν_s）分别出现在 $1623\sim1550cm^{-1}$ 和 $1334\sim1306cm^{-1}$。振动波数差值 $\Delta\nu_{(as-s)}$ 为 $244\sim289cm^{-1}$，表明羧基采用单齿和螯合配位模式。配合物 **24** 中，$\nu_{as(OCO)}$ 和 $\nu_{s(OCO)}$ 的伸缩振动分别为 $1621cm^{-1}$、$1542cm^{-1}$

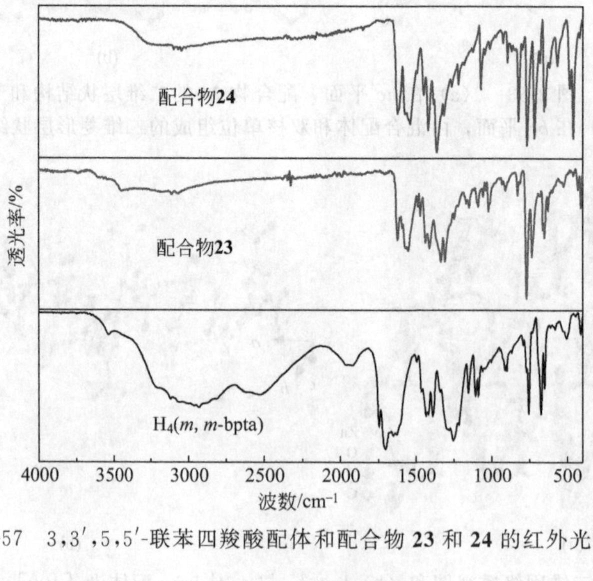

图 3-57 3,3′,5,5′-联苯四羧酸配体和配合物 **23** 和 **24** 的红外光谱图

和 1416cm^{-1}、1366cm^{-1}。$\Delta\nu_{(as\text{-}s)}$ ＝176～205cm^{-1} 表明羧基采用单齿和桥联模式与 Zn(Ⅱ) 离子配位。FTIR 分析结果与单晶 X 射线衍射分析结果一致。

3.4.3.3　配合物 23 和 24 的 X 射线粉末衍射和热稳定性分析

为了确定配合物样品的相对纯度，对其进行 X 射线粉末衍射仪实验。如图 3-58 所示，实验粉末衍射花样和对应单晶结构模拟衍射花样很好地匹配，表明配合物样品是纯相的。

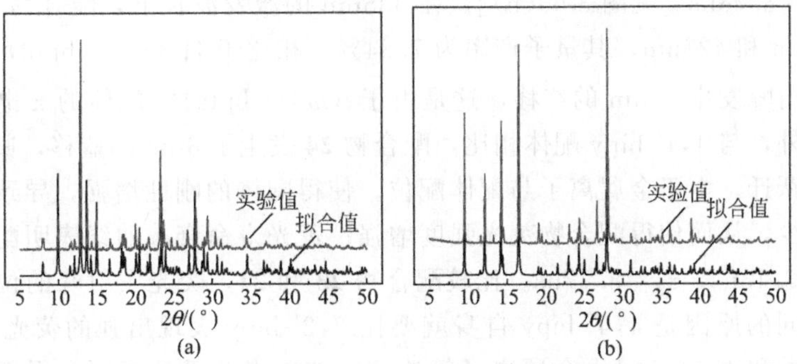

图 3-58　配合物 **23**（a）和 **24**(b) 的 X 射线粉末衍射谱图

通过热重分析（TG）确定了配合物 **24** 的热稳定性（图 3-59），TG 曲线表明：在温度为 120～210℃为失重第一阶段，失重率为 6.00％，对应失去一个配位水分子（理论值：5.55％）；第二阶段失重发生在 400℃，配合物的骨架开始分解。另外，在 DSC 曲线有对应的吸热峰，表明配合物具有高的热稳定性。

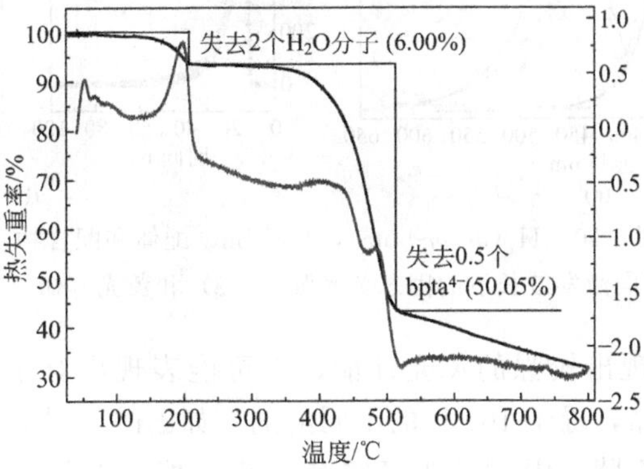

图 3-59　配合物 **24** 的 TG 和 DSC 曲线

3.4.3.4　配合物 23 和 24 的荧光性质

发光性的物质在照明、生化、医药、仪器分析等领域中应用广泛。H_4(*m*,*m*-bpta) 配体表现为刚性 π 共轭结构，具有较强大的共面性、强的吸电子能力、优秀的发光性能和良好的稳定性。当配体与 d^{10} 电子组态的金属离子结合，其荧光性能会发生改变。在室温下，我们对配体 H_4(*m*,*m*-bpta)、bipy 和配合物 **23** 和 **24** 的发光性能进行了测试，实验过程中，电压为300V，狭缝为10nm。如图3-60(a)所示，在305nm激发波长下，配体H_4bpta在350nm处出现了发射峰，这是由于$\pi\rightarrow\pi^*$和（或）$n\rightarrow\pi^*$核移跃迁产生。配体2,2′-bipy产生了微弱的激发峰和发射峰。配体4,4′-bipy在360nm的激发波长下，在430nm处出现发射峰，也是由于$\pi\rightarrow\pi^*$和$n\rightarrow\pi^*$电子跃迁产生。对于配合物**23**，在370nm的激发下其发射峰在432nm处出现，相比于2,2′-bipy和H_4bpta，由于配体到金属发生了荷移跃迁（LMCT），导致配合物发生了红移。进一步测试其其量子产率为7.43%。通过荧光寿命测试发现配合物的荧光寿命为τ_1=2.37ns，τ_2=8.78ns［见图3-60(b)］。在335nm的激发波长下，配合物**24**的发射峰出现在405nm和423nm，其量子产率为7.84%。相比于H_4(*m*,*m*-bpta)配体，配合物的最大发射峰发生52nm的红移，这是由于(*m*,*m*-bpta)$^{4-}$配体的π电子重叠增强引起的。另外，与4,4′-bipy配体相比，配合物**24**发生了8nm的蓝移，归因于配体到金属的荷移跃迁。由于金属离子与配体配位，使得配体的刚性增强，导致配体的电子损失能量减少，从而使得配合物荧光强度增强。荧光寿命衰减曲线表明配合物的荧光寿命为τ_1=3.18ns，τ_2=8.77ns。比较配合物**23**和**24**，荧光发射峰的位置和强度不同，二者不同的原因是4,4′-bipy自身就要比2,2′-bipy表现出强的荧光，配合物**24**中配体的羧酸和4,4′-bipy由金属离子簇连接，使二者几乎处于同一平面，同时结构中包含了双核金属簇，导致其荧光强度高于配合物**23**。

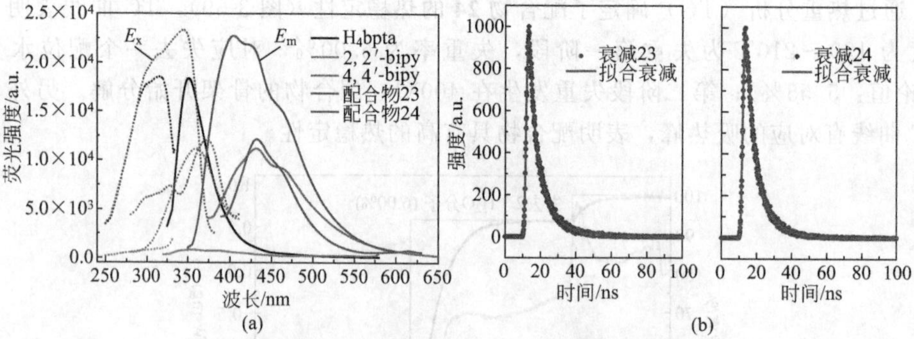

图3-60 H_4(*m*,*m*-bpta)，4,4′-bipy配体和配合物在不同激发波长下的固态荧光强度（a）和荧光寿命（b）

由于配合物**24**表现出较强的荧光性能，其可能表现出对小分子或离子的识别。称取5mg的配合物样品，置于10mL的不同溶剂（如乙醇、甲醇、蒸馏水、二甲基甲酰胺、二甲基亚砜、乙腈、丙酮、四氢呋喃、环己烷、甲苯、乙醚、二氯甲烷等）中，超声约30min后，静置过夜，取上清液分别进行荧光测试。如图3-61(a)所示，发现配合物在不同溶剂中表现出不同的荧光现象。其中，配合物在乙醇溶剂中的荧光强度最大。为了确定配合物在不同溶剂中浸泡后溶液的稳定性，分别测试了其PXRD，结果表明配合物在不同溶剂中浸泡后结构仍保持稳定［见图3-61(b)］。

采用乙醇为溶剂，分别将5mg的配合物样品和3mmol金属盐$M(NO_3)_x$（M=Mg^{2+}，Al^{3+}，Ca^{2+}，Cr^{3+}，Mn^{2+}，Fe^{3+}，Co^{2+}，Ni^{2+}，Cu^{2+}，Zn^{2+}，Cd^{2+}，Pb^{2+}，Ag^+）混合浸泡于乙醇溶剂中，取上清液，分别测试混合液的荧光强度。结

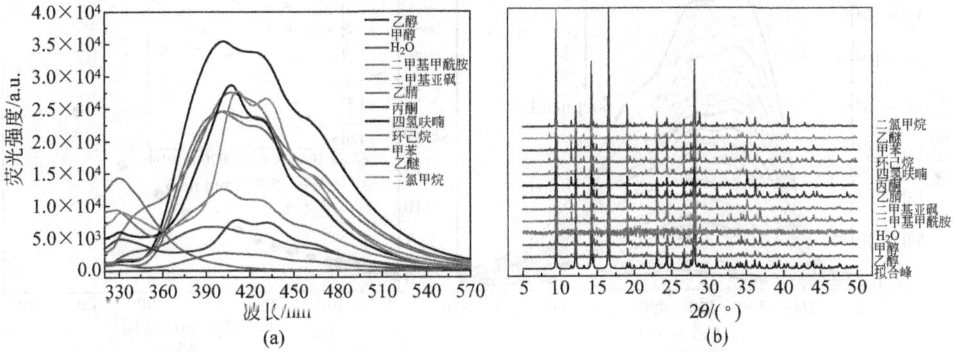

图 3-61　(a) 在 300nm 激发波长下配合物在不同溶剂中的荧光强度；(b) 配合物在不同溶剂中分散后的 PXRD 图谱

果表明 Fe^{3+} 盐浸泡后会使配合物在乙醇中发生明显的荧光猝灭，而其他离子的荧光强度几乎不发生改变［见图 3-62(a)］。这说明配合物在乙醇中可对 Fe^{3+} 进行特征识别。抗干扰能力是评估荧光探针应用潜力的重要指标。为了排除其他金属离子对 Fe^{3+} 的干扰，对其进行抗干扰试验，先在 **24** 悬浊液中加入一定浓度的干扰金属离子，然后加入浓度为干扰离子三分之一的 Fe^{3+}，荧光测试发现即使在有高浓度干扰离子存在的情况下，Fe^{3+} 对配合物 **24** 的荧光猝灭程度与无干扰离子存在相差无几［图 3-62(b)］，这说明配合物 **24** 对 Fe^{3+} 的荧光传感上有很好的抗干扰能力。为了确定对 Fe^{3+} 的识别强弱，我们进行了 Fe^{3+} 对配合物溶液滴定实验。

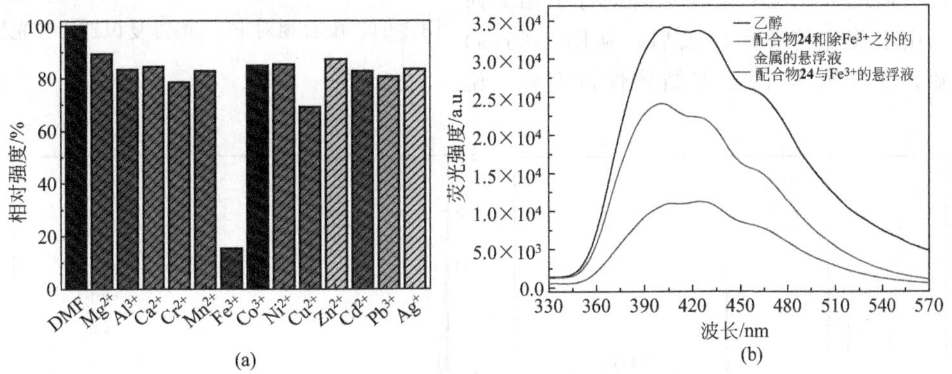

图 3-62　(a) 在 300nm 的激发下，不同金属离子分散在配合物 **24** 的乙醇溶液中的相对发射强度，(b) 在不同阳离子存在下，配合物 **24** 对 Fe^{3+} 检测的抗干扰研究

如图 3-63(a)所示，将 3×10^{-3} mol/L 的 Fe^{3+} 逐渐加入的配合物的乙醇上清液中，配合物的荧光逐渐发生猝灭，当 Fe^{3+} 的浓度达到 6×10^{-4} mol/L 时，其荧光猝灭程度达到了 97.5%。为确定其猝灭效应，我们取荧光前 10 个发射峰值做回归线分析，通过 Stern-Volmer 方程 $I_0/I=K_{sv}[Q]+1$ 进行拟合得出猝灭常数 $K_{sv}=4.39\times10^4$ L/mol［见图 3-63(b)］，表明配合物对 Fe^{3+} 具有较高的识别效果。

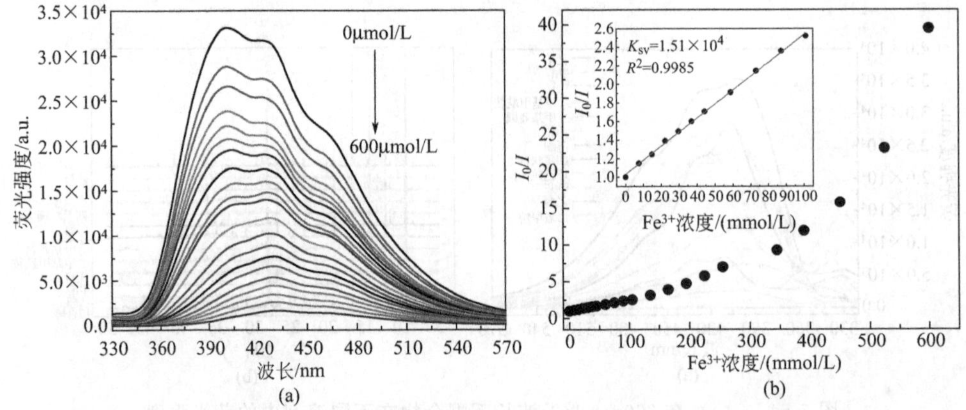

图 3-63 （a）配合物 **24** 的悬浮液的荧光强度随 Fe^{3+} 的逐渐加入而改变，（b）不同 Fe^{3+} 浓度的配合物在乙醇溶剂中的 Stern-Volmer 曲线

为了确定配合物对 Fe^{3+} 重复识别能力，进行了循环识别实验，将荧光传感后的悬浊液经离心分离回收配合物 **24** 固体后，反复对浸泡过 Fe^{3+} 的配合物清洗，将再生的**24** 再次用于对 Fe^{3+} 识别，进行五次测试发现配合物仍对 Fe^{3+} 具有强的识别能力（图 3-64）。

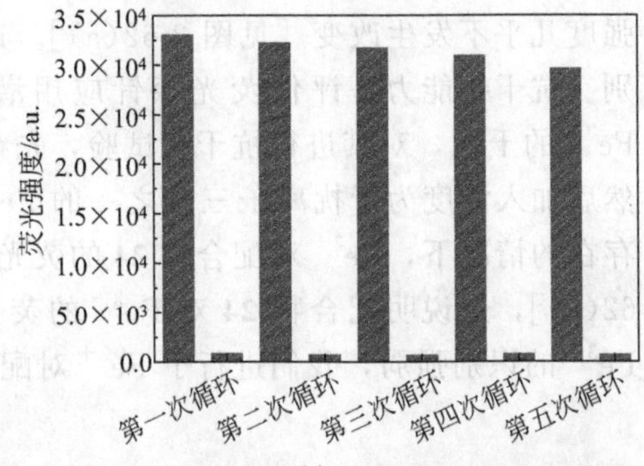

图 3-64　配合物对 Fe^{3+} 的重复识别的荧光强度

为了确定 Fe^{3+} 对配合物 **24** 的猝灭机理，可借助 UV-Vis 吸收光谱进行了相关研究。由于荧光传感实验前后，从图 3-65（a）可知，配合物 **24** 的框架结构保持完整，说

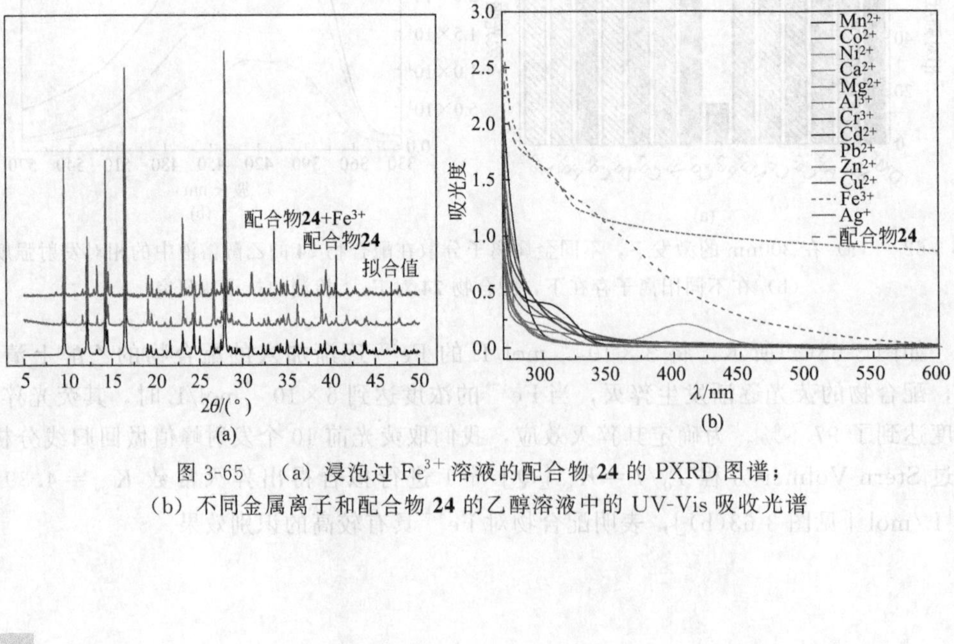

图 3-65　（a）浸泡过 Fe^{3+} 溶液的配合物 **24** 的 PXRD 图谱；（b）不同金属离子和配合物 **24** 的乙醇溶液中的 UV-Vis 吸收光谱

明荧光猝灭不是因为框架塌陷而产生的。在室温下分别测试金属离子溶液和配合物**24**悬浊液的UV-Vis吸收光谱，如图3-65(b)所示，只有Fe^{3+}的吸收光谱与配合物**24**的激发谱有明显的重叠，这说明Fe^{3+}对配合物**24**的猝灭归因于溶液中Fe^{3+}对配合物**24**激发能量的竞争性吸收。

3.4.4 小结

以具有共轭体系的H_4(*m*,*m*-bpta)和2,2'-联吡啶配体为原料，在溶剂热条件下成功地合成了一种基于Zn^{2+}的金属有机配合物。与之前文献［17］中所提到的基于Zn^{2+}的金属有机配合物结构不同的原因是由不同的*N*-供体配体诱导形成三维网络，通过一些表征测定配合物的结构，在结构中羧基采用螯合、单齿配位模式连接Zn^{2+}形成了具有22元环的链状结构，通过π-π堆积与氢键作用形成了三维网络结构。通过荧光测试表明：在370nm的激发下，配合物粉末样品的发射峰出现在432nm，可应用于有机小分子和金属离子的识别。

参考文献

［1］Feng L，Wang K Y，Day G S，et al. Destruction of metal-organic frameworks：positive and negative aspects of stability and lability［J］. Chem. Rev.，2020，120：13087-13133.

［2］Jiang Z，Liu J，Gao M，et al. Assembling polyoxo-titanium clusters and CdS Nanoparticles to a porous matrix for efficient and tunable H_2-evolution activities with visible light［J］. Adv. Mater.，2017，29：1603369.

［3］Xie S，Qin Q，Liu H，et al. MOF-74-M（M＝Mn，Co，Ni，Zn，MnCo，MnNi，and MnZn）for low-temperature NH_3-SCR and in situ DRIFTS study reaction mechanism［J］. ACS Appl. Mater. Interfaces，2020，12：48476-48485.

［4］Bobbitt N S，Mendonca M L，Howarth A J，et al. Metal-organic frameworks for the removal of toxic industrial chemicals and chemical warfare agents［J］. Chem. Soc. Rev.，2017，46：3357-3385.

［5］Burger B，Demeshko S，Bill E，et al. The carboxylate twist：hysteretic bistability of a high-spin diiron（Ⅱ）complex identified by Mossbauer spectroscopy［J］. Angew Chem. Int. Ed. Engl.，2012，51：10045-10049.

［6］Bazhina E S，Kiskin M A，Korlyukov A A，et al. Barium（Ⅱ）-chromium（Ⅲ）coordination polymers based on dimethylmalonate anions：synthesis，crystal structure，magnetic properties，and EPR spectra［J］. Eur. J. Inorg. Chem.，2020，2020：4116-4126.

［7］Ma X F，Wang H L，Zhu Z H，et al. Solvent-induced structural diversity and magnetic research of two cobalt（II）complexes［J］. ACS omega，2019，4：20905-20910.

［8］Antkowiak M，Majee M C，Maity M，et al. Generalized Heisenberg-type magnetic phenomena in coordination polymers with nickel-lanthanide dinuclear units［J］. J. Physl. Chem. C，2021，125：11182-11196.

［9］Zheng B，Dong H，Bai J，et al. Temperature controlled reversible change of the coordination modes of the highly symmetrical multitopic ligand to construct coordination assemblies：experimental and theoretical studies［J］. J. Am. Chem. Soc.，2008，130：7778-7779.

［10］Yang G P，Hou L，Ma L F，et al. Investigation on the prime factors influencing the formation of entangled metal-organic frameworks［J］. CrystEngComm，2013，15：2561-2578.

［11］Yin P X，Zhang J，Qin Y Y，et al. Role of molar-ratio，temperature and solvent on the Zn/Cd 1，2，4-triazolate system with novel topological architectures［J］. CrystEngComm，2011，13：3536-3544.

［12］Long L S. pH effect on the assembly of metal-organic architectures［J］. CrystEngComm，2010，12：

1354-1365.

[13] Muñoz M C, Julve M, Lloret F, et al. Influence of the counterion on the coordinating properties of (2,2′-bipyridyl) bis (oxalato) chromate (Ⅲ) anion: crystal structures and magnetic properties of $AsPh_4$ [Cr (bipy)(ox)$_2$] · H_2O and [NaCr (bipy) (ox)$_2$(H_2O)] · $2H_2O$ [J]. Dalton Trans., 1998, 3125-3132.

[14] Mahmoudi G, Morsali A. Counter-ion influence on the coordination mode of the 2, 5-bis (4-pyridyl) -1, 3, 4-oxadiazole (bpo) ligand in mercury (Ⅱ) coordination polymers, [Hg(bpo)$_n$X$_2$]: X=I^-, Br^-, SCN^-, N_3^- and NO_2^-; spectroscopic, thermal, fluorescence and structural studies [J]. CrystEngComm, 2007, 9: 1062-1072.

[15] Zhang Z, Zaworotko M J. Template-directed synthesis of metal-organic materials [J]. Chem. Soc. Rev., 2014, 43: 5444-5455.

[16] Biradha K. Crystal engineering: from weak hydrogen bonds to co-ordination bonds [J]. CrystEngComm, 2003, 5: 374-384.

[17] Wang K, Bi R, Huang M, et al. Porous cobalt metal-organic frameworks as active elements in battery-supercapacitor hybrid devices [J]. Inorg. Chem., 2020, 59: 6808-6814.

[18] Liu Y, Shi W J, Lu Y K, et al. Nonenzymatic glucose sensing and magnetic property based on the composite formed by encapsulating ag nanoparticles in cluster-based Co-MOF [J]. Inorg. Chem., 2019, 58: 16743-16751.

[19] Zhang L, Liu L, Huang C, et al. Polynuclear Ni (Ⅱ) /Co(Ⅱ) /Mn(Ⅱ) complexes based on terphenyl-tetracarboxylic acid ligand: crystal structures and research of magnetic properties [J]. Cryst. Growth & Des., 2015, 15: 3426-3434.

[20] Ye Y, Du J, Sun L, et al. Two zinc metal-organic framework isomers based on pyrazine tetracarboxylic acid and dipyridinylbenzene for adsorption and separation of CO_2 and light hydrocarbons [J]. Dalton Trans., 2020, 49: 1135-1142.

[21] Abdelhameed R M, Emam H E. Design of ZIF (Co & Zn) @ wool composite for efficient removal of pharmaceutical intermediate from wastewater [J]. Journal of colloid and interface science, 2019, 552: 494-505.

[22] Li X, Cai Y, Fang Z, et al. Three two-folded interpenetrating 3D metal-organic frameworks consisting of dinuclear metal units: syntheses, structures, and magnetic properties [J]. Cryst. Growth & Des., 2011, 11: 4517-4524.

[23] Zhang D S, Zhang Y Z, Gao J, et al. Structure modulation from unstable to stable MOFs by regulating secondary N-donor ligands [J]. Dalton Trans., 2018, 47: 14025-14032.

[24] Nugent P, Belmabkhout Y, Burd S D, et al. Porous materials with optimal adsorption thermodynamics and kinetics for CO_2 separation [J]. Nature, 2013, 495: 80-84.

[25] Wang R M, Meng Q G, Zhang L L, et al. Investigation of the effect of pore size on gas uptake in two fsc metal-organic frameworks [J]. Chem. Commun., 2014, 50: 4911-4914.

[26] Wu X, Zhang H B, Xu Z X, et al. Asymmetric induction in homochiral MOFs: from interweaving double helices to single helices [J]. Chem. Commun., 2015, 51: 16331-16333.

[27] Wang K, Lv B, Wang Z, et al. Two-fold interpenetrated Mn-based metal-organic frameworks (MOFs) as battery-type electrode materials for charge storage [J]. Dalton Trans., 2020, 49: 411-417.

[28] SMART and SAINT (Software Package) [CP]; Sicmens analytical x-ray instruments Ins., Madison, WI, USA, 1996.

[29] SAINTPlus, version 6.22, Bruker analytical x-ray systems [M], Madison, WI, 2001.

[30] Weeks C M, Hauptman H A, Smith G D, et al. Crambin: a direct solution for a 400-atom structure [J]. Acta Crystallogr., Sect. A: Found. Crystallogr., 1995, D51: 33-38.

[31] Sheldrick G M. A short history of SHELX [J]. Acta Crystallogr., Sect. A: Found. Crystallogr., 2008, 64:

112-122.
[32] Zeng M H, Zhou Y L, Wu M C, et al. A unique cobalt (Ⅱ) -based molecular magnet constructed of hydroxyl/carboxylate bridges with a 3D pillared-layer motif [J]. Inorg. Chem., 2010, 49: 6436-6442.
[33] Pace E L, Noe L J. Infrared Spectra of Acetonitrile and Acetonitrile-d_3 [J]. The Journal of Chemical Physics, 1968, 49: 5317-5325.
[34] Liu Y, Li N, Li L, et al. One-pot synthesis of two pillar-layer frameworks: coordination polymorphs deriving from different linking modes of 1, 3, 5-benzenetricarboxylate [J]. CrystEngcomm, 2012, 14: 2080-2086.
[35] Murrie M. Cobalt (Ⅱ) single-molecule magnets [J]. Chem. Soc. Rev., 2010, 39: 1986-1995.
[36] Niu C Y, Zheng X F, Wan X S, et al. A series of two-dimensional Co(Ⅱ), Mn(Ⅱ), and Ni (Ⅱ) coordination polymers with di- or trinuclear secondary building units constructed by 1, 1′-Biphenyl-3, 3′-dicarboxylic acid: synthesis, structures, and magnetic properties [J]. Cryst. Growth & Des., 2011, 11: 2874-2888.
[37] Gomez-Garcia C J, Coronado E, Borras-Almenar J J. Magnetic characterization of tetranuclear copper (Ⅱ) and cobalt (Ⅱ) exchange-coupled clusters encapsulated in heteropolyoxotungstate complexes. Study of the nature [J]. Inorg. Chem., 1992, 31: 1667-1673.
[38] Sun B W, Gao S, Ma B Q, et al. Syntheses, structures and magnetic properties of three-dimensional coordination polymers constructed by dimer subunits [J]. Daton Trans., 2000, 4187-4191.
[39] Yang C I, Hung S P, Lee G H, et al. Slow magnetic relaxation in an octanuclear manganese chain [J]. Inorg. Chem., 2010, 49: 7617-7619.
[40] Blasco S, Cano J, Clares M P, et al. A binuclear Mn (Ⅲ) complex of a scorpiand-like ligand displaying a single unsupported Mn (Ⅲ) -O-Mn (Ⅲ) bridge [J]. Inorg. Chem., 2012, 51: 11698-11706.
[41] Zhou X, Chen Q, Liu B, et al. Syntheses, structures and magnetic properties of nine coordination polymers based on terphenyl-tetracarboxylic acid ligands [J]. Dalton Trans., 2017, 46: 430-444.
[42] Canadillas-Delgado L, Fabelo O, Pasan J, et al. Unusual (μ-aqua) bis (μ-carboxylate) bridge in homometallic M (Ⅱ)(M = Mn, Co and Ni) two-dimensional compounds based on the 1, 2, 3, 4-butanetetracarboxylic acid: synthesis, structure, and magnetic properties [J]. Inorg. Chem., 2007, 46: 7458-7465.
[43] Fabelo O, Pasan J, Canadillas-Delgado L, et al. Crystal structure and magnetic properties of two isomeric three-dimensional pyromellitate-containing cobalt (Ⅱ) complexes [J]. Inorg. Chem., 2008, 47: 8053-8061.
[44] Fabelo O, Canadillas-Delgado L, Pasan J, et al. Study of the influence of the bridge on the magnetic coupling incobalt (II) complexes [J]. Inorg. Chem., 2009, 48: 11342-11351.
[45] Liu C S, Wang J J, Yan L F, et al. Copper (Ⅱ), cobalt (Ⅱ), and nickel (Ⅱ) complexes with a bulky anthracene-based carboxylic ligand: syntheses, crystal structures, and magnetic properties [J]. Inorg. Chem., 2007, 46: 6299-6310.
[46] Rodriguez L, Labisbal E, Sousa-Pedrares A, et al. Coordination chemistry of amine bis (phenolate) cobalt (II), nickel (Ⅱ), and copper (Ⅱ) complexes [J]. Inorg. Chem., 2006, 45: 7903-7914.
[47] Gao X L, Geng R L, Su F. Three Co/Ni (Ⅱ)-MOFs with dinuclear metal units constructed by biphenyl-3, 3′,5,5′-tetracarboxylic acid and N-donor ligands: Synthesis, structures, and magnetic properties [J]. J. Solid State Chem., 2021, 293: 121706.
[48] Ma Y, Zhang J Y, Cheng A L, et al. Antiferro- and ferromagnetic interactions inMn(Ⅱ), Co(Ⅱ), and Ni (Ⅱ) compounds with mixed azide-carboxylate bridges [J]. Inorg. Chem., 2009, 48: 6142-6151.
[49] Wang Y Q, Wang K, Sun Q, et al. Novel manganese (Ⅱ) and cobalt (Ⅱ) 3D polymers with mixed cyanate and carboxylate bridges: crystal structure and magnetic properties [J]. Dalton Trans., 2009, 9854-9859.
[50] Tian C Y, Sun W W, Jia Q X, et al. A novel manganese (Ⅱ) coordination polymer with azide and neutral dicarboxylate ligands: helical structure and magnetic properties [J]. Dalton Trans., 2009, 6109-6113.
[51] Zhou X, Liu P, Huang W H, et al. Solvents influence on sizes of channels in three fry topological Mn (Ⅱ) -MOFs based on metal-carboxylate chains: syntheses, structures and magnetic properties [J].

CrystEngComm, 2013, 15: 8125-8132.

[52] Mao N N, Hu P, Yu F, et al. Solvents influence on sizes of channels in three fry topological Mn(Ⅱ) -MOFs based on metal-carboxylate chains: syntheses, structures and magnetic properties [J]. CrystEngComm, 2017, 19: 4586-4594.

[53] Wang L, Zhao R, Xu L Y, et al. The synthesis, structure, and magnetic properties of two novel manganese (Ⅱ) azido/formate coordination polymers with isonicotinic acid N-oxide as a coligand [J]. CrystEngComm, 2014, 16: 2070-2077.

[54] Déniz M, Hernández-Rodríguez L, Pasán J, et al. Syntheses, crystal structures and magnetic properties of five new manganese (Ⅱ) complexes: influence of the conformation of different alkyl/aryl substituted malonate ligands on the crystal packing [J]. CrystEngComm, 2014, 16: 2766-2778.

[55] Liu Y, Chen Y C, Wu S G. et al. Exploring the inverse magnetocaloric effect in discrete Mn^{II} dimers [J]. J. Phys. Chem. C, 2017, 121: 22727-22732.

[56] Yang P, Wang M S, Shen J J, et al. Seven novel coordination polymers constructed by rigid 4- (4-carboxyphenyl) -terpyridine ligands: Synthesis, structural diversity, luminescence and magnetic properties [J]. Dalton Trans., 2014, 43: 1460-1470.

[57] Mukherjee P S, Konar S, Zangrando E, et al. Structural analyses and magnetic properties of 3D coordination polymeric networks of nickel (Ⅱ) maleate and manganese (Ⅱ) adipate with the flexible 1, 2-Bis (4-pyridyl) ethane ligand [J]. Inorg. Chem., 2003, 42: 2695-2703.

[58] Lv X, Liu L, Huang C, et al. Metal-organic frameworks based on the [1,1′:3′,1″-terphenyl]-3,3″,5,5″-tetracarboxylic acid ligand: syntheses, structures and magnetic properties [J]. Dalton Trans., 2014, 43: 15475-15481.

[59] Zhu Q Y, Wang J P, Qin Y R, et al. Metal-carboxylate coordination polymers with redox-active moiety of tetrathiafulvalene (TTF) [J]. Dalton Trans., 2011, 40: 1977-1983.

[60] Fernandez G, Corbella M, Mahia J, et al. Polynuclear Mn^{II} complexes with chloroacetate bridge-syntheses, structure, and magnetic properties [J]. Eur. J. Inorg. Chem., 2002, 2502-2510.

[61] Kar P, Biswas R, Ida Y, et al. A unique example of structural diversity tuned by apparently innocent o-, m-, and p-nitro substituents of benzoate in their complexes of Mn(Ⅱ) with 4,4′-bipyridine: 1D ladder, 2D sheet, and 3D framework [J]. Cryst. Growth Des., 2011, 11: 5305-5315.

[62] Lin Q, Wu T, Zheng S T, et al. A chiral tetragonal magnesium-carboxylate framework with nanotubular channels [J]. Chem. Commun., 2011, 47: 11852-11854.

[63] Bleaney B, Bowers K D. Anomalous paramagnetism of copper acetate [J]. Proc. R. Soc. London Ser., 1952, A214: 451-465.

[64] Reinoso S, Vitoria P, Felices L S, et al. Analysis of weak interactions in the crystal packing of inorganic metalorganic hybrids based on keggin polyoxometalates and dinuclear copper (Ⅱ) -acetate complexes [J]. Inorg. Chem., 2006, 45: 108-118.

[65] Ruiz-Perez C, Sanchiz J, Hernandez-Molina M, et al. Ferromagnetism in malonato-bridged copper (Ⅱ) complexes. synthesis, crystal structures, and magnetic properties of {$[Cu(H_2O)_3][Cu(mal)_2(H_2O)]$}$_n$ and {$[Cu(H_2O)_4]_2[Cu(mal)_2(H_2O)]$}$[Cu(mal)_2(H_2O)_2]${$[Cu(H_2O)_4][Cu(mal)_2(H_2O)_2]$} ($H_2mal$= malonic acid) [J]. Inorg. Chem., 2000, 39: 1363-1370.

[66] Colacio E, Ghazi M, Kivekas R, et al. Helical-chaincopper (Ⅱ) Complexes and a cyclic tetranuclear copper (Ⅱ) complex with single syn-anti carboxylate bridges and ferromagnetic exchange interactions [J]. Inorg. Chem., 2000, 39: 2882-2890.

[67] Xu X Y, Yan B. Intelligent molecular searcher from logic computing network based on Eu (Ⅲ) functionalized UMOFs for environmental monitoring [J]. Adv. Funct. Mater., 2017, 27: 1700247-1700258.

[68] Chen D M, Ma X Z, Shi W, et al. Solvent-induced topological diversity of two Zn (Ⅱ) metal-organic frameworks and high sensitivity in recyclable detection of nitrobenzene [J]. Cryst. Growth Des., 2015, 15:

3999-4004.

[69] Yu Y，Wang Y，Yan H，et al. Multiresponsive luminescent sensitivities of a 3D Cd-CP with visual turn-on and ratio metric sensing toward Al^{3+} and Cr^{3+} as well as turn-off sensing toward Fe^{3+} [J]. Inorg. Chem.，2020，59：3828-3837.

第 4 章

咪唑类含氮配体调控共轭多羧酸配位聚合物

4.1 概述

利用芳香多羧酸配体和含氮配体混合构建配位聚合物是一种有效的合成策略[1-3]。联苯四羧酸配体表现出诸多优点，如羧基在苯环上取代位置不同，苯环平面沿着 C—C 键可以旋转，形成不同的扭转角，从而减少空间位阻效应，这样可以灵活地选择不同的金属离子；羧基可以采用多种配位模式结合多个金属离子，形成金属簇；通过调节 pH 值，羧基可以产生不同程度的去质子化形式，与金属离子配位形成不同维度的结构，从而使配合物呈现出多样化结构[4-6]。其中 3,3′,5,5′-联苯四羧酸配体，是一种极其对称的、平面刚性结构的有机桥联配体，其特点是羧基相距较远，结合金属离子易形成双核金属簇单元。2,2′,4,4′-联苯四羧酸和 2,2′,5,5′-联苯四羧酸的两个羧基处于苯环邻位，苯环平面可以随着 C—C 键旋转，使得 2,2′-COO^- 间产生合适的空间取向，和离子配位易形成金属簇或金属链，进一步通过对位或间位的 COO^- 延伸可形成具有三维网络的金属有机框架材料。相比之下，含氮配体呈现电中性，并且具有单一的结合模式。在各种有机配体中，多齿含氮杂环配体（如咪唑、三唑、四唑和吡唑）和芳香多羧酸类配体可以作为构建配位网络的良好构筑模块或连接子[7-9]。咪唑基团的 N 原子可以作为 Lewis 酸性金属离子的给体，也可以在酸性条件下质子化（$\mathrm{p}K_a$ = 2.5）（图 4-1）。即咪唑的质子化容易导致混合羧酸和咪唑衍生物形成酸碱共晶化合物。咪唑比吡啶碱性更强，因为 6 个离域电子处在五元环上，电子密度更高，配位能力更强。伴随条件变化，咪唑可在形态上呈现中性、质子化和去质子化的多样性[10]。咪唑为强超 π 或 σ 型给体，对配合物的合成起着重要的促进作用，许多由过渡金属和 π 共轭配体构建的配位聚合物作为电子、光学或磁性材料，具有潜在应用价值[11-13]。另外，由于含有咪唑基的配体易于质子化，在构筑过渡金属配位聚合物的过程中，选择芳香多羧酸为辅助配体，利用混合配体（酸-碱）策略，可能带来意想不到的优异性能。因此研究含氮桥联配体和多种羧酸配体共同构筑的配位聚合物结构和性质具有重要的意义。

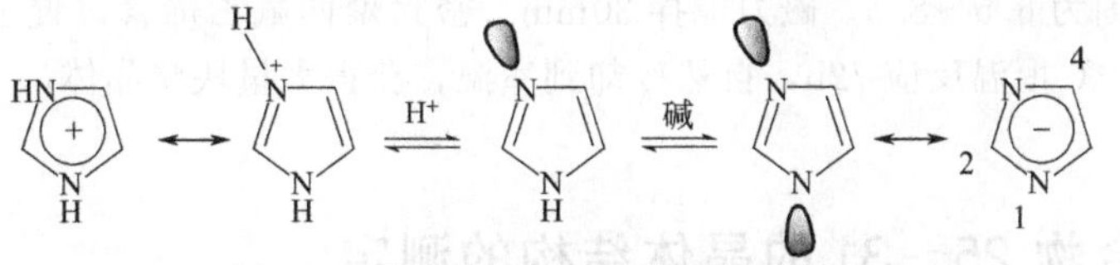

图 4-1 咪唑的质子化和去质子化过程

4.2 咪唑类含氮配体调控共轭多羧酸配位聚合物的制备与结构测定

4.2.1 配合物 25～31 的制备

配合物 **25～31** 的合成路线如图 4-2 所示。在 13mL 聚四氟乙烯管中，加入 0.1mmol 异构 H_4bpta、0.2mmol 含氮辅助配体、0.2mmol 相应金属离子，以摩尔比 1∶2∶2 混

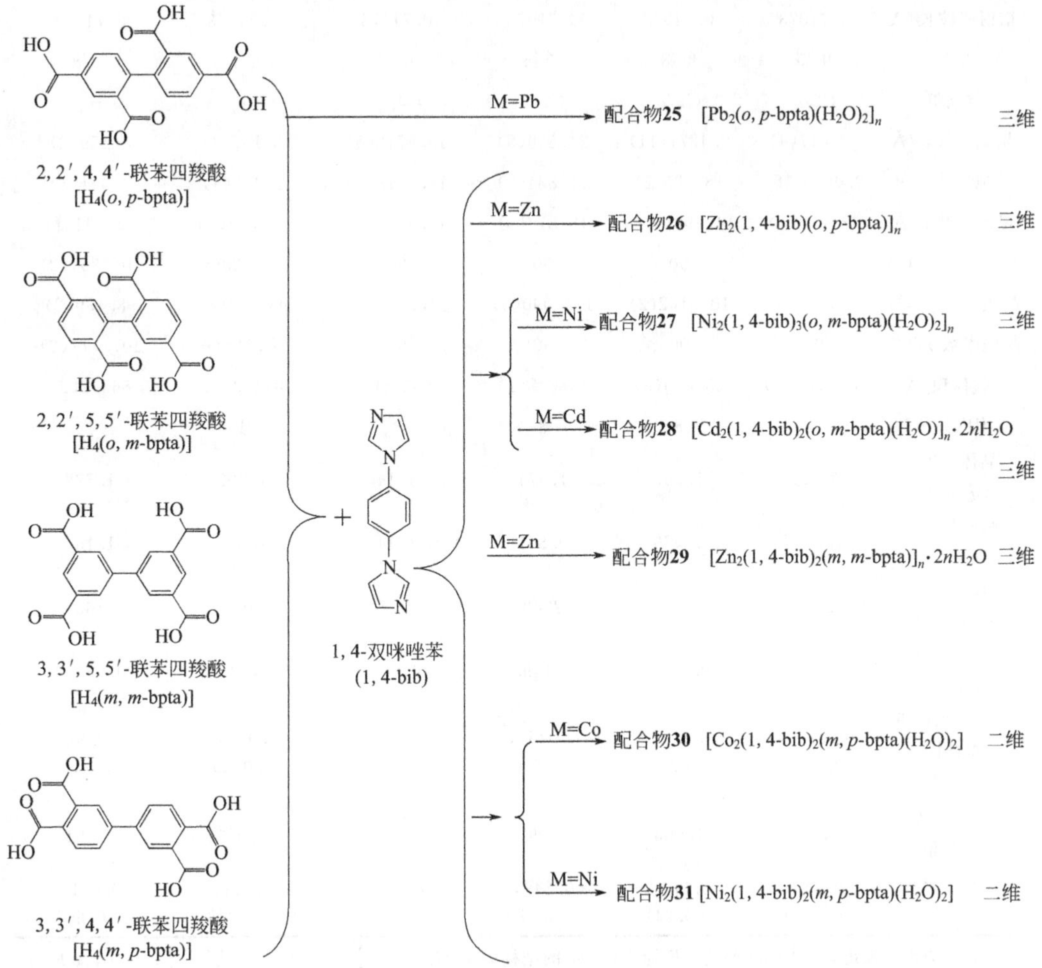

图 4-2 咪唑含氮配体调控金属离子和 H_4(*m*,*m*-bpta) 配体反应示意图

合，后加入 6mL 水或 6mL 体积比为 2∶1 水和 DMF 混合溶剂，用三乙胺溶液调节反应体系 pH 值范围为 6.5～8.5，磁力搅拌 30min。密封聚四氟乙烯管，置于不锈钢反应釜中，加热到 160℃恒温反应 72h，自然冷却到室温，获得大量块状晶体，用蒸馏水反复洗涤、干燥。

4.2.2 配合物 25～31 的晶体结构的测定

配合物 **25～31** 的单晶衍射数据收集和解析参照 2.1 节部分，通过北京同步辐射光源测试。其晶体学数据和结构精修数据列于表 4-1。

表 4-1 配合物 25～30 的相关晶体学数据和精修参数

配合物	25	26	27	28	30	31
化学式	$C_{16}H_{10}O_{10}Pb_2$	$C_{14}H_8N_2O_4Zn$	$C_{26}H_{20}N_6O_5Ni$	$C_{40}H_{32}Cd_2N_8O_{11}$	$C_{40}H_{30}N_8O_{10}Co_2$	$C_{40}H_{30}N_8O_{10}Ni_2$
分子量	776.62	333.59	555.19	1025.54	900.58	900.14
温度/K	100	296(2)	298(2)	298(2)	298(2)	298(2)
衍射线波长/Å	0.71073	0.71073	0.71073	0.71073	0.71073	0.71073
晶系	单斜	单斜	单斜	单斜	三斜	三斜
空间群	$C2/c$	$C2/c$	$C2/c$	$P2_1/c$	$P\bar{1}$	$P\bar{1}$
晶胞参数 a/Å	20.617(4)	9.4371(11)	24.579(5)	13.8742(5)	8.157(3)	8.159(2)
晶胞参数 b/Å	9.0830(18)	18.909(2)	11.834(2)	16.5419(6)	9.405(4)	9.341(1)
晶胞参数 c/Å	18.240(4)	14.4981(15)	18.816(3)	18.5356(9)	12.802(8)	12.734(1)
晶胞参数 α/(°)	90	90	90	90	105.220(8)	105.254(2)
晶胞参数 β/(°)	94.95(3)	104.162(2)	121.090(5)	110.547(1)	98.276(8)	98.139(2)
晶胞参数 γ/(°)	90	90	90	90	107.826(6)	107.777(2)
晶胞体积/Å^3	3403.0(12)	2508.5(5)	4686.8(1)	3983.4(3)	874.9(7)	865.2(2)
晶胞内分子数	8	8	8	4	1	1
晶体密度/(g/cm^3)	3.032	1.767	1.574	1.14	1.709	1.728
吸收校正/mm^{-1}	19.822	1.976	0.881	1.14	1.026	1.167
单胞中的电子数目	2800	1344	2288	2048	460	462
等效衍射点的等效性	0.0381	0.0333	0.1495	0.0732	0.08191	0.06359
非权重和权重一致性因子 $[I>2\sigma(I)]$①	0.0370，0.1335	0.0347，0.0868	0.0751，0.2206	0.0335，0.0757	0.0324，0.0699	0.0592，0.1375
基于 F^2 的 GOF 值	1.234	1.003	0.997	1.007	1.053	0.851
残余电子密度/(e/Å^3)	0.243/−0.990	0.383/−0.642	0.849，−0.570	1.281，−0.864	0.311，−0.338	0.571，−0.605

① I 为衍射强度，σ 为标准偏差，F 为衍射 hkl 的结构因子，$R_1=\sum\|F_o|-|F_c\|/\sum|F_o|$，$wR_2=[\sum w(F_o^2-F_c^2)^2/\sum w(F_o^2)^2]^{1/2}$。

4.3 咪唑类含氮配体调控共轭多羧酸配位聚合物的结构分析与性质研究

4.3.1 配合物 25～31 的晶体结构描述

4.3.1.1 $[Pb_2(o,p\text{-bpta})(H_2O)_2]_n$（配合物 25）的晶体结构

配合物 **25** 的结构属于单斜晶系，$C2/c$ 空间群，呈现了一个独特的三维网络结构。不对称单元是由两个 Pb(Ⅱ)离子、一个配体 $(o,p\text{-bpta})^{4-}$ 阴离子和两个配位水分子组成的。如图 4-3(a)所示，Pb1 离子与八个氧原子配位形成了全帽形的八配位环境 $[PbO_8]$，氧原子分别来自于四个不同的 $(o,p\text{-bpta})^{4-}$ 配体和一个水分子，Pb1—O 键长为 2.407(3)～2.890(3)Å。而 Pb2 离子同样与来自四个不同的 $(o,p\text{-bpta})^{4-}$ 配体的六个羧基氧和一个端基水分子配位，形成了半帽形的七配位环境 $[PbO_7]$，Pb2—O 键长为 2.407(3)～2.840(4)Å。

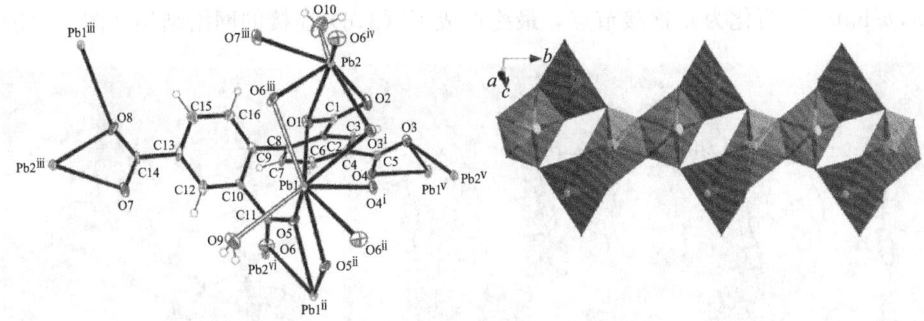

(a)　　　　　　　　　　(b)

图 4-3　(a) 在配合物 **25** 中 Pb^{2+} 与配体 $(o,p\text{-bpta})^{4-}$ 的配位模式［50%的椭球度，对称代码：(ⅰ) $-x+3/2$，$y+1/2$，$-z+3/2$；(ⅱ) $-x+3/2$，$-y+3/2$，$-z+1$；(ⅲ) $-x+2$，$-y+2$，$-z+1$；(ⅳ) x，$y+1$，z；(ⅴ) $-x+3/2$，$y-1/2$，$-z+3/2$；(ⅵ) x，$y-1$，z］；(b) 沿着 b 轴基于四核金属簇单元形成的一维棒状结构

在配合物 **25** 的结构中，每一个完全去质子化的 $(o,p\text{-bpta})^{4-}$ 配体连接着八个 Pb(Ⅱ)离子，其中 2,2′-COO⁻ 采用 $\mu_4\text{-}\eta^1:\eta^2:\eta^2:\eta^2$ 模式连接着四个 Pb(Ⅱ)离子形成了带状结构，4,4′-COO⁻ 采用 $\mu_4\text{-}\eta^1:\eta^2:\eta^1:\eta^2$ 模式分别配位着两个 Pb(Ⅱ)离子。其中相邻 Pb…Pb 间的距离分别是 Pb1…Pb2＝3.942(2)Å、Pb1…Pb1ⁱⁱ＝4.330(2)Å 和 Pb1ⁱⁱ…Pb2ᵛⁱ＝4.566(2)Å［对称代码：(ⅱ) $-x+3/2$，$-y+3/2$，$-z+1$；(ⅵ) x，$y-1$，z］。配体 $(o,p\text{-bpta})^{4-}$ 的两个苯环平面形成的二面角是 83.0(1)°，大于第 2 章中的第一过渡周期金属离子形成的配位聚合物［Cu(Ⅱ)除外］，可能是 Pb(Ⅱ)离子半径较大的原因引起的。

如图 4-3(b) 所示，沿着晶轴 b 方向，以 Pb1 和 Pb2 为中心的多面体以共边的方式相互连接形成了无限一维链结构，而这种像棒状的一维链以四核金属簇 $[Pb_4O_4]$ 为单元，进一步通过配体 $(o,p\text{-bpta})^{4-}$ 连接伸展为三维网络结构。有趣的是，沿着

晶轴 c 方向，这个三维网络结构包含了椭圆和矩形交替的通道（图 4-4）。此外，在分子结构中羧基和配位水分子间相互作用形成了不同的氢键［O…O 距离范围为 2.902(5)～3.002(8)Å，O—H…O 键角为 119°～135°］。沿着晶体学［010］方向，水分子通过氢键作用相互连接和金属簇形成了具有 12 元环和 16 元环交替的无限一维链［图 4-5(a)］。

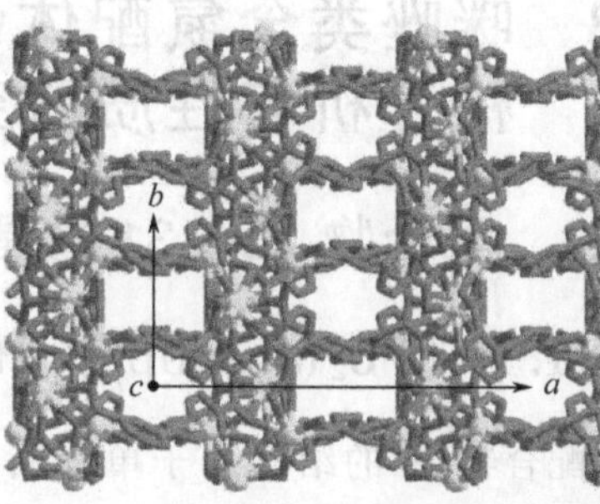

图 4-4 具有交替孔道（椭圆形和矩形）的三维网络结构

一般，含有孤对电子的 Pb(Ⅱ) 离子具有多种配位数，使得以 Pb(Ⅱ) 离子为中心的多面体呈现多样性，因此可以形成结构多样的配位聚合物。联苯四羧酸配体由于含有多个配位点，且羧基所处的位置多样，空间取向灵活，因此更易形成结构独特的配位聚合物。另外，pH 值、碱金属离子（Li^+、Na^+或K^+）和辅助配体对 Pb(Ⅱ) 配位聚合物的形成也具有重要的影响[15-17]。根据拓扑分析，在配合物 **5** 中 Pb(Ⅱ) 离子可简化为 3-连接节点，配体 $(o,p\text{-bpta})^{4-}$ 简化为 6-连接节点，最终形成了 (3,6)-连接的网络结构［图 4-5(b)］。

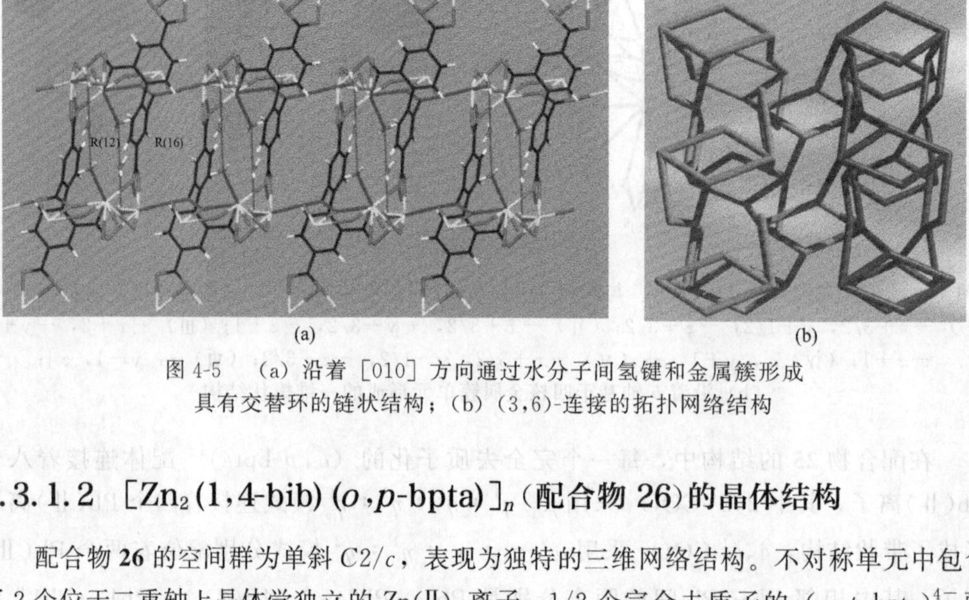

图 4-5 (a) 沿着［010］方向通过水分子间氢键和金属簇形成具有交替环的链状结构；(b) (3,6)-连接的拓扑网络结构

4.3.1.2 ［Zn_2(1,4-bib)(o,p-bpta)］$_n$（配合物 26）的晶体结构

配合物 **26** 的空间群为单斜 $C2/c$，表现为独特的三维网络结构。不对称单元中包含了 2 个位于二重轴上晶体学独立的 Zn(Ⅱ) 离子、1/2 个完全去质子的 $(o,p\text{-bpta})^{4-}$ 配体和 1,4-bib 配体。如图 4-6 所示，Zn1 原子与来自三个 $bpta^{4-}$ 配体的 4 个羧基 O 原子［O1，O1^{i}，O3^{iii} 和 O3^{iv}；对称代码：(ⅰ) $-x+2$，y，$-z+32$；(ⅲ) x，$-y+2$，$z-12$；(ⅳ) $-x+2$，$-y+2$，$-z+2$］，而 Zn2 原子的配位环境是由来自两个 $bpta^{4-}$ 配体的羧基 O 原子（O2 和 O2^{ii}；ⅱ $-x+1$，y，$-z+3/2$）和来自两个 1,4-bib 配体的两个 N 原子（N1 和 N^{ii}）组成。Zn1 和 Zn2 离子都表现变形的四面体几何构型：Zn1 的最大的夹角 132.49(17)°。Zn-O 键长为 1.879(2)～2.002(3)Å，Zn—N 键长为 1.990(3)Å。

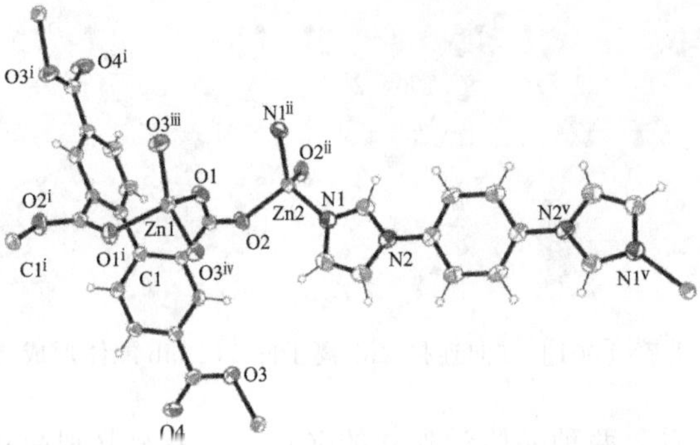

图 4-6　在配合物 **26** 中 Zn(Ⅱ)离子的配位环境［30%的椭球度，对称代码：(ⅰ) $-x+2$，y，$-z+3/2$；(ⅱ) $-x+1$，y，$-z+3/2$；(ⅲ) x，$-y+2$，$z-1/2$；(ⅳ) $-x+2$，$-y+2$，$-z+2$；(ⅴ) $-x+1/2$，$-y+3/2$，$-z+2$］

在配合物 **26** 中，完全去质子化的 $(o,p\text{-bpta})^{4-}$ 配体采用 μ_4-η^2：η^1：η^2：η^1 模式连接 5 个 Zn(Ⅱ) 离子，类似于第 2 章中配合物 **1**～**4**，其中 2,2′-COO⁻ 采用顺-反模式桥联 Zn(Ⅱ) 离子形成了一维链状结构，而 4,4′-COO⁻ 采用单齿模式与 2 个 Zn(Ⅱ) 离子配位。在 $(o,p\text{-bpta})^{4-}$ 配体中，苯环平面间的二面角为 75.21(1)°，与第 2 章中配合物 **1**～**4** 中的相近。另外，在配合物 **26** 中，沿着 *c* 轴方向，上下交替的 $(o,p\text{-bpta})^{4-}$ 配体连接 Zn1 原子形成了如图 4-7(a) 所示的具有带状的一维链结构，进一步在 *ac* 平面上连接 Zn2 原子形成了二维层状结构［图 4-7(b)］。然后通过 1,4-bib 配体连接不同的层形成了如图 4-7(c) 所示的三维网络结构，其中 1,4-bib 配体作为桥联配体连接 Zn2 原子，延伸形成了一维"之"字形的链状结构（图 4-8）。通过对比该类配合物，可以发现 $H_4(o,p\text{-bpta})$ 配体由于相邻苯环平面沿着 C—C 键旋转使得邻位羧基产生合适的距离，从而连接金属离子形成金属链状结构。

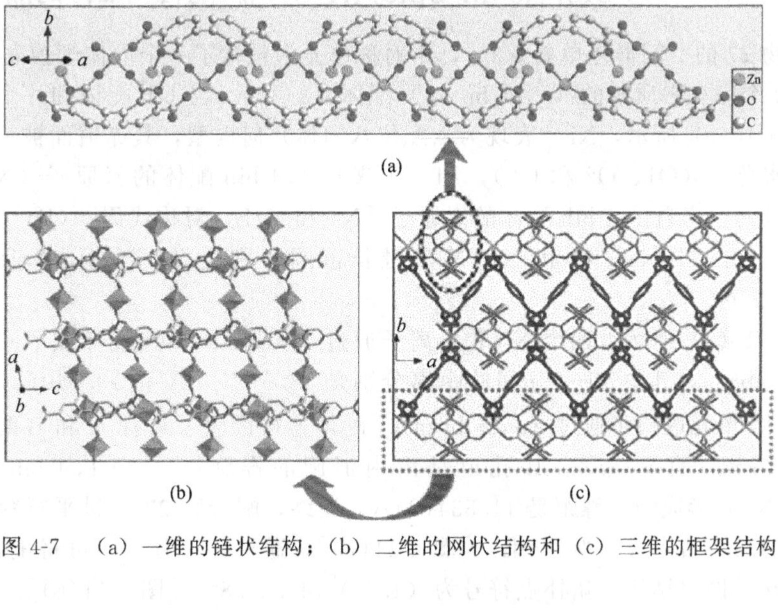

图 4-7　(a) 一维的链状结构；(b) 二维的网状结构和 (c) 三维的框架结构

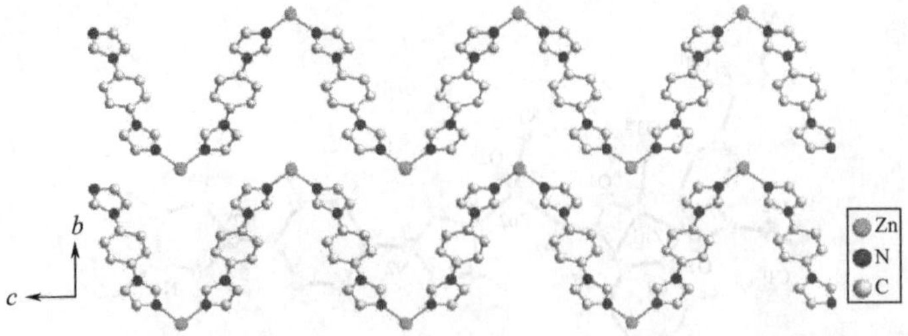

图 4-8 沿着［001］方向连接 Zn2 离子的 1,4-bib 配体形成之字形链

从拓扑的角度来看，两种晶体学独立的 Zn(Ⅱ) 离子分别简化为 3-和 4-连接的节点，而 (o,p-bpta)$^{4-}$ 配体可简化为 5-连接的节点。最终结构可被简化为 (3,4,5)-连接的网络结构（图 4-9），拓扑点符号为 ($4^2.6^4.8^4$)($4^2.6$)($6^5.8$)。

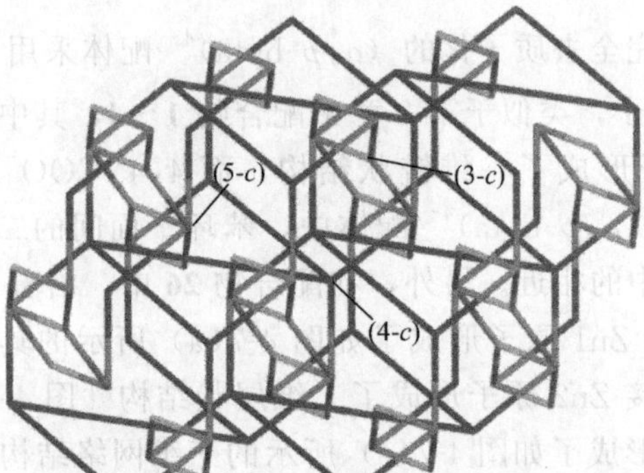

图 4-9 (3,4,5)-连接的拓扑网络的示意图

4.3.1.3 $[Ni_2(1,4\text{-bib})_3(o,m\text{-bpta})(H_2O)_2]_n$（配合物 27）的晶体结构

配合物 **27** 的空间群是单斜 $C2/c$，不对称单元中包含了一个晶体学独立的 Ni(Ⅱ) 离子、1/2 个完全去质子的 (o,m-bpta)$^{4-}$ 配体、3/2 个 1,4-bib 配体和一个配位水分子。如图 4-10(a) 所示，Ni^{2+} 表现为六配位八面体几何构型，其赤道面被一个羧基和一个配位水分子（O1、O2 和 O5），和一个来自 1,4-bib 配体的氮原子（N5）配位；轴向位置被两个来自 1,4-bib 配体的氮原子［N1 和 N4B，对称代码：(B) $-1/2+x$，$1/2+y$，z］占据。Ni—O 和 Ni—N 的键长范围分别是 2.06(3)～2.18(1)Å 和 2.06(1)～2.08(4)Å。

如图 4-10(b) 所示，四个 Ni(Ⅱ) 离子通过 1,4-bib 配体连接形成了一个菱形环 $[Ni_4(1,4\text{-bib})_4]$，其中 Ni…Ni 间的距离分别是 13.577(2)Å 和 13.640(2)Å。$[Ni_4(1,4\text{-bib})_4]$ 单元进一步通过 (o,m-bpta)$^{4-}$ 配体连接产生了具有 A 和 B 两种孔道的三维网络结构，有趣的是：B 孔道是由内消旋的螺旋链［-Ni-1,4-bib-Ni-(o,m-bpta^{4-}) -Ni-］形成的，螺距是 11.834(2)Å。最终，配合物 **27** 通过平行穿插形成了三重穿插的网络结构（三维/三维）［图 4-11(a)］，通过拓扑分析，可将配合物 **27** 简化为 4-连接的网络结构，拓扑点符号为 $(4.6^2)^2(4^2.6^2.8^2)$［图 4-11(b)］。

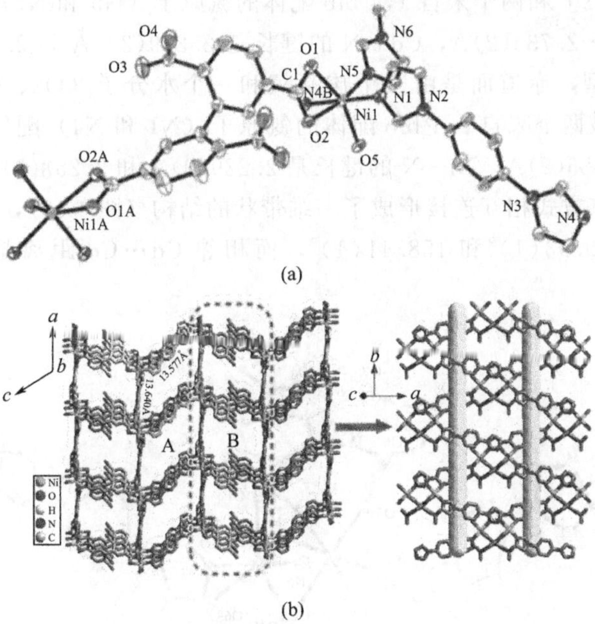

图 4-10　(a) 在配合物 **27** 中 Ni(Ⅱ) 离子的配位环境；(b) 沿着 a 轴形成的二维层状结构

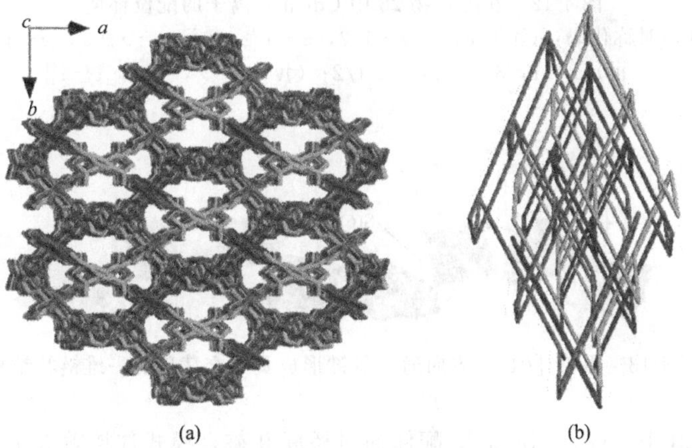

图 4-11　3-重穿插的三维网络结构 (a) 和 4-连接的 3-重穿插的拓扑结构 (b)

4.3.1.4　$[Cd_2(1,4\text{-bib})_2(o,m\text{-bpta})(H_2O)]_n \cdot 2nH_2O$ (配合物 28) 的晶体结构

配合物 **28** 的结构的空间群是单斜 $P2_1/c$，不对称单元中包含了两个不同的 Cd(Ⅱ) 离子、一个完全去质子的 $(o,m\text{-bpta})^{4-}$ 配体、两个 1,4-bib 配体和两个配位水分子。如图 4-12 所示，两个 Cd^{2+} 表现出不同的配位数，其中 Cd1 是七配位的，呈现出一个变形的五角双锥几何构型，其被五个来自 $(o,m\text{-bpta})^{4-}$ 配体的氧原子 [O1、O2、$O4^{i}$、$O5^{ii}$ 和 $O6^{ii}$，对称代码：(i) x，$-y+1/2$，$z-1/2$；(ii) $-x+1$，

$y-1/2$，$-z+1/2$] 和两个来自 1,4-bib 配体的氮原子（N5 和 N7）配位。Cd—O 的键长为 2.228(2)～2.733(2)Å，Cd—N 的键长是 2.229(3) Å 和 2.335(3)Å。而 Cd2 是八面体几何构型，赤道面是由三个羧基氧和一个水分子（O2、O3ⁱ、O5 和 O9）组成，轴向位置被两个来自 1,4-bib 配体的氮原子（N1 和 N4）配位。Cd—O 的键长为 2.321(3)～2.385(2)Å，Ni—N 的键长是 2.229(3)Å 和 2.253(3)Å。沿着 b 轴，两种多面体以共顶点方式相互连接形成了一维带状的结构（图 4-13），Cd⋯Cd⋯Cd 形成的夹角分别是 139.93(1)°和 158.41(1)°，而相邻 Cd⋯Cd 距离是 4.3437(3)Å 和 4.6408(3)Å。

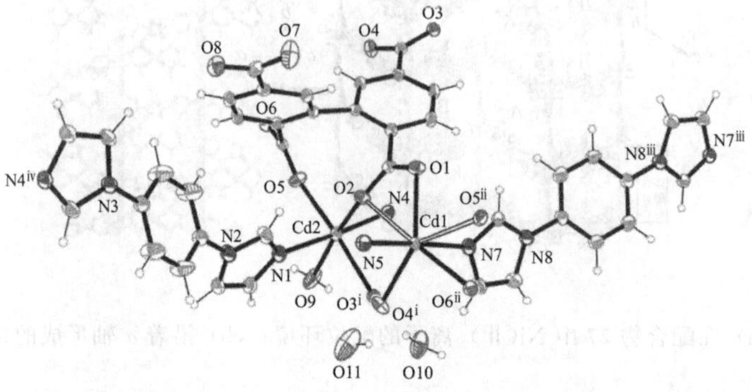

图 4-12　在配合物 **28** 中 Cd(Ⅱ) 离子的配位环境
[30%的椭球度，对称代码：(ⅰ) x，$-y+1/2$，$z-1/2$；(ⅱ) $-x+1$，$y-1/2$，$-z+1/2$；(ⅲ) $x-1$，$3/2-y$，$z-1/2$；(ⅳ) $2-x$，$-y$，$1-z$]

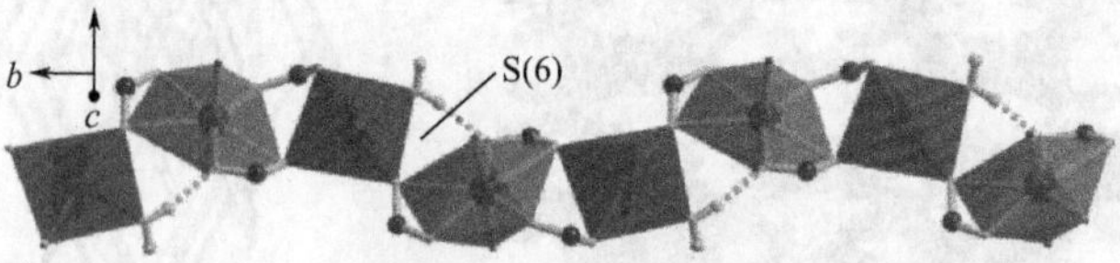

图 4-13　沿着 [010] 方向通过氢键形成具有交替环的一维链状结构

在配合物 **28** 中，$(o,m\text{-bpta})^{4-}$ 配体通过桥联和螯合模式连接着五个 Cd(Ⅱ)离子，其中 2,2′-COO^- 采用 μ_3-η^1：η^2：η^1：η^2 模式配位着三个 Cd(Ⅱ)离子，而 5,5′-COO^- 采用 μ_2-η^1：η^1：η^0：η^0 模式连接着两个 Cd^{2+}。由于空间位阻效应，苯环平面扭转形成的二面角是 60.75(11)°。最终，上述的一维金属链沿着晶轴 a 和 c 方向通过配体延伸形成了具有空穴的三维网络结构，客体水分子居于空穴中 [图 4-14(a)]。

如图 4-15 所示，在结构中羧基和结晶水分子形成了不同的氢键（O11—H11B⋯$O7^{iv}$、O11—H11A⋯O10、O10—H10B⋯$O3^{i}$和 O10—H10A⋯$O8^{iii}$），沿着 b 轴通过氢键延伸形成了具有波浪形的超分子链状结构。为了清晰地了解结构，可将结构简化为 (3,4,5)-连接的网络结构，其中相邻 Cd^{2+} 分别简化为 3-和 4-连接节点，而 $(o,m\text{-bpta})^{4-}$ 配体简化为 5-连接节点，最终拓扑顶点符号为 $(4^2.6^4)(4.6^2)(4^3.6^5.7^2)$ [图 4-14(b)]。

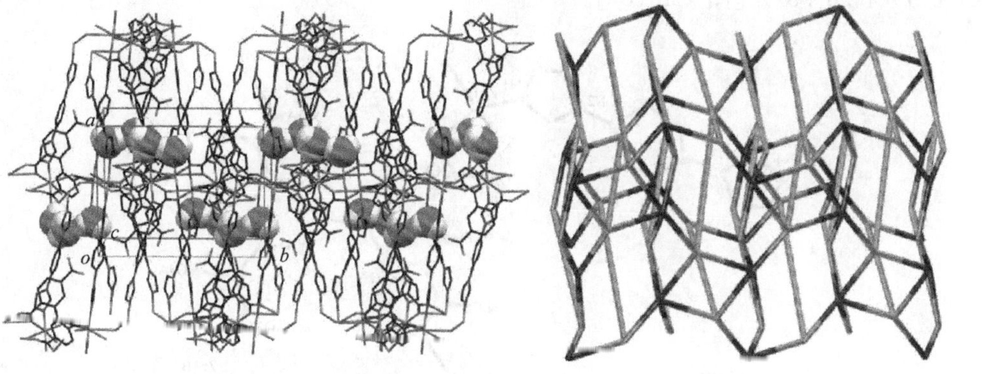

(a)　　　　(b)

图 4-14　客体水分子填充在三维网络结构形成的孔隙中（a）和（3,4,5）-连接的三维拓扑网络结构（b）

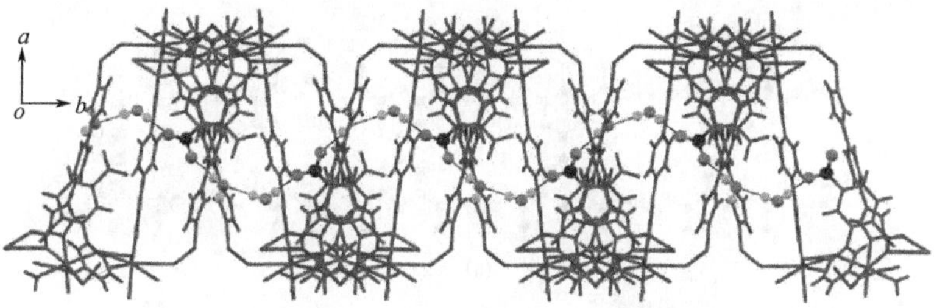

图 4-15　沿着［010］方向通过 O—H…O 氢键（水分子和羧基）形成波浪形的一维链状结构

4.3.1.5　$[Zn_2(1,4\text{-bib})_2(m,m\text{-bpta})]_n \cdot 2nH_2O$（配合物 29）的晶体结构

配合物 **29** 结晶属于正交晶系 *Fdd*2 手性空间群，其结构表现为三重穿插的网络结构。不对称单元是由 1 个晶体学独立的 Zn(Ⅱ) 离子、1/2 个完全去质子的 $(m,m\text{-bpta})^{4-}$ 配体、1 个 1,4-bimb 配体和 1 个游离水分子组成。如图 4-16 所示，Zn(Ⅱ) 离子表现为四面体几何构型，其是由 2 个不同 $bpta^{4-}$ 配体的羧基氧（O1 和 O3B）和 2 个不同的 1,4-bib 配体的氮原子（N1 和 N4A）组成。$(m,m\text{-bpta})^{4-}$ 配体采用 $\mu_4\text{-}\eta^1:\eta^1:\eta^1:\eta^1$ 模式结合 4 个 Zn(Ⅱ) 离子。Zn—O 的键长为 1.986(7)Å 和 1.989(6)Å，Zn—N 的键长为 2.010(5)Å 和 2.028(5)Å，最大键角为∠O3-Zn1-N4＝113.8(3)°。

如图 4-17(a) 所示，沿着轴 *c* 方向，锌四面体构型通过 $(m,m\text{-bpta})^{4-}$ 配体延伸形成了具有 22 元环的一维链状结构。相邻 Zn(Ⅱ) 离子之间通过 1,4-bib 配体连接形成了“之”字形的链状结构［图 4-17(b)］，这样的不同的链状结构相互连接形成了如图 4-18(a) 所示具有菱形孔道的三维网络结构，其中 Zn…Zn 间的距离分别是 8.615(2)Å 和 13.317(2)Å。

最终，配合物 **29** 通过平行穿插形成了三重穿插的网络结构（三维/三维）［图 4-18(b)］，通过拓扑分析，可将配合物 **29** 简化为 4-连接的网络结构，拓扑点符号为

$(4.6^2)^2(4^2.6^2.8^2)$［图 4-18(c)］。

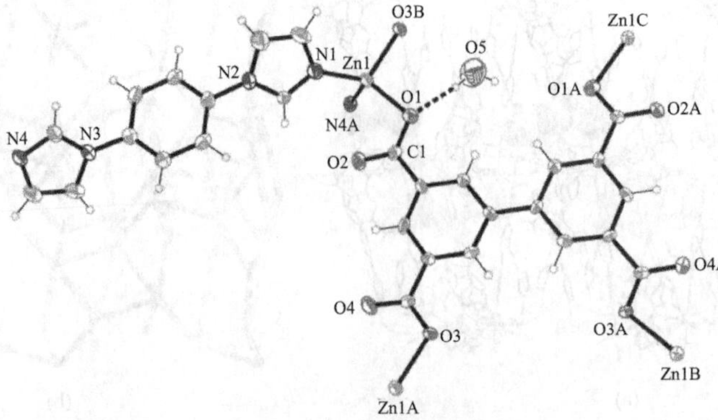

图 4-16　配合物 **29** 中 Zn^{2+} 配位环境图［30%的椭球度，对称代码：(A) $2-x$，$1-y$，$2-z$；(B) x，$y-1$，z；(C) $1-x$，$-y$，$1-z$；(D) x，$y+1$，z；(E) $2-x$，y，$2-z$］

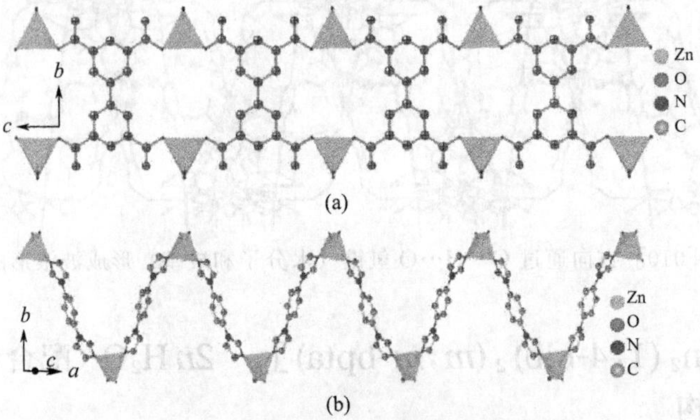

图 4-17　配合物 **29** 的一维链状结构

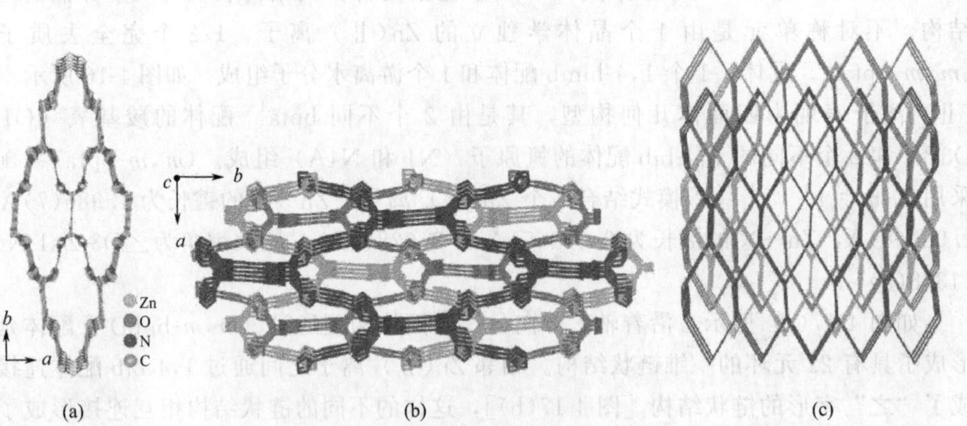

图 4-18　(a) 配合物 **29** 的三维网状结构；
(b) 3-重穿插的三维网络结构和 (c) 4-连接的 3-重穿插的拓扑结构

4.3.1.6 $[M_2(1,4\text{-bib})_2(m,p\text{-bpta})(H_2O)_2]_n$（M=Co，配合物 30；M=Ni，配合物 31）的晶体结构

配合物 **30** 和 **31** 属于同构结构，空间群是三斜 $P\overline{1}$ 晶系，以配合物 **30** 作为代表。如图 4-19 所示，Co(Ⅱ) 离子表现为八面体几何构型，其中赤道位置被两个来自不同 $(m,p\text{-bpta})^{4-}$ 配体的羧基氧［O1、O1A 和 O3A，对称代码：(ⅱ) $-x$，$2-y$，$-z$］和一个端基水分子（O5）配位；轴向位置占据着两个氮原子（N1 和 N4C）。Co—O 的键长为 2.061(3)～2.171(3)Å，Co—N 的键长分别为 2.133(2)Å 和 2.146(2)Å。

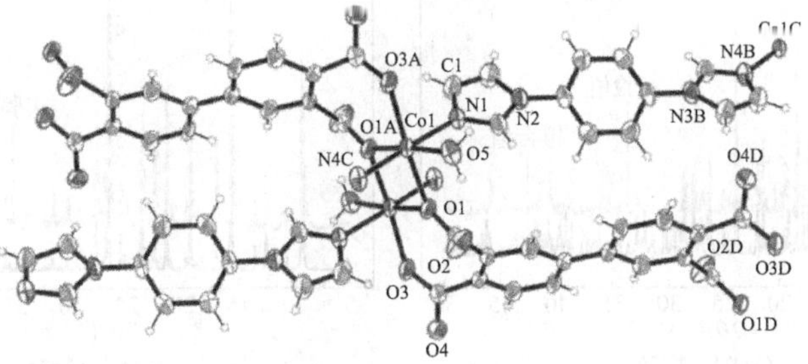

图 4-19　在配合物 **30** 中 Co^{2+} 的配位环境［对称代码：(A) $1-x$，$-y$，$1-z$；(B) x，$y-1$，$z-1$；(C) x，$y+1$，$z+1$；(D) $1-x$，$1-y$，$2-z$］

每一个 $(m,p\text{-bpta})^{4-}$ 配体连接着四个 Co(Ⅱ)离子、相邻 3,5-或 3′,5′-COO^- 采用 $\mu_2-\eta^2:\eta^0:\eta^1:\eta^0$ 模式桥联两个 Co(Ⅱ)离子形成了二聚体单元 $Co_2(CO_2)_4$，Co1…Co1A 间的距离是 3.268(1)Å。相邻二聚体单元间的距离是 12.802(8)Å，通过 $(m,p\text{-bpta})^{4-}$ 配体连接，沿着晶轴 c 方向形成了无限一维梯形链，一维梯形链进一步通过双 1,4-bib 连接子连接形成了 (4,4)-连接的二维层状结构［图 4-20(a)］。相邻层状结构通过来自羧基和配位水分子产生的氢键作用（O5—H5A…O3）形成了三维超分子网络结构［图 4-20(b)］。有趣的是，Co(Ⅱ) 离子沿着晶体学［100］方向通过分子间氢键作用形成了具有无限交替环的一维链（图 4-19）。

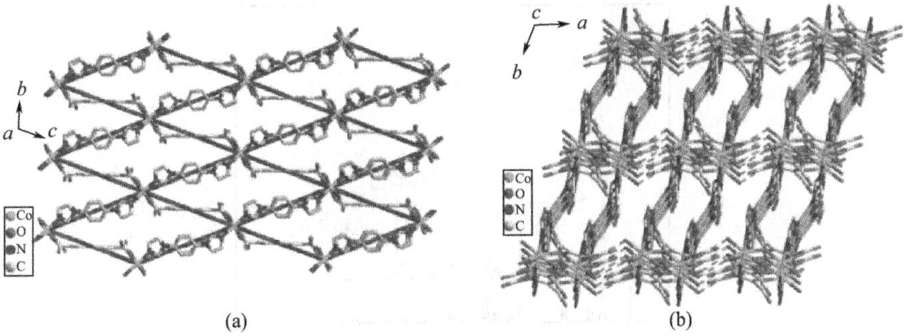

图 4-20　二维方格状结构（a）和通过分子间氢键作用形成的三维超分子网络结构（b）

4.3.2 配合物 25～31 的粉末衍射

如图 4-21 所示，在室温下，配合物 **25**～**31** 样品的粉末衍射花样通过 Bruker D8 Advance 粉末衍射仪测定的。如图 4-21 所示，粉末样品的实验衍射花样与对应 X 单晶衍射模拟值可以较好地吻合，表明该配合物 **25**～**31** 的粉末样品是纯相的。

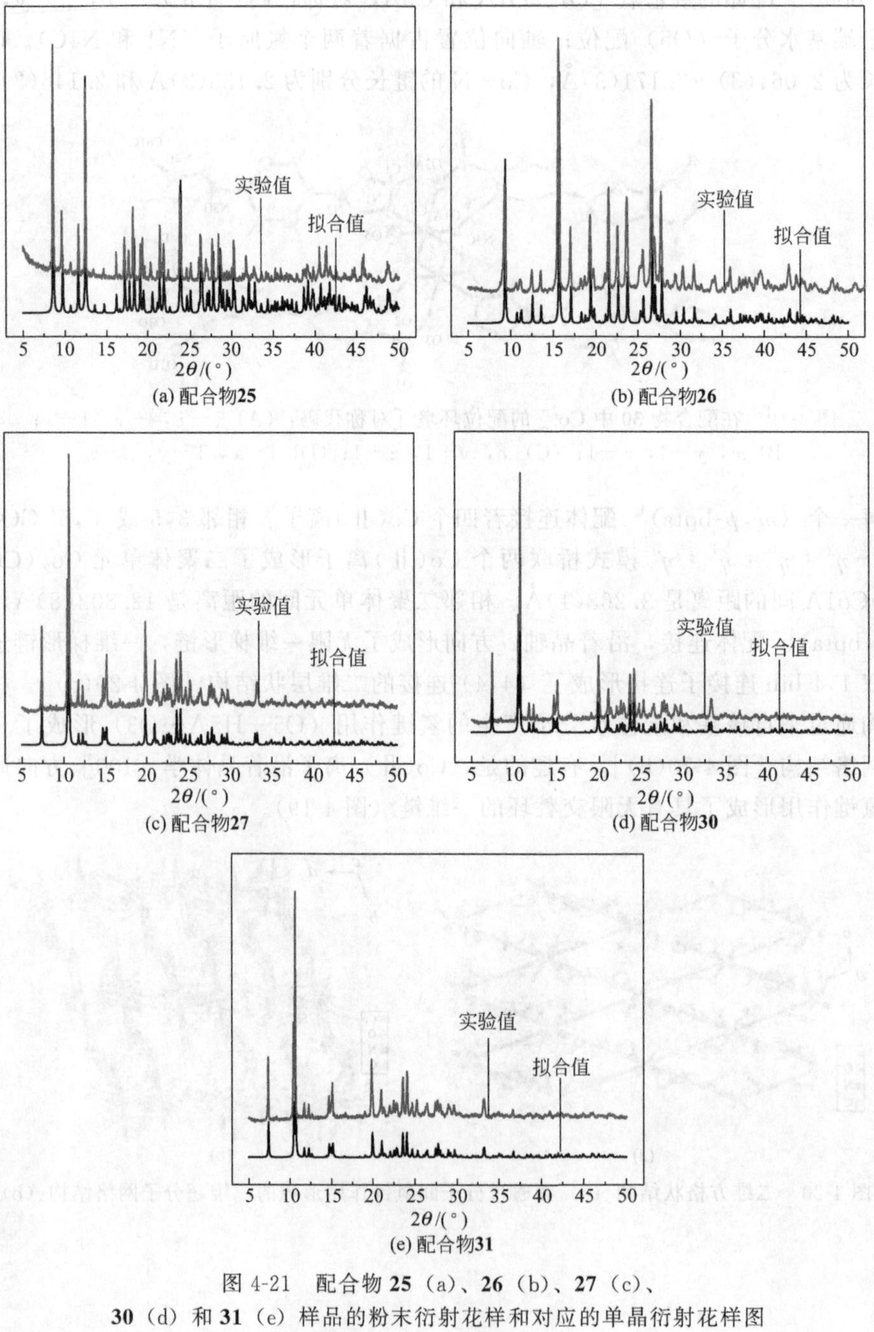

图 4-21 配合物 **25**（a）、**26**（b）、**27**（c）、**30**（d）和 **31**（e）样品的粉末衍射花样和对应的单晶衍射花样图

4.3.3　配合物 25～31 的性质研究

4.3.3.1　配合物 25～31 的热稳定性

如图 4-22 所示，TG 曲线表明配合物 **25** 从 90℃时开始失重，到达 228℃左右达到稳定，失重率为 4.30%，对应失去的是两个配位水分子（理论计算值：4.60%），然后在 301℃时，配合物骨架开始分解，表明 **25** 的有机骨架部分具有高的热稳定性。配合物 **26** 从室温大约到 425℃一直保持稳定的，随着温度的升高骨架开始分解。配合物 **27** 的 TG 曲线表明，在温度 25～240℃范围内逐渐出现了一个失重率平台，表明 1 个配位水分子失去（实验值：4.0%，理论值：3.8%），然后在 240℃时随温度升高骨架开始分解。配合物 **30**，在 210℃时开始失去两个水分子（实验值：4.6%，理论值：4%），然后在 261～451℃范围内失重 52.3%，对应 1,4-bib 配体的失重（理论值：47.6%），最后剩余的配体发生分解。配合物 **31**，在 225℃时开始失去一个配位水分子（实验值：3.8%，理论值：4%），然后剩余的配合物的骨架在 392℃开始发生分解。

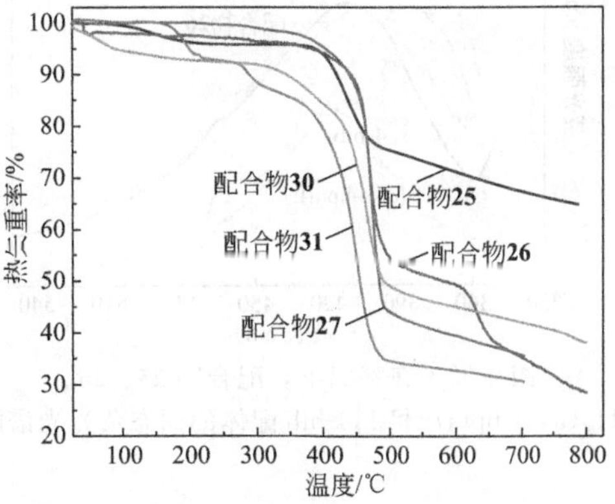

图 4-22　配合物 **25**～**31** 的 TG 曲线图

4.3.3.2　配合物 25、26 和 28 的荧光性质

另外，对于第 1 章中配合物 **4**、配合物 **25** 和 **26**、H_4(*o*,*p*-bpta) 和 1,4-bib 的固态发射光谱。如图 4-23 所示，在 312nm 激发波长下，配体 H_4(*o*,*p*-bpta) 和 1,4-bib 的荧光发射峰分别出现在 414nm 和 387nm 处，以波长为 312nm 的激发光激发配合物 **25** 的粉末样品，其发射峰出现 391nm 处，相比于 H_4(*o*,*p*-bpta) 配体发生了明显的蓝移动，位移差为 23nm，这是由于羧基和苯环形成的离域 π 键与金属离子 Pb(Ⅱ)的 p 轨道间的电子转移（LMCT）引起的[17]。另外配合物 **25** 的荧光强度明显增强，这是由于配合物中含有 $6s^25d^{10}$ 电子组态的 Pb(Ⅱ)离子通过增强自旋轨道耦合降低三线态的激发寿命，从而发射强的荧光[18]。

同样以激发波长为 312nm，配合物 **4** 和 **26** 在 398nm 和 407nm 处出现相似的发射峰。相比于 H_4(*o*,*m*-bpta) 配体，二者发生了蓝移，位移差值分别为 16nm 和 7nm，可归因于 Zn(Ⅱ) 离子和 $(o,m\text{-bpta})^{4-}$ 配体之间产生强的静电作用。此外，配合物 **4** 的蓝移程度大于 **26**，这可能由于 1,4-bib 配体组装在配合物 **26** 所致。

由于配合物 **28** 的金属离子是 d^{10} 电子组态，且结构中含共轭体系，因此可能成为一种潜在的发光材料。如图 4-24 所示，在室温下以 315nm 的激发光激发样品，发射峰出现在 395nm 处，相比较配体 H_4(*o*,*m*-bpta)(λ_{em} = 384nm) 和 1,4-bib(λ_{em} = 387nm) 的发射峰，配合物 **28** 的荧光增强并发生了红移，可能是由于配体内 π-π^* 键电子跃迁和配体到金属离子间的电子转移（LMCT）引起的[19,20]。

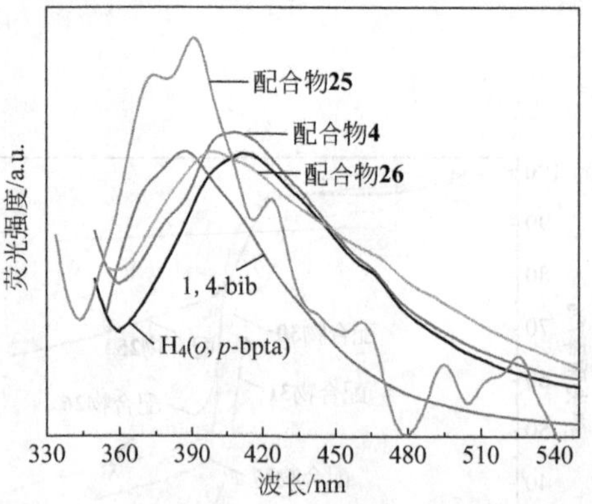

图 4-23　在室温下，配合物 **25**、**26**、H_4(*o*,*m*-bpta) 和 1,4-bib 配体的固态荧光光谱图

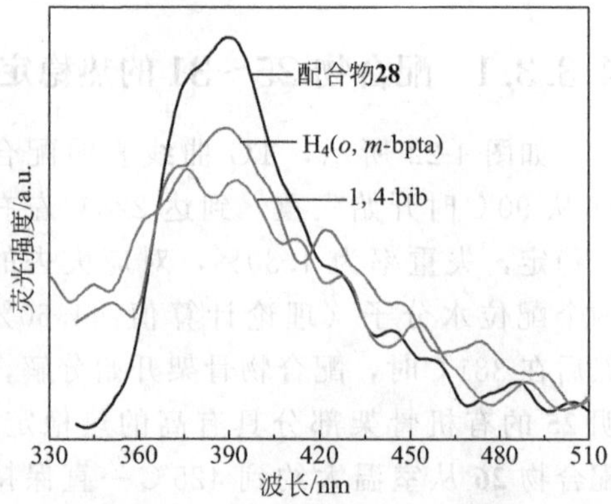

图 4-24　在室温下，配合物 **28**、H_4(*o*,*m*-bpta)和 1,4-bib 配体的固态荧光光谱图

4.3.3.3　配合物 27、30、31 的磁性质

(1)配合物 27 和 30 的磁性质

配合物 **27** ［图 4-25(a)］ 和 **30** ［图 4-25(b)］，在室温时，$\chi_M T$ 的实验值分别是 4.83cm^3·K/mol 和 5.33cm^3·K/mol，明显大于两个孤立的 Co(Ⅱ) 离子（$S=3/2$ 和 $g=2.0$）仅自旋的理论值 3.75cm^3·K/mol。随着温度的降低，$\chi_M T$ 值逐渐降低，低于 70K 时迅速降低，在 1.8K 时达到最小值分别是 3.03cm^3·K/mol 和 3.16cm^3·K/mol，表明配合物 **27** 和 **30** 表现的是反铁磁性耦合作用。在高温区 $\chi_M T$ 值缓慢降低可能是由于Co(Ⅱ) 离子处于基态时轨道参与耦合导致的。在 1.8～300 K 范围内，变温磁化率遵从居里-外斯定律，居里常数 C 分别是 4.912cm^3·K/mol 和 5.362cm^3·K/mol，外斯常数 θ 分别是 −2.824K 和 −3.631K。对配合物 **27** 和 **30** 从磁性角度分析，其最相邻 Co(Ⅱ)离子间的距离［4.388(1)Å 和 3.268(1)Å］相比较（*m*,*m*-bpta)$^{4-}$

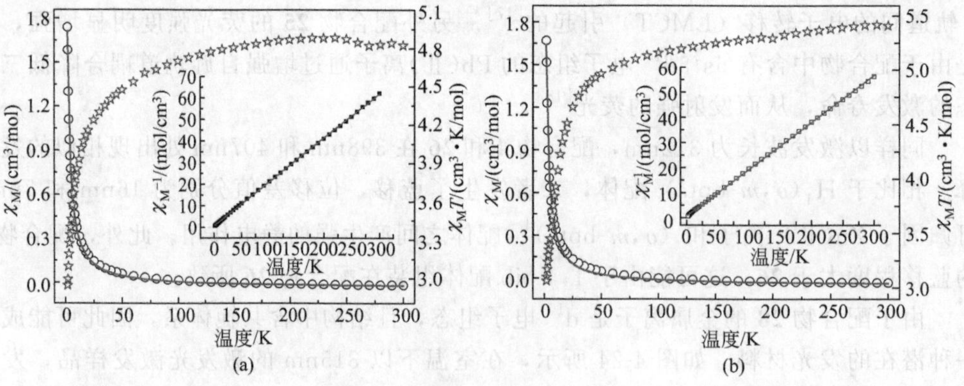

图 4-25　配合物 **27**(a)和 **30**(b)的变温磁化率 χ_M、$\chi_M T$ 和 χ_M^{-1} 与温度的关系图
（实线代表拟合值）

和 1,4-bib 配体连接 Co(Ⅱ) 离子的距离较近，因此 (m,m-bpta)$^{4-}$ 和 1,4-bib 配体连接 Co(Ⅱ) 离子间的磁相互作用可忽略不计。在配合物 **27** 中 Co(Ⅱ) 离子间的磁耦合作用是依赖于顺-顺羧基桥进行传递的，而在配合物 **30** 中依赖的是羧基氧 (μ-oxo) 传递。对于八面体双核 Co(Ⅱ) 离子体系，自旋哈密顿算符是 $\overrightarrow{H}=-J\overrightarrow{S_1}\cdot\overrightarrow{S_2}$，$J$ 代表双核 Co^{2+} 离子间磁耦合参数，拟合公式[21,22] 给出如下：

$$\chi_{\text{dimer}}=\frac{2N\beta^2g^2}{kT}\left(\frac{e^{-10x}+5e^{-6x}+14}{e^{-12x}+3e^{-10x}+5e^{-6x}+7}\right) \tag{4-1}$$

式中，$x=J/kT$。在 1.8～300K 范围内，对配合物 **27** 和 **30** 的实验值 χ_M 与温度 T 的关系最佳拟合分别得到，$g=2.041(1)$、$J=-0.1164(1)\text{cm}^{-1}$、$R=1.0\times10^{-3}$ 和 $g=2.035(1)$、$J=-0.100(1)\text{cm}^{-1}$ 和 $R=2.2\times10^{-3}$。拟合得到的负 θ 和 J 表明在两个钴配位聚合物中相邻 Co(Ⅱ) 离子通过顺-顺羧基桥或羧基氧桥传递的是反铁磁性耦合作用。

(2)配合物 31 的磁性质

如图 4-26 所示，在 300K 时，配合物 **31** 的 χ_MT 值是 $2.468\text{cm}^3\cdot\text{K/mol}$，大于两个孤立的 Ni(Ⅱ) 离子仅自旋理论值 $2.0\text{cm}^3\cdot\text{K/mol}$。随着温度的降低，$\chi_MT$ 值缓慢升高，直到 8K 时，达到最大值为 $2.77\text{cm}^3\cdot\text{K/mol}$ 表明相邻 Ni(Ⅱ) 离子间表现的是铁磁性耦合作用。低于 8K 时，χ_MT 值迅速降低到 $2.29\text{cm}^3\cdot\text{K/mol}$，这可能是由于零场分裂或双核簇间的反铁磁性耦合作用引起的。在 1.8～300K 范围内，变温磁化率符从居里-外斯定律，拟合得到 $C=2.518\text{cm}^3\cdot\text{K/mol}$，$\theta=0.677\text{K}$。在配合物 **31** 中，双核簇单元 $Ni_2(CO_2)_2$ 中的金属离子间距离是 3.229(1)Å，而通过 (m,p-bpta)$^{4-}$ 和 1,4-bib 配体连接的相邻双核簇 Ni(Ⅱ) 离子间的距离分别是 13.668(2)Å 和 13.336(2)Å。因此，对于配合物 **31** 的变温磁化率可采用双核模型公式进行拟合[23]。哈密顿算符是 $\overrightarrow{H}=-J\overrightarrow{S_1}\cdot\overrightarrow{S_2}$，则

$$\chi_{\text{dimer}}=\frac{Ng^2\beta^2}{kT}\,\frac{1+5\exp(4J/kT)}{3+5\exp(4J/kT)+\exp(-2J/kT)} \tag{4-2}$$

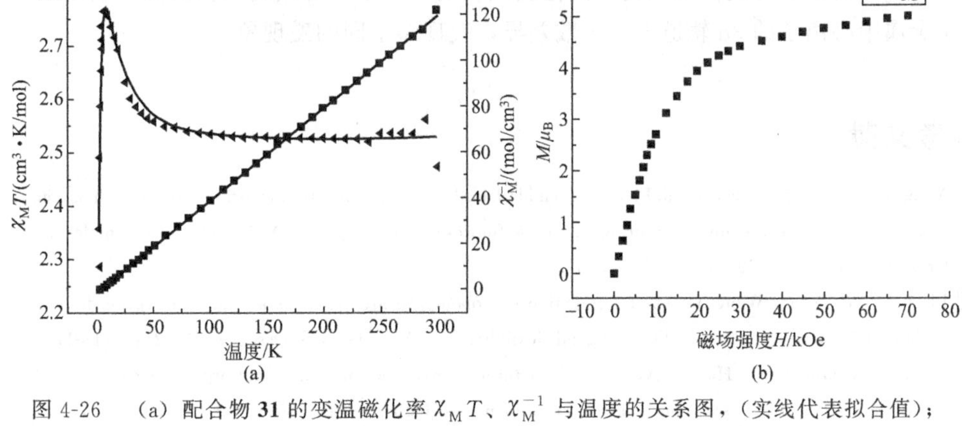

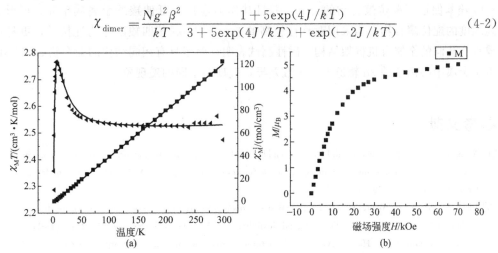

图 4-26 (a) 配合物 **31** 的变温磁化率 χ_MT、χ_M^{-1} 与温度的关系图，(实线代表拟合值)；(b) 在 1.8K 时，磁矩 (M) 与磁场 (H) 的关系曲线图

考虑分子场近似和顺磁温度项（N_α），对上述公式修正为公式（4-2a）：

$$\chi_M=\frac{\chi_{\text{dimer}}}{1-(zJ'/N\beta^2g^2)\chi_{\text{dimer}}}+\frac{Ng^2\beta^2}{3kT}S(S+1)+N_\alpha \tag{4-2a}$$

式中，zJ'代表双核簇间 Ni^{2+} 的磁耦合作用。最后对 $\chi_M T$ 值与温度 T 的关系拟合得到 $g=2.223(7)$、$J=2.220(1)\ cm^{-1}$、$zJ'=-0.807(1)cm^{-1}$ 和 $R=4.749(1)\times10^{-4}$。正的 θ 和 J 表明双核簇内 Ni^{2+} 间通过羧基氧（μ-oxo）传递的是铁磁性耦合作用，而 $zJ'<0$ 表明双核金属簇间表现的是反铁磁性耦合作用。

如图 4-26(b) 所示，在温度是 1.8K 时，随着外加磁场的增大，磁矩逐渐增加，当磁场达到 70kOe 时，配合物 **31** 的饱和磁矩是 $4.09\mu_B$，非常接近于双核簇 Ni(Ⅱ)离子的饱和磁矩理论值 $4.0\mu_B$，表明配合物 **31** 表现的是铁磁性现象。

4.4 小结

以 1,4-双咪唑苯和不同的联苯四羧酸为桥联配体，通过水热或溶剂热方法，可以构筑一系列配位聚合物，在配合物 **25** 中，Pb(Ⅱ)离子作为主族元素，由于原子半径较大其配位数较高，表现出两种不同的配位几何构型，$H_4(o,p\text{-bpta})$ 配体的邻位和对位羧基分别采用 μ_4-$\eta^1:\eta^2:\eta^2:\eta^2$ 和 μ_4-$\eta^1:\eta^2:\eta^1:\eta^2$ 桥联和螯合模式连接 Pb(Ⅱ)形成了具有四核金属簇单元［Pb_4O_4］的一维金属链，表明 $H_4(o,p\text{-bpta})$ 配体具有较强的配位能力，易于形成羧基金属链，这是由于相邻苯环平面沿着 C—C 键旋转，使得邻位羧基产生合适的距离导致的。另外，对于异构的联苯四羧酸，羧基在联苯四羧酸的苯环上所处的位置不同，使得配位聚合物表现出不同的结构，而当两个羧基处于苯环的邻位或相邻时，可以同时采用多个配位点与金属离子配位，容易形成金属簇或金属链，金属离子不同会引起配位聚合物结构的差异性。在反应中加入 1,4-双咪唑苯促进了配位聚合物的合成，并且其作为连接子延伸羧酸金属簇单元，可形成高维度的配位聚合物。当采用对称性较高的 3,3′,5,5′-联苯四羧酸作为连接子，更易形成具有孔洞的金属有机框架结构。磁性测试表明，对于具有相同结构的配合物 **30** 和 **31**，由于金属中心离子的 3d 轨道上电子数差异，表现出不同的磁现象。

参考文献

[1] Yang Y, Li L, Yang H, et al. Five Lanthanide-based metal-organic frameworks built from a π-conjugated ligand with isophthalate units featuring sensitive fluorescent sensing for DMF and acetone molecules [J]. Cryst. Growth Des., 2021, 21: 2954-2961.

[2] Li H P, Xue Y Y, Wang Y, et al. Regulation on topological architectures and gas adsorption for cadmium-azolate-carboxylate frameworks by the ligand flexibility [J]. Cryst. Growth Des., 2021, 21: 1718-1726.

[3] Pahari G, Ghosh S, Halder A, et al. Structural transformations in metal-organic frameworks for the exploration of their CO_2 sorption behavior at ambient and high pressure [J]. Cryst. Growth Des., 2021, 21: 2633-2642.

[4] Su F, Lu L P, Feng S S, et al. Self-assembly and magnetic properties of Ni (Ⅱ) /Co(Ⅱ) coordination

polymers based on 1,4-bis (imidazol-1-yl) benzene and varying biphenyltetracarboxylates [J]. CrystEngComm, 2014, 16: 7990-7999.

[5] Su F, Lu L P, Feng S S, et al. Synthesis, structures and magnetic properties in 3d-electron-rich isostructural complexes based on chains with sole syn-anti carboxylate bridges [J]. Dalton Trans., 2015, 44: 7213-7222.

[6] Su F, Zhou C Y, Han C, et al. Binuclear Mn^{2+} complexes of a biphenyltetracarboxylic acid with variable N-donor ligands: syntheses, structures, and magnetic properties [J]. CrystEngComm, 2018, 20: 1818-1831.

[7] Yu C M, Wang P H, Liu Q, et al. Modulating fading time of photochromic compounds by molecular design for erasable inkless printing and anti-counterfeiting [J]. Cryst. Growth Des., 2021, 21: 1323-1328.

[8] Gao W, Liu F, Pan C W, et al. A stable anionic metal-organic framework with open coordinated sites: selective separation toward cationic dyes and sensing properties [J]. CrystEngComm, 2019, 21: 1159-1167.

[9] Zhuo C, Wang F, Zhang J. Mixed short and long ligands toward the construction of metal-organic frameworks with large pore openings [J]. Cryst. Growth Des., 2019, 19: 3120-3123.

[10] Chen S S. The roles of imidazole ligands in coordination supramolecular systems [J]. CrystEngComm, 2016, 18: 6543-6565.

[11] Yan B. Lanthanide-functionalized metal-organic framework hybrid systems to create multiple luminescent centers for chemical sensing [J]. Acc. Chem. Res., 2017, 50: 2789-2798.

[12] Li Z J, Ju Y, Yu B, et al. Modulated synthesis and isoreticular expansion of Th-MOFs with record high pore volume and surface area for iodine adsorption [J]. Chem. Commun., 2020, 56: 6715-6718.

[13] Du J L, Zhang X Y, Li C P, et al. A bi-functional luminescent Zn(Ⅱ) -MOF for detection of nitroaromatic explosives and Fe^{3+} ions [J]. Sensors and Actuators B: Chemical, 2018, 257: 207-213.

[14] Song W C, Liang L, Cui X Z, et al. Assembly of Zn^{II}-coordination polymers constructed from benzothiadiazole functionalized bipyridines and V-shaped dicarboxylic acids: topology variety, photochemical and visible-light-driven photocatalytic properties [J]. CrystEngComm, 2018, 20: 668-678.

[15] Xu Y K, Meng M M, Xi J M, et al. Mixed matrix membranes containing fluorescent coordination polymers for detecting $Cr_2O_7^{2-}$ with high sensitivity, stability and recyclability [J]. Dalton Trans, 2021, 50: 7944-7948.

[16] Yang X G, Zhai Z M, Liu X Y, et al. Sulfur heteroatom-based MOFs with long-lasting room-temperature phosphorescence and high photoelectric response [J]. Dalton Trans., 2020, 49: 598-602.

[17] Zhao Y H, Xu H B, Fu Y M, et al. A series of lead (II) -organic frameworks based on pyridyl carboxylate acid *N*-oxide derivatives: syntheses, structures, and luminescent properties [J]. Cryst. Growth Des., 2008, 8: 3566-3576.

[18] Zhang Y, Guo B, Li L, et al. Construction and properties of six metal-organic frameworks based on the newly designed 2- (p-bromophenyl) -imidazole dicarboxylate ligand [J]. Cryst. Growth Des., 2013, 13: 367-376.

[19] Li G B, Liu J M, Cai Y P, et al. Structural diversity of a series of Mn(Ⅱ), Cd(Ⅱ), and Co(Ⅱ) complexes with pyridine donor diimide ligands [J]. Cryst. Growth Des., 2011, 11: 2763-2772.

[20] Li L, Wang S, Chen T, et al. Solvent-dependent formation of Cd(Ⅱ) coordination polymers based on a C_2-Symmetric tricarboxylate linker [J]. Cryst. Growth Des., 2012, 12: 4109-4115.

[21] Liu Y, Li N, Li L, et al. One-pot synthesis of two pillar-layer frameworks: coordination polymorphs deriving from different linking modes of 1, 3,5-benzenetricarboxylate [J]. CrystEngComm, 2012, 14: 2080-2086.

[22] Murrie, M., Cobalt (Ⅱ) single-molecule magnets [J]. Chem. Soc. Rev., 2010, 39: 1986-1995.

[23] Munno G D, Viau G, Julve M, et al. Synthesis, crystal structure and magnetic properties of the dinulcear manganese (Ⅱ) complexes [$Mn_2(bpym)_3(NCZ)_4$] (bpym = 2, 2′-bipyrimidine; X = S, Se) [J]. Inorg. Chem. Acta, 1997, 257: 121-129.

第 5 章

柔性含氮辅助配体调控共轭多羧酸配位聚合物

配位聚合物是由金属离子或者金属簇作为节点，通过刚性或者半刚性的有机配体连接而成，因其独特的结构以及功能性质而备受关注。作为功能性的骨架材料，配位聚合物不仅具有多变有趣的化学结构和拓扑学性质，更重要的是它们在分离、催化、离子交换、手性、磁性和非线性光学等方面蕴含着巨大的应用潜能[1-3]。选择或设计合适的有机配体构筑模块是构建配位聚合物的关键，在各种有机配体中，多齿含 N 杂环类（如咪唑、三唑、四唑和吡唑）和芳香多羧基酸被广泛用作构筑模块与连接子。根据第 4 章，含氮有机配体的典型特征是中性的，被广泛应用于配位骨架结构的构建。一般刚性配体很少有不同的构象，其构建的结构是相对可预测的。相比之下，柔性含氮配体由于骨架柔性，比刚性配体具有更多的可能构象，可以根据金属离子的不同几何构型采用不同的构象，从而提供结构和性质丰富的配位聚合物。以单键连接的咪唑基可以在一定程度上扭曲变形，使得整个配体的刚性与柔性相互协调，能够在配位聚合物中表现丰富的配位模式，从而调控配位聚合物整体的框架结构。例如 1-溴-3,5-双咪唑-1-甲基苯（brbib）配体成功制备了一系列含不同反阴离子的 Cu(Ⅱ)-brbib 配位聚合物[4]，$[Cu(brbib)_2(H_2O)_2](Cl_3CCOO)_2 \cdot 2MeOH \cdot 2H_2O$、$[Cu(brbib)_2]Cl_2 \cdot H_2O$、$[Cu(brbib)_2(SO_4)(H_2O)] \cdot 4H_2O$、$[Cu(brbib)(SO_4)(H_2O)_2]$、$[Cu(brbib)(N_3)(OAc)] \cdot DMF$、$[Cu(brbib)(ox)] \cdot MeOH \cdot 2H_2O$（ox＝乙二酸基）和 $[Cu(brbib)(mal)] \cdot MeOH$（mal＝丙二酸基），咪唑取代基通过柔性的—$CH_2$—骨架绑定在芳香环上，可以采用不同的构象满足不同金属离子的几何构型要求，可以表现出“V”形、“L”形和“Z”形的桥联模式与金属结合（见图 5-1）。

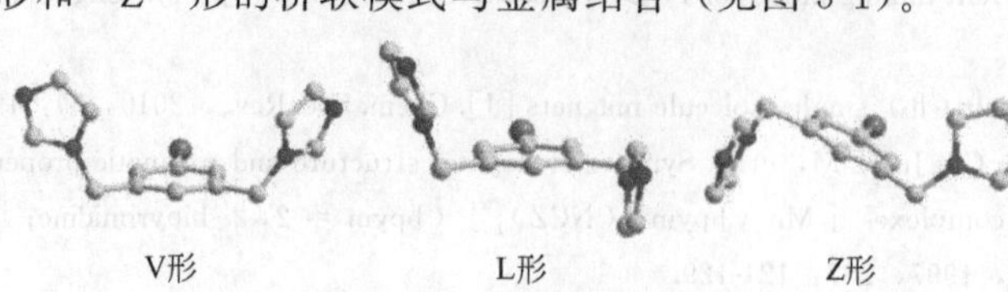

V形　　L形　　Z形

图 5-1　柔性 bbib 配体的各种构象

另外，在组装过程中，不同的阴离子除了对 brbib 的构象有影响外，还可以调节配合物的结构。迄今为止，许多含 1-咪唑芳香衍生物构筑了许多新颖结构和拓扑结构，由于结构中阴离子不同，使得其在诸多领域方面具有广阔的应用前景[5-7]。

5.1　柔性含氮配体调控 2,2′,5,5′-联苯四羧酸单核配位聚合物的合成、结构及其磁性、荧光及铁电性质

5.1.1　概述

在构筑配位聚合物时，以单个金属离子为节点，需预先知道金属离子的配位习性。常见过渡金属离子中，不同金属离子由于核外电子数目不同、离子半径不同，可以形成不同的配位结构。例如，Ag(Ⅰ) 离子容易形成直线形或稍微弯曲的 2 配位结构，Zn(Ⅱ) 离子可以形成比较规则的 4 配位四面体或者 6 配位八面体结构，Co(Ⅱ) 离子容易形成 4 配位四面体，Cu(Ⅱ) 离子容易形成 5 配位四方锥结构，等等。不过，因配位环境的变化，金属离子的配位几何能发生一定程度的畸变，偏离理想的几何结构。根据金属离子的几何构型可以选择合适的有机配体，可组装出目标配位聚合物。以 H_4(*o*,*m*-bpta) 和柔性咪唑类衍生物配体为基础，可以构建不同结构的配位聚合物，由于异构双咪唑苯甲基可表现出“V”形、“L”形和“Z”形构象，导致配位聚合物表现出不同的结构和性质。

5.1.2　柔性含氮配体调控 2,2′,5,5′-联苯四羧酸单核配位聚合物的制备与结构测定

5.1.2.1　配合物的制备

配合物的合成路线如图 5-2 所示。在 13mL 聚四氟乙烯管中，加入 0.1mmol H_4(*o*,*m*-bpta)、0.2mmol 含氮辅助配体、0.2mmol 相应金属离子的氯酸盐，以摩尔比 1∶2∶2 混合后，加入 6mL 水和 DMF 的混合溶剂（体积比为 2∶1），用

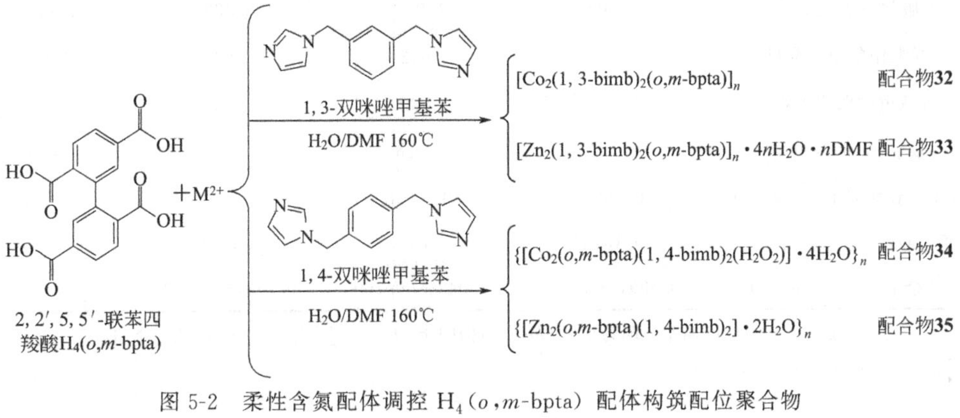

图 5-2　柔性含氮配体调控 H_4(*o*,*m*-bpta) 配体构筑配位聚合物

0.2mmol/L KOH 溶液调节反应体系 pH 值为 6.5～7.5，磁力搅拌 30min。密封聚四氟乙烯管，置于不锈钢反应釜中，加热到 160℃恒温反应 72h，自然冷却到室温，获得大量块状晶体，用蒸馏水反复洗涤、干燥。

5.1.2.2 配合物晶体结构测定

配合物的单晶衍射数据收集和解析参照 2.1 节，通过北京同步辐射光源测试。其晶体学数据和结构精修数据列于表 5-1。

表 5-1 配合物 32～35 的相关晶体学数据和精修参数

配合物	**32**	**33**	**34**	**35**
化学式	$C_{44}H_{34}Co_2N_8O_8$	$C_{91}H_{85}Zn_4N_{17}O_{22}$	$C_{28}H_{35}CoN_6O_8$	$C_{22}H_{19}ZnN_4O_5$
分子量	920.65	2030.23	642.46	484.76
温度/K	296(2)	100(2)	100(2)	296(2)
衍射线波长/Å	0.71073	0.71073	0.71073	0.71073
晶系	单斜	单斜	单斜	正交
空间群	Pc	$P2_1/c$	$C2/c$	$Fdd2$
晶胞参数 a/Å	10.4597(9)	12.506(3)	21.262(4)	24.0412(3)
晶胞参数 b/Å	12.7980(11)	16.606(3)	12.366(2)	12.4360(2)
晶胞参数 c/Å	16.9811(11)	24.145(8)	19.608(4)	28.4613(5)
晶胞参数 α/(°)	90.00	90.00	90.00	90.00
晶胞参数 β/(°)	118.798(4)	110.55(3)	120.91(3)	90.00
晶胞参数 γ/(°)	90.00	90.00	90.00	90.00
晶胞体积/$Å^3$	1992.0(3)	4695(2)	4423.3(19)	8509.3(2)
晶胞内分子数	2	2	8	16
晶体密度/(g/cm^3)	1.535	1.436	1.491	1.457
吸收校正/mm^{-1}	0.900	1.090	0.823	1.191
单胞中的电子数目	944	2092	2048	3824
等效衍射点的等效性	0.0890	0.0309	0.0388	0.0563
基于 F^2 的 GOF 值	1.001	1.036	1.047	1.075
非权重一致性因子[$I>2\sigma(I)$]①	0.0683	0.0483	0.0414	0.0451
权重一致性因子[$I>2\sigma(I)$]①	0.1545	0.1349	0.1141	0.0945
残余电子密度/($e/Å^3$)	0.689，−0.364	1.042，−0.760	0.783，−0.702	0.436，−0.346

① I 为衍射强度，σ 为标准偏差，F 为衍射 hkl 的结构因子，$R_1=\sum\|F_o|-|F_c\|/\sum|F_o|$，$wR_2=[\sum w(F_o^2-F_c^2)^2/\sum w(F_o^2)^2]^{1/2}$。

5.1.3 柔性含氮配体调控2,2′,5,5′-联苯四羧酸单核配位聚合物的结构分析与性质研究

5.1.3.1 配合物32～35的晶体结构描述

(1) 配合物$[Co_2(1,3\text{-bimb})_2(o,m\text{-bpta})]_n$(配合物32)的晶体结构

配合物**32**结晶于单斜*Pc*空间群，表现出具有三种类型螺旋链的三维网络，属于非心结构。在合成过程中采用柔性咪唑基桥联配体，形成了螺旋链诱导手性结构的产生。不对称单元包含了两个晶体学独立的Co(Ⅱ)离子、一个$(o,m\text{-bpta})^{4-}$配体和两个1,3-bimb配体。如图5-3(a)所示，Co(Ⅱ)离子与分别来自两个$(o,m\text{-bpta})^{4-}$配体的两个羧基O原子和两个1,3-bimb配体的N原子配位，表现畸变的四面体几何构型，其中最大O5—Co1—O6键角为115.1(2)°，O1—Co2—O8键角为125.7(4)°。Co—O键长为1.954(7)～2.393(9)Å，Co—N键长为2.003(9)～2.070(12)Å。

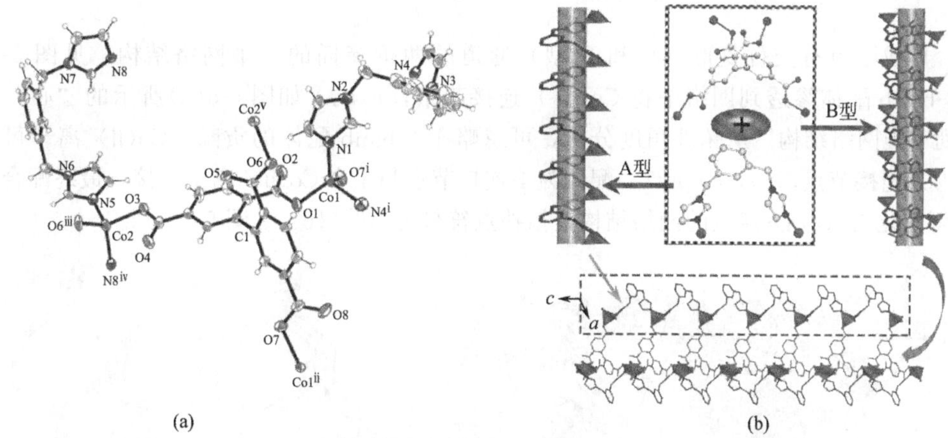

图5-3 (a) 化合物**32**中Co^{2+}的配位环境图［对称代码：(ⅰ) x，$-y+1$，$z+1/2$；(ⅱ) x，$-y+1$，$z-1/2$；(ⅲ) $x-1$，$-y$，$z-1/2$；(ⅳ) x，$-y$，$z-1/2$；(ⅴ) $x+1$，$-y$，$z+1/2$］；(b) 由1,3-bimb配体形成的左旋螺旋链（A型），$(o,m\text{-bpta})^{4-}$和1,3-bimb配体形成的右旋螺旋链（B型）

在配合物**32**中，$(o,m\text{-bpta})^{4-}$配体是完全去质子化的，表现出$\mu_4\text{-}\eta^2:\eta^1:\eta^2:\eta^1$配位模式，2,2′-和5,5′-$COO^-$采用单齿模式连接四个Co(Ⅱ)离子，其拓扑结构类似于蝴蝶状，由于2,2′-COO^-的空间位阻，$(o,m\text{-bpta})^{4-}$配体的芳香环围绕C1—C9单键旋转，形成的二面角为75.21(9)°。如图5-3(b)所示，两个对称性独立的1,3-bimb配体采用“L”形构象连接相邻Co(Ⅱ)离子形成一维左旋螺旋链（A型）。同时，1,3-bimb和$(o,m\text{-bpta})^{4-}$配体依次连接Co(Ⅱ)离子形成一维右旋螺旋链（B型）。沿［010］方向，相邻A和B型螺旋链相互交联形成了无限延伸的二维层状结构。

配合物**32**的另一个结构特征是$(o,m\text{-bpta})^{4-}$配体交替连接Co(Ⅱ)离子，形成螺距为20.919(2)Å的L-和R-手性螺旋链，这些螺旋进一步被$(o,m\text{-bpta})^{4-}$配体扩

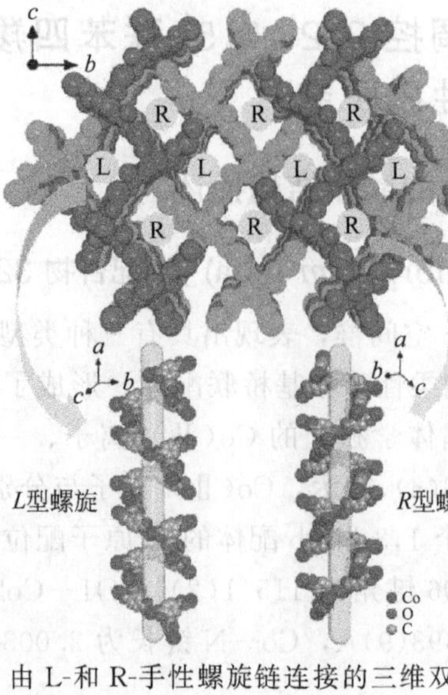

图 5-4　由 L-和 R-手性螺旋链连接的三维双层互穿网络

展，形成了具有交替菱形（L 和 R 型）通道的两重穿插的三维网络结构，见图 5-4。1,3-bimb 配体渗透到网络中将 Co(Ⅱ）连接起来，形成了如图 5-5(a)所示的“心”形阵列三维网络结构。从拓扑角度分析，可忽略 1,3-bimb 配体的贡献，Co(Ⅱ) 离子可简化为 2-连接节点，$(o,m\text{-bpta})^{4-}$ 配体为 4-连接节点与 4 个 Co(Ⅱ) 离子连接，最终配合物 **32** 可简化为（2,4)-连接的网络结构，拓扑点符号为 $\{6^6\}\{6\}_2$［图 5-5(b)]。

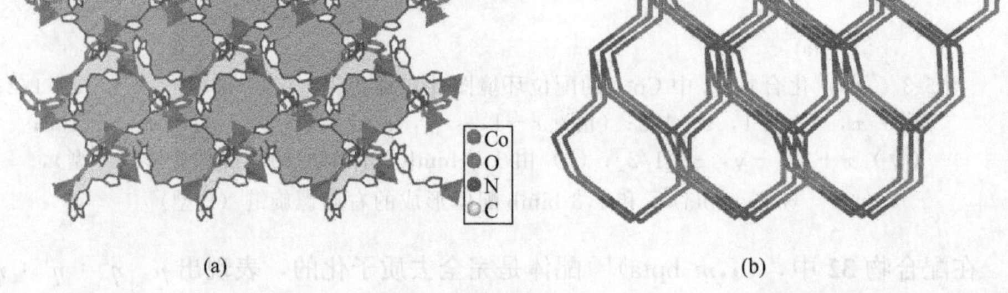

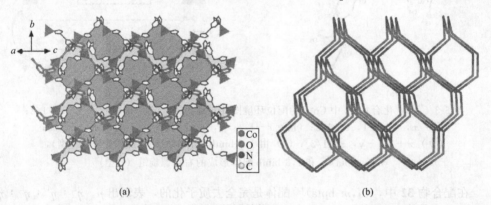

图 5-5　(a) 具有“心”形的三维网结构和 (b) (2,4) -连接的拓扑结构

(2) $[Zn_2(1,3\text{-bimb})_2(o,m\text{-bpta})]_n \cdot 4nH_2O \cdot n$DMF（配合物 33）的晶体结构

配合物 **33** 的空间群为单斜 $P2_1/c$，不对称单元是由两个晶体学独立的 Zn(Ⅱ) 离子、1 个 $(o,m\text{-bpta})^{4-}$ 和 2 个 1,3-bimb 配体、4 个结晶 H_2O 分子和 1 个 DMF 分子组成。如图 5-6(a)所示，每个 Zn(Ⅱ) 离子分别与来自两个不同的 $(o,m\text{-bpta})^{4-}$ 配体的两个 O 原子和两个 1,3-bimb 配体的两个 N 原子配位，形成轻微变形的四面体构型，Zn—O 键长为 1.942(3)～1.968(3)Å，Zn—N 键长为 2.006(4)～2.021(3)Å。

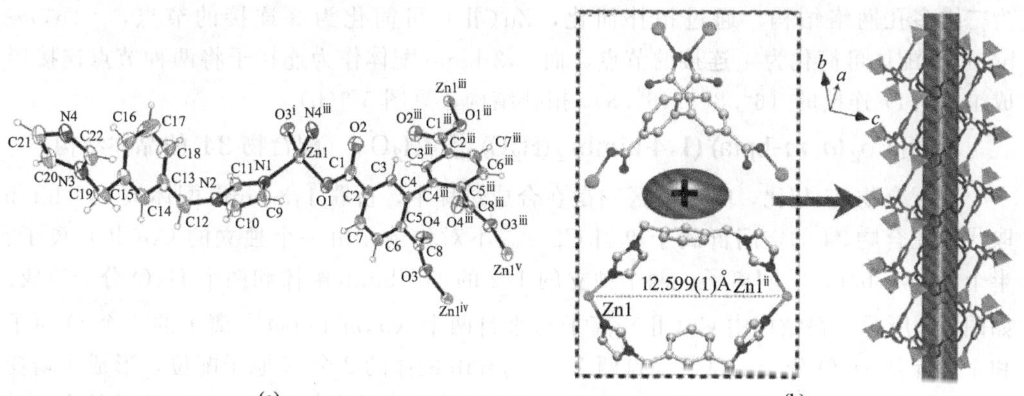

(a)　　　　　　　　　　　　　　　　(b)

图 5-6　(a) 配合物 **33** 中 Zn^{2+} 的配位环境［椭球度为 30%，对称代码：（i）$-x+2$，y，$-z+0.5$；（ii）$-x+1.5$，$y-0.5$，$-z+0.5$；（iii）$x+0.5$，$y-0.5$，z；（iv）$-x+0.5$，$-y+1.5$，$-z+1$；（v）$-x+1.5$，$y+0.5$，$-z+0.5$］；(b) $(o,m\text{-bpta})^{4-}$ 和 1,3-bimb 形成一维通道的一维链

在结构中，$(o,m\text{-bpta})^{4-}$ 配体采用单齿配位模式与 Zn(Ⅱ) 离子配位，形成了如图 5-6(b) 所示的对称性蝴蝶状，其中苯环间的二面角为 78.886(6)°。另外 Zn(Ⅱ) 离子通过“V”形的 1,3-bimb 配体连接形成 24 元环。Zn⋯Zn 之间的距离为 12.599(1)Å。有趣的是，沿着不同的方向这样的环通过 $(o,m\text{-bpta})^{4-}$ 配体连接，产生两种具有一维通道的链状结构，其中溶剂分子 DMF 和 H_2O 占据其中，孔隙率为 13.8%（631.7Å^3/4565.3Å^3）。

在配合物 **33** 中，完全去质子化的 $(o,m\text{-bpta})^{4-}$ 配体采用 $\mu_4\text{-}\eta^1:\eta^1:\eta^1:\eta^1$ 模式连接四个 Zn(Ⅱ) 离子形成蜂窝状二维层状结构 $[Zn_2(o,m\text{-bpta})]_n$，表现为如图 5-7 所示的 (2,4)-连接的拓扑结构。进一步，桥联 1,3-bimb 配体的引入使得二维层状结构扩展为具有孔洞的三维网络结构［图 5-8(a)］。与配位聚合物 1 相比，桥联 1,3-bimb 配体的引入有助于将二维层扩展

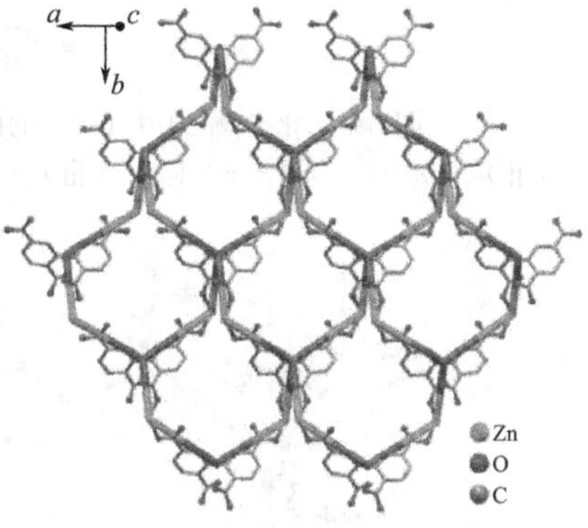

图 5-7　在 *ab* 平面上的二维层状结构

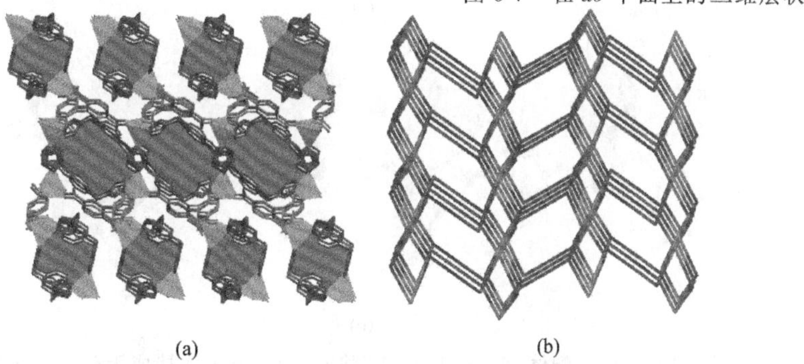

(a)　　　　　　　　　　　　(b)

图 5-8　具有孔道的三维网络结构 (a) 和 (3,4) 连通拓扑网络 (b)

为三维多孔网络结构。通过拓扑简化，Zn(Ⅱ)可简化为3-连接的节点，$(o,m\text{-bpta})^{4-}$配体可简化为4-连接的节点，而1,3-bimb配体作为连接子将两种节点连接形成了(3,4)-连接的$(6^2.8^4)(6^2.8)_2$拓扑结构，见图5-8(b)。

(3) $\{[Co_2(o,m\text{-bpta})(1,4\text{-bimb})_2(H_2O)_2]\cdot 4H_2O\}_n$(配合物34)的晶体结构

与配合物**33**相比，唯一的区别是在合成过程中，桥联1,3-bimb配体被1,4-bimb取代。配合物**34**的空间群属于单斜$C2/c$。不对称单元由一个独立的Co(Ⅱ)离子、半个$(o,m\text{-bpta})^{4-}$阴离子、两个独立的1/2的1,4-bimb配体和两个H_2O分子组成。如图5-9所示，在结构中Co(Ⅱ)离子与来自两个$(o,m\text{-bpta})^{4-}$离子的4个O原子和1个配位H_2O分子，以及来自两个1,4-bimb配体的2个N原子配位，形成了畸变的八面体几何结构。由于赤道平面的羧基螯合配位约束导致与理想八面体偏差较大，其中O3—Co—O4键角为59.97(6)°，Co—O的键长为1.990(3)～2.393(9)Å，Co—N的键长为1.879(2)～2.002(3)Å，与配合物**33**中的相近。

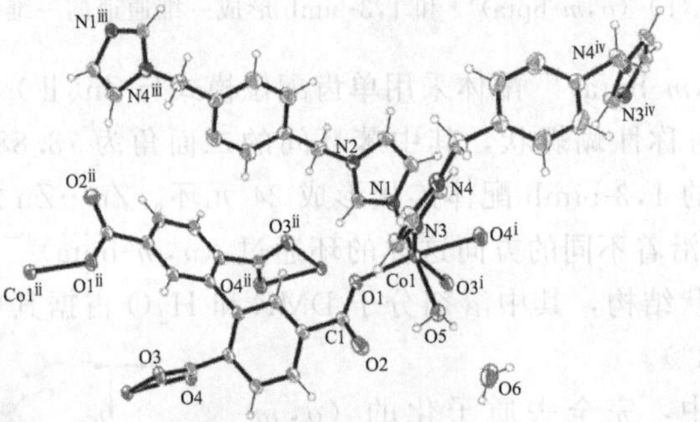

图5-9 化合物**34**中Co^{2+}的配位环境图［对称代码：(ⅰ) $x, -y, z-1/2$；(ⅱ) $-x+1, y, -z+1/2$；(ⅲ) $-x+1/2, -y+1/2, -z$；(ⅳ) $-x+1, y, -z-1/2$］

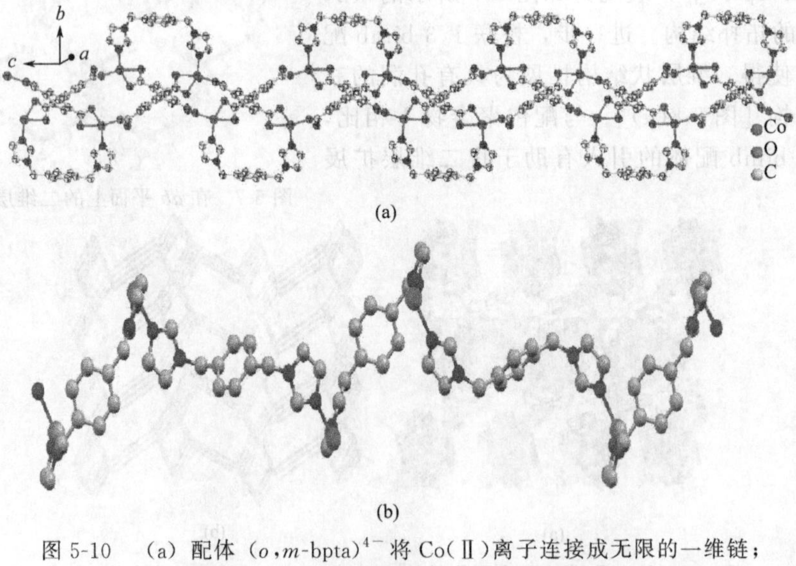

图5-10 (a) 配体$(o,m\text{-bpta})^{4-}$将Co(Ⅱ)离子连接成无限的一维链；(b) 由"Z"形1,4-bimb配体连接Co(Ⅱ)离子形成的一维螺旋链

在配合物**34**中完全去质子化的（o,m-bpta)$^{4-}$配体采用μ_4-η^2：η^1：η^2：η^1与四个Co(Ⅱ）离子配位，其中2,2′-COO$^-$采用螯合模式与两个Co(Ⅱ）离子结合，而5,5′-COO$^-$采用单齿模式与两个Co(Ⅱ）离子配位，由于空间位阻效应使得两个苯环被扭曲，形成的二面角为71.17(6)°。在［101］方向上，Co(Ⅱ）离子通过（o,m-bpta)$^{4-}$和“V”形构象的1,4-bimb配体首尾交替连接，形成了具有R(20)和R(22)交替环的无限一维带状结构［图5-10(a)]，Co…Co距离为14.073(6)Å。此外，相邻的Co(Ⅱ）离子被两种不同构象的1,4-bimb配体连接形成了如图5-10（b）所示的无限的波浪状一维链。其中，由于1,4-bimb配体位于反转中心，其表现为“Z”形，当1,4-bimb配体处于二重轴上表现为“V”形构象。这样相邻链通过吡啶环平面间的π…π堆积作用［中心到中心的距离为3.523(2)Å］进一步连接，形成三维网络结构［图5-11(a)]。

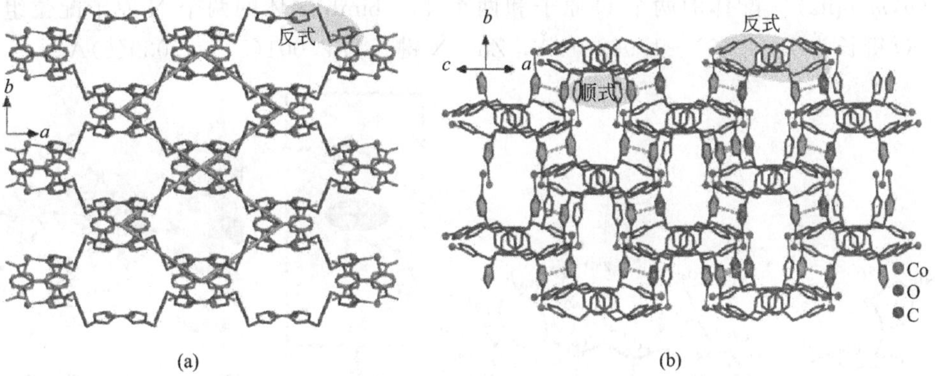

图5-11 (a）三维超分子网络结构；(b)“V”和“Z”形的1,4-bimb配体吡啶环之间π…π堆积形成的三维网

另外，相邻的4个等效独立链由“Z”形构象的1,4-bimb间隔连锁，沿c轴方向形成了菱形状的三维结构［图5-11(b)]，最后，不同的三维网络相互交织，构建出一个复杂的三维网络骨架结构（图5-12）。晶格水分子（O6）位于晶胞空隙中，与配位

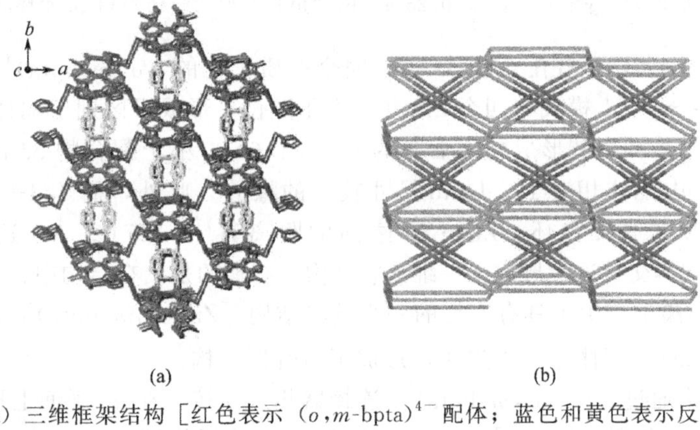

图5-12 (a）三维框架结构［红色表示（o,m-bpta)$^{4-}$配体；蓝色和黄色表示反式和顺式构象1,4-bimb配体］；(b)(4,4)-连接的拓扑网络

水分子之间通过氢键连接［O5—H5B…O6＝2.745(3)Å 和 O6—H6A…$O5^{V}$＝2.903(3)Å，［对称代码（V）x，$-y+1$，$z+1/2$］。此外，O6 原子与 1,4-bimb 配体的咪唑环之间形成 p…π 弱相互作用，O 到吡啶环中心的距离为 3.273(3)Å。在晶体形成过程中，分子间氢键起着重要的作用，稳定了溶剂水分子。通过拓扑简化，Co^{2+} 可简化为 4-连接的节点，$(o,m\text{-bpta})^{4-}$ 配体可简化为 4-连接的节点，而 1,4-bimb 配体作为连接子将两种节点连接形成了如图 5-12(b) 所示的（4,4)-连接的网络结构。其 Schläfli 符号为 $(3.4.5.8^2.9)_2(3.4^2.5^2.7)$。

(4) $\{[Zn_2(o,m\text{-bpta})(1,4\text{-bimb})_2]\cdot 2H_2O\}_n$（配合物 35）的晶体结构

配合物 **35** 结晶于正交 $Fdd2$ 手性空间群，不对称单元中包含了一个 Zn(Ⅱ) 离子、1/2 个 $(o,m\text{-bpta})^{4-}$ 配体、1 个 1,4-bimb 配体和 1 个占有率 50% 的结晶水分子。如图 5-13(a) 所示，Zn(Ⅱ) 离子表现为四面体几何构型，是由来自两个不同的 $(o,m\text{-bpta})^{4-}$ 配体的两个 O 原子和两个 1,3-bimb 配体的两个 N 原子配位组成。Zn—O 键长为 1.949(5)～1.962(4)Å，Zn—N 键长为 2.001(5)～2.039(6)Å。

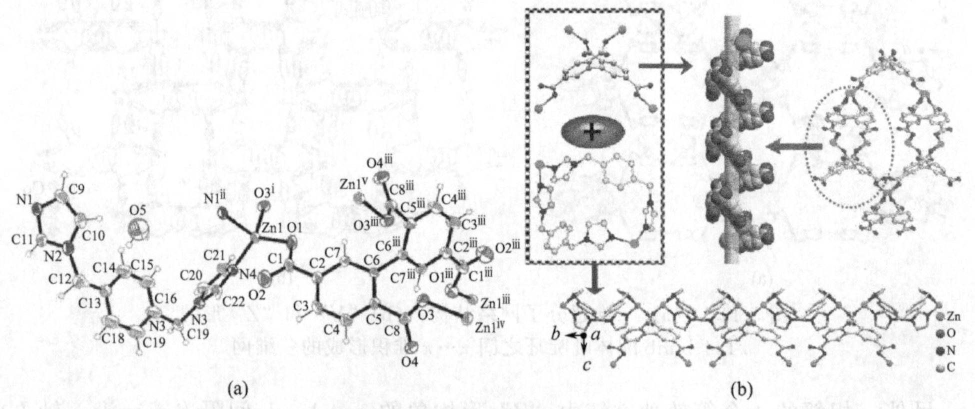

图 5-13 (a) 配合物 **35** 中 Zn^{2+} 的配位环境［对称代码：(ⅰ) $-x+2$，$-y+1$，z；(ⅱ) $-x+1.75$，$y-0.25$，$z+0.25$；(ⅲ) $x+0.25$，$y+1.25$，$z+0.25$；(ⅳ) $-x+0.5$，$y+1.5$，z；(ⅴ) $-x+1.75$，$y+0.25$，$z-0.25$；(ⅵ) $x+1.5$，$y-0.5$，z；(ⅶ) $x+0.25$，$-y+0.75$，$z-0.25$］；(b)“鱼骨”形二维结构和 26 元环的一维链

如图 5-13(b)所示，在配合物 **35** 中，完全去质子化的 $(o,m\text{-bpta})^{4-}$ 配体同样采用 μ_4-η^1：η^1：η^1：η^1 模式与四个 Zn(Ⅱ) 离子配位，形成了区别于配合物 **33** 的对称性蝴蝶状结构，苯环扭转形成的二面角为 67.134(6)°，小于配合物 **33** 的二面角，这是由于 1,4-bimb 配体相对 1,3-bimb 尺寸较长的缘故。此外，而 1,4-bimb 配体连接 Zn(Ⅱ) 离子形成 R(26) 环，Zn…Zn 之间的距离为 11.557(2)Å，这样的环通过 $(o,m\text{-bpta})^{4-}$ 配体交替连接形成了一维链状结构。有趣的是，在结构中，$(o,m\text{-bpta})^{4-}$ 配体连接 Zn(Ⅱ)离子产生了具有左旋的一维链状结构 $[Zn_2(o,m\text{-bpta})]_n$，相邻的螺旋链被 $(o,m\text{-bpta})^{4-}$ 配体进一步连接，形成了鱼骨形结构。

鱼骨形结构通过 6 个 $(o,m\text{-bpta})^{4-}$ 连接器相互连接，在 ac 平面上形成三维菱形网络［图 5-14(a)和图 5-14(b)］，包含了 L-和 R-手性螺旋链。$[Zn_2(o,m\text{-bpta})]_n$ 框架类似于红灯笼状结构。通过拓扑分析，$(o,m\text{-bpta})^{4-}$ 配体可作为 4-连接节点，Zn(Ⅱ)

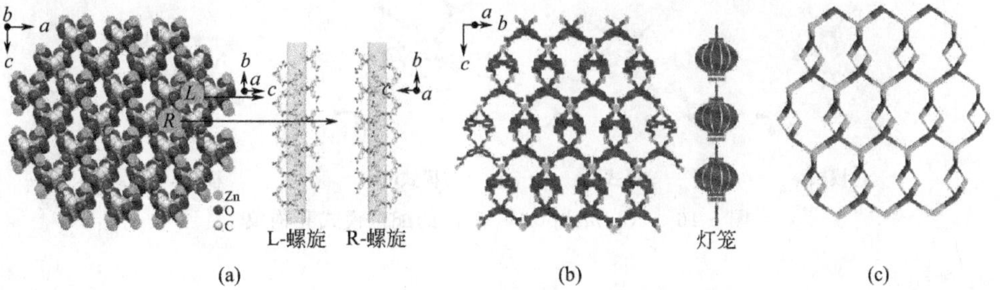

图 5-14 (a) 具有 L-和 R-手性螺旋链的三维网络结构；
(b) 具有“中国结”形的三维网络结构；(c) (2,4)-连接的拓扑网络结构

离子可看作 2-连接节点，不考虑 1,4-bimb 配体贡献，形成了 (2,4)-连接的三维拓扑网络，拓扑符号为 $(12^6)(12)_2$［图 5-14(c)］。最后，相邻螺旋链中 Zn(Ⅱ) 离子通过双“V”形构象的 1,4-bimb 配体键合，形成如图 5-15 所示的三维网络。

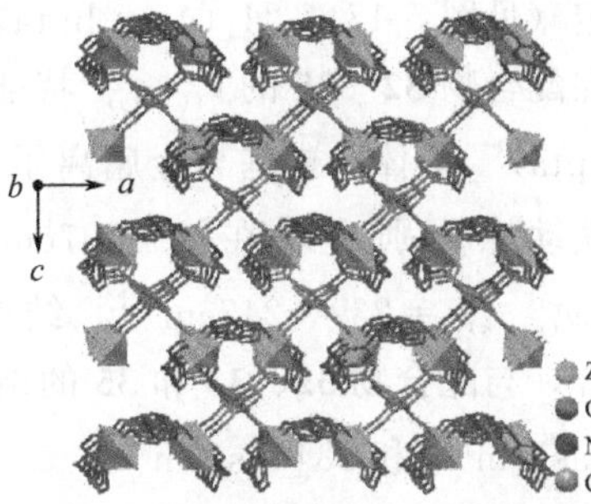

图 5-15 配合物 **35** 的三维网络结构

异构联苯四羧酸 (H_4bpta) 含有多个羧基 O 配位点，可以单齿、螯合或桥联方式与金属离子结合，构建配位聚合物。配体 $(o,m\text{-bpta})^{4-}$ 由于邻位羧基的空间位阻使得两个芳香环之间产生较大的二面角，对比第 2 章中 $(o,p\text{-bpta})^{4-}$ 配体构建的配位聚合物，发现 $(o,m\text{-bpta})^{4-}$ 的另一个特征，根据金属离子半径的不同，两个苯环绕 C—C 单键可以自由旋转，邻位羧基易与半径不同的金属离子同样形成羧酸金属链。间位羧基易于采用单齿配位模式连接金属离子扩展为二维层状结构或三维网络结构。对比配合物 **32**～**35**，由于金属离子采用不同的空间构型，通过柔性咪唑基含氮辅助配体的调控，使得 $(o,m\text{-bpta})^{4-}$ 配体表现出四种不同的几何构型，如图 5-16 所示，邻位羧基分别采用单齿模式 (μ_2-O^1：O^0：O^1：O^0) 和螯合 (μ_2-O^1：O^1：O^1：O^1) 模式与两个金属离子结合，间位羧基全部采用单齿模式连接金属离子形成了二维层状结构和三维网络结构。此外，桥联双咪唑二甲基苯衍生物可灵活采用“V”“L”和“Z”形构象连接金属离子，形成不同的金属有机框架。一般“V”形构象容易导致闭合环的形成，而“L”和“Z”形构象易导致高维框架的形成。在配合物 **32** 中，Co(Ⅱ) 离子通过“L”形 1,3-bimb 配体连接形成了螺旋链。而 1,4-bimb 的“V”和“Z”形构象在配合物 **34** 中共存，形成一维波浪状链。在上述配合物中，由于金属离子的配位环境和配位方式存在明显的差异，柔性异构 bimb 和 $(o,m\text{-bpta})^{4-}$ 配体采用不同的构象连接金属离子形成了不同的螺旋链，导致其晶体结构的空间群由非中心向中心转变，从而揭示了在不同辅助配体调控下的结构相关性和多样性。同时也表明在含有双配体的配位聚合物自组装过程中，配体的几何形状（如间距、构象等）对最终结构起着重要作用。

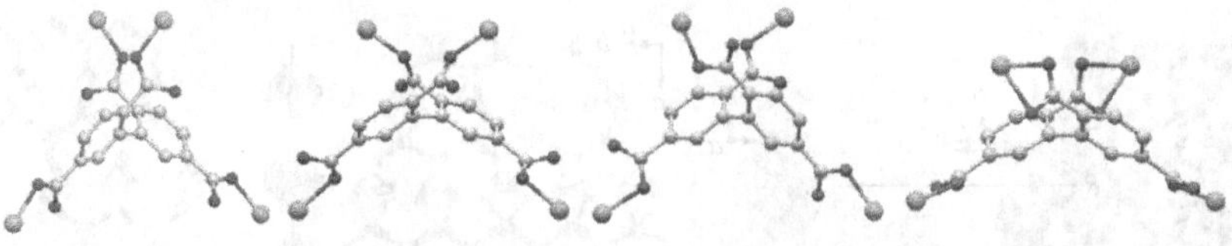

图 5-16　(o,m-bpta)$^{4-}$配体的配位模式和构象

5.1.3.2　配合物 32～35 的红外光谱和 X 射线粉末衍射

通过 Bruker ALPHA 红外光谱仪对配合物 **32**～**35** 和 H_4(o,m-bpta) 配体进行测定（见图 5-17），H_4(o,m-bpta) 配体具有较强的（C═O）伸缩振动处于 1690cm^{-1}，在配合物 **32**～**35** 的 $\nu_{(C=O)}$ 特征伸缩振动峰向低波数移动且发生了分裂，表明 (o,m-bpta)$^{4-}$ 配体的羧基与金属离子发生了配位。在配合物 **32**、**33** 和 **35** 中，$\nu_{s(OCO)}$ 伸缩振动峰分别出现在约 1597cm^{-1} 处，$\nu_{as(OCO)}$ 伸缩振动峰出现在 1350cm^{-1} 处，$\Delta\nu_{(as-s)}$ =239～247cm^{-1}，结果表明配体 H_4(o,m-bpta) 以单齿模式与金属离子结合，与配合物 **32**、**33** 和 **35** 的结构相符。配合物 **34** 特征 $\nu_{(C=O)}$ 振动峰值分别在 1585(as)cm^{-1} 和 1346(s)cm^{-1}，二者差值 $\Delta\nu_{(as-s)}$ =239～247cm^{-1}，表明配体的羧基采用单齿和螯合模式结合 Co^{2+}，这与配合物的晶体结构相一致。

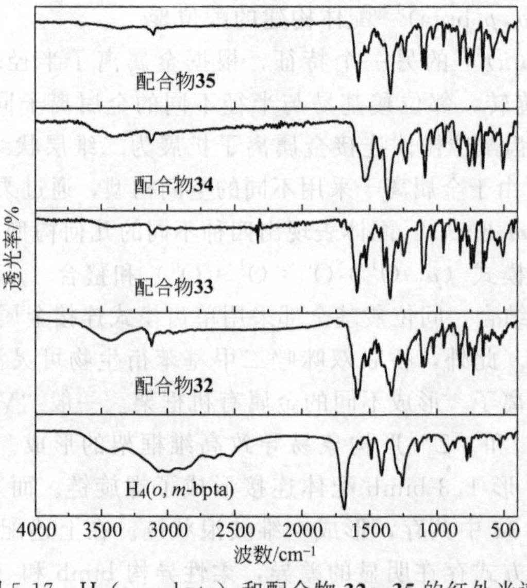

图 5-17　H_4(o,m-bpta) 和配合物 **32**～**35** 的红外光谱

配合物 **32**～**35** 的 X 射线粉末衍射数据是通过 Bruker D8 Advance 在室温下测定的。如图 5-18 所示，配合物 **32**～**35** 的粉末样品的实验 X 射线粉末衍射花样与其单晶 XRD 数据理论拟合的衍射花样完全吻合，表明配合物的粉末样品为纯相。

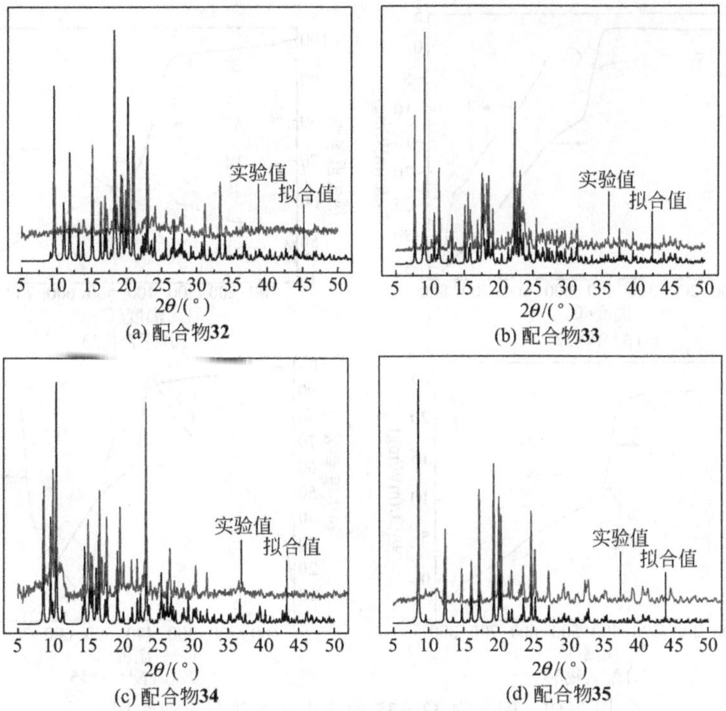

图 5-18　配合物 **32**～**35** 的粉末衍射的单晶拟合和实验花样图

5.1.3.3　配合物 32～35 的热稳定性

配合物的稳定性是其应用中的一项重要性能，通过热重分析对该样品进行测试。如图 5-19 所示，在配合物 **32** 的 TG 曲线中：在 25～400℃范围内，配合物保持稳定未发生分解，对应在 DSC 曲线中几乎未发生吸、放热现象；当温度大于 400℃时，骨架结构开始分解，在 400～570℃内失重率为 32.5%，对应失去 $(o,m\text{-bpta})^{4-}$ 配体，同时在 DSC 曲线中出现吸热现象。配合物 **33** 在温度范围 303～493K 内失重率约为 7.6%，对应失去 H_2O/DMF 分子；随着温度升高，在 618～701K 范围内，失重率约为 33.0%，对应失去的是 $(o,m\text{-bpta})^{4-}$ 配体（计算值：32.4%），同时在差热分析图中可以观察到对应的吸热峰。配合物 **34** 的 TG 曲线表明：随着温度的升高，在 50～108℃范围失重率为 6.5%，对应失去两个客体水分子（计算值：7.0%），在 110～220℃时，第二次失重率 3.2%（计算值：3.5%），对应失去一个配位水分子，且在 DSC 曲线上出现对应的吸热峰。在 300～500℃范围内进一步失重率为 31.50%是由于 $(o,m\text{-bpta})^{4-}$ 配体发生分解。配合物 **35** 在 375～573K 范围内显示 1.5%的失重率，对应失去一个水分子（计算值：1.9%），随着温度升高，骨架结构开始发生分解，然后快速失重 35.0%发生在温度范围 573～703K 内失重率为 35.0%，对应于 $(o,m\text{-bpta})^{4-}$ 配体的分解（计算值：34.9%）。同时在差热分析图中可以观察到对应的吸热峰，综合分析可以确定配合物具有较高的热稳定性。

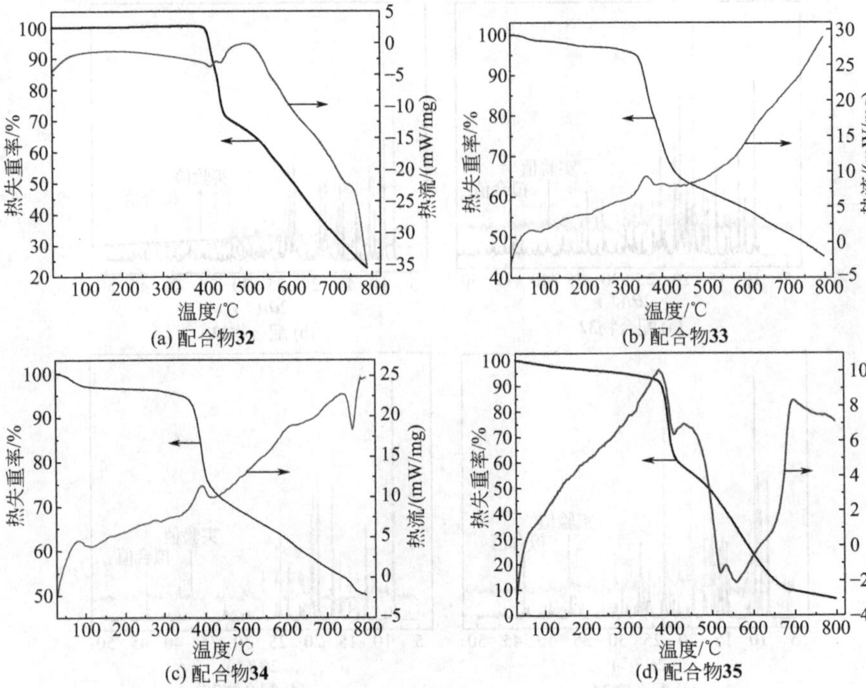

图 5-19　配合物 **32**～**35** 的热重和差热分析曲线图

5.1.3.4　配合物 32 和 34 的磁性质

(1) $[Co_2(1,3\text{-bimb})_2(o,m\text{-bpta})]_n$（配合物 32）的磁性质

由于 Co(Ⅱ) 离子电子组态为 $3d^7$，无论在四面体场还是八面体场中自旋量子数为 $S=1/2$ 或 $S=3/2$，其可能表现出有趣的磁现象。因此，在外加磁场强度为 1000 Oe 条件下分别测试配合物 **32** 和 **34** 的摩尔变温磁化率，测试温度范围为 2.0～300K。如图 5-20 所示，在 300K 时，配合物 **32** 的 $\chi_M T$ 值为 2.79(1)$cm^3 \cdot K/mol$，远远大于高自旋单核 Co(Ⅱ) 的理论值 1.87$cm^3 \cdot K/mol$（$g=2.0$ 和 $S=3/2$），表明四面体高自旋 Co(Ⅱ) 离子的 $^4A_{2g}$ 电子基态角动量不完全猝灭，轨道耦合对磁性产生影响[8]。

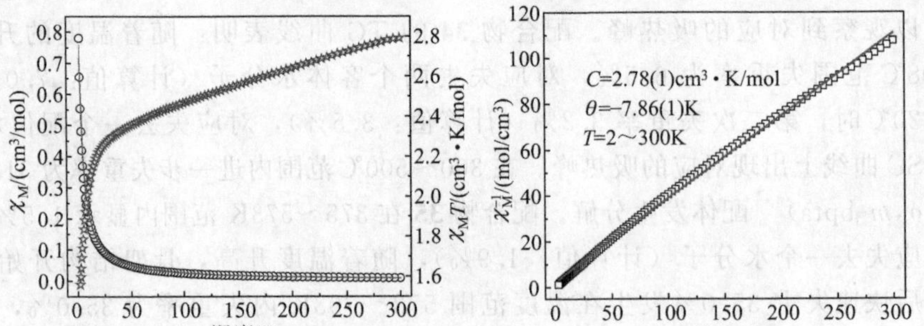

图 5-20　配合物 **32** 的变温磁化率 χ_M，$\chi_M T$ 和 χ_M^{-1} 与温度的关系图

实线代表实验拟合值

随着温度降低，$\chi_M T$ 值逐渐降低，低于 24K 时迅速降低，2.0K 时降到了最小值 0.78(1)cm^3·K/mol，表明 Co(Ⅱ)离子由于自旋-轨道耦合表现出反铁磁性现象。根据 Curie-Weiss 定律 $\chi = C/(T-\theta)$，在 2.0～300K 范围内对 $1/\chi_M$ 与 T 的关系拟合得到居里常数 C=2.78(1)cm^3·K/mol，外斯常数 θ=−7.86(2)K，负的 θ 进一步表明配合物 **32** 表现出反铁磁性。

根据结构分析，单核 Co(Ⅱ)离子由 $(o,m\text{-bpta})^{4-}$ 桥连接，最短距离为 6.403(2)Å 和 8.784(2)Å，相邻 Co(Ⅱ) 离子的耦合可忽略不计。对于高自旋四面体 Co(Ⅱ)配合物，Co(Ⅱ)离子的 $^4A_{2g}$ 基态为简并态，因为自旋轨道耦合以及激发态与基态的晶体场混合对磁性能的影响[9]，详细解释 Co(Ⅱ) 化合物的磁化率数据是复杂的。为了深入了解磁的各向异性，我们根据之前的报道，尝试在单核 Co(Ⅱ) 配合物的基础上进行分析，给出公式 (5-1)[10]：

$$\chi_{mono} = \frac{N\beta^2}{3kT}\left[5x^2 + 10y^2 + \frac{2\delta}{kT}(x^2 - y^2)\right] + \frac{8N\beta^2\kappa^2}{3}\left(\frac{2}{\Delta_1} + \frac{1}{\Delta_2}\right) \tag{5-1}$$

式中，$x=(1-4\kappa\lambda/\Delta_1)$，$y=(1-4\kappa\lambda/\Delta_2)$，$\lambda$ 为自旋轨道耦合常数（自由离子 $\lambda=-176.0cm^{-1}$）；κ 表示轨道角动量；δ、Δ_1 和 Δ_2 为扭曲四面体场中不同的分裂能。由于离子间的磁场相互作用非常弱，因此进一步采用分子场近似对公式 (5-1) 进行修正，总磁化率公式为：

$$\chi_M = \frac{\chi_{mono}}{1 - \dfrac{2zJ' \times \chi_{mono}}{Ng^2\beta^2}} \tag{5-1a}$$

对摩尔变温磁化率实验数据拟合得到：$g=2.11$，$\lambda=-137cm^{-1}$，$\kappa=1.0$，$\delta=30cm^{-1}$，$\Delta_1=3665cm^{-1}$，$\Delta_2=3000cm^{-1}$，$zJ'=-0.27cm^{-1}$。负的 zJ' 值表明 Co(Ⅱ) 离子之间存在弱的反铁磁性相互作用。

(2) $\{[Co_2(o,m\text{-bpta})(1,4\text{-bimb})_2(H_2O)_2]\cdot 4H_2O\}_n$（配合物 34）的磁性质

如图 5-21(a) 所示，在 T=300 时，配合物 **34** 的 $\chi_M T$ 的值为 2.05(2)cm^3·K/mol，大于单核 Co(Ⅱ) 离子（g=2.0 和 S=3/2）的仅自旋理论值 1.87cm^3·K/mol，表明

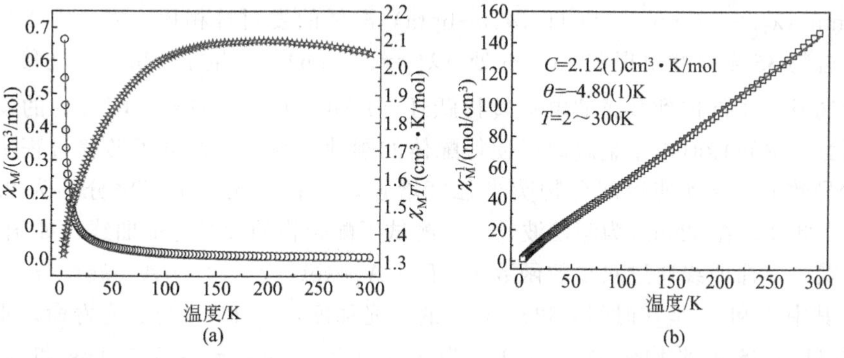

图 5-21　配合物 **34** 的变温磁化率 χ_M、$\chi_M T$ 和 χ_M^{-1} 与温度的关系图

实线代表实验拟合值

了典型的八面体Co(Ⅱ)配合物的自旋-轨道耦合作用。随着温度的降低，$\chi_M T$ 值呈现单调递减趋势，在2K时达到最小值1.33(1)$cm^3 \cdot K/mol$，表明配合物呈现出反铁磁性。在2.0～300K温度范围内，$1/\chi_M T$ 与 T 的关系符合Curie-Weiss定律 $\chi = C/(T-\theta)$，拟合得到 $C=2.12(1)cm^3 \cdot K/mol$，$\theta=-4.88(2)K$，负的 θ 进一步表明配合物**34**表现的是反铁磁性［图5-21(b)］。由于Co…Co相互作用可以忽略，配合物**34**的磁性行为应归因于Co(Ⅱ)离子的磁各向异性。考虑到单核Co(Ⅱ)配合物具有自旋轨道耦合参数（$H=\lambda LS$）和晶体场参数 A，实验数据拟合方程见式（5-2）[11]：

$$\chi_{Co} = \frac{N\beta^2}{3kT}\left[\frac{\frac{7(3-A)^2 x}{5}+\frac{12(A+2)^2}{25A}+\left\{\frac{2(11-2A)^2 x}{45}+\frac{176(A+2)^2}{675A}\right\}\exp\left(-\frac{5Ax}{2}\right)+\left\{\frac{(A+5)^2 x}{9}-\frac{20(A+2)^2}{27A}\right\}\exp(-4Ax)}{\frac{x}{3}\left[3+2\exp\left(-\frac{5Ax}{2}\right)+\exp(-4Ax)\right]}\right] \tag{5-2}$$

λ 为自旋轨道耦合常数（自由离子 $\lambda=-176.0cm^{-1}$）。A 为晶体场参数（$A=1.5$ 为弱场极限，$A=1.0$ 为强场极限），$x=\lambda/k_B T$ 为晶体场对电子间斥力的强度。分子场近似可用于修正离子间弱磁性相互作用引起的磁交换，修正后的表达式为式（5-1a）。最佳拟合 $g=2.16$，$\lambda=-153cm^{-1}$、$A=1.5$、$zJ'=-0.22cm^{-1}$。拟合结果表明，Co(Ⅱ)离子的周围是相对强场态，表现出轻微扭曲的八面体几何构型，这与晶体结构相一致。通过磁性分析比较，在配合物**32**和**34**中，Co(Ⅱ)离子分别采用四面体和八面体几何构型，高自旋态时未成对自旋电子在d轨道上排布不同，导致了配合物**32**和**34**表现出不同的磁性质。因此，由于含N配体的不同可以有效地调节配合物的结构，从而导致各向异性的磁现象。

5.1.3.5 配合物33和35的荧光性质

由刚性有机配体组成的配位聚合物，由于有机配体中含共轭结构，电子可自由流动，容易发生光的吸收与发射，从而使得配合物表现出特异性发光性能[12,13]。由于 H_4(*o*,*m*-bpta)配体含有共轭体系，与 d^{10} 电子构型的金属离子形成配合物后，随着配位的不同导致苯环随着C—C键发生旋转，其发光性质可能会发生改变。在室温下，在325nm的激发波长下，H_4(*o*,*m*-bpta)配体在410nm处产生发射峰［图5-22（a）］，这是由于配体中共轭体系 $\pi\rightarrow\pi$ 和 $n\rightarrow\pi$ 电子的迁移产生的[14]。配合物**33**的发射峰出现在432nm（$\lambda_{ex}=325nm$），与 H_4(*o*,*m*-bpta)配体的发射峰相比，发生了22nm的红移，配合物**35**发射峰出现在452nm处（$\lambda_{ex}=330nm$），发生了42nm的红移，其原因是配合物发生了配体到金属的电荷转移跃迁（LMCT）[15]。另外，配合物的发射强度明显增强，这可能时由于金属离子使得配体的刚性增强，导致电子转移过程中能量损失减少导致的，从而使得配合物荧光强度增强，二者荧光量子产率分别为9.17%和4.97%。此外，在325nm为激发波长下，测试了配合物的荧光寿命曲线，如图5-22(b)所示，荧光寿命曲线通过双指数函数 $I=I_0+A_1\exp(-t/\tau_1)+A_2\exp(-t/\tau_2)$ 进行拟合，其中 I 和 I_0 是在时间 t 和 $t=0$ 时的荧光强度，τ_1 和 τ_2 为荧光寿命。拟合得出配合物**33**和**35**的平均荧光寿命分别为3.6($\tau_1=2.09$，$\tau_2=6.93$)ns和3.6($\tau_1=3.18$，$\tau_2=8.77$)ns。

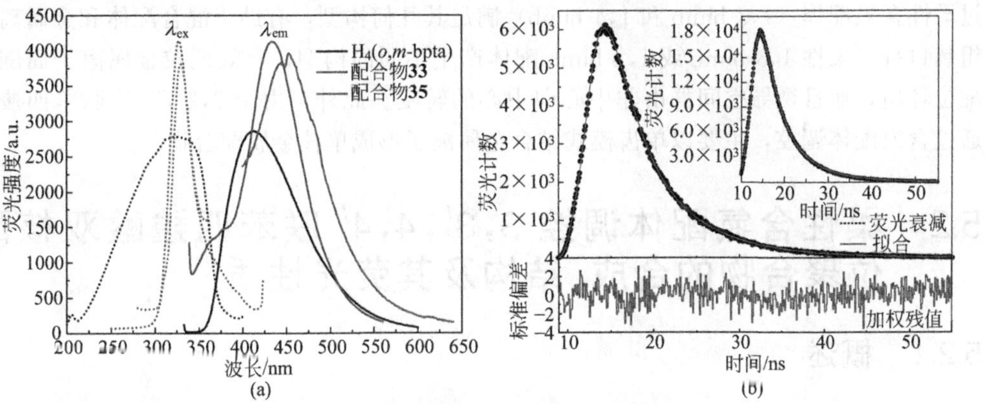

图 5-22　(a) H_4(o,m-bpta) 和配合物 **33** 和 **35** 在不同激发波长下的固态荧光强度；(b) 在激发波长为 325nm 时的荧光衰减和双指数拟合曲线

5.1.3.6　配合物 32 和 35 的铁电性质

配合物 **32** 和 **35** 的空间群属于 10 个极性基团之一的 C_{2v} 点群[16,17]。在室温下，测试了配合物粉末样品在不同电压下的电滞回线，如图 5-23 所示，在电极化率（P）与电场（E）的关系图中，当外加 6V 电场的情况下，配合物 **32** 的剩余极化强度（P_r）为 $0.41\mu C/cm^2$，矫顽极化强度 E_c 为 2.17V，饱和极化强度（P_s）约为 $0.51\mu C/cm^2$。配合物 **35** 在 6V 电场作用下，剩余极化强度为 $0.32\mu C/cm^2$，矫顽极化强度为 2.78V。饱和极化强度（P_s）约为 $0.44\mu C/cm^2$，大于典型的铁电化合物 $NaKC_4H_4O_6 \cdot 4H_2O$($P_s = 0.25\mu C/cm^2$)[18]，但小于铁电 KDP($P_s = 5.0\mu C/cm^2$)[19]，表明配合物 **32** 和 **35** 表现出铁电行为。

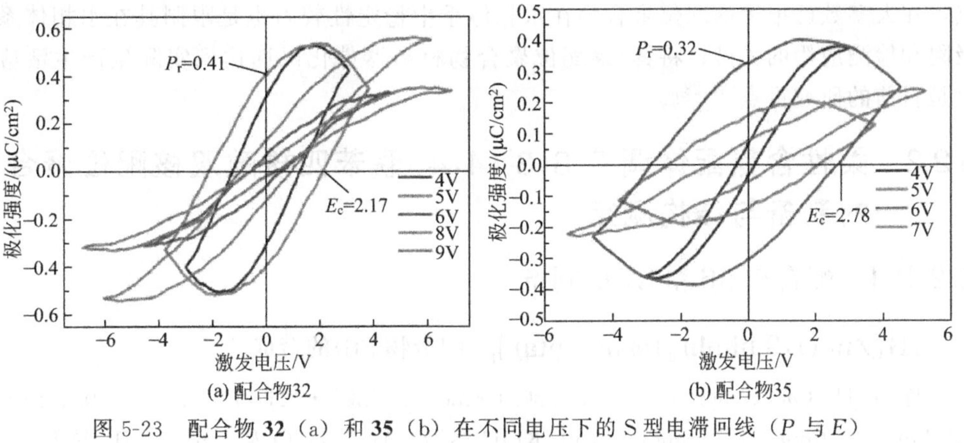

图 5-23　配合物 **32** (a) 和 **35** (b) 在不同电压下的 S 型电滞回线（P 与 E）

5.1.4　小结

采用 2,2′,5,5′-联苯四羧酸配体构筑配合物，以 Co(Ⅱ)/Zn(Ⅱ) 离子常为四配位，通

过柔性含氮配体（1,3-bimb 和 1,4-bimb）满足其几何构型，有助于混合配体和金属离子组装过程。柔性 1,3-bimb 或 1,4-bimb 配体产生不同的构型，有效调控金属离子周围的配位环境，而且诱导空间群由非中心向中心的转变。此外，由于 2,2′,5,5′-联苯四羧酸通过含氮配体调控，主要以单齿模式结合金属离子形成单核金属配合物。

5.2 柔性含氮配体调控 3,3′,4,4′-联苯四羧酸双核配位聚合物的合成、结构及其荧光性质

5.2.1 概述

功能性材料配位聚合物晶体材料由于受到荧光检测、催化、吸附和半导体等多种行业的瞩目，因此成为各个领域争相探究的对象[20-22]。配位聚合物不仅具有丰富的骨架结构以及可调节性，并且具有丰富的拓扑结构。其中，过渡金属锌/镉配位聚合物由于其多样的配位模式和价格低廉的锌/镉金属盐而受到研究者们越来越多的关注，大量的锌/镉配位聚合物被研发，但是以功能为导向的锌/镉配位聚合物的定向设计与合成，并将其应用到实际生产生活中仍然是目前研究的热点，对材料科学的发展具有极为重要的意义[23-25]。对于锌/镉配位聚合物的构筑，简单且有效的合成方法一直都是研究者们不断探索的方向，此外诸如配体的构型和大小、特定官能团、晶体形成时配位键或分子间相互作用都对锌/镉配位聚合物的构筑具有很重要的影响。锌/镉配位聚合物晶体材料具有孔径可调、结构灵活、含有功能性基团和丰富的拓扑结构等特点，可以通过主体框架结构和目标污染物分子之间产生相互作用，进而实现对目标分子的吸附和检测[26]。目前，锌/镉配位聚合物的吸附和检测材料中，如何合理地选择有机配体，定向合成功能性材料仍是研究的重点；由于配位键本身具有可逆性的特点，在大多数已报道的配位聚合物在水相体系中稳定性较差也是限制其在水相体系中吸附和检测应用的关键；将锌/镉配位聚合物材料器件化以期达到实际生产生活应用也是目前的研究重点[27,28]。

5.2.2 柔性含氮配体调控 3,3′,4,4′-联苯四羧酸双核配位聚合物的制备与结构测定

5.2.2.1 配合物 36 和 37 的制备

(1) $[Zn_2(1,3\text{-bimb})_2(m,p\text{-bpta})]_n$（配合物 36）的合成

称取 H_4（*m*, *p*-bpta）(33.0mg，0.1mmol)、$ZnCl_2 \cdot 2H_2O$ (33.6mg，0.2mmol)、1,3-bimb(42.0mg，0.20mmol)、1mL KOH 溶液、1mL H_2O 和 5mL DMF 置于 15mL 聚四氟乙烯管中，搅拌 30min 后，密封之后封于不锈钢反应釜中，放入鼓风干燥箱，加热到 160℃，恒温反应 72h，自然冷却至室温。获得大量无色块状晶体，分离，用蒸馏水和乙醇混合溶液清洗数次，后用丙酮溶剂反复洗涤、干燥，产率约为 52%（按 Zn 计算）（见图 5-24）。

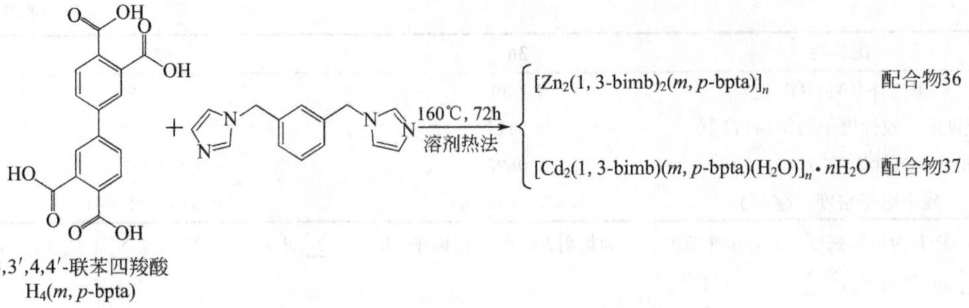

图 5-24　配合物 **36** 和 **37** 的合成示意图

(2) [Cd_2(1,3-bimb)(*m*,*p*-bpta)(H_2O)]$_n$·*n*H_2O（配合物 37）的合成

称取 H_4（*m*，*p*-bpta）（33.0mg，0.10mmol）、Cd（NO_3）$_2$·4H_2O（61.6mg，0.2mmol）、1,3-bimb（42.0mg，0.20mmol）、1mL H_2O 和 5mL DMF 置于 15mL 聚四氟乙烯管中，搅拌 30min 后，密封之后封于不锈钢反应釜中，放入鼓风干燥箱，加热到 160℃，恒温反应 72h，自然冷却至室温。获得大量无色块状晶体，分离，用蒸馏水和乙醇混合溶液清洗数次，后用丙酮溶剂反复洗涤、干燥，产率约为 78%（按 Cd 计算）。

5.2.2.2　配合物 36 和 37 的晶体结构测试

配合物 **36** 和 **37** 的单晶衍射数据收集和解析参照 2.1 节相同部分。其晶体学数据和结构精修数据列于表 5-2。

表 5-2　配合物的相关晶体学数据和精修参数

配合物	**36**	**37**
化学式	$C_{22}H_{17}ZnN_4O_4$	$C_{30}H_{24}Cd_2N_4O_{10}$
分子量	466.76	824.96
温度/K	296(2)	296(2)
衍射线波长/Å	0.71073	0.71073
晶系	单斜	单斜
空间群	$P2_1/c$	$P2_1/c$
晶胞参数 *a*/Å	10.4483(5)	13.343(3)
晶胞参数 *b*/Å	17.7321(7)	10.317(2)
晶胞参数 *c*/Å	14.0462(5)	21.558(4)
晶胞参数 *α*/(°)	90.00	90.00
晶胞参数 *β*/(°)	126.041(2)	107.92(3)
晶胞参数 *γ*/(°)	90.00	90.00
晶胞体积/$Å^3$	2104.24(16)	2848.6(3)
晶胞内分子数	4	4
晶体密度/(g/cm^3)	1.473	1.920
吸收校正/mm^{-1}	1.204	1.573
单胞中的电子数目	956	1612
等效衍射点的等效性	0.0480	0.0410

续表

配合物	36	37
基于 F^2 的 GOF 值	1.039	1.042
非权重一致性因子 $[I>2\sigma(I)]$①	0.0411	0.0328
权重一致性因子 $[I>2\sigma(I)]$①	0.0822	0.0897
残余电子密度/(e/Å^3)	0.375，−0.267	0.918，−1.884

① I 为衍射强度，σ 为标准偏差，F 为衍射 hkl 的结构因子，$R_1=\sum \| F_o|-|F_c\| / \sum |F_o|$，$wR_2=[\sum w(F_o^2-F_c^2)^2/\sum w(F_o^2)^2]^{1/2}$。

5.2.3 柔性含氮配体调控 3,3′,4,4′-联苯四羧酸双核配位聚合物的结构分析与性质研究

5.2.3.1 配合物 36 和 37 晶体结构的描述

(1) $[Zn_2(1,3\text{-bimb})_2(m,p\text{-bpta})]_n$（配合物 36）的晶体结构

配合物 **36** 的结构属于单斜晶系，$P2_1/c$ 空间群，不对称单元由 1 个晶体学独立的 Zn^{2+}、1/2 个完全质子化的（m,p-bpta）$^{4-}$ 配体和一个 1,3-bimb 配体组成。如图 5-25 所示，Zn^{2+} 表现为四面体几何构型，是由来自两个（m,p-bpta）$^{4-}$ 配体羧基 O 原子［O1 和 O4^{ii}，对称代码：（ii）x，$-y+1.5$，$z+0.5$］和两个来自 1,3-bimb 配体的 N 原子［N1 和 N4^{iii}，对称代码：（iii）$-x+2$，$y+0.5$，$-z+1.5$］配位。Zn—O 和 Zn—N 键长范围为 1.9373～1.9428Å 和 1.988～2.0176Å。

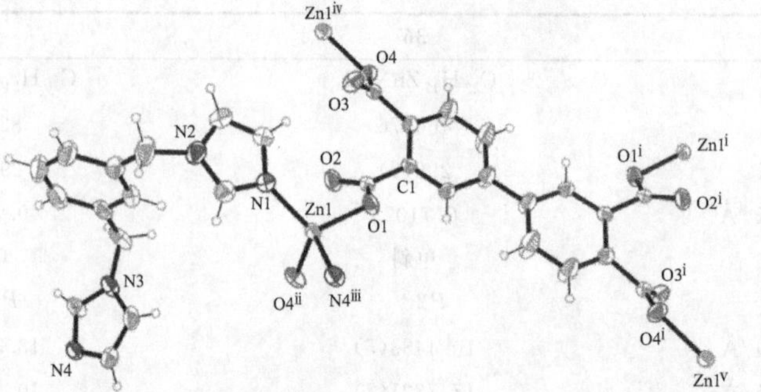

图 5-25 Zn(Ⅱ) 离子与配体之间的配位关系［对称代码：（i）$-x+3$，$-y+2$，$-z+1$；（ii）x，$-y+1.5$，$z+0.5$；（iii）$-x+2$，$y+0.5$，$-z+1.5$；（iv）x，$-y+1.5$，$z-0.5$；（v）$-x+3$，$y+0.5$，$-z+1.5$］

在配合物 **36** 中，完全去质子化的（m,p-bpta）$^{4-}$ 配体采用 μ_4-η^1：η^0：η^1：η^0 模式配位 4 个 Zn^{2+}，形成了 $[Zn_4(bpta)]^{4+}$ 结构单元，（m,p-bpta）$^{4-}$ 配体的芳香环是共面的，这是由于（m,p-bpta）$^{4-}$ 配体的中心位置处于反演中心。有趣的是，$[Zn_4(bpta)]^{4+}$ 单元以垂直的方式相互连接，并延伸形成一个二维锯齿层状结构，表现出菱形 (4,4)-连接网络状［图 5-26(a) 和图 5-26(b)］。相邻层平移紧密堆积，间距为 6.266(3)Å，呈现出 AA 堆叠型。沿着晶轴 b 方向，层间相邻 Zn^{2+} 通过“Z”形

构象的 1,3-bimb 配体连接形成了波浪状的一维链状结构，Zn…Zn 之间的距离为 10.506(1)Å［图 5-26(c)］。沿着［010］方向，1,3-bimb 配体连接相邻层间的 Zn(Ⅱ)离子形成了如图 5-27(a) 三维网络结构。

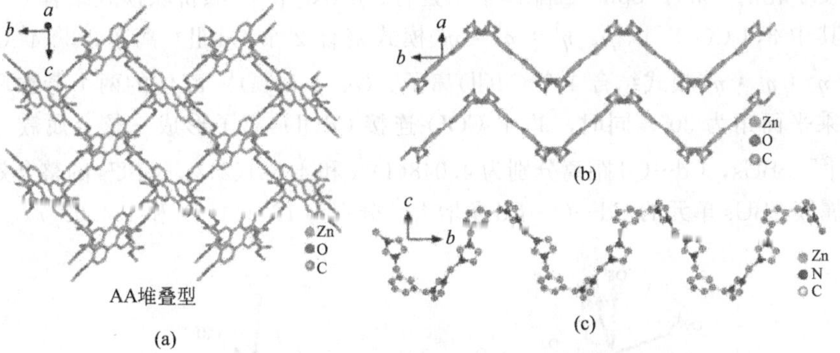

图 5-26　(a) 在 *bc* 平面形成的二维层状结构；(b) 沿着 *c* 轴观察呈现二维“之”字形层状结构；(c) 一维波浪形链状结构

为了使结构清晰明了，对其进行拓扑分析，可将 Zn^{2+} 简化为 4-连接节点，$(m,p\text{-bpta})^{4-}$ 配体简化为 4-连接节点，最终形成了 4,4-*c* 的拓扑结构［图 5-27(b)］，其拓扑点符号为 $\{6^4.8^2\}\{6^6\}_2$。

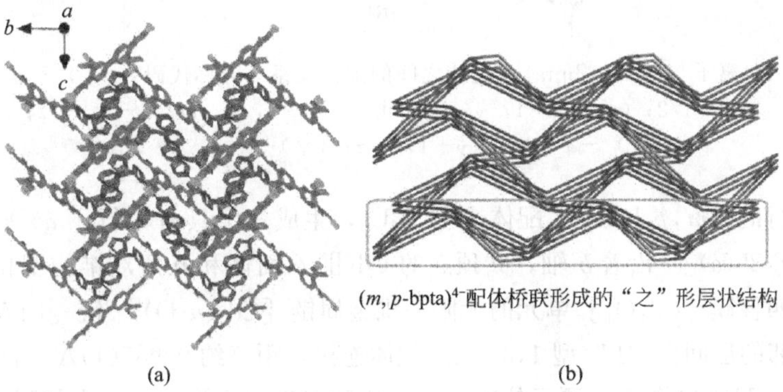

图 5-27　三维网络结构 (a) 和 (4,4)-连接的拓扑网络结构 (b)

(2) $[Cd_2(1,3\text{-bimb})(m,p\text{-bpta})(H_2O)]_n \cdot nH_2O$ (配合物 37) 的晶体结构

配合物 **37** 同样结晶为单斜 $P2_1/c$ 空间群，不对称单元中包含了 2 个晶体学独立的 Cd^{2+}、1 个完全质子化的 $(m,p\text{-bpta})^{4-}$ 配体、1 个 1,3-bimb 配体和 2 个水分子。两个 Cd^{2+} 表现出不同的配位数，如图 5-28 所示，其中 Cd1 原子呈现出七配位半帽形几何构型，其平面是由来自三个 $(m,p\text{-bpta})^{4-}$ 配体的五个 O 原子［O1、O2、O7^ⅱ、O8^ⅰ和 O9；对称代码：(ⅰ) $-x+1$，$y-1/2$，$-z+1/2$；(ⅱ) $x+1$，y，z］和配位水分子 (O9) 组成；其上下顶点与一个来自于 1,3-bimb 配体的 N 原子 (N1) 和一个羧基氧 (O7^ⅱ) 配位。Cd2 原子为 6 配位八面体构型，与来自三个不同 $(m,p\text{-bpta})^{4-}$ 配体的五个羧基 O 原子［O3、O4、O5^ⅱ、O6^ⅱ 和 O8^ⅲ；对称代码：(ⅲ) $-x+1$，$y+1/2$，

$-z+1/2$］和来自1,3-bimb配体的N原子（N4[iv]）占据。Cd—O键长为2.293(2)～2.619(2)Å，Cd—N的键长分别是2.272(2)Å和2.224(2)Å。与化合物**36**相比，$(m,p\text{-bpta})^{4-}$配位方式较为复杂，这与Cd(Ⅱ)离子的配位数较大、离子半径大有关。完全去质子化的$(m,p\text{-bpta})^{4-}$配体采用螯合、μ-oxo和顺-顺桥联模式结合6个Cd(Ⅱ)离子，其中3,4-COO$^-$以μ_2-$\eta^1:\eta^1:\eta^1$模式螯合2个Cd(Ⅱ)离子，3′,4′-COO$^-$以μ_4-$\eta^1:\eta^2:\eta^1:\eta^2$模式结合4个Cd(Ⅱ)离子。$(m,p\text{-bpta})^{4-}$配体的两个芳香环之间的最小二乘平面角为30°。同时，3′,4′-COO-连接Cd(Ⅱ)离子形成三核金属簇［$Cd_3(\mu\text{-}COO)_2]^{2+}$ SBUs，Cd…Cd距离分别为4.048(1)Å和4.381(2)Å。SBUs的螯合效应使得三核金属簇SBUs单元的Cd—O—Cd角增大［分别为121.14(7)°和134.09(7)°］。

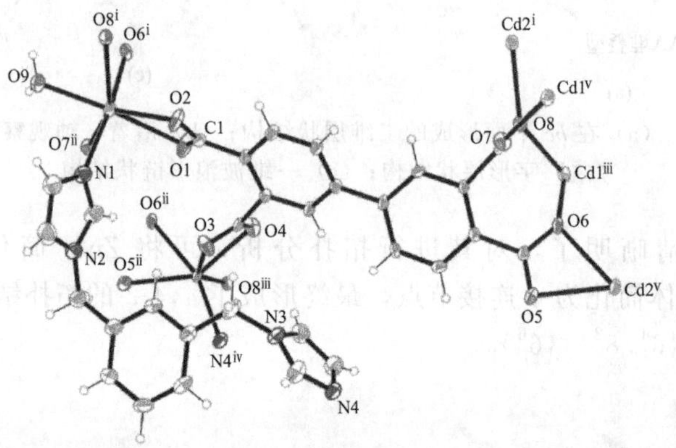

图5-28　Cd(Ⅱ)离子与$(m,p\text{-bpta})^{4-}$配体之间的配位关系［对称代码：(ⅰ) $-x+1$, $y-1/2$, $-z+1/2$；(ⅱ) $x+1$, y, z，(ⅲ) $-x+1$, $y+1/2$, $-z+1/2$；(ⅳ) $-x+1$, $-y+1$, $-z$；(ⅴ) $x-1$, y, z］

反向平行的$(m,p\text{-bpta})^{4-}$配体连接SBUs，生成一个具有平行于ab平面的二维层状结构［图5-29(a)］。沿着b轴，共顶点的Cd(Ⅱ)八面体和五角双锥构型相互连接形成了一个具有四核簇［Cd_4O_4］单元的无限一维金属链［Cd-(μ-O)］$_n$链［图5-29(b)］。沿着c轴，相邻的层间由“L”型1,3-bimb配体连接，距离约9.987(1)Å。沿着［001］方向，1,3-bimb配体和羧基O原子依次连接Cd1和Cd2离子形成了一个如图5-29(c)所示

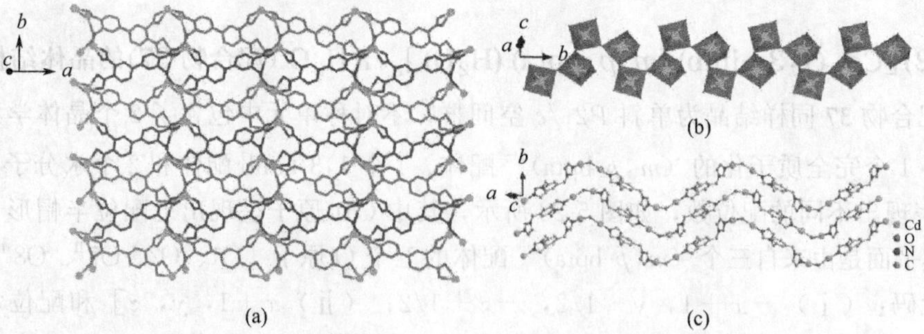

图5-29　(a)Cd(Ⅱ)离子通过$(m,p\text{-bpta})^{4-}$配体连接形成的二维层状结构；(b)沿b轴形成具有四核簇［Cd_4O_4］单元的一维金属链；(c)沿a轴由1,3-bimb和μ-O连接Cd(Ⅱ)离子形成的独特的一维之字形链

独特“之”字形链，Cd⋯Cd 距离分别为 4.048(1) Å 和 12.736(3) Å。最后，$(m,p\text{-bpta})^{4-}$ 和 1,3-bimb 配体相互连接 $[Cd_3(\mu\text{-COO})_2]^{2+}$ 单元形成了如图 5-30 所示的三维网络结构。根据拓扑分析，$bpta^{4-}$ 可以看作是一个 6-连接的节点，每个 Cd(Ⅱ) 离子可以看作是一个 4-连接的节点。因此，整个三维结构可简化为 (4，6)-连接的网络结构，其 Schläfli 符号为 $(4^3.6^3)_2(4^6.6^9)$ [图 5-30(b)]。

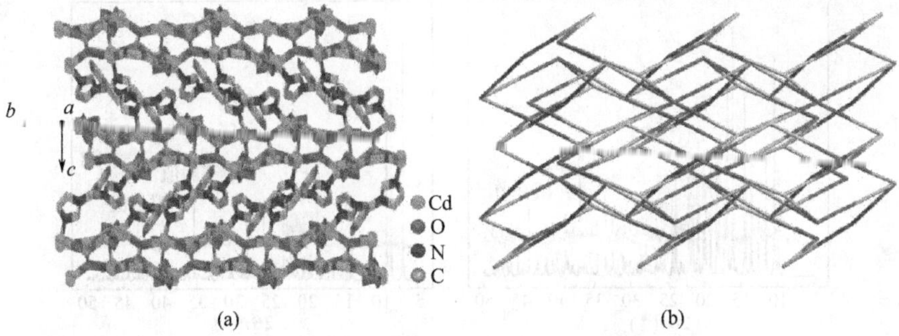

图 5-30　(a) 三维网络结构及 (b)(4,6)-连接的拓扑结构

5.2.3.2 配合物 36 和 37 的红外光谱分析

$H_4(m,p\text{-bpta})$ 配体和配合物 **36** 和 **37** 的 FTIR 光谱如图 5-31 所示。$H_4(m,p\text{-bpta})$ 配体中羧基分子间和分子内形成氢键，在 3387～3516cm^{-1} 范围内出现了一个宽而弱的伸缩振动峰。在 3161cm^{-1} 处伸缩振动峰为苯环中 C—H 键。此外，1709cm^{-1} 和 1680cm^{-1} 处的谱带可指定为游离 $H_4(m,p\text{-bpta})$ 配体的 C═O 特征振动频率。与 $H_4(m,p\text{-bpta})$ 配体相比，配合物中 $\nu_{(C=O)}$ 振动峰移向较低的波数，同时振动峰出现分裂，产生不对称伸缩振动 $\nu_{as(OCO)}$ 和对称伸缩振动 $\nu_{s(OCO)}$。配合物 **36** 的 $\nu_{as(OCO)}$ 出现在 1617cm^{-1} 和 1548cm^{-1} 附近，$\nu_{s(OCO)}$ 位于 1401cm^{-1} 和 1376cm^{-1} 附近，$\Delta\nu_{(as-s)}$ 的值为 172～216cm^{-1}，说明配体 $(m,p\text{-bpta})^{4-}$ 的羧基采用单齿配位模式。配合物 **37** 的 $\nu_{as(OCO)}$ 和 $\nu_{s(OCO)}$ 分别为 1544cm^{-1}、1521cm^{-1} 和 1393cm^{-1}、1357cm^{-1}，$\Delta\nu_{(as-s)}$ 值为 151～164cm^{-1}，表明 $(m,p\text{-bpta})^{4-}$ 的羧基以螯合模式和桥联模式与 Cd(Ⅱ) 离子配位。

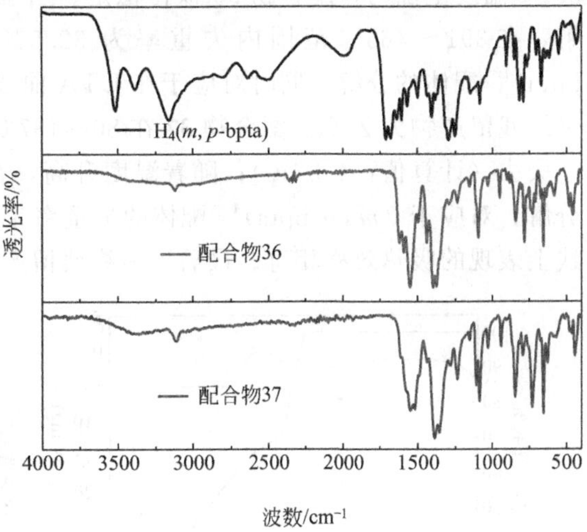

图 5-31　$H_4(m,p\text{-bpta})$ 配体和配合物的红外光谱图

5.2.3.3 配合物 36 和 37 的 X 射线粉末衍射和热稳定性分析

配位聚合物 **36** 和 **37** 的 X 射线粉末衍射是通过 Bruker D8 Advance X 射线衍射仪在室温下测定的，如图 5-32 所示，粉末样品的 X 射线粉末衍射花样与对应的 X 射线单晶衍射模拟衍射花样能很好地吻合，表明这些配位聚合物的粉末样品是纯相的。

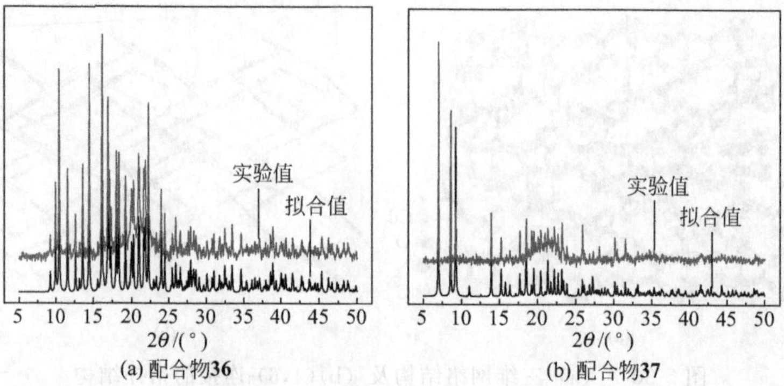

图 5-32 配合物 **36**（a）和 **37**（b）的 X 射线粉末衍射谱图

用 TG 和 DTA 分析评价配合物 **36** 和 **37** 的稳定性。从图 5-33 可以看出，在 25～391℃温度范围内，配合物 **36** 保持稳定。当温度升高 391℃时，骨架结构开始发生分解，在 391～465℃ 范围内失重率为 32.5%（计算值：34.9%），对应于（*m*，*p*-bpta)$^{4-}$配体的分解，同时对应于在 DTA 曲线表现出吸热峰。然后结构进一步分解，最终残留产物为 ZnO。配合物 **37** 在 80～187℃范围内缓慢失重 4.0%，对应两个水分子失去（计算值：4.36%）；随着温度升高，在 350～435℃范围内，骨架结构进一步分解，对应于（*m*,*p*-bpta)$^{4-}$配体的失重率为 38.8%（计算值：39.9%），与 DTA 曲线上表现的吸热效率相符。最后，最终残留产物为 CdO。

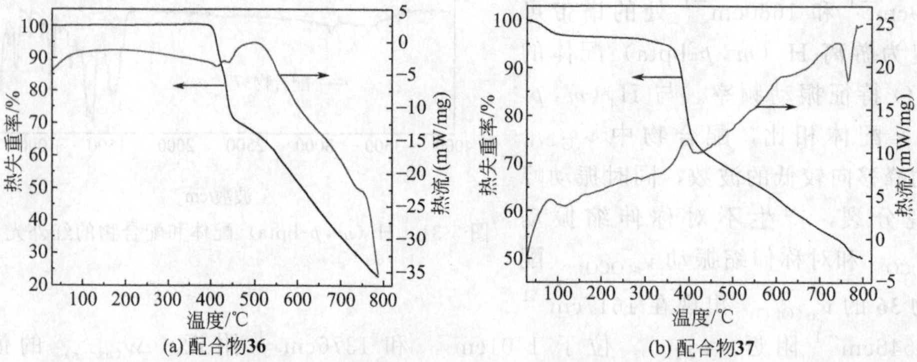

图 5-33 配合物 **36**（a）和 **37**（b）的 TGA 和 DSC 曲线

5.2.3.4 配合物 36 和 37 的荧光性质

由含共轭 π 体系的芳香多羧酸配体和 d^{10} 电子组态的过渡金属离子构建的配位聚

合物，其在荧光、光致发光、化学传感器等方面表现出的潜在应用价值[29,30]。在室温下，分别对自由配体 H_4(*m*,*p*-bpta)、1,3-bimb 以及配合物 **36** 和 **37** 进行固体荧光测试（图 5-34）。在 330nm 的激发波长下，H_4(*m*,*p*-bpta) 的最大发射峰出现在 390nm 处，这是由于 H_4(*m*,*p*-bpta) 的配体内 $\pi\rightarrow\pi^*$ 或 $n\rightarrow\pi^*$ 跃迁引起的。对于 1,3-bimb 配体在任何激发波长下几乎没有荧光发射峰。配合物 **36** 在 330nm 激发下，其发射峰出现在 399nm 处，相比于 H_4(*m*,*p*-bpta) 配体发生了 9nm 的红移，这是由在结构中的金属-配体的荷移（MLCT）跃迁。另外，Zn(Ⅱ) 离子与 H_4(*m*,*p*-bpta) 配体之间形成配位键，调节了 H_4(*m*,*p*-bpta) 配体的构象，使其刚性增强，导致非辐射跃迁降低[31]，使得配合物的荧光增强。配合物 **37** 在 330nm 的激发波长下，在 378nm 和 395nm 处出现两个分裂的发射峰。其发射峰类似于 H_4(*m*,*p*-bpta) 配体，出现 5nm 的微弱红移。因此，配合物 **37** 的荧光发射峰可以归属于配体发射。荧光增强可能是由配位相互作用引起的，因为 $[Cd_3(\mu\text{-}COO)_2]^{2+}$ 单元可以增强芳香骨架的刚性，并通过配位体的无辐射衰变减少能量损失[32]。此外，配合物 **37** 的发射光谱在 470nm 处有一个肩带，可能是由于配体到金属电荷转移（LMCT）引起的。

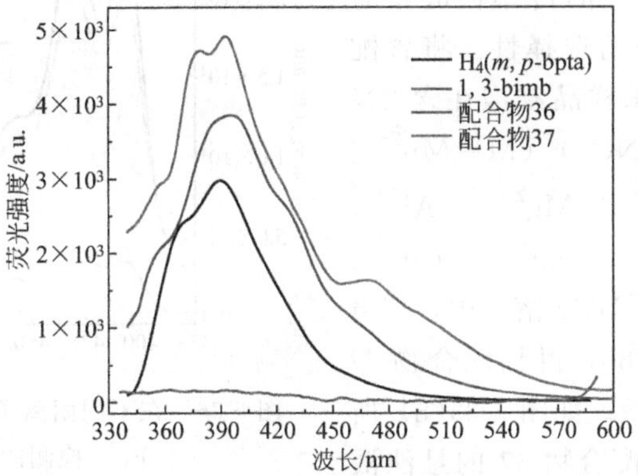

图 5-34 H_4(*m*,*p*-bpta)、4,4′-bipy 配体和配合物在不同激发波长下的固态荧光强度

5.2.3.5 配合物 37 对金属离子的识别

近年来，由于配位聚合物表现出良好的发光性能，其在各种阳离子、阴离子和小分子的荧光传感方面备受关注[33]。由于配合物 **37** 结构中含有镉金属簇结构单元，表现出良好的荧光性能。将 3mg 配合物 **37** 的粉末样品分别分散在 8mL 二甲基甲酰胺、二甲基乙酰胺、二甲基亚砜、水、乙腈、甲醇、乙醇、戊醇、丙酮、环己烷、甲苯、正己烷、乙二醇和氯仿中，经过超声处理约 1h，并陈化 48h，通过荧光光谱仪分别测试其相应的荧光强度。从图 5-35(a) 可知，在 360nm 的激发下，不同溶剂中配合物 **37** 悬浮液的荧光强度差异较大，表明配合物的荧光强度与溶剂分子有关。在大多数溶剂中，配合物 **37** 的荧光光谱相似，而分散在甲苯或丙酮中发射强度要强于 DMF（约 409nm 和 432nm）。但考虑到配合物 **37** 不溶于 DMF，荧光强度相对较高，而且大多数金属离子溶于 DMF，所以用 DMF 中的悬浮液来评价金属离子的传感性能。

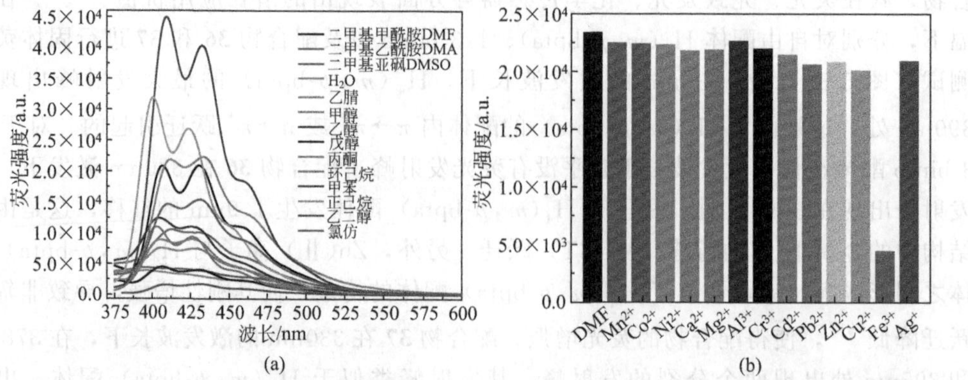

图 5-35 (a) 在 360nm 激发波长下配合物在不同溶剂中的荧光强度；(b) 在 360nm 的激发下，不同金属离子分散在配合物 **37** 的 DMF 溶液中的相对发射强度

由于配合物 **37** 高的溶剂稳定性和优异的发光性能，本节探究了配合物 **37** 的荧光传感性能。一个好的传感器应具有对某些金属离子单一的选择性。将含配合物 **37**(3mg) 的粉末样品浸泡在含 2×10^{-2}mol/L 不同 $M(NO_3)_x$ ($M=Mn^{2+}$、Co^{2+}、Ni^{2+}、Ca^{2+}、Mg^{2+}、Al^{3+}、Cr^{3+}、Cd^{2+}、Pb^{2+}、Zn^{2+}、Cu^{2+}、Fe^{3+} 和 Ag^{+}) 的 8mL DMF 溶液中，超声处理约 1h，并陈化 48h，得到配合物 **37** 稳定的金属离子悬浮液。如图 5-35(b) 所示，金属离子溶液中配合物 **37** 的悬浊液荧光强度发生了不同程度的变化，其中含 Fe^{3+} 的悬浮液几乎完全猝灭了，猝灭百分率超过 90%。而含有其他金属离子的悬浮液几乎没有强度变化。进一步的实验研究了一些金属离子的抗干扰能力。先在配合物 **37** 悬浊液中加入一定浓度的干扰阳离子，然后加入浓度为干扰离子三分之一的 Fe^{3+}，荧光测试发现在高浓度干扰离子 Mn^{2+}、Co^{2+}、Ni^{2+}、Ca^{2+}、Mg^{2+}、Al^{3+}、Cr^{3+}、Cd^{2+}、Pb^{2+}、Zn^{2+}、Cu^{2+} 和 Ag^{+} 混合加入后，只导致荧光强度轻微下降，只有 Fe^{3+} 加入后才会猝灭发射（图 5-36）。因此，结果表明其他金属离子的存在不会干扰配合物 **37** 对 Fe^{3+} 的选择性感应。

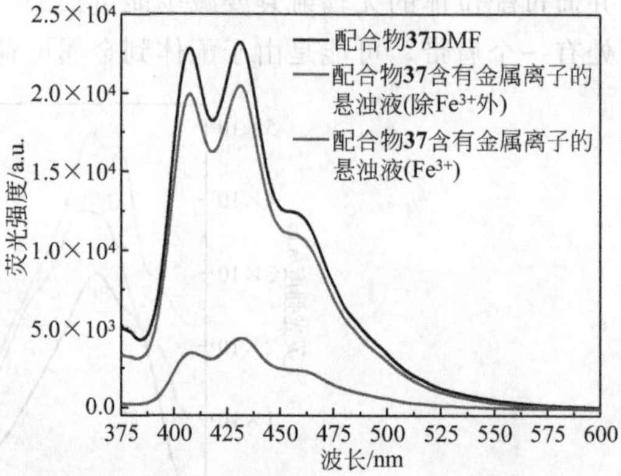

图 5-36 在不同阳离子存在下，配合物 **37** 对 Fe^{3+} 检测的抗干扰研究

同样，为了进一步研究配合物 **37** 对 Fe^{3+} 的传感性能，对其进行了荧光滴定实验。通过加入浓度为 2×10^{-3}mol/L 的 Fe^{3+} 来监测配合物 **37** 的发射响应，以评价其对 Fe^{3+} 的传感灵敏度。从图 5-37(a) 中可以看出，随着 Fe^{3+} 浓度从 5×10^{-6}mol/L 逐步增大 4×10^{-4}mol/L，配合物 **37** 悬浊液的发光强度逐渐降低。当 Fe^{3+} 浓度为 4×10^{-4} mol/L 时，荧光强度为初始荧光强度的 96.7%。结果表明，配合物 **37** 在 DMF 溶液中对 Fe^{3+} 具有较高的选择性识别。本研究得到的 10^{-4} mol/L 浓度值与目前报道的 Fe^{3+} 检测浓

度[34]（10^{-2}～10^{-6}mol/L）相当。此外，在低浓度范围 Stern-Volmer(SV) 曲线表现出良好的线性关系［图 5-37(b)］。Stern-Volmer 方程 $I_0/I=K_{sv}[Q]+1$ 可用于分析发光猝灭效率，其中 I_0 为初始发光强度，I 为加入分析物后的发光强度，［Q］为分析物的摩尔浓度，K_{sv} 为猝灭常数。Fe^{3+} 的 SV 图在低浓度时几乎是线性的，相关系数为 0.9837，然后在较高浓度时向上弯曲［图 5-37(b)］。Fe^{3+} 的 SV 图的非线性可归因于自吸收或能量转移过程。拟合得到 Fe^{3+} 的猝灭常数为 1.91×10^4L/mol，说明 Fe^{3+} 对配合物 **37** 具有较强的猝灭效应。将荧光传感后的悬浊液经离心分离回收配合物 **37** 粉末样品后，用溶液反复浸泡洗涤即得到再生的配合物 **37**。将再生的配合物 **37** 再次用于对 Fe^{3+} 的荧光传感，反复 5 次，发现 Fe^{3+} 对配合物 **37** 的猝灭率及配合物 **37** 的框架结构没有明显变化，这说明配合物 **37** 具有较好的循环检测性，是一种可用于检测 Fe^{3+} 的有前途的荧光传感器。

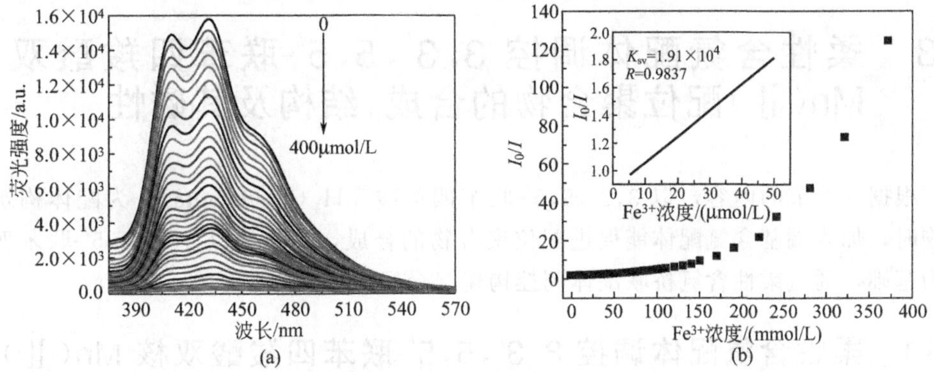

图 5-37　(a) 配合物的悬浮液的荧光强度随 Fe^{3+} 的逐渐加入而改变；(b) 不同 Fe^{3+} 浓度的配合物在 DMF 溶剂中的 Stern-Volmer 曲线

对配合物 **37** 悬浊液和各种金属离子在 DMF 溶液中的 UV-Vis 进行了测试。如图 5-38 所示，Fe^{3+} 的紫外-可见光谱在 275～425nm 处有较宽的吸收带，较其他离子强，覆盖了相同条件下配合物 **37** 的悬浊液的吸收带范围。结果表明，Fe^{3+} 能显著吸收 DMF 中配合物 **37** 悬浊液的激发光能量。因此 Fe^{3+} 对激发能的紫外-可见吸收阻碍了配合物 **37** 悬浊液的吸收，导致配合物 **37** 悬浊液的发光减弱或猝灭。这说明配合物 **37** 的荧光猝灭归因于溶液中 Fe^{3+} 对配合物 **37** 激发能量的竞争性吸收，该机制与其他组[35,36]先前提出的机制一致。

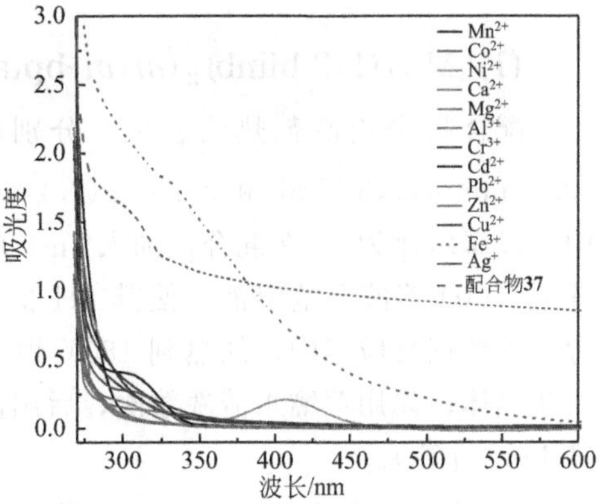

图 5-38　不同金属离子和配合物 **37** 的在 DMF 溶液中的紫外-可见吸收光谱

5.2.4 小结

含有 d^{10} 过渡金属离子（Zn^{2+}、Cd^{2+}）的配位聚合物因其良好的发光性能备受关注，采用具有芳香性共轭性的 3,3′,4,4′-联苯四羧酸为配体，以 1,3-双咪唑甲苯为辅助配体，在溶剂热条件下，可以合成两种新的 Zn^{2+} 和 Cd^{2+} 配位聚合物。在结构中，1,3-双咪唑甲苯为辅助配体连接金属离子形成了不同的波浪状的一维链状结构，由于金属离子配位数不同，3,3′,4,4′-联苯四羧酸采用不同的配位模式连接金属离子，进一步连接形成了具有不同网络结构的三维配位聚合物。结果表明由于采用不同的金属离子能构筑出结构新颖、多样性的配合物。在室温下研究了两种配合物的固态发光特性，尤其是配合物 **37**，在 DMF 溶液中对 Fe^{3+} 具有选择性响应，可归因于配合物 **37** 和 Fe^{3+} 之间存在竞争性吸收和能量的转移机制。

5.3 柔性含氮配体调控 3,3′,5,5′-联苯四羧酸双核 Mn(Ⅱ)配位聚合物的合成、结构及其磁性

根据 5.2 节的内容，以 3,3′,5,5′-联苯四羧酸［H_4(*m*,*m*-bpta)］为配体构筑配合物时，加入端基含氮配体能促进配位聚合物的合成，本节仍以 3,3′,5,5′-联苯四羧酸为基础，通过柔性含氮桥联配体调控构建混合配体类配位聚合物。

5.3.1 柔性含氮配体调控 3,3′,5,5′-联苯四羧酸双核 Mn(Ⅱ)配位聚合物的制备与结构测定

5.3.1.1 配合物的制备

(1)$[Mn_2(1,3\text{-bimb})_2(m,m\text{-bpta})]_n \cdot 2nH_2O$（配合物 38）的合成

配合物采用溶剂热法合成，分别称取 33.0mg(0.10mmol) H_4bpta、47.6.0mg (0.02mmol)1,3-bimb 和 39.6mg(0.20mmol)$MnCl_2 \cdot 4H_2O$ 置于 15mL 聚四氟乙烯管中，以摩尔比为 1∶3 混合，加入 8mL 的 DMF/H_2O（体积比＝1∶3）混合溶剂，用稀的 KOH 溶液调整溶液，使其 pH 值为 6 左右，搅拌 30min，密封聚四氟乙烯管，置于不锈钢反应釜中，加热到 180℃恒温反应 72h，自然冷却到室温，获得大量无色块状晶体，先用蒸馏水清洗数次，后用丙酮溶剂反复洗涤、干燥，产率约为 75%（按 H_4bpta 计算）。

(2)$[Mn_2(1,4\text{-bimb})_2(\text{bpta})]_n \cdot 2nH_2O$（配合物 39）的合成

配合物 **39** 的合成步骤与配合物 **38** 的合成步骤相同，唯一不同的是将合成配合物 **38** 所用的 1,3-bimb 换为 1,4-bimb，同样也得到了大量无色块状的配合物 **39** 的晶体，经过洗涤、干燥等步骤后计算其产率约为 67%（按 H_4bpta 计算）。$C_{22}H_{19}MnN_4O_5$ 理论值：C 55.70%，H 4.04%，N 11.81%．实际值：C 55.43%，H 4.28%，N 11.72%。

IR(cm^{-1})：3433w，3112w，1621s，1580s，1543s，1517s，1437m，1396s，1365s，1288m，1233m，1104m，1086m，929m，789s，721s，655s，537m，480m。

5.3.1.2　配合物的晶体结构测试

配合物 **38** 和 **39** 的单晶衍射数据收集和解析参照 2.1 节。其晶体学数据和结构精修数据列于表 5-3。

表 5-3　配合物 38 和 39 的相关晶体学数据和精修参数

配合物	**38**	**39**
化学式	$C_{44}H_{38}Mn_2N_8O_{10}$	$C_{22}H_{19}MnN_4O_5$
分子量	948.70	474.35
温度/K	100(2)	296(2)
衍射线波长/Å	0.71073	0.71073
晶系	正交	三斜
空间群	$P2(1)2(1)2(1)$	$P\bar{1}$
晶胞参数 a/Å	13.278(3)	8.6821(6)
晶胞参数 b/Å	16.596(3)	10.2379(7)
晶胞参数 c/Å	17.931(4)	12.0940(9)
晶胞参数 α/(°)	90.00	68.497(2)
晶胞参数 β/(°)	90.00	84.952(2)
晶胞参数 γ/(°)	90.00	89.683(2)
晶胞体积/$Å^3$	3951.3(14)	995.88(12)
晶胞内分子数	4	2
晶体密度/(g/cm^3)	1.595	1.582
吸收校正/mm^{-1}	0.714	0.708
单胞中的电子数目	1952	480
等效衍射点的等效性	0.0232	0.0319
基于 F^2 的 GOF 值	1.052	1.012
非权重一致性因子[$I>2\sigma(I)$]①	1.027	0.0478
权重一致性因子[$I>2\sigma(I)$]①	0.0235	0.0953
残余电子密度/(e/$Å^3$)	0.423，−0.300	0.419，−0.460

① I 为衍射强度，σ 为标准偏差，F 为衍射 hkl 的结构因子，$R_1=\sum\|\|F_o\|-\|F_c\|\|/\sum\|F_o\|$，$wR_2=[\sum w(F_o^2-F_c^2)^2/\sum w(F_o^2)^2]^{1/2}$。

5.3.2 柔性含氮配体调控 3,3′,5,5′-联苯四羧酸双核 Mn(Ⅱ)配位聚合物的结构分析与性质研究

5.3.2.1 配合物 38 和 39 的晶体结构描述

(1) [Mn_2(1,3-bimb)$_2$(*m*,*m*-bpta)]$_n$ · 2*n* H_2O (配合物 38) 的晶体结构

配合物 **38** 结晶于正交手性 *P*2(1)2(1)2(1) 空间群，呈现二维层状结构。不对称单元由两个 Mn(Ⅱ) 离子、一个 (*m*,*m*-bpta)$^{4-}$ 阴离子、两个 1,3-bimb 配体和两个晶格 H_2O 分子组成。如图 5-39 所示，每一个 Mn(Ⅱ) 离子与来自三个 (*m*,*m*-bpta)$^{4-}$ 配体的四个 O 原子和两个 N 原子配位，分别表现出八面体 [MnN_2O_4] 几何构型，Mn—O 键长为 2.102(2)～2.437(2)Å，Mn—N 键长为 2.204(2)～2.227(2)Å。

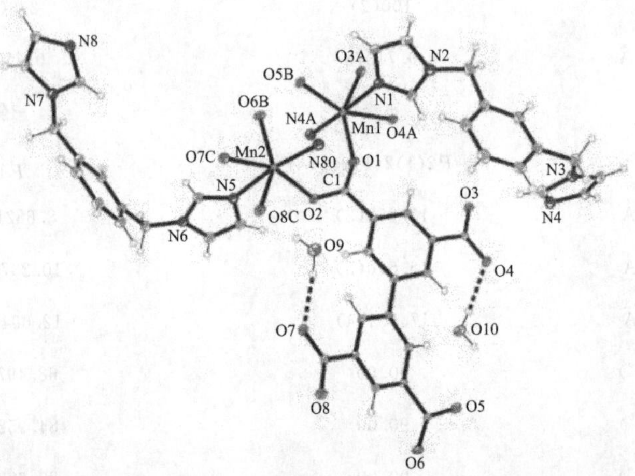

图 5-39 配合物 **38** 中 Mn(Ⅱ) 离子配位环境图 [30%的椭球度，对称代码：(A) $x+1/2$, $3/2-y$, $-z$; (B) $x+1$, y, z; (C) $x+1/2$, $3/2-y$, $1-z$; (D) $x-1/2$, $3/2-y$, $1-z$]

在配合物 **38** 中，(*m*,*m*-bpta)$^{4-}$ 展示了 μ_6-η^1 : η^2 : η^1 : η^2 配位模式，3,3′-COO^- 和 5,5′-COO^- 采用螯合和顺-顺桥联模式结合六个 Mn(Ⅱ) 离子。在 5,5′-位的羧基连接两个 Mn(Ⅱ) 离子形成 [Mn_2(μ-COO)$_2$]$^{2+}$ 双核 SBUs，Mn…Mn 的距离为 4.381(2)Å。两个芳香环之间的二面角为 22.20(6)°。SBUs 通过交错的 (*m*,*m*-bpta)$^{4-}$ 配体进一步连接，产生具有 19 元环的二维层 [图 5-40(a)]。1,3-bimb 配体采用 “Z” 形构象连接相邻 Mn(Ⅱ) 离子形成了双螺旋链，Mn…Mn 的距离是 8.345(2)Å，从而螺旋链进一步增强了双核 SBUs 的连接。在晶格中，二维层成密堆积，如图 5-40(b) 所示，由 1,3-bimb 配体很好地隔离，沿 *b* 方向呈现 ABA 堆叠顺序。相邻层间吡啶环之间形成了 C—H…π 相互作用，垂直距离分别为 2.56Å 和 2.76Å。溶剂水分子填充于层间，与羧基形成了 O—H…O 氢键 [O9—H…O7/O8＝2.730(7)Å/2.754(7)Å，O10—H…O3/O4＝2.785(7)Å/2.883(8)Å]。此外，由 O9 和 1,3-bimb 配体的芳香环间形成了弱的 p-π 作用，中心距离为 3.485(2)Å。

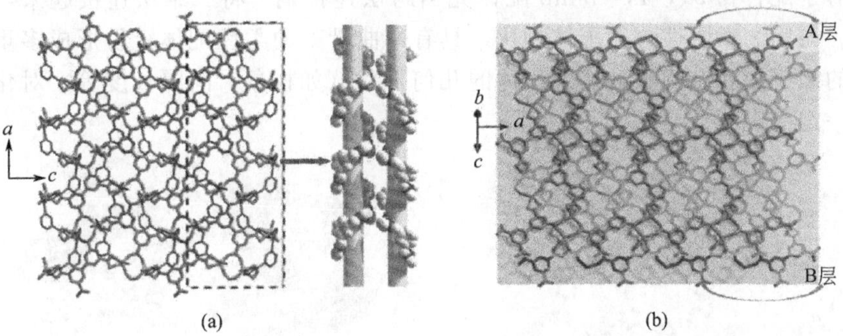

图 5-40　(a) $(m,m\text{-bpta})^{4-}$ 和 1,3-bimb 配体形成含有双螺旋链二维层状结构；(b) 二维层状堆积图

(2) $[Mn_2(1,4\text{-bimb})_2(bpta)]_n \cdot 2nH_2O$（配合物 39）的晶体结构

配合物 **39** 也表现为三维网络结构，其空间群为单斜 $P\bar{1}$。不对称单元是由 1 个独立的 Mn(Ⅱ) 离子、1/2 个 $(m,m\text{-bpta})^{4-}$ 阴离子、1 个 1,4-bimb 配体和 1 个晶格水分子组成。如图 5-41 所示，Mn(Ⅱ) 与来自 2 个 $(m,m\text{-bpta})^{4-}$ 配体的 4 个氧原子 [O1，O2，O3B 和 O4C；对称代码：(B) $-x$，$-y$，$1-z$；(C) x，$y+1$，z] 配位，同时还与来自 2 个 1,4-bimb 配体的 2 个氮原子 [N1 和 N4D，对称代码：(D) $x-1$，$y-1$，$z+1$] 配位，形成八面体几何构型。Mn—O 键长为 2.120(2)～2.351(2)Å，Mn—N 键长为 2.225(3)Å 和 2.258(3)Å。同样，Mn(Ⅱ) 离子通过羧基顺-反式桥联模式连接形成了双核簇单元 $[Mn_2(COO)_2]^{2+}$，Mn⋯Mn 距离为 4.641(2)Å。与配合物 **38** 类似，完全去质子化的 $(m,m\text{-bpta})^{4-}$ 配体以 $\mu_6\text{-}\eta^1:\eta^2:\eta^1:\eta^2$ 模式连接 6 个 Mn(Ⅱ) 离子，在 *bc* 平面形成了一个二维层状结构 [图 5-42(a)]，相邻层通过"Z"形 1,4-bimb 配体连接形成了三维网络结构 [图 5-42(b)]，其层间距离为 8.736(1)Å。

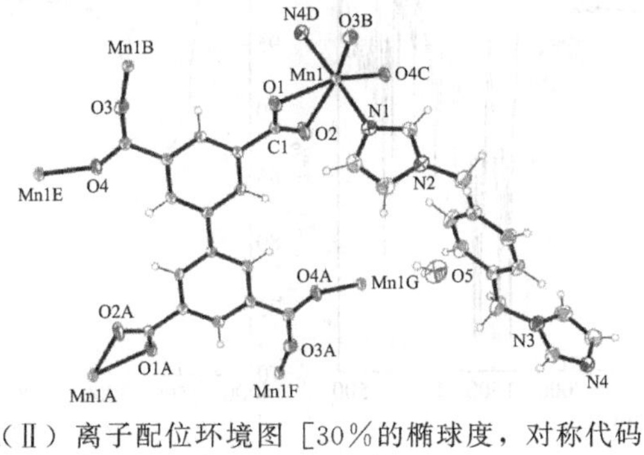

图 5-41　配合物 **39** 中 Mn(Ⅱ) 离子配位环境图 [30% 的椭球度，对称代码：(A) $-x$，$-y$，$-z$；(B) $-x$，$-y$，$1-z$；(C) x，$y+1$，z；(D) $x-1$，$y-1$，$z+1$；(E) x，$y-1$，z；(F) x，y，$z-1$；(G) $-x$，$1-y$，$-z$]

此外，采用柔性异构双咪唑-甲基苯通过不同的构型将 Mn(Ⅱ) 离子连接起来。顺式构象往往导致闭合环的形成，而反式构象则导致高维框架的形成。配合物 **38** 呈二维层状，1,3-bimb 顺式配体将同一层 Mn(Ⅱ) 离子连接形成双螺旋链，形成手性

结构。对于配合物 **39**，1,4-bimb 配体充当跨层连接剂，将二维层连接起来，形成三维网络。与第 3 章刚性含氮配体相比，具有弯曲骨架的柔性配体容易形成多重互穿和非互穿的皱折无孔结构。显然，配体的几何形状（如构象、间隔长度等）对化合物的构筑有一定的影响。

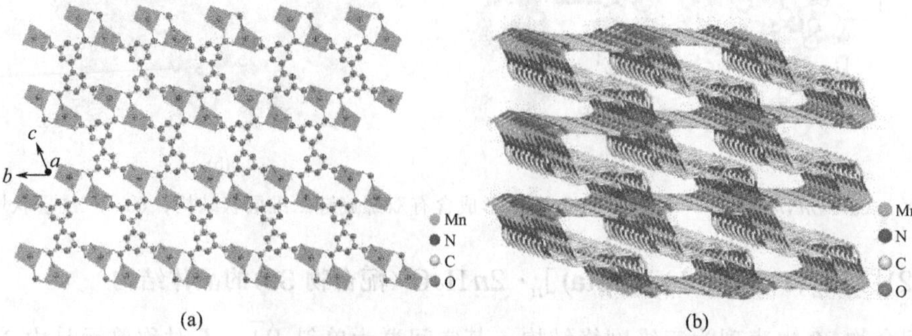

图 5-42　(a) 在 *bc* 平面，配合物 **39** 的二维层状结构；(b) 带有孔道的三维空间网状结构

5.3.2.2　配合物 38 和 39 的红外光谱和 X 射线粉末衍射

在红外光谱（图 5-43）中，在 3400～3200cm^{-1} 范围内的宽带是由于分子间和分子内部的 O—H 键的伸缩振动引起的。相比 H_4(m,m-bpta)配体 $\nu_{(C=O)}$ 在 1702cm^{-1} 处的振动峰，在配合物 **38** 和 **39** 中这些特征峰发生分裂并向低波数移动。其中 $\nu_{as(OCO)}$ 和 $\nu_{s(OCO)}$ 的振动峰出现在 1620cm^{-1}、1579cm^{-1} 和 1446cm^{-1}、1369cm^{-1} 处，$\Delta\nu_{(as-s)}$ 差值的范围为 174～210cm^{-1}，表明 H_4(m,m-bpta) 的羧基在配合物中表现为螯合模式和桥联模式，这与配合物的晶体结构是一致的。另外，在 719～820cm^{-1} 处可以看到两个中等强度的 OCO 的伸缩振动峰。

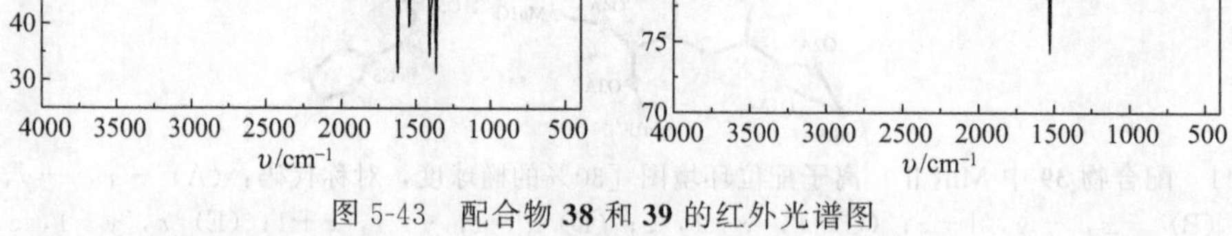

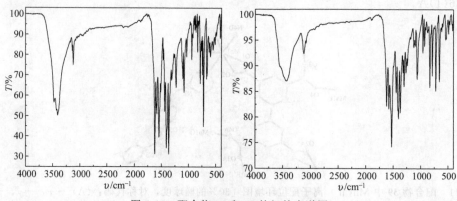

图 5-43　配合物 **38** 和 **39** 的红外光谱图

通过 PXRD 对配合物 **38** 和 **39** 的纯度进行了分析。如图 5-44 所示，配合物在实验 PXRD 的花样与单晶衍射结果的模拟花样相匹配，表明了配合物 **38** 和 **39** 是高纯度的。

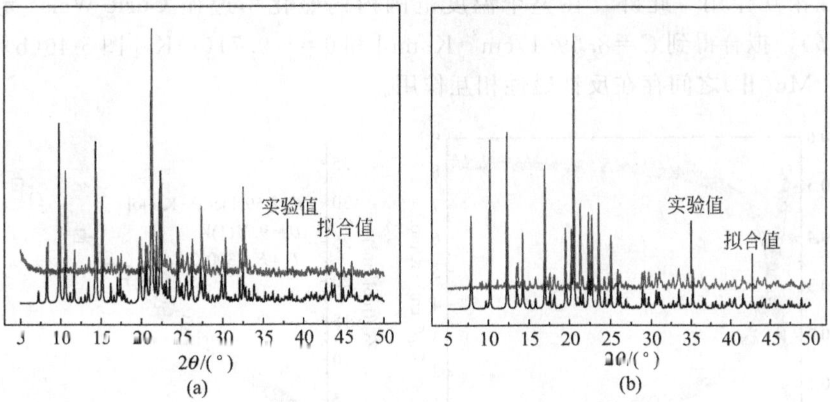

图 5-44　配合物 **38** 和 **39** 的 PXRD 谱图

5.3.2.3　配合物 38 和 39 的热稳定性

如图 5-45(a)所示，配合物 **38** 的 TG 曲线显示：当温度为 90～305℃时发生第一次失重，失重率为 3.80%，对应失去的两个客体水分子（理论值：3.79%）；在 305～430℃时，骨架结构开始分解，失重率为 32.6%，对应失去一个 $(m,m\text{-bpta})^{4-}$ 分子（理论值：34.8%）。配合物 **39** 的 TG 曲线表明［图 5-45(b)］，第一次失重发生在 90～350℃，失去一个结晶水（实验值：4.35%，理论值：3.75%）；进一步失重发生在 350～427℃，失重率为 33.5%（理论值：34.8%），失去的物质为 $(m,m\text{-bpta})^{4-}$ 分子配体。两种配合物在超过 800℃时煅烧，最后得到的产物主要是 MnO。

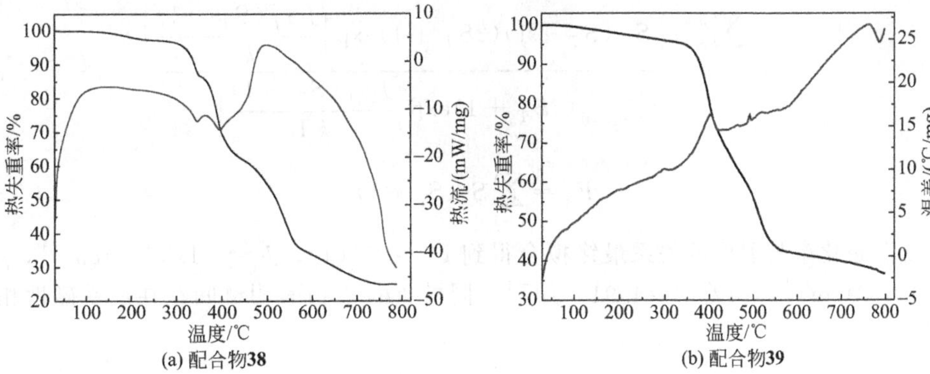

图 5-45　配合物 **38** 和 **39** 的热重分析和差热曲线图

5.3.2.4　配合物 38 的磁性研究

配合物 **38** 在温度为 300K 时，$\chi_M T$ 值是 8.29(2)$cm^3 \cdot K/mol$，低于双核轨道非耦合 Mn(Ⅱ)间自旋耦合值 $\chi_M T=8.75cm^3 \cdot K/mol$［图 5-46(a)］。随着温度的降低，$\chi_M$ 的值呈现出单调递增，而 $\chi_M T$ 的值连续缓慢下降，大约低于 100K，$\chi_M T$ 的值急剧下降，在 1.8K 时，达到最小值 1.06(1)$cm^3 \cdot K/mol$，表示 Mn(Ⅱ)离子之间表现为

反铁磁性相互作用。此外，在整个温度范围内的磁化率遵循 Curie-Weiss 定律 $\chi = C/(T-\theta)$，拟合得到 $C=8.59(1)\mathrm{cm^3 \cdot K/mol}$ 和 $\theta=-9.71(1)\mathrm{K}$ [图 5-46(b)]。负的 θ 也表示 Mn(Ⅱ)之间存在反铁磁性相互作用。

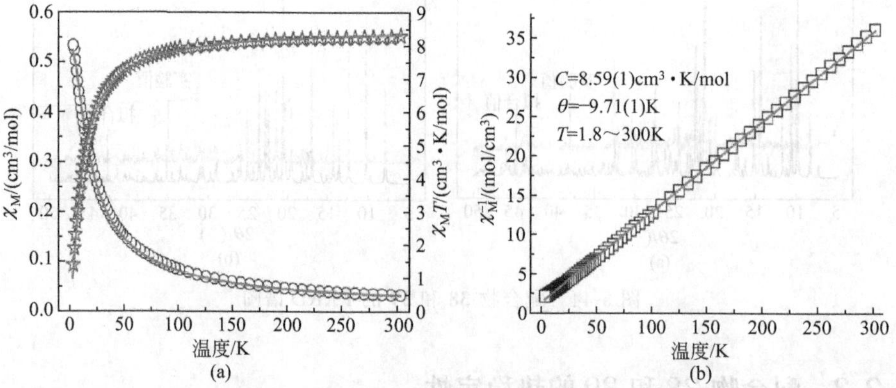

图 5-46 配合物 **38** 的摩尔变温磁化率 χ_M 和 $\chi_M T$ 与温度的关系图和 χ_M^{-1} 与温度的关系图

实线代表了实验拟合值

在结构中，Mn(Ⅱ)通过 *syn-syn* 羧基桥联模式传递自旋电子耦合交换作用，因此，可采用 Heisenberg-Dirac van Vleck 哈密顿公式 $H=2J\overrightarrow{S_1}\cdot\overrightarrow{S_2}+g\mu_B(\overrightarrow{S_{1z}}+\overrightarrow{S_{2z}})H$ 进行拟合，公式 (5-3) 如下：

$$\chi_{\mathrm{dimer}}=\frac{N_A g^2 \mu_B^2}{kT}[(1-\rho)F_1+\rho F_2] \tag{5-3}$$

式中，ρ 指的是含有 Mn(Ⅱ)的杂质项。

$$F_1=\frac{\sum_{S_T=0}^{5} S_T(S_T+1)(2S_T+1)\exp\left[\frac{JS_T(S_T+1)}{k\mathrm{T}}\right]}{\sum_{S_T=0}^{5}(2S_T+1)\exp\left[\frac{JS_T(S_T+1)}{k\mathrm{T}}\right]} \tag{5-3a}$$

$$F_2=\sum_{i=1}^{2} S_i(S_i+1) \tag{5-3b}$$

变温磁化率与温度的关系最终拟合得到 $g=2.01(1)$，$J=-1.57(2)\mathrm{cm^{-1}}$，$\rho=-0.036(2)\mathrm{cm^{-1}}$，误差 $R=4.91\times10^{-4}$，同样负的 J 值表明链间存在反铁磁性相互作用。

5.3.3 小结

以柔性含氮配体作为辅助配体，利用 Mn(Ⅱ) 离子和 H_4(*m*,*m*-bpta) 配体的组合，构建了两种 Mn(Ⅱ) 配位聚合物。其结构的共同特点为羧酸采用顺-顺桥联模式连接 Mn(Ⅱ) 离子形成一个双核簇 $[Mn_2(COO)_2]^{2+}$ 单元。由于柔性含氮配体分别采用不同的“V”和“Z”形构象，导致配合物 **38** 的结构表现为手性二维层状结构，配合物 **39** 为三维网状结构。柔性含氮配体的不同构型在形成不同配合物的过程中起着重要作用。同时，磁性测试表明在二聚体金属 Mn(Ⅱ)簇单元中，Mn(Ⅱ)离子之间表现为反铁磁性作用。

参考文献

[1] Paz F A A, Klinowski J, Vilela S M F, et al. Ligand design for functional metal-organic frameworks [J]. Chem. Soc. Rev., 2012, 41: 1088-1110.

[2] Feng L, Wang K Y, Day G S, et al. Destruction of metal-organic frameworks: positive and negative aspects of stability and lability [J]. Chem. Rev., 2020, 120: 13087-13133.

[3] Dhakshinamoorthy A, Li Z, Garcia H. Catalysis and photocatalysis by metal organic frameworks [J]. Chem. Soc. Rev., 2018, 47: 8134-8172.

[4] Li A L, Gao Q, Xu J, et al. Proton-conductive metal-organic frameworks: Recent advances and perspectives [J]. Coordin. Chem. Rev., 2017, 344: 54-82.

[5] Meng W L, Liu G X, Okamura T A, et al. Syntheses, crystal structures, and magnetic properties of novelcopper (Ⅱ) complexes with the flexible bidentate ligand 1-bromo-3,5-bis (imidazol-1-ylmethyl) benzene [J]. Cryst. Growth Des., 2006, 6: 2092.

[6] Zhao W, Song Y, Okamura T A, et al. Syntheses, Crystal structures, and magnetic properties of novel manganese(Ⅱ) complexes with flexible tripodal ligand 1,3,5-tris(imidazol-1-ylmethyl)-2,4,6-trimethylbenzene [J]. Inorg. Chem., 2005, 44: 3330-3336.

[7] Liu H K, Huang X, Lu T, et al. Discrete and infinite 1D, 2D/3D cage frameworks with inclusion of anionic species and anion-exchange reactions of Ag_3L_2 type receptor with tetrahedral and octahedral anions [J]. Dalton Trans., 2008, 3178-3188.

[8] Jankovics H, Daskalakis M, Raptopoulou C P. et al. Synthesis and structural and spectroscopic characterization of a complex between Co(Ⅱ) and imino-bis(methylphosphonic acid): gaining insight into biologically relevant metal-ion phosphonate interactions or looking at a new Co(Ⅱ)-organophosphonate material? [J]. Inorg. Chem., 2002, 41: 3366-3374.

[9] Lu J, Yu J H, Chen X Y, et al. Novel self-assembled chain of water molecules in a metal-organic framework structure of Co(Ⅱ) with tartrate acid [J]. Inorg. Chem., 2005, 44: 5978-5980.

[10] Zheng Y Q, Lin J L, Xu W, et al. A family of new glutarate compounds: synthesis, crystal structures of: $Co(H_2O)_5L$(1), $Na_2[CoL_2]$ (2), $Na_2[L(H_2L)_{4/2}]$ (3), $\{[Co_3(H_2O)_6L_2](HL)_2\}\cdot 4H_2O$ (4), $\{[Co_3(H_2O)_6L_2](HL)_2\}\cdot 10H_2O$ (5), $\{[Co_3(H_2O)_6L_2]L_2\}\cdot 4H_2O$ (6), and $Na_2\{[Co_3(H_2O)_2]L_{8/2}]\cdot 6H_2O$ (7), and magnetic properties of 1 and 2 with $H_2L=HOOC\text{-}(CH_2)_3\text{-}COOH$ [J]. Inorg. Chem., 2008, 47: 10280-10287.

[11] Konar S, Mukherjee P S, Drew M G B, et al. Syntheses of two new 1D and 3D networks of Cu(Ⅱ) and Co(Ⅱ) using malonate and urotropine as bridging ligands: crystal structures and magnetic studies [J]. Inorg. Chem., 2003, 42: 2545-2552.

[12] Zou J Y, Li L, You S Y, et al. A usf zinc(Ⅱ) metal-organic framework as a highly selective luminescence probe for acetylacetone detection and its postsynthetic cation exchange [J]. Cryst. Growth Des., 2018, 18: 3997-4003.

[13] Wang R Y, Liu L N, Lv L L, et al. Synthesis, structural diversity, and properties of Cd metal-organic frameworks based on 2-(5-bromo-pyridin-3-yl)-1*H*-imidazole-4,5-dicarboxylate and N-heterocyclic ancillary ligands [J]. Cryst. Growth Des., 2017, 17: 3616-3624.

[14] Li W X, Li H X, Li H Y, et al. 1,4-bis(2-(pyridin-4-yl)vinyl)naphthalene and its zinc(Ⅱ) coordination polymers: synthesis, structural characterization, and selective luminescent sensing of mercury(Ⅱ) ion [J]. Cryst. Growth Des., 2017, 17: 3948-3959.

[15] Wu Y L, Yang F, Qian J, et al. Low-pressure selectivity, stepwise gas sorption behaviors, and luminescent

properties (experimental findings and theoretical correlation) of three Zn(Ⅱ)-based metal-organic frameworks [J]. Cryst. Growth Des., 2017, 17: 3965-3973.

[16] Asadi K, van der Veen M A, Ferroelectricity in metal-organic frameworks: characterization and mechanisms [J]. Eur. J. Inorg. Chem., 2016, 27: 4332-4344.

[17] Sun Y, Gao J F, Cheng Y, et al. Design of the hybrid metal-organic frameworks as potential supramolecular piezo-/ferroelectrics [J]. J. Phys. Chem. C, 2019, 123: 3122-3129.

[18] Solans X, Gonzalez-Silgo C, Ruiz-Pe'rez C. A structural study on the rochelle salt [J]. J. Solid State Chem., 1997, 131: 350-357.

[19] Kurtz S K, Perry T T. A powder technique for the evaluation of nonlinear optical materials [J]. J. Appl. Phys., 1968, 39: 3798-3813.

[20] Yam V W, Au V K, Leung S Y. Light-emitting self-assembled materials based on d(8) and d(10) transition metal complexes [J]. Chem. Rev., 2015, 115: 7589-7728.

[21] Yu C X, Jiang W, Wang K Z, et al. Luminescent two-dimensional metal-organic framework nanosheets with large π-conjugated system: design, synthesis, and detection of anti-inflammatory drugs and pesticides [J]. Inorg. Chem., 2022, 61: 982-991.

[22] Jiang Q J, Lin J Y, Hu Z J, et al. Luminescent zinc(Ⅱ) coordination polymers of bis(pyridin-4-yl) benzothiadiazole and aromatic polycarboxylates for highly selective detection of Fe(Ⅲ) and high-valent oxyanions [J]. Cryst. Growth & Des., 2021, 21: 2056-2067.

[23] Paul A, Zangrando E, Patra A, et al. Tetranuclear and 1D polymeric Cd(Ⅱ) complexes with a tetrapyridyl imidazolidine ligand: synthesis, structure, and fluorescence sensing activity [J]. Cryst. Growth & Des., 2020, 20: 2904-2913.

[24] Jia X X, Yao R X, Zhang F Q, et al. A Fluorescent anionic MOF with $Zn_4(trz)_2$ chain for highly selective visual sensing of contaminants: Cr(Ⅲ)ion and TNP [J]. Inorg. Chem., 2017, 56: 2690-2696.

[25] Huang Z, Zhao M, Wang C, et al. Preparation of a novel Zn(Ⅱ)-imidazole framework as an efficient and regenerative adsorbent for Pb, Hg, and As ion removal from water [J]. ACS Appl. Mater. Interfaces, 2020, 12: 41294-41302.

[26] Song W C, Liang L, Cui X Z, et al. Assembly of Zn^{II}-coordination polymers constructed from benzothiadiazole functionalized bipyridines and V-shaped dicarboxylic acids: topology variety, photochemical and visible-light-driven photocatalytic properties [J]. CrystEngComm, 2018, 20: 668-678.

[27] Mani P, Ojha A A, Reddy V S, et al. "Turn-on" fluorescence sensing and discriminative detection of aliphatic amines using a 5-fold-interpenetrated coordination polymer [J]. Inorg. Chem., 2017, 56: 677-6775.

[28] Seco J M, Pérez-Yáñez S, Briones D, et al. Combining polycarboxylate and bipyridyl-like ligands in the design of luminescent zinc and cadmium based metal-organic frameworks [J]. Cryst. Growth Des., 2017, 17: 3893-3906.

[29] Hu Z, Deibert B J, Li J, Luminescent metal-organic frameworks for chemical sensing and explosive detection [J]. Chem. Soc. Rev., 2014, 43: 5815-5840.

[30] Rachuri Y, Bisht K K, Parmar B, et al. Luminescent MOFs comprising mixed tritopic linkers and Cd(Ⅱ)/Zn(Ⅱ) nodes for selective detection of organic nitro compounds and iodine capture [J]. J. Solid State Chem., 2015, 223: 23-31.

[31] Niu M Y, Yang X P, Ma Y Y, et al. Construction of an octanuclear Zn(Ⅱ)-Yb(Ⅲ) schiff base complex for the NIR luminescent sensing of nitrofuran antibiotics [J]. *Chinese J. Chem.*, 2021, 39: 2083-2087.

[32] Xiang Z, Fang C, Leng S, et al. An amino group functionalized metal-organic framework as a luminescent probe for highly selective sensing of Fe^{3+} ions [J]. J. Mater. Chem. A, 2014, 2: 7662-7665.

[33] Kumar P, Deep A, Kim K H, Metal organic frameworks for sensing applications [J]. TrAC Trends Anal. Chem., 2015, 73: 39-53.

[34] Zhang M N, Fan T T, Wang Q S, et al. Zn/Cd/Cu- frameworks constructed by 3,3′-diphenyldicarboxylate

and 1,4-bis(1,2,4-triazol-1-yl) butane: syntheses, structure, luminescence and luminescence sensing for metal ion in aqueous medium [J]. J. Solid State Chem., 2018, 258: 744-752.

[35] Chen S G, Shi Z Z, Qin L, et al. Two new luminescent Cd(Ⅱ)-metal-organic frameworks as bifunctional chemosensors for detection of cations Fe^{3+}, Anions CrO_4^{2-}, and $Cr_2O_7^{2-}$ in aqueous solution [J]. Cryst. Growth Des., 2017, 17: 67-72.

[36] Yi F, Li J, Wu D, et al. A series of multifunctional metal-organic frameworks showing excellent luminescent sensing, sensitization, and adsorbent abilities [J]. Chem. Eur. J., 2015, 21: 11475-11482.

第 6 章

含氮配体调控醚键芳香三羧酸配位聚合物

配位聚合物由于它们独特的拓扑结构和潜在的性质而引起人们极大的兴趣，如气体吸附[1,2]、催化[3]、药物输送[4]和磁性[5]。配位聚合物的磁性是令人着迷的，金属离子的磁轨道数量以及它们通过不同桥联配体的连接可形成不同的磁耦合作用[6]。在各种类型的配位聚合物中，锰金属配位聚合物在晶体工程领域受到了相当多的关注，不仅因为它们丰富的生物化学性质，还因为它们显著的磁性[7]。此外，发光配位聚合物探针由于实时监控、快速响应、高灵敏度等优势而引起了人们极大的兴趣。特别因其对于 $Cr_2O_7^{2-}/CrO_4^{2-}$ 的有效检测引起广泛关注，因为六价铬离子在体内会引起皮肤过敏和溃疡、鼻炎、肺癌和肾功能衰竭等疾病[8,9]。目前，已经报道了许多用于检测 $Cr_2O_7^{2-}/CrO_4^{2-}$ 的配位聚合物传感器，这些材料仍然存在一些缺陷，例如，灵敏度低、重现性差、化学稳定性差等[10-12]。获得具有预先设计结构和期望特性的目标配位聚合物仍然是一个巨大的挑战，因为自组装过程非常复杂并且受金属离子的特性、有机配体的性质和复杂的实验条件等诸多因素的影响[13-15]。

用醚键三羧酸配体 2-(4-羧基苯氧基)对苯二甲酸(H_3L1)合成配合物（见图 6-1）的原因为：①H_3L1 配体中两个苯环可以环绕中心—O—原子转动，具有一定的构象灵活性；②H_3L1 配体的三个羧酸基团可以完全或部分去质子化，产生不同的配位模式；③这种醚键三羧酸配体很少用于合成配合物。

本章采用 H_3L1 配体和第二配体 1,10-邻菲啰啉（phen）、1,4-双咪唑苯（bib）和 4,4′-联吡啶（4,4′-bpy）组装 Mn(Ⅱ）和 Zn(Ⅱ）配合物。通过尝试不同的实验方案分别获得了四个结构新颖、具有不同拓扑结构的新配合物，即 $[Mn(\mu_3\text{-HL1})(phen)]_n \cdot nH_2O$（配合物 **40**），$[Mn_2(\mu_4\text{-HL1})(\mu_3\text{-HL1})(\mu_2\text{-bib})_2(H_2O)]_n$（配合物 **41**），$[Zn(\mu_3\text{-HL1})(phen)]_n \cdot nH_2O$（配合物 **42**）和 $[Zn_2(\mu_4\text{-L1})(\mu_2\text{-4,4'-bpy})(\mu_3\text{-OH})]_n \cdot nH_2O$（配合物 **43**）。对配合物 **40**～**43** 的结构进行充分表征，详细研究了配合物 **40** 和 **41** 的磁性，测试了配合物 **42** 和 **43** 的固体荧光，评估了它们在不同溶剂中的稳定性。特别地，配合物 **43** 对水溶液中铬酸根/重铬酸根阴离子具有良好的选

择性响应。此外，详细讨论了这些阴离子对配合物**43**的猝灭机理。

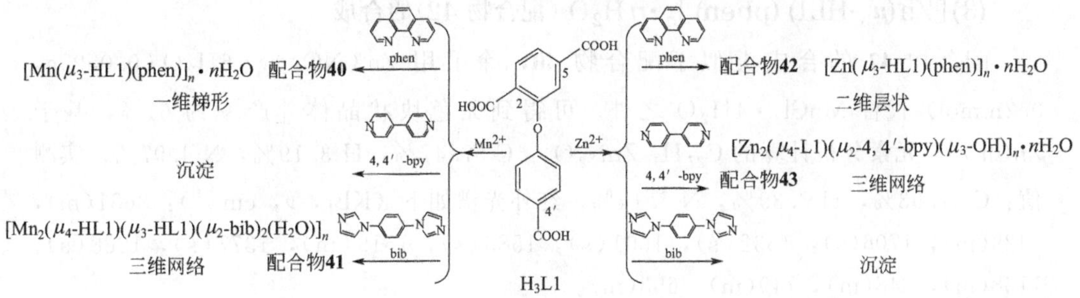

图 6-1　配合物**40**～**43**的合成策略

6.1　含氮配体调控醚键芳香三羧酸配位聚合物的制备与结构测定

6.1.1　实验试剂与实验仪器

实验试剂：配体、试剂和溶剂的购买途径相同，请参考第2～3章。

实验仪器：常规仪器测试与第2～3章相同。本章中的量子产率测试在Edinburgh Instruments FLS920瞬态/稳态荧光分光光度计上测量；在1000Oe的外加场下，使用SQUID磁力计（Quantum MPMS）在2.0～300K的范围内获得磁化率数据；场发射扫描电子显微镜（FESEM，JEOL-JSM-6701F）在10kV下运行观察产品的表面特征。

6.1.2　配合物40～43的制备

(1)[Mn(μ_3-HL1)(phen)]$_n$·nH$_2$O（配合物40）的合成

将H_3L1（0.0302g，0.1mmol）、$MnCl_2 \cdot 4H_2O$（0.0396g，0.2mmol）、phen（0.0396g，0.2mmol）和1mL KOH（0.2mmol/L）的混合物加入到含有6mL水的13mL聚四氟乙烯管中，把该管放到不锈钢管中，在413K的自生压力下加热72h，然后自然冷却至室温，可得到配合物**40**的黄色块状晶体［产率约83%，基于Mn(Ⅱ)］。元素分析计算的$C_{27}H_{18}MnN_2O_8$：C 58.55%，H 3.25%，N 5.06%；实测值：C 58.69%，H 3.02%，N 5.34%。红外数据如下（KBr，ν，cm^{-1}）：3605(m)，3427(m)，3188(m)，1679(s)，1614(s)，1599(s)，1424(m)，1377(m)，1248(s)，1160(w)，866(m)，722(m)，728(m)。

(2)[Mn$_2$(μ_4-HL1)(μ_3-HL1)(μ_2-bib)$_2$(H$_2$O)]$_n$（配合物41）的合成

配合物**41**的合成类似于配合物**40**，除了用bib(0.0420g，0.2mmol）代替phen，可得到配合物**41**的无色块状晶体［产率约63%，基于Mn(Ⅱ)］。元素分析计算的$C_{54}H_{38}Mn_2N_8O_{15}$：C 56.40%，H 3.31%，N 9.75%；实测值：C 56.48%，H 3.28%，N 9.92%。红外数据如下（KBr，ν，cm^{-1}）：3600(m)，3244(m)，3107(s)，1658(m)，1599(s)，1537(s)，1382(m)，1310(m)，1289(m)，1167(m)，1074(m)，

960(w), 914(w), 832(m), 737(m), 653(m), 587(m)。

(3)[Zn(μ_3-HL1)(phen)]$_n$·nH$_2$O（配合物 42）的合成

配合物 **42** 的合成类似于配合物 **40**，除了用 $Zn(NO_3)_2 \cdot 6H_2O$（0.0595g, 0.2mmol）代替 $MnCl_2 \cdot 4H_2O$ 之外。可得到无色块状晶体［产率约 61%，基于 Zn(Ⅱ)］。元素分析计算的 $C_{27}H_{16}ZnN_2O_8$：C 57.47%，H 3.19%，N 4.97%；实测值：C 57.93%，H 3.39%，N 5.14%。红外光谱如下（KBr，ν，cm^{-1}）：3631(m), 3429(m), 1706(s), 1632(s), 1601(s), 1583(s), 1519(m), 1377(s), 1288(s), 1168(m), 848(m), 749(m), 693(m)。

(4)[Zn$_2$(μ_4-L1)(μ_2-4,4′-bpy)(μ_3-OH)]$_n$·nH$_2$O（配合物 43）的合成

将 H_3L1（0.0302g，0.1mmol）、$Zn(NO_3)_2 \cdot 6H_2O$（0.0595g，0.2mmol）、4,4′-bpy（0.0312g，0.2mmol）和 0.5mL KOH（0.5mmol/L）的混合物加入到含有 6mL 水的 13mL 聚四氟乙烯管中。把该管放到不锈钢容器中，在 413K 的自生压力下加热 72h，然后自然冷却至室温，可得到配合物 **43** 的无色块状晶体［产率约 43%，基于 Zn(Ⅱ)］。元素分析计算的 $C_{25}H_{18}N_2O_9Zn_2$：C 48.37%，H 2.99%，N 4.51%；实测值：C 48.12%，H 3.02%，N 4.85%。红外光谱如下(KBr，ν，cm^{-1})：3187(m), 1703(s), 1608(s), 1533(s), 1409(s), 1375(s), 1118(m), 1150(m), 858(m), 777(m), 652(m)。

保持相同的水热条件并尝试图 6-1 中所示的其他实验方案，但除沉淀物外不能获得其他任何晶体。

6.1.3 配合物 40～43 的晶体结构测试与解析

配合物 **40** 和 **43** 的晶体衍射数据是在北京同步辐射装置（BSRF）3W1A 线站收集，配备 MARCCD-555 探测器（λ=0.7200Å 和 0.7100Å），存储环工作在 2.5GeV，温度为 100(2)K。使用 MARCCD 程序收集数据，用 HKL2000 程序还原数据。其他配合物在 Bruker D8 venture 单晶衍射仪上的数据收集方法相同，请参照第 3 章晶体结构测试与解析部分。

配合物 **40**～**43** 中 O 原子相连的 H 原子从差分傅里叶图中定义，它们的键长被限制在 0.827～0.846Å 的范围内，U_{iso}(H)＝1.5U_{eq}(O)。对于配合物 **43**，通过 SQUEEZE（PLATON）程序除去晶胞中的无序水分子。配合物 **43** 中的空穴体积为 154.1Å^3，占单位晶胞体积的 6.7%。元素分析和热重分析的结果和分子式 $C_{25}H_{18}Zn_2N_2O_9$ 相匹配，进一步解释了配合物 **43** 中含有无序水分子。配合物 **40**～**43** 的晶体数据和结构精修细节呈现于表 6-1 中。

表 6-1 配合物 40～43 的晶体数据和结构精修

配合物	40	41	42	43
化学式	$C_{27}H_{18}MnN_2O_8$	$C_{54}H_{38}Mn_2N_8O_{15}$	$C_{27}H_{18}ZnN_2O_8$	$C_{25}H_{18}Zn_2N_2O_9$
分子量	553.37	1148.80	563.82	621.15

续表

配合物	**40**	**41**	**42**	**43**
晶系	单斜	三斜	单斜	单斜
空间群	$P2_1/c$	$P\bar{1}$	$P2_1/c$	$P2_1/c$
衍射线波长/Å	0.7200	0.71073	0.71073	0.7100
温度/K	100(2)	298(2)	298(2)	100(2)
晶胞参数 a/Å	10.557(3)	9.915(3)	11.8697(9)	12.390(3)
晶胞参数 b/Å	17.598(4)	10.052(3)	11.5660(9)	16.177(3)
晶胞参数 c/Å	12.593(3)	25.117(7)	16.8702(13)	13.367(6)
晶胞体积/$Å^3$	2277.2(8)	2418.5(2)	2274.4(3)	2316.5(13)
晶胞内分子数	4	2	4	4
晶体密度/(g/cm^3)	1.614	1.578	1.647	1.781
吸收校正/mm^{-1}	0.657	0.606	1.140	2.133
单胞中的电子数目	1132	1176	1152	1256
基于 F^2 的 GOF 值	1.053	1.002	1.021	1.068
非权重一致性因子[$I>2\sigma(I)$]①	0.0644	0.0623	0.0483	0.0762
权重一致性因子[$I>2\sigma(I)$]①	0.1677	0.1131	0.1422	0.2339

① I 为衍射强度，σ 为标准偏差，F 为衍射 hkl 的结构因子，$R_1=\sum\|F_o|-|F_c\|/\sum|F_o|$，$wR_2=[\sum w(F_o^2-F_c^2)^2/\sum w(F_o^2)^2]^{1/2}$。

6.2　含氮配体调控醚键芳香三羧酸配位聚合物的结构分析与性质研究

6.2.1　配合物 40～43 的合成对比和红外分析

在辅助配体如 phen、4,4′-bipy、bib 存在下和 H_3L1 配体进行水热反应合成 Mn(Ⅱ) 和 Zn(Ⅱ) 配合物。除了不同类型的辅助配体外，在类似的反应条件下制备配合物 **40** 和 **41**，它们之间的结构差异表明组装过程取决于辅助配体。配合物 **40** 和 **42** 也在类似的水热条件下产生，但使用不同的金属盐作为原料，它们的结构差异证明不同金属离子影响结构的形成。配合物 **40**～**43** 的晶体结构通过 X 射线单晶衍射进行表征，并且通过其他方法（IR、EA、TGA、PXRD）进一步佐证。

配体 H_3L1 和配合物 **40**～**43** 的 IR 谱如图 6-2 所示。在 H_3L1 配体的红外光谱中，3600～3500cm^{-1} 处的峰对应于—COOH 中 O—H 的伸缩振动峰。在配合物 **40**～**42** 中，当 H_3L1 配体以部分去质子化形式存在时，—COOH 基团中 O—H 的振动峰仍然存在，仅观察到轻微的红/蓝移。但是，在配合物 **43** 中 H_3L1 完全去质子化，该峰消失。在 3400～3200cm^{-1} 的红外峰（配合物 **40** 对应于 3188cm^{-1}，配合物 **41** 对应于

3232cm^{-1}，配合物 **42** 对应于 3230cm^{-1} 和配合物 **43** 对应于 3187cm^{-1}）表明 H_2O 中的 O—H 伸缩振动峰。1630～1500cm^{-1} 区域是配合物 **40**～**43** 羧酸基团的吸收带。位于 1380cm^{-1} 左右的强吸收峰是由于辅助配体的 C═N 伸缩振动（配合物 **40** 对应于 1377cm^{-1}，配合物 **41** 对应于 1382cm^{-1}，配合物 **42** 对应于 1377cm^{-1} 和配合物 **43** 对应于 1375cm^{-1}）。此外，850～720cm^{-1} 的中等强度吸收峰是由于 O—C═O 的弯曲振动。

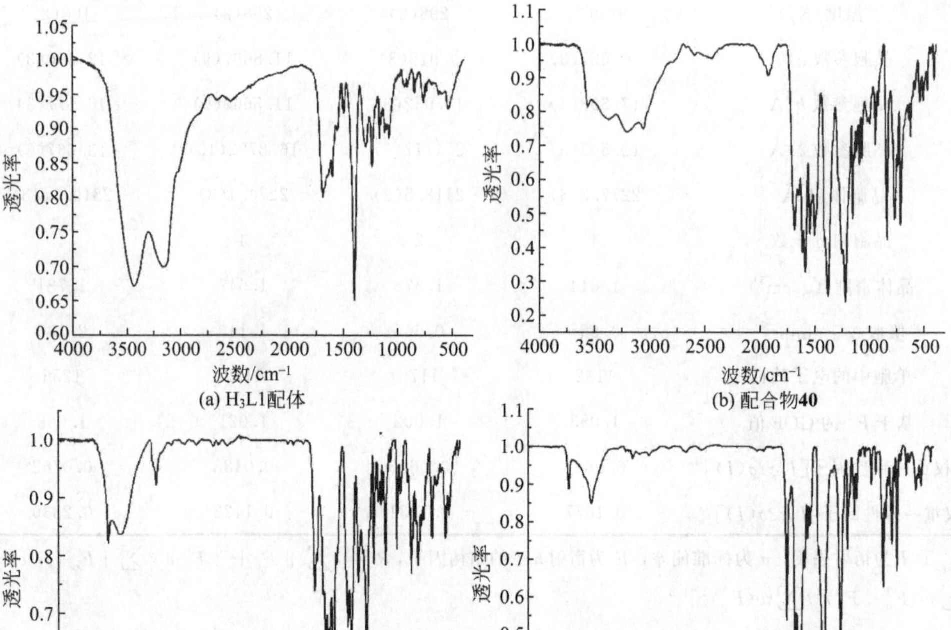

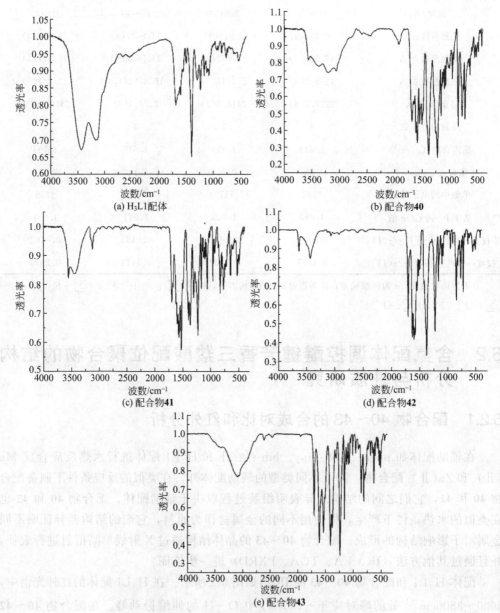

图 6-2　H_3L1 配体和配合物 **40**～**43** 的 IR 光谱

6.2.2　配合物 40～43 的晶体结构描述

6.2.2.1　[Mn(μ_3-HL1)(phen)]$_n$ · nH$_2$O（配合物 40）的晶体结构

配合物 **40** 属于单斜晶系，空间群为 $P2_1/c$。它的不对称单元由一个晶体学上独立的 Mn(Ⅱ) 离子、一个部分去质子化的 $HL1^{2-}$ 配体、一个螯合 phen 配体和一个游离 H_2O 组成。六配位的 Mn(Ⅱ) 离子形成略微扭曲的八面体几何形状，其中两个 N 原子供体来自一个 phen 配体，四个 O 原子供体分别来自两个不同 $HL1^{2-}$ 配体以及一个 $HL1^{2-}$ 配体的螯合羧基 [Mn1—O2＝2.338(2)Å，Mn1—O3A＝2.194(2)Å，Mn1—O4＝2.117(1)Å，Mn1—O5B＝2.145(2)Å，对称代码：(A) $-x+1$，$-y$，$-z$；(B) $-x+1$，$-y$，$-z+1$]。O—Mn—O 的键角为 58.212(7)～159.273(8)° [图 6-3(a)]。如图 6-3(b) 所示，两个相邻的 Mn(Ⅱ) 离子通过一对羧基以 *syn-anti* 双齿模式连接，形成八元环二聚体 Mn(Ⅱ)结构单元，Mn…Mn 之间的距离为 4.278(1)Å。作为末端基团的 phen 配体螯合在每个 Mn(Ⅱ) 离子上。$HL1^{2-}$ 配体具有"L"形状（图 6-4，模式Ⅰ），采用 μ_3-κ^4O^1，O$^{1'}$：O^2：O^3 模式连接两个二聚体 Mn(Ⅱ) 结构单元形成一个二十六元环。八元环和二十六元环共用三个原子交替排列形成一维配位聚合物。如图 6-3(b)所示，配合物 **40** 的一维链状结构特别类似于一个分子阶梯，二聚体像台阶，$HL1^{2-}$ 配体像立柱。

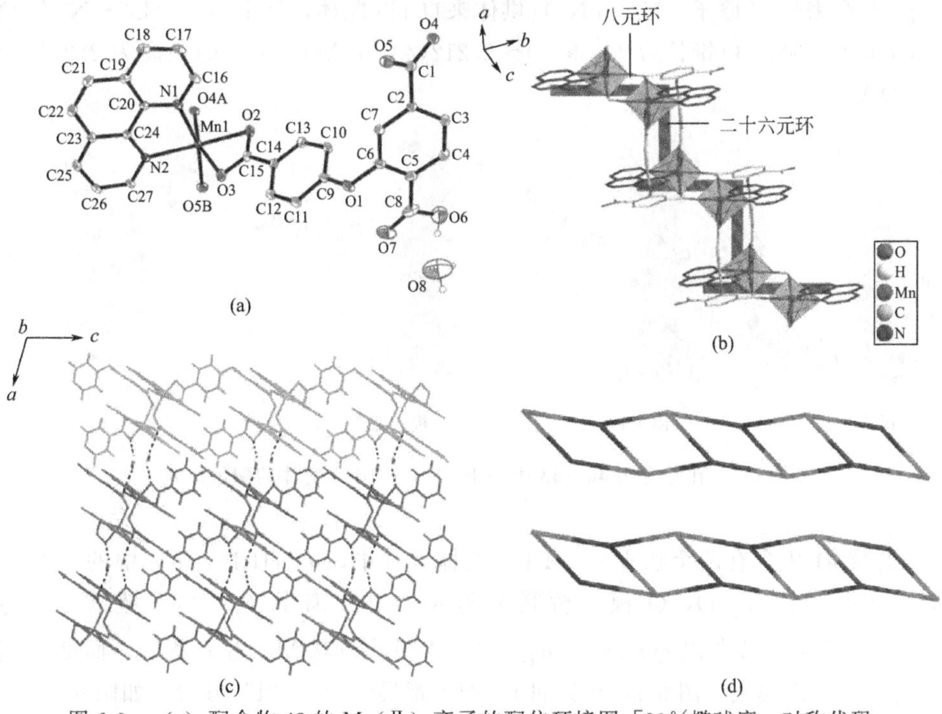

图 6-3　(a) 配合物 **40** 的 Mn(Ⅱ) 离子的配位环境图 [30%椭球度，对称代码：(A) $-x+1$，$-y$，$-z$；(B) $-x+1$，$-y$，$-z+1$]；(b) 配合物 **40** 的一维分子阶梯链；(c) 由 O—H…O 键连接一维链状结构形成的二维网络结构；(d) 配合物 **40** 的拓扑结构

从拓扑学角度对该结构进行分析，一维配位聚合物是由3-连接的Mn(Ⅱ）节点和3-连接的μ_3-$HL1^{2-}$节点组成，它们在拓扑学上是相等的［图6-3（d)]。由此产生3-连接的一维网络结构，可以用符号（4^2.6）表示。

两个对称独立的自由水分子将它们的H原子贡献给配位的羧基O原子，形成O—H…O氢键［$d_{O\cdots O}$=2.661(6)Å和3.008(7)Å]，沿着*ac*平面将一维链连接成二维层［图6-3(c)]。未配位的羧基将其H原子贡献给自由水分子形成氢键，以此形成三维结构［$d_{O\cdots O}$=2.506(6)Å]。

6.2.2.2 ［$Mn_2(\mu_4$-HL1)(μ_3-HL1)(μ_2-bib)$_2(H_2O)]_n$（配合物**41**）的晶体结构

配合物**41**是三维配位聚合物。它属于三斜晶系，$P\overline{1}$空间群。其不对称单元具有两个Mn(Ⅱ）离子、两个完全独立的部分去质子化的$HL1^{2-}$配体、四个完全独立的半bib配体和一个配位H_2O分子［图6-5(a)]。六配位的Mn1原子形成八面体几个形状，四个O原子供体（O1、O8、O10A和O18）来自三个$HL1^{2-}$配体和一个配位水，它们处于平面位置，两个N原子供体（N2和N7）来自不同bib配体并占据轴向位置，N2—Mn1—N7键角为172.792(7)°。六配位的Mn2原子同样形成八面体几个形状，四个O原子供体（O2B、O3C、O9和O12A）来自四个$HL1^{2-}$配体（O2B、O3C、O9和O12A)［对称代码：(A) *x*，*y*－1，*z*；(B) *x*－1，*y*－1，*z*；(C) *x*－1，*y*，*z*]，两个来自N原子（N2和N5）供体来自bib配体，其中N2—Mn2—N5键角为173.563（6)°。Mn—O键长为2.139(3)～2.212(4)Å，Mn—N键的距离为2.214(3)～2.279(4)Å。

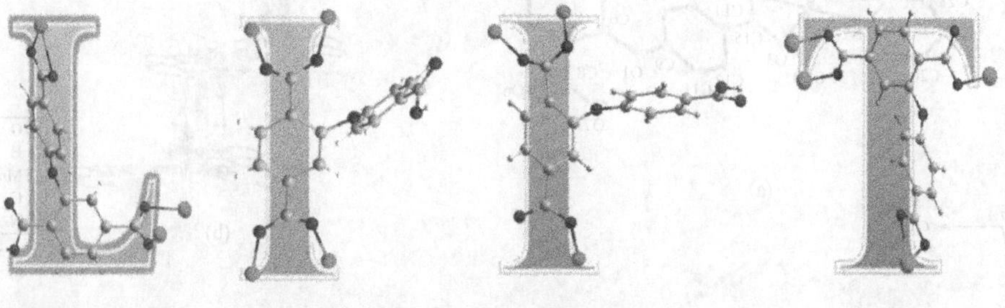

图6-4　在配合物**40**～**43**中的$HL1^{2-}$和$L1^{3-}$配体的配位模式

配合物**41**中含有两个独立的$HL1^{2-}$配体。其中，μ_4-$HL1^{2-}$配体中的2-和5-羧基都以*syn-syn*、$\mu_{1,3}$-O，O′模式桥联金属Mn(Ⅱ）离子（图6-4，模式Ⅱ)。μ_3-$HL1^{2-}$配体中的5-羧基以*syn-syn*、$\mu_{1,3}$-O，O′模式桥联Mn(Ⅱ）离子，而2-羧基只具有$\mu_{1,1}$-O单齿模式（图6-4，模式Ⅲ)。两者都展示出了“I”形状。如图6-5(b）所示，Mn1和Mn2A离子通过两个μ_4-$HL1^{2-}$配体（模式Ⅱ）中的羧基以*syn-syn*模式连接，形成八元环，Mn…Mn的距离为4.723(1)Å。μ_3-$HL1^{2-}$配体中的羧基（模式

Ⅲ）以 *syn-syn*、$\mu_{1,3}$-O，O′模式将 Mn1 和 Mn2 离子相连，并且配位水分子中的 H 原子和羧基的 O 原子形成氢键，形成八元环［$R_1^1(8)$］，Mn…Mn 的距离为 5.198(1) Å。这两个不同的八元环相互交替重复，沿 *a* 轴形成几乎线性的 Mn(Ⅱ）无机金属链，Mn2A—Mn1—Mn2 角度为 175.705(8)°［对称代码：（A）$x+1$，y，z］。Mn(Ⅱ）无机金属链通过 $HL1^{2-}$ 配体连接成二维层状结构［图 6-5(b)］。此外，相邻二维层状结构由 bib 配体连接形成三维超分子结构［图 6-5(c)］。

有趣的是，来自两个独立 $HL1^{2-}$ 配体的未参加配位的羧基（4′-COOH）形成两种类型的氢键，一种属于 μ_4-$HL1^{2-}$ 配体的未配位羧基之间［O7…O6A 的键长为 2.648(6)Å］，另一种属于未配位的羧基和配位的羧基［O13-H…O4B 的键长为 2.612(5)Å］之间［对称代码：（A）$-x+1$，$-y+2$，$-z$；（B）$-x+2$，$-y+3$，$-z+1$］。羧基之间的这种紧密的氢键相互作用可以有效地增加其稳定性［图 6-5(d)］。

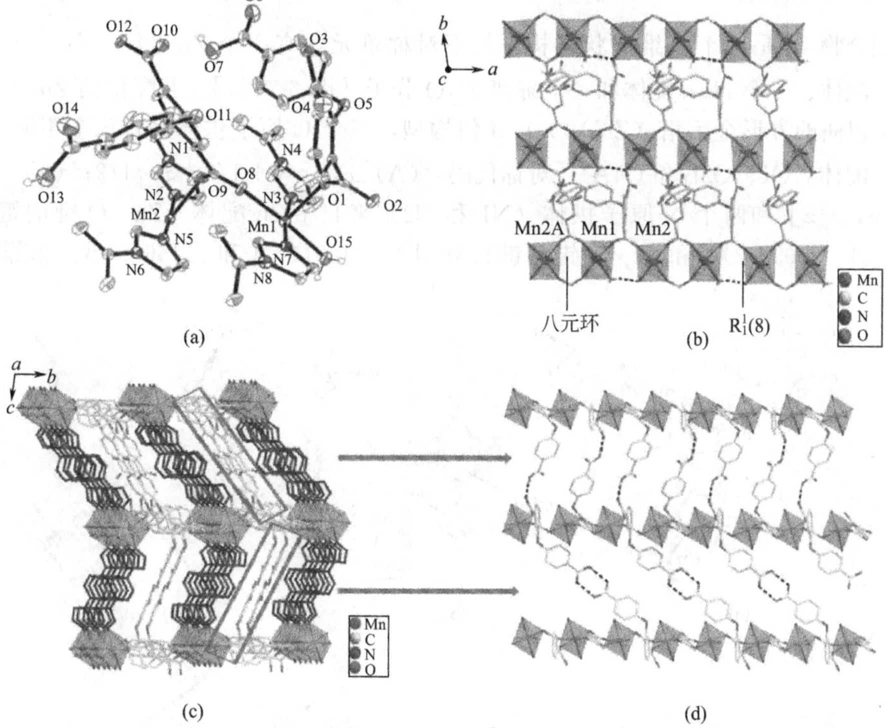

图 6-5　(a) 配合物 **41** 的不对称单元（30％的椭球度）；(b) 配合物 **41** 的二维层状结构；(c) 配合物 **41** 的三维网络结构和 (d) 配合物 **41** 的分子内氢键

经过 Topos 4.0 拓扑程序简化，三维骨架结构由 5,6-连接的 Mn 中心、3,4-连接的 $HL1^{2-}$ 节点和 2-连接的 bib 配体构成（图 6-6）。因此，配合物 **41** 可以被分类为具有 3,4,5,6 四节点的三维结构，其拓扑结构符号为 $(4.6^2)(4.6^8.8)(4^3.6^{11}.8)(4^3.6^3)$。

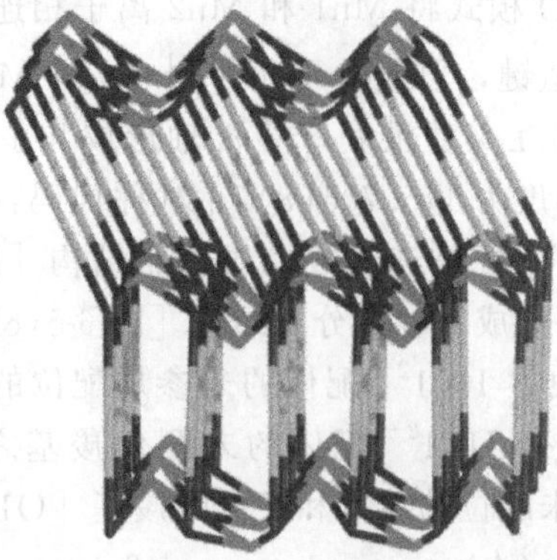

图 6-6　配合物 **41** 的拓扑结构

6.2.2.3　$[Zn(\mu_3\text{-}HL1)(phen)]_n \cdot nH_2O$（配合物 42）的晶体结构

配合物 **42** 是一个二维层状结构。其不对称单元含有一个 Zn(Ⅱ) 中心、一个 μ_3-$HL1^{2-}$ 配体、一个 phen 配体和一个游离 H_2O 分子［图 6-7(a)］。五配位的 Zn1 原子形成略微扭曲的方形金字塔（ZnN_2O_3）几何构型，三个 O 原子供体来自三个不同的 μ_3-$HL1^{2-}$ 配体（O1、O2B 和 O4A）［对称代码：(A) x，$-y+1/2$，$z-1/2$；(B) $-x+1$，$-y$，$-z$］和两个 N 原子供体（N1 和 N2）来自 phen 配体。Zn—O 键的键长为 1.978(2)～2.058(2)Å 和 Zn—N 键的键长分别为 2.149(3)Å 和 2.156(3)Å。相邻的 Zn

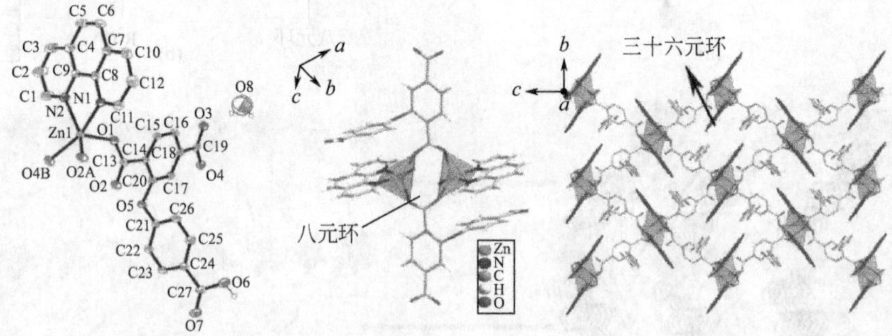

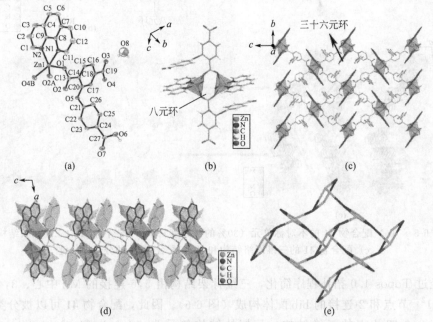

图 6-7　(a) Zn(Ⅱ) 离子的配位环境［椭球度为 30%，对称代码：(A) x，$-y+1/2$，$z-1/2$；(B) $-x+1$，$-y$，$-z$］；(b) 配合物 **42** 的双核 Zn 单元；(c) 配合物 **42** 的二维层；(d) 沿着 ac 平面的配合物 **42** 中的两种叶片；(e) 二维金属有机层状拓扑结构，显示具有 fes 拓扑 3-连接二维层

原子通过 μ_3-HL1^{2-} 配体的羧基以双 *syn-syn* 模式连接，形成具有八元环的双核 Zn(Ⅱ) 金属簇 [图 6-7(b)]。四个双核 Zn(Ⅱ) 金属簇通过和四个具有“I”形状（图 6-4，模式Ⅲ）的 μ_3-HL1^{2-} 配体相互连接形成三十六元环。这两部分环沿着 *bc* 平面相互排列形成二维层状结构。有趣的是，苯和苯甲酸基团就像两种叶片在二维结构的两侧（phen 配体像枫叶和苯甲酸基团像朴树叶）[图 6-7(d)]。

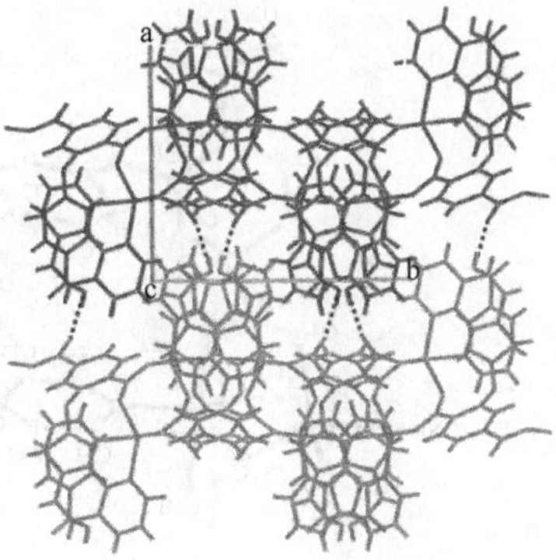

图 6-8　沿 *ab* 平面观察到的配合物 **42** 的三维超分子结构

拓扑分析表明该配合物是由 3-连接的 Zn1 原子和拓扑相等的 3-连接 μ_3-HL1^{2-} 配体构成，该层状结构可以分类为具有 fes 类型的拓扑并且点符号为 (4.8^2) [图 6-7(e)]。相邻的层状结构通过氢键进一步组装形成三维网络结构（图 6-8）。

6.2.2.4　[Zn_2(μ_4-L1)(μ_2-4,4′-bpy)(μ_3-OH)]$_n$ · $n$$H_2O$（配合物 43）的晶体结构

配合物 **43** 是三维金属有机框架结构。它属于单斜晶系，空间群为 $P2_1/c$。其不对称单元中含有两个晶体学上不同的 Zn(Ⅱ) 离子、一个完全去质子化的 μ_4-L1^{3-}、一个羟基、一个 4,4′-bpy 配体和一个晶格 H_2O。六配位的 Zn1 离子形成稍微扭曲的八面体几何形状，五个 O 原子供体分别来自两个不同的 μ_4-L1^{3-} 配体和两个 μ_3-OH 分子（O1、O1A、O5、O7 和 O8），一个 N 原子供体来自 4,4′-bpy 配体。四配位的 Zn2 离子形成略微扭曲的四面体几何形状，三个 O 原子供体分别来自两个单齿羧基和一个 μ_3-OH$^-$ 离子（O1、O3B 和 O4），一个 N 原子供体来自 4,4′-bpy 配体。Zn—O 键长为 1.956(4)～2.235(6)Å 和 Zn—N 键长分别为 2.089(5)Å 和 2.018(5)Å [图 6-9(a)]。在配合物 **43** 中，完全去质子化的 L1^{3-} 配体表现为 μ_4-桥联模式（图 6-9，模式Ⅳ），其中不同的—COO 基团分别具有单齿或 μ-桥联双齿模式。值得一提的是，OH$^-$ 基团采用 μ_3-配位模式桥联两个 Zn1 原子和一个 Zn2 原子。四个 Zn 原子（Zn1、Zn1A、Zn2 和 Zn2A）[对称代码：(A) $1-x$，$1-y$，$1-z$；(B) $-x$，$y-1/2$，$-z+1/2$] 由来自羟基的 O1 和 O1A 原子以及六个羧基进行连接，由此产生中心对称的四核三环 [$Zn_4(OH)_2(COO)_6$] 金属簇 [图 6-9(b)]。Zn_4 簇通过 μ_4-L1^{3-} 配体和 4,4′-bpy 配体进一步连接形成三维金属有机框架材料 [图 6-9(c)]。

从拓扑学的角度简化该结构，每个 L1^{3-} 配体与三个 Zn_4 簇相连接，L1^{3-} 配体可以作为 3-连接点，而 4,4′-bpy 配体可以被认为是线性连接子。相比之下，Zn_4 簇连接六个 L1^{3-} 配体和四个线性连接子，可以作为 10-连接节点。整个结构最终可以简化为 (3,8) -连接网络，这是一种新的拓扑结构。其顶点符号为 $(4.5.6)_2(4^2.5^6.6^{16}.7^2.8^2)$ [图 6-9(d)]。

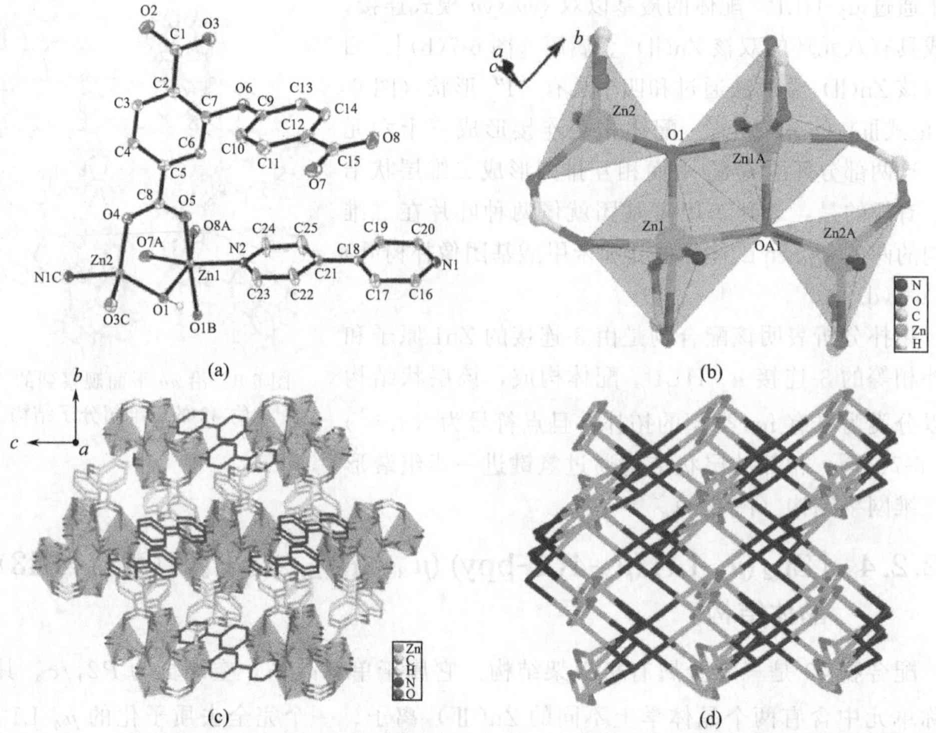

图 6-9 (a) 配合物 **43** 中的 Zn(Ⅱ) 原子配位环境图［30%的椭球度，对称代码：(A) $1-x$, $1-y$, $1-z$; (B) $-x$, $y-1/2$, $-z+1/2$］; (b) 配合物 **43** 的［$Zn_4(OH)_2(COO)_6$］金属簇; (c) 沿 *bc* 平面，配合物 **43** 的三维结构; (d) 配合物 **43** 的拓扑结构

6.2.3 配体和金属离子在调节配合物 40～43 最终结构中的作用

配合物 **40**～**43** 展示了多种结构特征，包括一维梯形、二维层状和三维框架。在合成配合物时，半刚性醚键三羧酸配体部分或完全去质子化取决于 H_3L1 和 KOH 的摩尔比。当 H_3L1∶KOH 的摩尔比为1∶2时，配合物 **40**～**42** 中的醚键三羧酸配体以 $HL1^{2-}$ 形式存在；当 H_3L1∶KOH 的摩尔比为1∶2.5 时，在配合物 **43** 中的醚键三羧酸以 $L1^{3-}$ 形式存在。虽然 H_3L1 配体在配合物 **40** 和 **41** 中都采用双去质子化的形式，但它们仍然不同。在配合物 **40** 中，$HL1^{2-}$ 采用 μ_3-κ_4O^1，$O^{1'}$∶O^2∶O^3 模式，展现出“L”形状。其中，4′-和 5-羧基采用螯合和双齿桥联模式连接两个 Mn(Ⅱ) 离子，phen 阻止配合物的进一步延伸。对于配合物 **41**，存在两种部分去质子化的 $HL1^{2-}$ 配体 (μ_4-$HL1^{2-}$ 配体和 μ_3-$HL1^{2-}$ 配体)，它们都连接相邻的 Mn(Ⅱ) 离子以形成无限的一维金属链，并进一步将一维 Mn(Ⅱ) 金属链连接成二维层，bib 配体将二维层状结构连接成三维结构。比较配合物 **40** 和 **41** 的结构和合成条件，辅助配体在最终结构的形成中起关键作用。相同的现象可以在配合物 **42** 和 **43** 的合成中观察到，对于配合物 **43**，$HL1^{2-}$ 配体显示 μ_3-桥联模式，2-和 5-羧基分别为双齿和单齿配位模式，两个 2-羧基桥联相邻的 Zn(Ⅱ) 离子形成双核 Zn 单元且 phen 配体充当端基配体。在配合

物**44**中，$L1^{3-}$是μ_4-桥联模式并展现出“T”形状，Zn_4金属簇通过μ_4-$L1^{3-}$和4,4′-bpy配体进一步相互连接成三维结构。值得注意的是，空间结构维数的减少可归因于phen配体的空间位阻，而作为辅助配体的线性连接子（bib和4,4′-bpy）具有丰富的配位模式，可以有效地促进空间的进一步扩展。

配合物**40**和**42**在类似条件下合成但使用不同类型的金属离子，配合物**40**中的Mn(Ⅱ)离子是六配位八面体构型，而配合物**42**中Zn(Ⅱ)离子是五配位方形金字塔构型。实际上，$HL1^{2-}$配体在配合物**40**和**42**中采用不同的配位模式，以满足金属中心不同配位环境的要求。众所周知，与Mn(Ⅱ)离子相比，Zn(Ⅱ)离子具有更大的半径和多种配位倾向，配合物**42**中的Mn(Ⅱ)离子采用八面体几何构型，而配合物**43**中的两个不同的Zn(Ⅱ)离子采用八面体和四面体构型。配合物**40**～**43**的结构差异可以部分归因于金属离子的不同配位环境。

值得注意的是，在配位聚合物的自组装过程中，$HL1^{2-}$配体的几何模型取决于去质子化的羧基的位置：“L”形状在配合物**40**中，“I”形状在配合物**41**和**42**中。在所有配合物中，$HL1^{2-}$/$L1^{3-}$中的$O_{醚}$原子都没有配位，两个芳环可以沿着C—$O_{醚}$—C键进行旋转。两个芳环之间的二面角为77.221(2)°～88.353(3)°，而C—$O_{醚}$—C夹角为115.312(1)°～118.618(2)°，在不同配合物中醚键多羧酸的不同构象显示出了$HL1^{2-}$/$L1^{3-}$的柔韧性，因此，在水热合成过程中，它们可以获得金属节点的优选配位几何形状。

在本节的最后，可得出结论，改变辅助配体，pH和金属离子可以导致配合物具有不同的多核金属簇和多样化的结构。

6.2.4　配合物40～43的X射线粉末衍射和热稳定性分析

图6-10显示了配合物**40**～**43**的实验和模拟PXRD图，每种配合物的实验PXRD图谱与基于结构数据模拟的结果一致，证实合成的产物是纯相。

用配合物**40**～**43**的纯单晶样品在氮气保护下进行热重实验，加热速率为10℃/min，测试温度为30～800℃(图6-11)。对于配合物**40**，在70～130℃范围内的质量损失对应于一个晶格水分子（计算值：3.25%；实验值：3.12%)，然后该骨架在320～800℃的范围内进行分解。配合物**41**中，在185～235℃范围内损失（计算值：1.57%；实验值：1.83%）一个配位水分子，剩余的固体在300℃开始分解。配合物**42**在300℃之前没有明显的质量损失，该配合物在进一步加热后迅速分解。对于配合物**43**，在47～142℃范围内失去一个客体H_2O分子（计算值：2.90%；实验值：3.06%)，而金属有机骨架稳定到325℃后开始分解。

6.2.5　配合物40和41的磁性分析

在2～300K温度范围测量配合物**40**的磁化率，图6-12(a)显示χ_M^{-1}和$\chi_M T$对T的实验值。室温下配合物**40**的实验$\chi_M T$值为8.48$cm^3 \cdot K/mol$，接近两个不相关的Mn(Ⅱ)离子自旋的预期值8.75$cm^3 \cdot K/mol$($S=5/2$，$g=2.0$)。随着温度的降低，

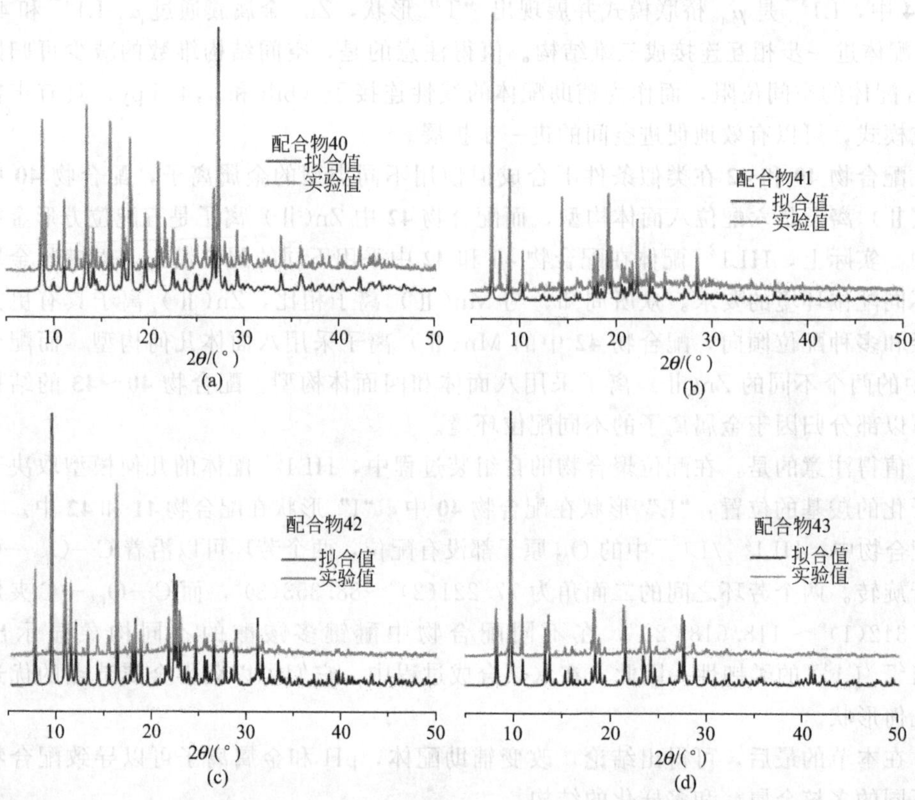

图 6-10　室温下配合物 **40**～**43**［(a)～(d)］的 PXRD 图

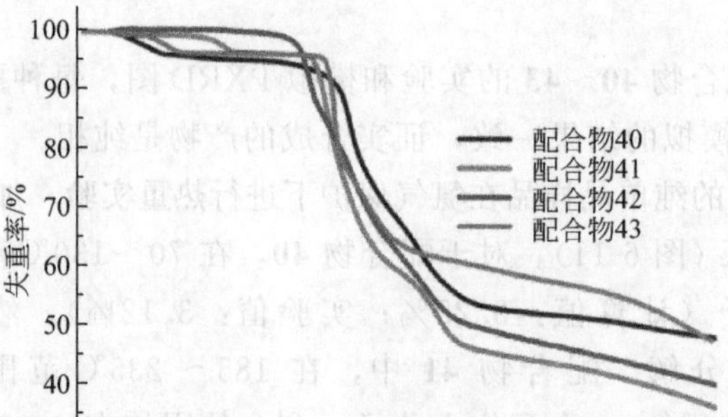

图 6-11　配合物 **40**～**43** 从室温到 800℃的热重分析曲线

配合物 **40** 的 $\chi_M T$ 值从 300K 缓降到 75K，然后急速下降到 2K，此时 $\chi_M T$ 值为 $0.482cm^3 \cdot K/mol$，这表明配合物 **40** 中的反铁磁性相互作用（AF）。在 2～300K 范围内，磁化率服从居里-外斯定律，$C=8.86cm^3 \cdot K/mol$ 且 $\theta=-16.20K$，$\chi_M T$ 的减少以及负 θ 值是由于配合物 **40** 中整体的 AF 相互作用引起的。为了进一步评估磁耦合作用，需要确定配合物中的主要磁相互作用途径。配合物 **40** 可以被认为是具有双核金属Mn(Ⅱ)二聚体，Mn(Ⅱ)离子间通过羧基以顺反模式连接，Mn⋯Mn之间的距离为4.278(1)Å。假设主要的磁相互作用在双核Mn(Ⅱ)次级结构单元中，考虑到双核Mn(Ⅱ)模型，使用熟悉的Bleaney-Bowers表达式分析磁化率数据，基于海森堡哈密顿量$\overrightarrow{H}=-J\overrightarrow{S_1}\overrightarrow{S_2}$[16,17]。这里，$J$是Mn(Ⅱ)和Mn(Ⅱ)之间的磁交换耦合参数，$N$、$g$、$\beta$和$k$具有它们通常的含义。

$$\chi_{\text{dimer}}=\frac{N_A g^2\beta^2}{kT}\frac{A}{B} \tag{6-1}$$

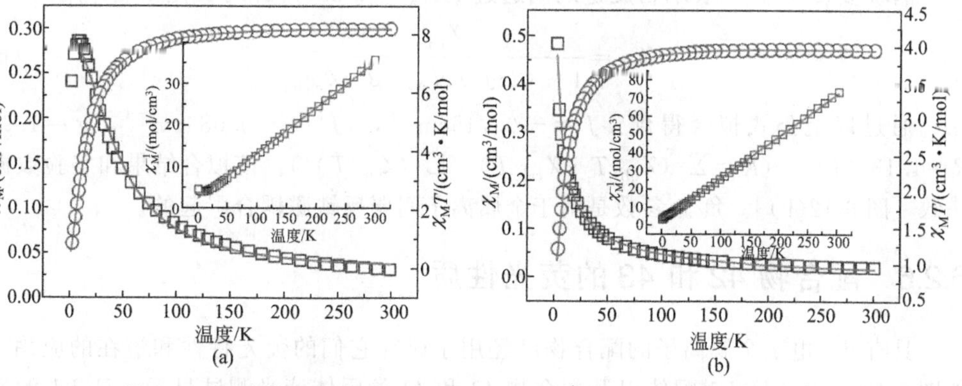

图6-12　配合物**40**(a)和**41**(b)χ_M、χ_M^{-1}和$\chi_M T$的温度依赖性

χ_M^{-1}-T图上的实线代表居里-外斯曲线

式中，$A=\exp(2J/kT)+5\exp(6J/kT)+14\exp(12J/kT)+30\exp(20J/kT)+55\exp(30J/kT)$，$B=1+3\exp(2J/kT)+5\exp(6J/kT)+7\exp(12J/kT)+9\exp(20J/kT)+11\exp(30J/kT)$。

此外，双核Mn(Ⅱ)之间的相互作用(zJ')通过分子场近似处理。总磁化率公式为：

$$\chi_M=\frac{\chi_{\text{dimer}}}{1-(2zJ'/N_A g^2\beta^2)\chi_{\text{dimer}}} \tag{6-1a}$$

根据式(6-1)和式(6-1a)，配合物**40**中的磁相互作用的最佳拟合值为：$J=-1.64\text{cm}^{-1}$，$zJ'=-0.037\text{cm}^{-1}$，$g=2.05$，$R=3.30\times10^{-5}$[$R=\sum(\chi_{\text{obs}}T-\chi_{\text{calc}}T)^2/\sum(\chi_{\text{obs}}T)^2$]。负$J$值证实了Mn(Ⅱ)金属之间的AF相互作用。这些数值与其他已经报道的文献中双核Mn磁性的数据一致[18,19]。

在室温下，配合物**41**的$\chi_M T$值为4.00cm³·K/mol，其接近于分离的高自旋Mn(Ⅱ)离子的计算值($\chi_M T=4.38\text{cm}^3\cdot\text{K/mol}$，$S=5/2$，$g=2.0$)。在300～75K的温度范围内，配合物**41**的$\chi_M T$值略微降低至3.86cm³·K/mol，随着温度进一步降低，$\chi_M T$值急剧下降，在2.0K时达到最小值0.98cm³·K/mol。在高于2K时，磁化率数据遵循居里-外斯定律，$\theta=-6.11\text{K}$，$C=4.12\text{cm}^3\cdot\text{K/mol}$[图6-12(b)]。在配合物**41**中，该结构可以被认为是具有通过羧基桥联的Mn(Ⅱ)线性自旋链，主要的磁耦合作用可以分配给具有几乎相等间距的Mn⋯Mn链内。根据Fisher报道的线性自旋链的磁化率的表达式，可以从数据拟合估算出配合物 **41** 中 Mn…Mn 间的耦合参数 J，等式见式（6-2）[20]：

$$\chi_{chain}=\frac{N_A g^2 \mu_B{}^2 S(S+1)}{3kT}\left(\frac{1+u}{1-u}\right) \tag{6-2}$$

式中，u 是 Langevin 函数：

$$u=\coth\left[\frac{2JS(S+1)}{kT}\right]-\frac{kT}{2JS(S+1)} \tag{6-2a}$$

耦联参数（zJ'）表示自旋链之间通过 $HL1^{2-}$ 和 bib 配体的磁性相互作用。

$$\chi_M=\frac{\chi_{chain}}{1-(2zJ'/N_A g^2\beta^2)\chi_{chain}} \tag{6-3}$$

通过以上公式拟合得到：$J=-0.715\text{cm}^{-1}$，$zJ'=-0.089\text{cm}^{-1}$，$g=1.979$，$R=1.13\times10^{-4}$（$R=\sum(\chi_{obs}T-\chi_{calc}T)^2/\sum(\chi_{obs}T)^2$）。该拟合结果和实验数据相一致［图 6-12(b)］。负 J 参数是由于金属离子间弱反铁磁耦合引起的。

6.2.6 配合物 42 和 43 的荧光性质

具有 d^{10} 电子金属离子的配合物已经用于研究它们的荧光特性和潜在的应用[21]。如图 6-13 所示，H_3L1 配体以及配合物 **42** 和 **43** 的固体荧光测试显示：H_3L1 的发射峰为 380nm（$\lambda_{ex}=290$nm），配合物 **42** 的发射峰为 397nm（$\lambda_{ex}=290$nm），配合物 **43** 的发射峰为 393nm（$\lambda_{ex}=300$nm）。如图 6-14 所示，在 365nm 紫外灯照射下，与配合物 **42** 的发光相比，通过肉眼观察到配合物 **43** 明显较弱的发光。配合物 **42** 和 **43** 的荧光量子产率分别为 15.01% 和 3.42%（图 6-15）。

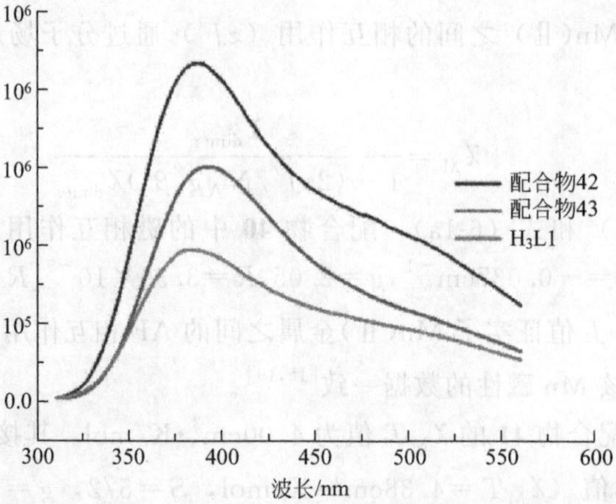

图 6-13 室温下配合物 **42** 和 **43** 以及 H_3L1 的固态荧光发射光谱（$\lambda_{ex}=290$nm）

为了更好地解释这种现象，使用密度泛函理论（TD-DFT）在 B3LYP/6-31G* 水平上通过 Gaussian 09 软件来模拟 H_3L1 以及配合物 **42** 和 **43** 的电子特性（图 6-16）[22]。H_3L1 配体的荧光发射主要是由于分子内电子的 $\pi^*\rightarrow\pi$ 过渡，HOMO 轨道在整个分子上离域，而其 LUMO 轨道主要在苯环轨道上。在配合物 **42** 中，HOMO

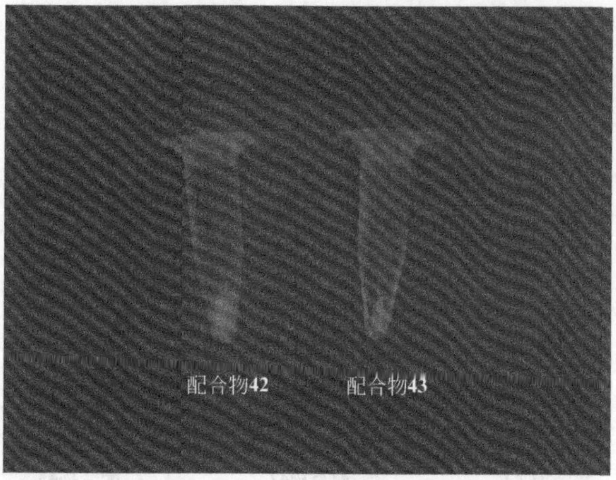

图 6-14　在 365nm 紫光灯下配合物 **42** 和 **43** 的荧光照片

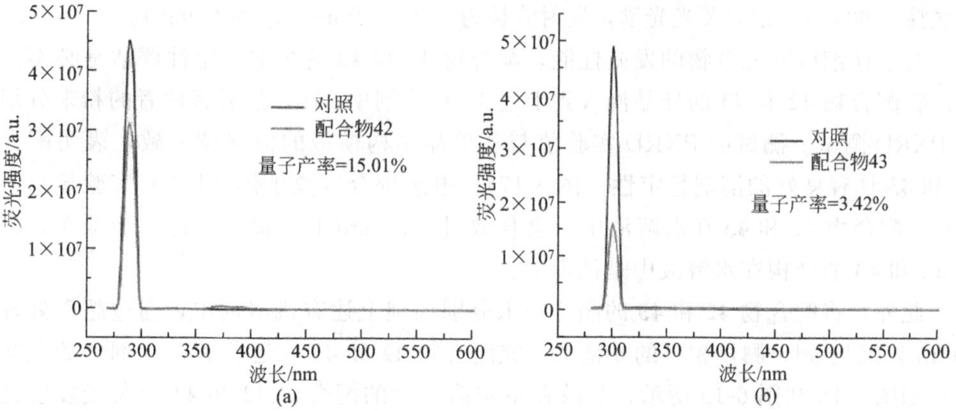

图 6-15　配合物 **42**(a) 和 **43**(b) 的荧光量子产率

轨道位于 $L1^{3-}$ 配体的两个苯环上，LUMO 轨道位于 phen 配体上，其荧光发射可归因于配体到配体电荷转移（LLCT）。类似地，在配合物 **43** 中，HOMO 轨道位于 $L1^{3-}$ 配体和 μ_3-OH 配体上，而 LUMO 分布在 4,4′-bpy 配体上。配合物 **42** 和 **43** HOMO-LUMO 能隙小于 H_3L1 的能隙，导致发射峰的红移（配合物 **42** 的位移为 7nm，配合物 **43** 的位移为 13nm）[23]。两种配合物的荧光强度增强可能来自聚集诱导发光，其中配体和金属离子的配位可降低配体的自由度以及非辐射跃迁[24]。

分别将配合物 **42** 和 **43** 研磨 10min，分别取 5mg 研磨好的配合物 **42** 和 **43** 粉末加到 10mL 十种不同的溶剂中（*N*,*N*-二甲基甲酰胺、甲醇、乙醇、*N*,*N*-二甲基乙酰胺、乙二醇、乙腈、石油醚、乙酸乙酯、甲苯和水），超声 30min，沉化三天，分别取 2mL 上层清液进行配合物 **42** 和 **43** 在不同溶剂中的荧光性质测试。配合物 **42** 的激发波长为 290nm，发射波长为 310～550nm。配合物 **43** 的激发波长为 300nm，发射波长为 320～550nm。所有滴定实验均将所选分析物加入到 2mL 的配合物 **43** 水悬浮液中，在室温下

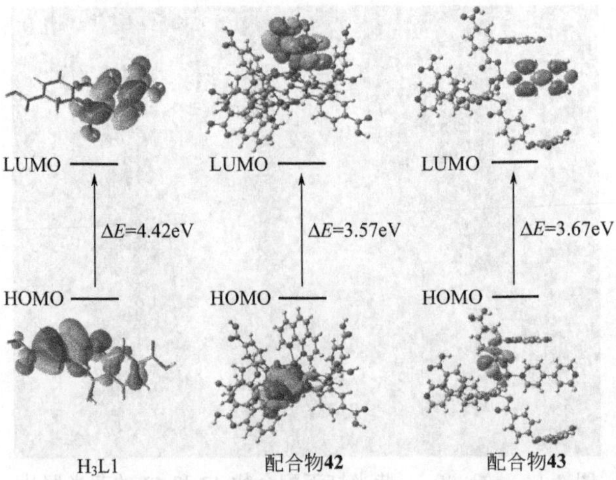

图 6-16　H_3L1 配体以及配合物 **42** 和 **43** 的前线轨道理论计算

彻底混合 60s 后，记录荧光光谱，发射波长为 310～550nm（λ_{ex}＝290nm）。

为了详细研究配合物的发光性能，配合物 **42** 和 **43** 的溶剂稳定性评估是必不可少的。将配合物 **42** 和 **43** 的样品浸入到上述 10 种溶剂中 24h，然后将两者的粉末分别进行 PXRD 测试。测试的 PXRD 实验值与从单晶结构模拟的值保持一致，表明配合物 **42** 和 **43** 具有良好的溶剂稳定性（图 6-17）。电感耦合等离子体（ICP）实验显示（表 6-2），配合物 **42** 和 **43** 在水溶液中不会释放过多的 Zn(Ⅱ) 离子，进一步证实，配合物 **42** 和 **43** 的结构在水溶液中是稳定的。

此外，将配合物 **42** 和 **43** 的晶体粉末分别加到上述有机溶剂中，通过超声处理约 30min，沉化 3d，测量相应的光谱来研究配合物 **42** 和 **43** 在这些有机溶剂中的荧光性质。如图 6-18 和图 6-19 所示，分散在不同溶剂中的配合物 **42** 和 **43** 的荧光发射光谱受到不同溶剂的影响，表明配合物 **42** 和 **43** 悬浮液的荧光光谱很大程度上取决于所用的溶剂[25]。

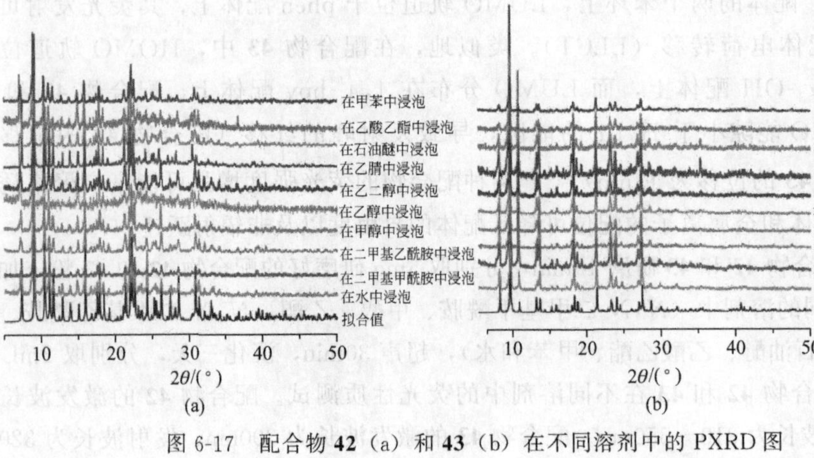

图 6-17　配合物 **42**（a）和 **43**（b）在不同溶剂中的 PXRD 图

表 6-2　浸入水溶液后配合物 **42** 和 **43** 的 ICP 实验

样品	Zn(Ⅱ)离子浓度/(μg/mL)
空白样品(H_2O)	0.0562
样品 1	0.5230
样品 2	0.2796

注：样品 1 和 2 分别为 10mg 配合物 **42** 和 **43** 的粉末样品在水溶液中浸泡 1 周后备用。

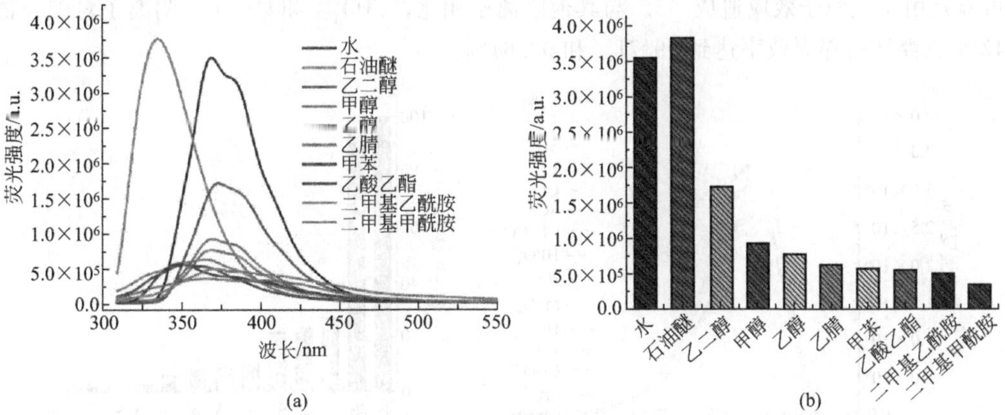

图 6-18　(a) 在不同溶剂中，配合物 **42** 的荧光发射光谱 ($\lambda_{ex}=290nm$)；(b) 在不同溶剂中，配合物 **42** 的荧光强度

特别地，配合物 **42** 的水悬浮液在 290nm 激发后在 370nm 处显示出良好的荧光强度，配合物 **43** 的水悬浮液的荧光强度较弱。与配合物 **43** 相比，配合物 **42** 的水悬浮液显示出更强的发射强度以及配合物 **42** 的优异的水溶剂稳定性，促使我们评估配合物 **42** 的水悬浮液传感应用的适用性。

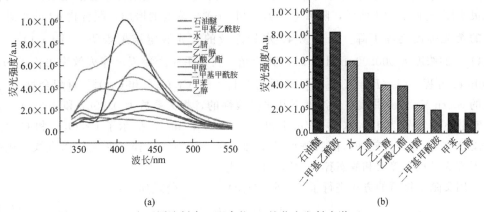

图 6-19　(a) 在不同溶剂中，配合物 **43** 的荧光发射光谱 ($\lambda_{ex}=290nm$)；(b) 在不同溶剂中，配合物 **43** 的发射强度

6.2.7　配合物 42 对铬酸根/重铬酸根离子的检测

通过将 5.00mmol/L 阴离子水溶液逐渐滴加到配合物 **42** 的水悬浮液中进行荧光传感

实验，这些阴离子分别为 CO_3^{2-}、SO_4^{2-}、F^-、Cl^-、Br^-、I^-、SCN^-、CH_3COO^-、ClO_4^-、NO_3^-、HPO_4^{2-}、PO_4^{3-}、MoO_4^{2-}、CrO_4^{2-}、$Cr_2O_7^{2-}$。如图 6-20 所示，当配合物 **42** 水悬浮液中不同阴离子浓度为 1mmol/L 时，F^-、Cl^-、CO_3^{2-}、SO_4^{2-} 几乎不影响配合物 **42** 的荧光光谱，CH_3COO^-、HPO_4^{2-}、PO_4^{3-}、SCN^- 会对配合物 **42** 水悬浮液的荧光造成微小的猝灭，阴离子 MoO_4^{2-}、Br^-、I^- 引起配合物 **42** 小于 30% 的荧光猝灭，这可能是由于重原子效应造成[26]。与其他阴离子相比，CrO_4^{2-} 和 $Cr_2O_7^{2-}$ 阴离子对配合物 **42** 水悬浮液的猝灭效率达到 99.71% 和 99.64%。

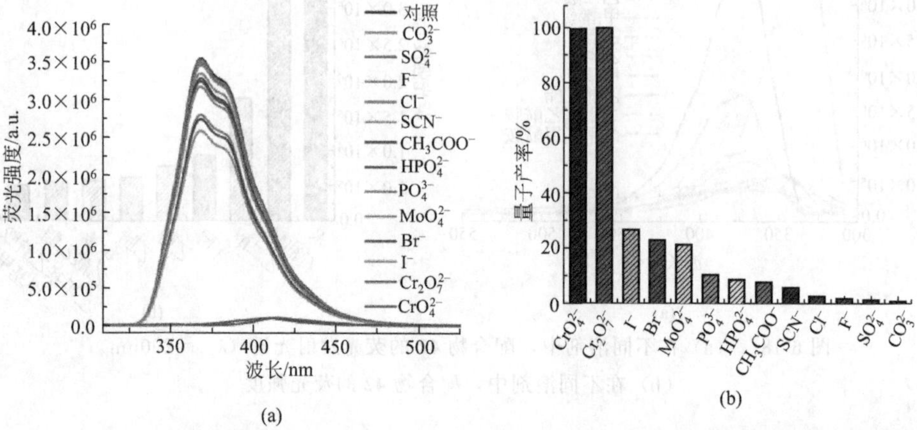

图 6-20 (a) 配合物 **42** 水悬浮液中的不同阴离子浓度为 1mmol/L 时的荧光光谱（$\lambda_{ex}=290nm$）；(b) 配合物 **42** 水悬浮液中的不同阴离子浓度为 1mmol/L 时的发光猝灭百分比

分别滴加 1.00mmol/L 的 $Cr_2O_7^{2-}$ 和 CrO_4^{2-} 水溶液至配合物 **42** 水悬浮液中，同时监测配合物 **42** 水悬浮液的荧光光谱，研究配合物 **42** 对铬酸根/重铬酸根离子的传感灵敏度。如图 6-21 所示，随着 $Cr_2O_7^{2-}$ 和 CrO_4^{2-} 浓度的增加，配合物 **42** 的水悬浮液的荧光强度逐渐下降。配合物 **42** 水悬浮液的荧光滴定结果表明，当 $Cr_2O_7^{2-}$ 和 CrO_4^{2-} 的浓度为 500.00μmol/L 时，其荧光达到几乎完全猝灭。猝灭效率可由 Stern-Volmer 方程：$(I_0/I)=K_{sv}[M]+1$ 进行分析[27]。$Cr_2O_7^{2-}$ 和 CrO_4^{2-} 对配合物 **42** 猝灭的 Stern-Volmer 曲线在低浓度下几乎是线性的，相关系数为 0.9967 和 0.9979，猝灭常数 K_{sv} 分别为 1.00×10^4L/mol 和 3.51×10^3L/mol，揭示了 $Cr_2O_7^{2-}$ 和 CrO_4^{2-} 对配合物 **42** 的猝灭效率。随着浓度的增加，Stern-Volmer 猝灭曲线偏离直线，表明猝灭方式是动态猝灭和静态猝灭相结合的方式。

用文献中报道的方法进行了检出限的计算[28,29]，公式如下：

$$LOD=3\sigma/m \tag{6-4}$$

$$\sigma=100\times(I_{SE}/I_0) \tag{6-4a}$$

式中，LOD 是检出限；I_{SE} 是由测量五次配合物 **42** 水悬浮液空白样品在 368nm 处发光强度的标准偏差；I_0 是配合物 **42** 水悬浮液空白样品的发光强度。如图 6-22 所示，斜率是配合物 **42** 水悬浮液在 $Cr_2O_7^{2-}/CrO_4^{2-}$ 低浓度区域的依赖性发光强度（在 368nm 处监测）的线性拟合。

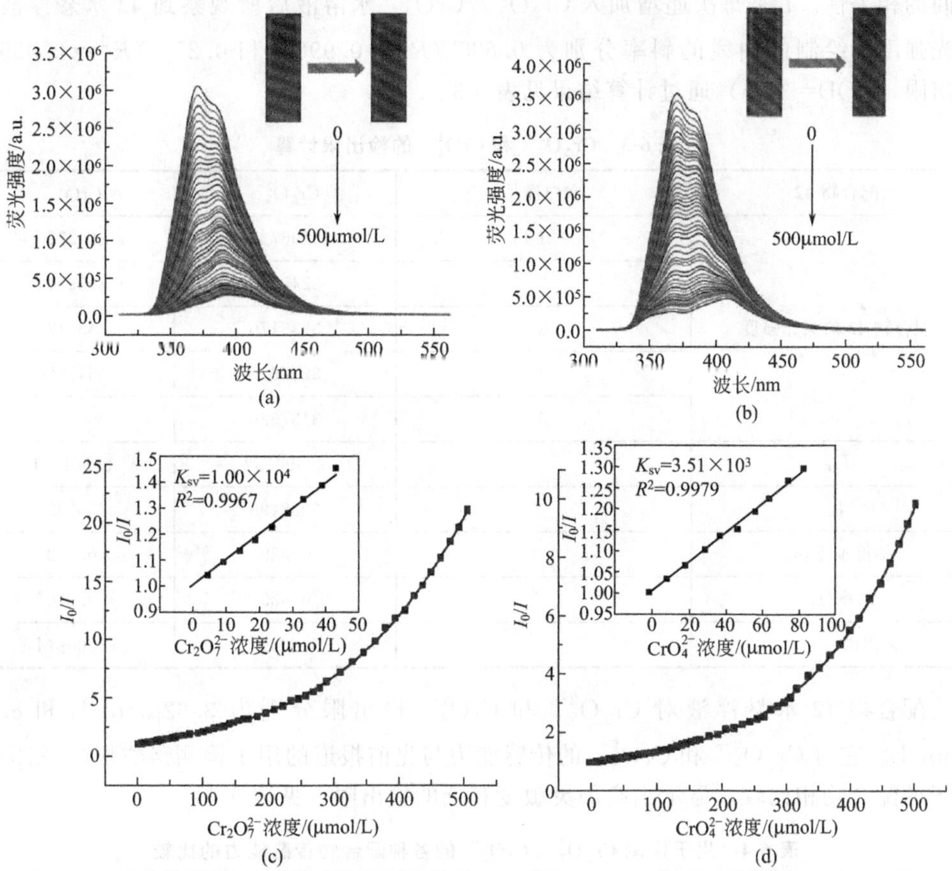

图 6-21 配合物 **42** 水悬浮液含有不同浓度的 $Cr_2O_7^{2-}$(a)、CrO_4^{2-}(b)(0~500.00μmol/L)的荧光光谱，插图：溶液的颜色变化（TOP）(λ_{ex}=290nm)；配合物 **42** 水悬浮液 I_0/I 对 $Cr_2O_7^{2-}$(c)，CrO_4^{2-}(d) 浓度的 Stern-Volmer 图，插图：分析物在低浓度时的 Stern-Volmer 图

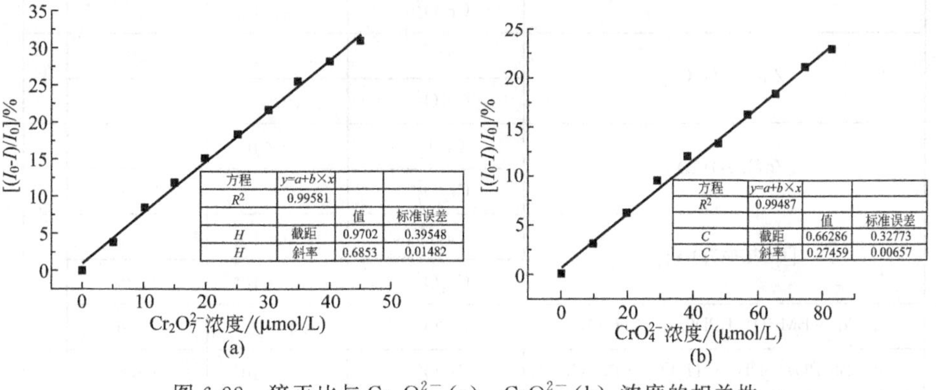

图 6-22 猝灭比与 $Cr_2O_7^{2-}$(a)、CrO_4^{2-}(b) 浓度的相关性

在确定 $Cr_2O_7^{2-}/CrO_4^{2-}$ 的检出限实验中，分别向 2mL 配合物 **42** 的水悬浮液滴加 2mmol/L $Cr_2O_7^{2-}/CrO_4^{2-}$ 水溶液。斜率应分别为 $Cr_2O_7^{2-}/CrO_4^{2-}$ 浓度与$(I_0-I)/I_0$

之间的相关性。I 是每次递增加入 $Cr_2O_7^{2-}/CrO_4^{2-}$ 水溶液后所观察到 **42** 水悬浮液的荧光强度。绘制的曲线的斜率分别为 0.685（$R^2=0.996$）和 0.275（$R^2=0.995$），检出限（LOD=3μm）通过计算结果见表 6-3。

表 6-3　$Cr_2O_7^{2-}$ 和 CrO_4^{2-} 的检出限计算

配合物 **42**	空白样品	$Cr_2O_7^{2-}$	CrO_4^{2-}
配合物 **42** 的荧光强度	1	3196720	3543720
	2	3245180	3536540
	3	3235170	3556430
	4	3232670	3549820
	5	3187530	3554690
I_{SE}		25590.32	26361.41
I_0		3088490	3553320
标准偏差(σ)		0.829	0.742
斜率(m)		0.685	0.276
检出限($3\sigma/m$)		3.62μM	8.06μM

配合物 **42** 水悬浮液对 $Cr_2O_7^{2-}$ 和 CrO_4^{2-} 检出限分别为 3.62μmol/L 和 8.06 μmol/L。它对 $Cr_2O_7^{2-}$ 和 CrO_4^{2-} 的传感能力与先前报道的用于检测铬酸根/重铬酸根离子的配合物相比较，显示出高的灵敏度和低的检出限（见表 6-4）。

表 6-4　用于检测 $Cr_2O_7^{2-}/CrO_4^{2-}$ 的各种配合物传感能力的比较

配合物	配合物①	分析物($CrO_4^{2-}/Cr_2O_7^{2-}$)	猝灭常数 K_{sv}	LOD/(μmol/L)	介质	文献
1	$[Zn(btz)]_n$	CrO_4^{2-}	3.19×10^3	10	水	[30]
		$Cr_2O_7^{2-}$	4.23×10^3	2		
	$[Zn(ttz)H_2O]_n$	CrO_4^{2-}	2.35×10^3	20	水	
		$Cr_2O_7^{2-}$	2.19×10^3	2		
2	$[Zn(IPA)(L)]_n$	CrO_4^{2-}	1.00×10^3	18.33	水	[31]
		$Cr_2O_7^{2-}$	1.37×10^3	12.02		
	$[Cd(IPA)(L)]_n$	CrO_4^{2-}	1.30×10^3	2.52		
		$Cr_2O_7^{2-}$	2.91×10^3	2.26		
3	$\{[Cd(4\text{-}BMPD)(BPDC)]\cdot 2H_2O\}_n$	$Cr_2O_7^{2-}$	6.4×10^3	37.6	水	[32]
	$\{[Cd(4\text{-}BMPD)(SDBA)(H_2O)]\cdot 0.5H_2O\}_n$	$Cr_2O_7^{2-}$	4.97×10^3	48.6		
4	$[Eu_2(tpbpc)_4\cdot CO_3\cdot H_2O]\cdot$DMF·溶剂	CrO_4^{2-}	4.85×10^3	0.33	水	[33]
		$Cr_2O_7^{2-}$	1.04×10^4	1.07		

续表

配合物	配合物①	分析物 (CrO_4^{2-}/$Cr_2O_7^{2-}$)	猝灭常数 K_{sv}	LOD /(μmol/L)	介质	文献
5	$[Eu(CBIP)(HCOO)(H_2O)]_n$	CrO_4^{2-}	1.54×10^3	1.2	水	[34]
		$Cr_2O_7^{2-}$	2.76×10^3	1.0		
	$[Tb(CBIP)(HCOO)(H_2O)]_n$	CrO_4^{2-}	130×10^3	1.8	水	
		$Cr_2O_7^{2-}$	2.13×10^3	2.1		
6	$[Cd(4\text{-tkpvb})(5\text{-tert-BIPA})]_n$	CrO_4^{2-}	4.68×104	0.08	水	[34]
		$Cr_2O_7^{2-}$	2.50×104	0.12		
7	$[Zn(\mu_3\text{-HL1})(phen)]_n\cdot nH_2O$	CrO_4^{2-}	3.51×10^3	8.06	水	
		$Cr_2O_7^{2-}$	1.00×10^4	3.62		

① 配合物中涉及的配体的缩写：H_2btz—1,5-双(5-四唑基)-3-乙醚；H_3ttz—1,2,3-三[2-(5-四唑)乙氧基] 丙烷；L—3-吡啶基羧基烟酰腙；H_2IPA—间苯二甲酸；4-BMPD—4,4′-[2,5-双(甲硫代)-1,4-亚苯基]联吡啶；H_2BPDC—4,4′-联苯二羧酸，H_2SDBA—4,4′-磺酰二苯甲酸；Htpbpc—三联吡啶四羧酸；H_2CBIP—5-[(2′-氰基-(1,1-联苯)-4-基)甲氧基]间苯二甲酸；4-tkpvb—1,2,4,5-四(4-吡啶乙烯基)苯；5-tert-H_2BIPA—5-叔丁基-1,3-苯二羧酸。

废水含有各种污染物阴离子。因此，研究混合阴离子对配合物**42**发光影响是必不可少的。除$Cr_2O_7^{2-}$/CrO_4^{2-}之外，将50μL浓度为0.020mol/L的阴离子溶液加入到2.00mL配合物**42**悬浮液中，并进行溶液的发光测量。如图6-23所示，在没有$Cr_2O_7^{2-}$/CrO_4^{2-}的情况下，阴离子对配合物**42**水悬浮液的发光强度有一点影响，当$Cr_2O_7^{2-}$/CrO_4^{2-}加入上述溶液中时，发光强度几乎完全猝灭，表明配合物**42**对其他阴离子的抗干扰性。

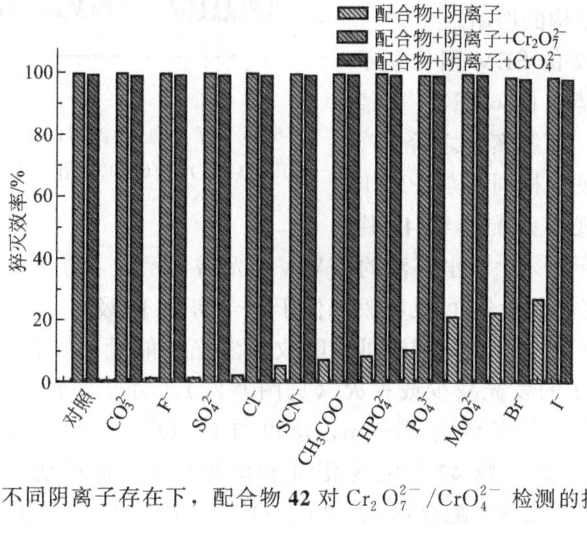

图6-23 在不同阴离子存在下，配合物**42**对$Cr_2O_7^{2-}$/CrO_4^{2-}检测的抗干扰研究

将配合物 **42** 浸泡于 2×10^{-3}mol/L $Cr_2O_7^{2-}/CrO_4^{2-}$ 阴离子水溶液中，后将该溶液离心，将其粉末回收，用水洗涤多次进行循环使用实验。循环测试结果表明，经过5次回收循环，配合物 **42** 的发光强度依然保持，表明配合物 **42** 可以通过这种简单快速的方法重复用于检测 $Cr_2O_7^{2-}/CrO_4^{2-}$（见图 6-24）。

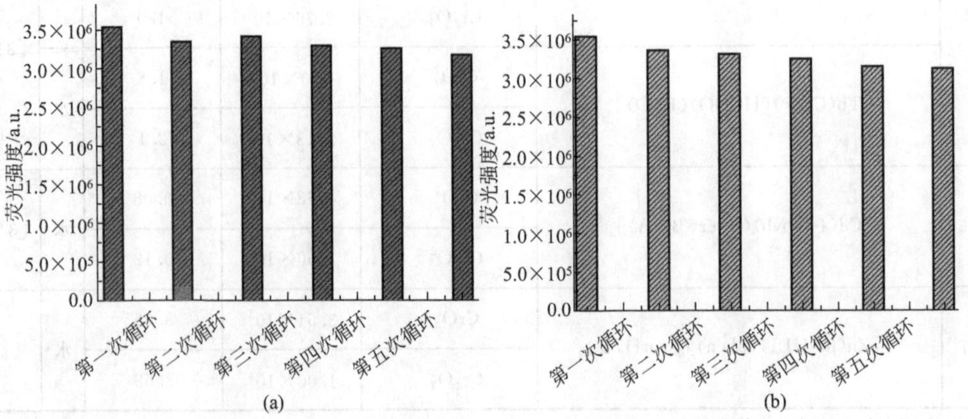

图 6-24 配合物 **42** 对 $Cr_2O_7^{2-}$（a）和 CrO_4^{2-}（b）五次循环检测的荧光强度

阴离子 $Cr_2O_7^{2-}/CrO_4^{2-}$ 对配合物 **42** 的发光猝灭通常来自以下方面：①配合物 **42** 结构的坍塌；② $Cr_2O_7^{2-}/CrO_4^{2-}$ 与配合物 **42** 之间的能量转移；③ $Cr_2O_7^{2-}/CrO_4^{2-}$ 溶液与配合物 **42** 存在竞争性吸收。PXRD 测试表明，配合物 **42** 的骨架结构在使用五次循环后保持完整（见图 6-25），因此，可以排除配合物 **42** 晶体结构的坍塌。

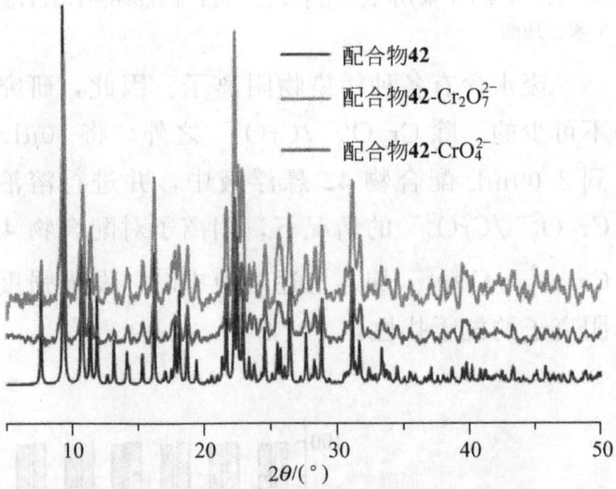

图 6-25 配合物 **42** 模拟的 PXRD 图和配合物 **42** 识别 $Cr_2O_7^{2-}/CrO_4^{2-}$ 五次循环后的 PXRD 图

纯相配合物 **42** 的 SEM 图像显示它是片状堆积晶体（图 6-26），在经过 $Cr_2O_7^{2-}/CrO_4^{2-}$ 探测实验之后，产物的尺寸和形态保持相同，与 PXRD 结果一致，可以观察到配合物 **42** 稳定的结构。$Cr_2O_7^{2-}/CrO_4^{2-}$ 水溶液的 UV-Vis 光谱显示在 190～420nm 之间的两个宽吸收带，其余阴离子的紫外-可见吸收峰低于配合物 **42** 的吸收带，配合物 **42** 的激发波长为 290nm，$Cr_2O_7^{2-}/CrO_4^{2-}$ 溶液可以吸收激发光的能量，导致激发光的能量减少，进而导致配合物 **42** 的发光减少或猝灭（见图 6-27）。另外，如图 6-28 所示，配合物 **42** 的悬浮液的发射峰波长约为 370nm，这也与 $Cr_2O_7^{2-}/CrO_4^{2-}$ 溶液的吸收带重叠。这种光谱重叠可导致配合物 **42** 和铬酸根/重铬酸根离子之间的能量转移并猝灭配合物的荧光。因此，猝灭机理为配合物 **42** 和 $Cr_2O_7^{2-}$ 以及 CrO_4^{2-} 之间存在竞争性吸收以及能量的转移机制[35-38]。

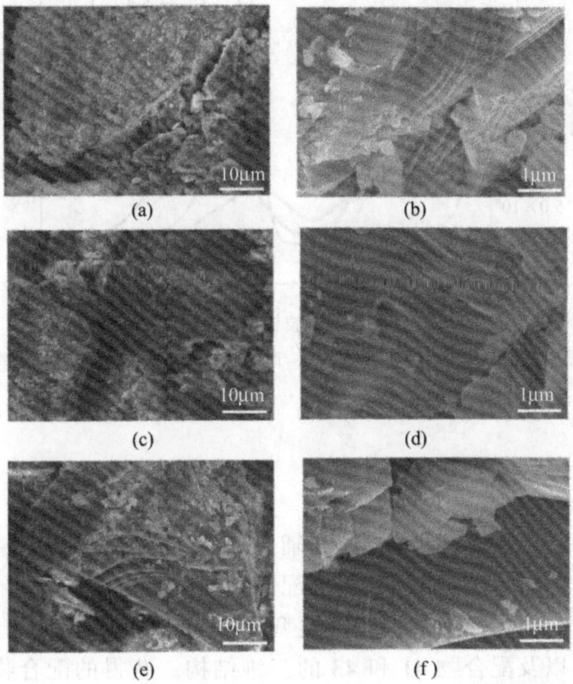

图 6-26　(a 和 b) 纯相配合物 **42** 的 SEM 图像；(c 和 d) 配合物 **42** 检测 $Cr_2O_7^{2-}$ 实验后的 SEM 图像；(e 和 f) 配合物 **42** 检测 CrO_4^{2-} 实验后的 SEM 图像

条带分别为 10μm 和 1μm

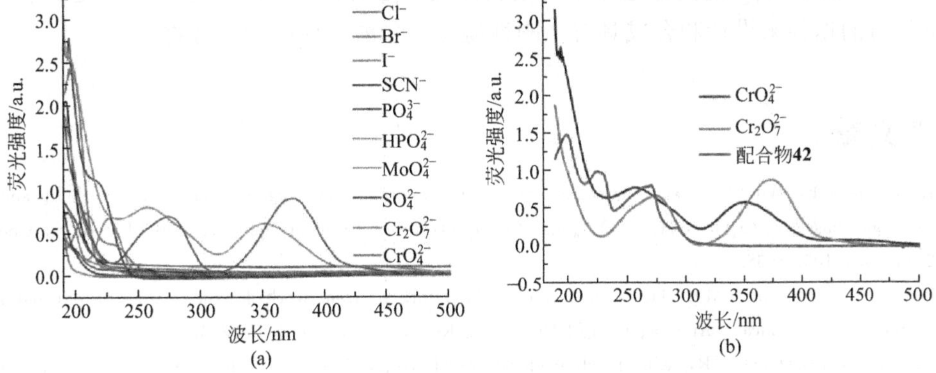

图 6-27　水溶液中各种不同阴离子和配合物 **42** 的水悬浮液的紫外-可见光谱

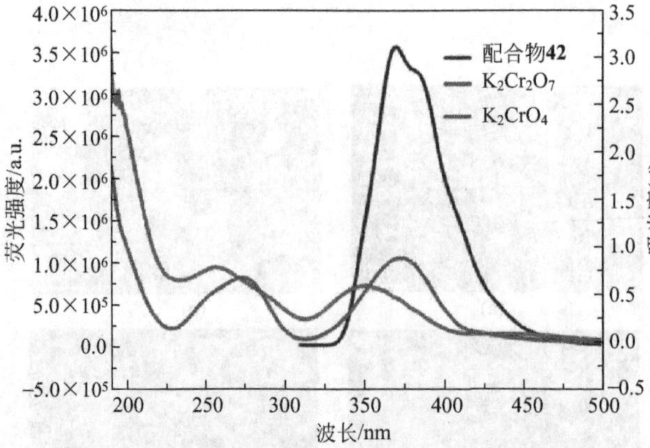

图 6-28 $Cr_2O_7^{2-}$ 以及 CrO_4^{2-} 阴离子的液体紫外-可见光谱和配合物 **42** 的水悬浮液的荧光发射光谱

6.3 小结

基于半刚性醚键三羧酸 H_3L1 配体和辅助配体，可以合成并表征四个新的 Mn(Ⅱ) 和 Zn(Ⅱ) 配合物。由半刚性醚键三羧酸配体在不同的配位模式下合成的配合物显示出迷人的结构特征，四个配合物的结构类型分别为：配合物 **40** 的一维阶梯，配合物 **42** 的二维层状结构以及配合物 **41** 和 **43** 的三维结构。获得的配合物 **40**～**43** 还揭示了多种拓扑类型，包括配合物 **41** 和 **43** 中独特的拓扑结构。这项工作有助于识别金属有机配合物中新的拓扑图案。对这些配合物的结构研究表明，通过改变金属离子、pH 值和辅助配体，可以获得不同多核簇作为次级结构单元的配合物。此外，配合物 **40** 和 **41** 的磁性研究显示双核 Mn(Ⅱ) 离子间以及一维链状 Mn(Ⅱ)离子间存在反铁磁性耦合作用。在室温下研究了两种 Zn 配合物的固态发光特性，尤其是配合物 **42**，对水溶液中的铬酸根/重铬酸根离子具有选择性响应。该选择性响应可归因于配合物 **42** 和 $Cr_2O_7^{2-}$ 以及 CrO_4^{2-} 之间存在竞争性吸收以及能量的转移机制。这项工作提供了一种简单易行的途径来设计和合成具有半刚性醚键三羧酸配体的新配合物。

参考文献

[1] Li X，Jiang F，Wu M，et al. Construction of two microporous metal-organic frameworks with flu and pyr topologies based on $Zn_4(\mu_3\text{-}OH)_2(CO_2)_6$ and $Zn_6(\mu_6\text{-}O)(CO_2)_6$ secondary building units [J]. Inorg. Chem.，2014，53：1032-1038.

[2] Bobbitt N S，Mendonca M L，Howarth A J，et al. Metal-organic frameworks for the removal of toxic industrial chemicals and chemical warfare agents [J]. Chem. Soc. Rev.，2017，46：3357-3385.

[3] Yoon M，Srirambalaji R，Kim K. Homochiral metal-organic frameworks for asymmetric heterogeneous catalysis [J]. Chem. Rev.，2012，112：1196-1231.

[4] Zhu X，Gu J，WangY，et al. Inherent anchorages in UiO-66 nanoparticles for efficient capture of alendronate and its mediated release [J]. Chem. Commun.，2014，50：8779-8782.

[5] Zhang W，Xiong R G. Ferroelectric metal-organic frameworks [J]. Chem. Rev.，2012，112：1163-1195.

[6] Chen L, Chen S Y, Sun Y C, et al. Slow magnetic relaxation in mononuclear seven-coordinate cobalt (Ⅱ) complexes with easy plane anisotropy [J]. Dalton Trans., 2015, 44: 11482-11490.

[7] Niu C Y, Zheng X F, Wan X S, et al. A series of two-dimensional Co(Ⅱ), Mn(Ⅱ), and Ni (Ⅱ) coordination polymers with di- or trinuclear secondary building units constructed by 1, 1′-biphenyl-3, 3′-dicarboxylic acid: synthesis, structures, and magnetic properties [J]. Cryst. Growth Des., 2011, 11: 2874-2888.

[8] Chen W, Cao F, Zheng W, et al. Detection of the nanomolar level of total Cr [(Ⅲ) and (Ⅵ)] by functionalized gold nanoparticles and a smartphone with the assistance of theoretical calculation models [J]. Nanoscale, 2015, 7: 2042-2049.

[9] Thompson C M, Kirman C R, Proctor D M, et al. A chronic oral reference dose for hexavalent chromium-induced intestinal cancer [J]. J. Appl. Toxicol., 2014, 34 (5): 525-536.

[10] Xiao Z Z, Han L J, Wang Z J, et al. Three Zn(Ⅱ)-based MOFs for luminescence sensing of Fe^{3+} and $Cr_2O_7^{2-}$ ions [J]. Dalton Trans., 2018, 47: 3298- 3302.

[11] Minmini R, Naha S, Velmathi S, New Zinc functionalized metal organic Framework for selective sensing of chromate ion [J]. Sens. Actuators B: Chem., 2017, 251: 644-649.

[12] Yang J X, Zhang X, Cheng J K, et al. pH Influence on the Structural Variations of 4,4′-Oxydiphthalate Coordination Polymers [J]. Cryst. Growth Des., 2012, 12: 333-345.

[13] Hu F, Zou H, Zhao X, et al. Second ligands-assisted structural variation of entangled coordination polymers with polycatenated or polythreaded features [J]. CrystEngComm, 2013, 15: 1068-1076.

[14] Yang W, Wang C, Ma Q, et al. Self-assembled Zn(Ⅱ) coordination complexes based on mixed V-shaped asymmetric multicarboxylate and N-donor ligands [J]. Cryst. Growth Des., 2013, 13: 4695-4704.

[15] Yang W, Wang C, Ma Q, et al. Synthesis, crystal structures, and luminescence properties of seven tripodal imidazole-based Zn/Cd(Ⅱ) coordination polymers induced by tricarboxylates [J]. CrystEngComm, 2014, 16: 4554-4561.

[16] Rodríguez-Diéguez A, Pérez-Yáñez S, Ruiz-Rubio L, et al. From isolated to 2D coordination polymers based on 6-aminonicotinate and 3d-metal ions: towards field-induced single-ion-magnets [J]. CrystEngComm, 2017, 19: 2229- 2242.

[17] Zhao Y, Chang X H, Liu G Z, et al. Five Mn(Ⅱ) coordination polymers based on 2, 3′, 5,5′-biphenyl tetracarboxylic acid: syntheses, structures, and magnetic properties [J]. Cryst. Growth. Des., 2015, 15: 966-974.

[18] Lv X, Liu L, Huang C, et al. Metal-organic frameworks based on the [1, 1′: 3′, 1″-terphenyl] -3, 3″, 5, 5″-tetracarboxylic acid ligand: syntheses, structures and magnetic properties [J]. Dalton Trans., 2014, 43: 15475-15481.

[19] Zhu Q Y, Wang J P, Qin Y R, et al. Metal-carboxylate coordination polymers with redox-active moiety of tetrathiafulvalene (TTF) [J]. Dalton Trans., 2011, 40: 1977-1983.

[20] Fisher M E. Magnetism in one-dimensional systems-the heisenberg model for infinite spin [J]. Am. J. Physiol., 1964, 32: 343-346.

[21] Bagheri M, Masoomi M Y, Morsali A. Highly sensitive and selective ratiometric fluorescent metal-organic framework sensor to nitroaniline in presence of nitroaromatic compounds and VOCs [J]. Sens. Actuators B: Chem., 2017, 243: 353-360.

[22] Frisch M J, Trucks G W, Schlegel H B, et al. GAUSSIAN 09, Revision D.01, Gaussian, Inc., Wallingford, CT, 2009.

[23] Si C D, Hu D C, Fan Y, et al. Seven coordination polymers derived from semirigid tetracarboxylic acids and N-donor ligands: topological structures, unusual magnetic properties, and photoluminescences [J]. Cryst. Growth. Des., 2015, 15: 2419-2432.

[24] Ji M, Lan X, Han Z, et al. Luminescent properties of metal-organic framework MOF-5: relativistic time-

dependent density functional theory investigations [J]. Inorg. Chem., 2012, 51: 12389-12394.

[25] Hua J A, Zhao Y, Kang Y S, et al. Solvent-dependent zinc (Ⅱ) coordination polymers with mixed ligands: selective sorption and fluorescence sensing [J]. Dalton Trans., 2015, 44: 11524-11532.

[26] Yang X D, Chen C, Zhang Y J, et al. Halogen-bridged metal-organic frameworks constructed from bipyridinium-based ligand: structures, photochromism and non-destructive readout luminescence switching [J]. Dalton Trans., 2016, 45: 4522-4527.

[27] Wen G X, Wu Y P, Dong W W, et al. An ultrastable europium (Ⅲ) -organic framework with the capacity of discriminating Fe^{2+}/Fe^{3+} ions in various solutions [J]. Inorg. Chem., 2016, 55: 10114-10117.

[28] Lv R, Wang J Y, Zhang Y P, et al. Anamino-decorated dual-functional metal-organic framework for highlyselective sensing of Cr (Ⅲ) and Cr (Ⅵ) ions and detection of nitroaromaticexplosives [J]. J. Mater. Chem. A., 2016, 4: 15494-15500.

[29] Joarder B, Desai A V, Samanta P, et al. Selective andsensitive aqueous-phase detection of 2, 4, 6-trinitrophenol (TNP) by anamine-functionalized metal-organic framework [J]. Chem. Eur. J., 2015, 21: 965-969.

[30] Cao C S, Hu H C, Xu H, et al. Two solvent-stable MOFs as a recyclable luminescent probe for detecting dichromate or chromate anions [J]. CrystEngComm, 2016, 18: 4445-4451.

[31] Parmar B, Rachuri Y, Bisht K K, et al. Mechanochemical and conventional synthesis of Zn (Ⅱ) /Cd (Ⅱ) luminescent coordination polymers: dual sensing probe for selective detection of chromate anions and TNP in aqueous phase [J]. Inorg. Chem., 2017, 56: 2627-2638.

[32] Chen S, Shi Z, Qin L, et al. Two new luminescent Cd (Ⅱ) -metal-organic frameworks as bifunctional chemosensors for detection of cations Fe^{3+}, anions CrO_4^{2-}, and $Cr_2O_7^{2-}$ in aqueous solution [J]. Cryst. Growth Des., 2017, 17, 67-72.

[33] Liu J, Ji G, Xiao J, et al. Ultrastable 1D europium complex for simultaneous and quantitative sensing of Cr(Ⅲ) and Cr(Ⅵ) ions in aqueous solution with high selectivity and sensitivity [J]. Inorg. Chem., 2017, 56: 4197-4205.

[34] Gong W J, Yao R, Li H X, et al. Luminescent cadmium (ⅱ) coordination polymers of 1, 2, 4, 5-tetrakis (4-pyridylvinyl) benzene used as efficient multi-responsive sensors for toxic metal ions in water [J]. Dalton Trans., 2017, 46: 16861-16871.

[35] Li Y, Song H, Chen Q, et al. Two coordination polymers with enhanced ligand-centered luminescence and assembly imparted sensing ability for acetone [J]. J. Mater. Chem. A., 2014, 2: 9469-9473.

[36] Son H J, Jin S, Patwardhan S, et al. Light-harvesting and ultrafast energy migration in porphyrin-based metal-organic frameworks [J]. J. Am. Chem. Soc., 2013, 135: 862-869.

[37] Weng H, Yan B. A flexible Tb(Ⅲ) functionalized cadmium metal organic framework as fluorescent probe for highly selectively sensing ions and organic small molecules [J]. Sens. Actuators B: Chem., 2016, 228: 702-708.

[38] Wen L, Zheng X, Lv K, et al. Two amino-decorated metal-organic frameworks for highly selective and quantitatively sensing of Hg(Ⅲ) and Cr(Ⅵ) in aqueous solution [J]. Inorg. Chem., 2015, 54: 7133-7135.